中国工程机械标准选编

中国标准出版社　编

中国标准出版社

北京

图书在版编目(CIP)数据

中国工程机械标准选编/中国标准出版社编. —北京：
中国标准出版社,2020.5
ISBN 978-7-5066-9564-0

Ⅰ.①中… Ⅱ.①中… Ⅲ.①工程机械—标准—汇
编—中国 Ⅳ.①TU6-65

中国版本图书馆 CIP 数据核字(2020)第 028244 号

中国标准出版社出版发行
北京市朝阳区和平里西街甲 2 号(100029)
北京市西城区三里河北街 16 号(100045)
网址 www.spc.net.cn
总编室:(010)68533533 发行中心:(010)51780238
读者服务部:(010)68523946
中国标准出版社秦皇岛印刷厂印刷
各地新华书店经销

*

开本 880×1230 1/16 印张 33.5 字数 1 014 千字
2020 年 5 月第一版 2020 年 5 月第一次印刷

*

定价 200.00 元

出 版 说 明

　　工程机械标准是组织工程机械产品生产、交货和验收的技术依据，是促进产品质量提高的技术保障，是企业获得最佳经济效益的重要条件。企业在生产经营活动中推广和应用标准化技术，认真贯彻实施标准，对缩短产品开发周期、控制产品制造质量、降低产品生产成本至关重要，对增强企业的市场竞争能力和开展规模经济、推进专业化协作将产生重要的影响。

　　为推进工程机械标准的贯彻实施，满足广大读者对最新标准文本的需求，我社对工程机械最新标准文本按专业、类别进行了选编。本书包括基础、司机、试验方法、零部件、推土机、挖掘机 6 项内容，共收录了截至 2019 年 12 月底批准发布的国家标准 28 项。

　　我们相信，本书的出版对促进我国工程机械技术水平的提高和行业持续发展将起到积极的推动作用。

编　者

2020 年 5 月

目　录

一、基　础

二、司　机

三、试验方法

四、零 部 件

五、推 土 机

六、挖 掘 机

一、基础

ICS 01.040.53;53.100
P 97

中华人民共和国国家标准

GB/T 8498—2017/ISO 6165:2012
代替 GB/T 8498—2008

土方机械 基本类型
识别、术语和定义

Earth-moving machinery—Basic types—
Identification and terms and definitions

(ISO 6165:2012,IDT)

2017-11-01 发布 2018-05-01 实施

中华人民共和国国家质量监督检验检疫总局
中国国家标准化管理委员会 发布

前　言

本标准按照 GB/T 1.1—2009 给出的规则起草。

本标准代替 GB/T 8498—2008《土方机械　基本类型　识别、术语和定义》。

本标准与 GB/T 8498—2008 相比，除编辑性修改外主要技术变化如下：

——修改了范围中的作业用途，增加了采石场、矿山的作业用途（见1,2008 年版的1）；

——修改了规范性引用文件清单（见2,2008 年版的2）；

——删除了 3.1.1 的"注"（见 2008 年版的 3.1.1）；

——修改了"小型机器""回转式吊管机"术语（见 3.1.1 和 4.11.2,2008 年版的 3.1.1 和 4.12）；

——增加或删除了机器族的机种（见 3.4,2008 年版的 3.4）；

——增加了"工作质量""主机""工作装置""附属装置""衍生土方机械""用于土方工地的衍生支持机械""小型装载机""小型挖掘机""拖式自卸车""侧臂吊管机""小型机具"的术语和定义（见 3.7,3.8,3.9,3.10,3.11.1,3.11.2,4.2.3,4.4.4,4.6.4,4.11.1,4.13）。

——增加了 4.4 的"注 3"（见 4.4）；

——删除了 4.4.4 的"注"（见 2008 年版的 3.1.2）；

——修改了"图 A.1 土方机械识别框图"（见附录 A,2008 年版的附录 A）；

——增加了参考文献（见参考文献）；

——删除了中文索引与英文索引（见 2008 年版的中文索引、英文索引）。

本标准使用翻译法等同采用 ISO 6165:2012《土方机械　基本类型　识别、术语和定义》（英文版）。

与本标准中规范性引用的国际文件有一致性对应关系的我国文件如下：

——GB/T 25606—2010　土方机械　产品识别代码系统（ISO 10261:2002,IDT）。

本标准由中国机械工业联合会提出。

本标准由全国土方机械标准化技术委员会（SAC/TC 334）归口。

本标准负责起草单位：徐工集团工程机械有限公司江苏徐州工程机械研究院、天津工程机械研究院。

本标准参加起草单位：福建闽旋科技股份有限公司,临工集团济南重机有限公司。

本标准主要起草人：赵斌、吴继霞、张钰、朱斌、支开印。

本标准所代替标准的历次版本发布情况为：

——GB/T 8498—1987、GB/T 8498—1999、GB/T 8498—2008。

土方机械 基本类型
识别、术语和定义

1 范围

本标准按土方机械的下列作业用途规定了其分类的术语、定义和识别结构：
——挖掘；
——装载；
——运输；
——对土壤、岩石或其他物料的钻孔、摊铺、压实或挖沟，例如在道路、堤坝、采石场、矿山和建筑工
地上工作。
本标准的用途是提供一种确切的方法，按机器的功能和构造来识别机器。

附录 A 提供了有关本标准采用的识别结构的信息，以及利用该结构给出土方机械分类，并进而导
出详尽的识别方法。

附录 B 提供了每种土方机械司机操纵形式的框图。

参考文献为这个国际标准里定义的许多机器族提供了一份术语标准清单。这些术语标准，包括描
述各个机器族中不同配置的机器类型的部分。

2 规范性引用文件

下列文件对于本文件的应用是必不可少的。凡是注日期的引用文件，仅注日期的版本适用于本文
件。凡是不注日期的引用文件，其最新版本（包括所有的修改单）适用于本文件。

ISO 10261 土方机械 产品识别代码系统（Earth-moving machinery—Product identification
numbering system）

3 术语和定义

下列术语和定义适用于本文件。

3.1

土方机械 earth-moving machinery

使用轮胎、履带或步履的自行式或拖式机械，具有工作装置（3.9）或附属装置（3.10）（作业器具），或
两者都有，主要用于土壤、岩石或其他物料的挖掘、装载、运输、钻孔、摊铺、压实或挖沟作业。

注：土方机械可以由驾乘或非驾乘的司机直接操纵；也可以在作业区以直接或非直接监视的方式有线或无线遥控。
关于司机操纵形式参见附录 B。

3.1.1

小型机器 compact machine

除小型挖掘机（4.4.4）和小型装载机（4.2.3）以外，工作质量（3.7）小于或等于 4 500 kg 的土方机械
（3.1）。

3.2

    直接控制型机器 **direct-control machine**

由与机器有身体直接接触的司机进行操纵的自行式土方机械(3.1)。

3.2.1

    驾乘式机器 **ride-on machine**

控制装置位于机器上,由一名坐姿或站姿司机进行操纵的自行式的直接控制型机器(3.2)。

3.2.2

    非驾乘式机器 **non-riding machine**

控制装置位于机器上,由一名步行的司机(不坐在,也不站在机器上)进行操纵的自行式的直接控制型机器(3.2)。

3.3

    遥控型机器 **remote-control machine**

通过信号的传输进行操纵的自行式土方机械(3.1),信号由不在机器上的控制装置(发射机)发射,并由位于机器上的接收装置(接收机)加以接收。

注:遥控装置有无线控制或有线控制。

3.3.1

    有线遥控型机器 **wire-controlled machine**

由电线连接机器与远处的司机控制装置,并通过电线传送的信号实现操纵的自行式的遥控型机器(3.3)。

注:有线遥控型机器通常是在作业区直接监视的方式进行操纵。

3.3.2

    无线遥控型机器 **wireless-controlled machine**

由远离机器的司机控制装置发出的,并通过空中传送的信号实现操纵的自行式的遥控型机器(3.3)。

注:无线遥控型机器可在作业区内,以直接监视或非直接监视的方式进行操纵。

3.4

    机器族 **machine family**

用于同类型作业的一组机器。

注:土方机械(3.1)包括如下机器族:

——推土机 dozers(4.1);

——装载机 loaders(4.2);

——挖掘装载机 backhoe loaders(4.3);

——挖掘机 excavators(4.4);

——挖沟机 trenchers(4.5);

——自卸车 dumpers(4.6);

——铲运机 scrapers(4.7);

——平地机 graders(4.8);

——回填压实机 landfill compactors(4.9);

——压路机 rollers(4.10);

——吊管机 pipelayers(4.11);

——水平定向钻机 horizontal directional drills(4.12);

——小型机具 compact tool (4.13)。

3.5

    机器型号 **machine model;machine type**

制造商给机器族(3.4)的编号。

注:一个机器族可以有几个型号,它们是制造商对机器形式的编号。

3.6

单台机器　individual machine

对于每台制造的机器，都具有唯一的识别代码予以识别该机。

注：根据 ISO 10261 产品识别代码（PIN），确切地标识出单台机器。

3.7

工作质量　operating mass

主机（3.8）带有包括制造商所规定的最常用配置的工作装置（3.9）和无载的附属装置（3.10）、司机（75 kg）、燃油箱加满燃油、其他液体系统（如液压油、传动油、发动机油和发动机冷却液）加注到制造商规定的液位、洒水箱半满（适用时）时的质量。

［GB/T 21154—2014，定义 3.2.1］

注 1：非驾乘式机器不包括司机的质量；

注 2：交付的压载物质量可包括在内（如制造商规定）。

3.8

主机　base machine

不带有工作装置（3.9）或附属装置（3.10）的机器，但包括安装工作装置和附属装置所必需的连接件，如需要，可带有司机室、机棚和司机保护结构。

［GB/T 18577.2—2008，定义 3.3］

3.9

工作装置　equipment

安装在主机（3.8）上的一组部件，用以使附属装置（3.10）执行机器的基本设计功能。

［GB/T 18577.2—2008，定义 3.4］

3.10

附属装置　attachment

为专门用途而安装在主机（3.8）或工作装置（3.9）上的部件总成。

［GB/T 18577.2—2008，定义 3.5］

3.11

衍生机器　derivative machines

3.11.1

衍生土方机械　derivative earth-moving machinery

由其他土方机器族（3.4）功能组合，产生不同的配置或结构的土方机械（3.1）。

例如：有一个前置装载机的工作装置和一个非自行装载、后置式翻斗本体的机器。

3.11.2

用于土方工地的衍生支持机械　derivative support machinery used on erath-moving worksites

根据不同的用途创建不同的配置或结构，主要用于土方工地或其他建筑工地的由土方机器族（3.4）衍生的机器。

例如：移除铰接自卸车车厢替换成用以打湿运输道路的水箱，或者替换成燃油箱/润滑体。

注：此类支持机械通常用于现场和机器的维护任务。

4　机器族　Machine families

4.1

推土机　dozer

自行的履带式或轮胎式机械，其工作装置（3.9）可安装推土装置，通过机器的前进运动进行铲土、推移和平整物料,也可安装用来产生推力或牵引力的附属装置(3.10)。

4.2

装载机 loader

自行的履带式或轮胎式机械,前端装有主要用于装载作业(用铲斗)的工作装置(3.9),通过机器向前运动进行装载或挖掘。

注:装载机的工作循环通常包括物料的装载、提升、运输和卸载。

4.2.1

回转装载机 swing loader

装有回转式提升臂的装载机(4.2),该提升臂相对于中线位置可向左或向右转动。

注:回转装载机的工作循环与装载机相似,但可以借助工作装置(3.9)偏离机器纵轴线来完成附加的作业。

4.2.2

滑移转向装载机 skid-steer loader

装载机(4.2)的司机室通常位于工作装置与支承结构之间或者一侧,装载机通过牵引驱动机器两侧对应的用固定轴连接的轮胎或履带,使两侧轮胎或履带产生速度差和(或)不同的旋转方向来实现转向。

4.2.3

小型装载机 compact loader

工作质量(3.7)小于或等于 4 500 kg 的轮胎式装载机,以及小于或等于 6 000 kg 的履带式装载机,有较好的灵活性,适用于在狭小空间工作。

4.3

挖掘装载机 backhoe loader

自行的履带式或轮胎式机械,其主机架用来支承前置的工作装置(3.9)及后置的挖掘装置(通常带有外伸支腿或稳定器)。

注1:当用作挖掘作业时,机器固定不动,一般是对地面以下进行挖掘。

注2:当用作装载作业时(使用铲斗),机器向前移动进行装载。

注3:挖掘工作循环通常包括物料的挖掘、提升、回转和卸载。装载工作循环通常包括物料的装载、提升、运输和卸载。

4.4

挖掘机 excavator

自行的履带式、轮胎式或步履式机械,具有可带着工作装置(3.9)做360°回转的上部结构,主要用铲斗进行挖掘作业,在其工作循环中底盘不移动。

注1:挖掘机的工作循环通常包括物料的挖掘、提升、回转和卸载。

注2:挖掘机也可用于物品或物料的搬运(运输)。

注3:除非明确标注机械挖掘机(4.4.3),挖掘机通常指液压挖掘机。

4.4.1

小回转半径挖掘机 minimal swing radius excavator

MSRX

在狭窄空间内作业的挖掘机(4.4),其具有一个小回转半径的上部结构,上部结构可带着工作装置(3.9)和附属装置(3.10)在底盘宽度的 120% 范围内回转。

4.4.2

步履式挖掘机 walking excavator

具有 3 条或 3 条以上支腿的挖掘机(4.4),支腿可以是铰接的、伸缩的或两者兼有,并可安装车轮。

4.4.3

　　机械挖掘机　cable excavator

　　由钢丝绳操作上部结构的挖掘机(4.4),主要用拉铲、正铲或抓斗进行挖掘作业;用夯板夯实物料;用钩或球进行破碎作业;以及用专用的工作装置(3.9)及附属装置(3.10)进行物料的搬运。

4.4.4

　　小型挖掘机　compact excavator

　　工作质量(3.7)小于或等于 6 000kg 的挖掘机(4.4)。

4.5

　　挖沟机　trencher

　　自行的履带式或轮胎式机械,装有后置的和(或)前置的工作装置(3.9)或附属装置(3.10),主要是通过机器的移动,以连续作业方式挖出一条沟。

　　注:附属装置可以是挖掘链、轮、盘、犁或类似机具。

4.6

　　自卸车　dumper

　　自行履带式或拖拽履带式或轮胎式机械,有敞开的车厢,用来运输、卸载或摊铺物料,自卸车由其他的装卸机械进行装料。

　　注:小型自卸车可以组装带有自装的工作装置。

4.6.1

　　刚性车架自卸车　rigid-frame dumper

　　具有刚性车架,用车轮或履带转向的自卸车(4.6)。

4.6.2

　　铰接车架自卸车　articulated frame dumper

　　具有通过铰接方式连接的车架,并用该车架进行转向的自卸车(4.6)(轮胎式机械)。

4.6.3

　　回转自卸车　swing dumper

　　具有可 360°回转的上部结构的自卸车(4.6),该上部结构由刚性车架、敞开式车厢和司机室组成,底盘可由履带或轮胎系统组成。

4.6.4

　　拖式自卸车　towed dumper;towed wagon

　　由一台装有司机室的牵引车拖行,非自行式的自卸车(4.6)。

　　注:拖式自卸车可以不同的方式工作(例如:侧卸、底卸、后卸或者使用排出器)。

4.7

　　铲运机　scraper

　　自行的或拖行的履带式或轮胎式机械,在位于两桥之间装有带切削刃的铲运斗,通过机器的向前运动,进行铲削、装载、运输、卸载和摊铺物料。

　　注:通过向前运动进行的装载作业,可以由装在铲运斗上的一个动力机构(升运装置)来完成。

4.7.1

　　拖式铲运机　towed scraper

　　非自行式的铲运机(4.7),由一台装有司机室的牵引车拖行。

4.8

　　平地机　grader

　　自行的轮胎式机械,在前、后桥之间装有一个可调节的铲刀;机器可装有一个前置推土板或松土耙,松土耙也可以装在两桥之间。

注：平地机主要是通过向前运动进行物料的平整、刮坡、挖沟和翻松。

4.9

回填压实机 landfill compactor

自行的轮胎式压实机械，装有前置的工作装置(3.9)可安装推土铲或装载附属装置(3.10)，还装有碾碎并压实垃圾的辊轮，通过机器的向前运动还可以推移、平整和装载土壤、回填物或废料(垃圾)。

4.10

压路机 roller

自行的或拖行的机械，装有由一个或多个金属圆柱形筒(滚筒)或橡胶轮胎组成的压实装置，通过压实装置的滚动和(或)振动来压实碎石、土壤、沥青混合料或砾石等物料。

4.10.1

拖式压路机 towed roller

非自行式的压路机(4.10)，由一台装有司机室的牵引车拖行。

4.11

吊管机 pipelayer

自行的履带式或轮胎式机械，装有铺管装置。铺管装置由主机架、起升机构、能上下摆动的起重臂和平衡重组成，主要用于搬运和铺设管道。

4.11.1

侧臂吊管机 side-boom pipelayer

侧面装有只能在垂直方向移动的起重臂的吊管机(4.11)。

4.11.2

回转式吊管机 rotating pipelayer

可回转的上部结构与垂直起重臂连接，起重臂能随上部结构的旋转而移动的吊管机(4.11)。

4.12

水平定向钻机 horizontal directional drill

该机使用一个可调向操控的钻头，钻头连接在钻管串列的端部，用于地下水平钻孔。

注1：钻孔时可通过钻管串列向钻头喷洒液体，用装在钻头附近的传感器或脉冲信号发射机对孔进行跟踪，通过反向进行扩孔。

注2：水平定向钻机一般是用一个平行于作业地面或与其成30°倾角的钻孔机架对钻管串列施加作用力。

4.13

小型机具 compact tool

工作质量(3.7)小于 1 500 kg，具有刚性机架，在机器的后方有一个步行操作位置或可站立的司机平台，有前置可互换工作装置(3.9)或由前置提升臂支架连接的可互换的附属装置(3.10)的自行履带式或轮胎式机械。

附　录　A
（资料性附录）
识　别　方　法

　　本附录提供了有关本标准采用的识别结构的信息，以及利用该结构给出土方机械分类，并进而导出详尽的识别方法。

　　土方机械按下述规定进行识别：

　　a)　机器族（见第 4 章）；

　　b)　工作质量（见 3.7）；

　　c)　司机操纵形式（参见附录 B）。

　　机器族的结构如图 A.1 的框图。

　　机器工作质量用于确定某些机器形式（如小型机器）可能的质量范围。

　　司机操纵形式与机器的控制方法、司机的操作姿势和司机室的位置有关（参见附录 B）。

　　通常，土方机械可以通过上述各个特性的综合分析大致地加以识别。对定位不清的机器，如果仍属于本标准中的机器族，可参照本标准进行唯一的识别。

　　示例 1：具有驾乘司机的小型刚性车架自卸车。

　　为了更清晰的分类，可以附加一些其他特性。

　　示例 2：具有驾乘司机的履带式小型刚性车架自卸车。

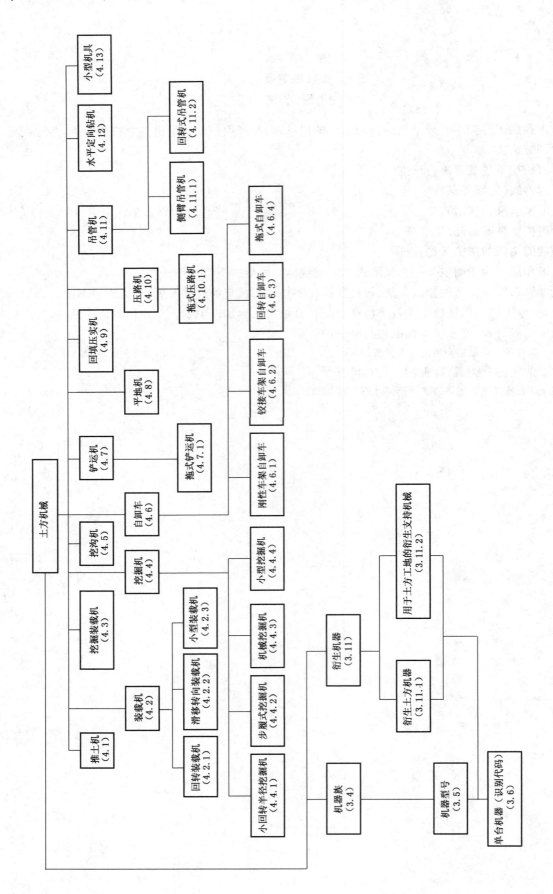

图 A.1 土方机械识别框图

附 录 B
（资料性附录）
土方机械司机操纵形式

土方机械司机操纵形式可以按操纵类型、操作类别和司机操作姿势编制成一个框图,见图 B.1。

注 1：图 B.1 的框图可能随着技术的进步而引入新的排列方式。

注 2：全自动控制和半自动控制类型的机器将体现在将来的标准中。

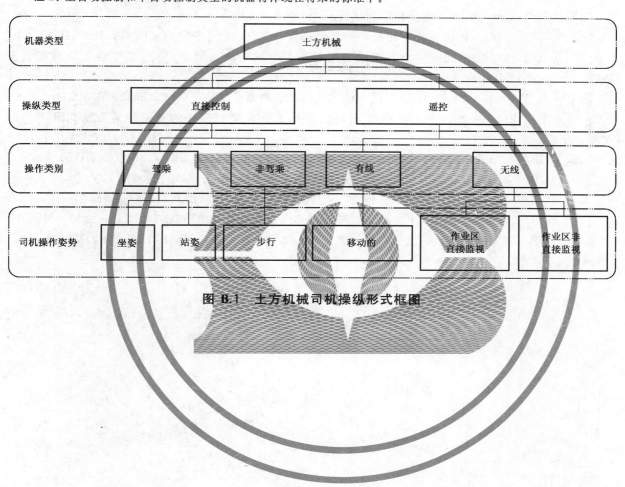

图 B.1 土方机械司机操纵形式框图

参 考 文 献

[1]　GB/T 6572—2014　土方机械　液压挖掘机　术语和商业规格(ISO 7135:2009,IDT)

[2]　GB/T 7920.5—2003　土方机械　压路机和回填压实机　术语和商业规格(ISO 8811:2000,MOD)

[3]　GB/T 7920.8—2003　土方机械　铲运机 术语和商业规格(ISO 7133:1994,MOD)

[4]　GB/T 7920.9—2003　土方机械　平地机　术语和商业规格(ISO 7134:1993,MOD)

[5]　GB/T 8590—2001　推土机　术语(eqv ISO 6747:1998)

[6]　GB/T 10168—2008　土方机械　挖掘装载机　术语和商业规格(ISO 8812:1999,IDT)

[7]　GB/T 18577.2—2008　土方机械　尺寸与符号的定义　第2部分:工作装置和附属装置(ISO 6746-2:2003,IDT)

[8]　GB/T 19931—2005　土方机械　挖沟机　术语和商业规格(ISO 13539:1998,MOD)

[9]　GB/T 21154—2014　土方机械　整机及其工作装置和部件的质量测量方法(ISO 6016:2008,IDT)

[10]　GB/T 22352—2008　土方机械　吊管机　术语和商业规格(ISO 7136:2006,IDT)

[11]　GB/T 22357—2008　土方机械　机械挖掘机　术语(ISO 15219:2004,IDT)

[12]　GB/T 25603—2010　土方机械 水平定向钻机　术语(ISO 21467:2004,IDT)

[13]　GB/T 25604—2010　土方机械　装载机　术语和商业规格(ISO/DIS 7131:2007,MOD)

[14]　GB/T 25605—2010　土方机械　自卸车　术语和商业规格(ISO 7132:2003,MOD)

ICS 53.100
P 97

中华人民共和国国家标准

GB/T 25687.1—2017/ISO/TS 9250-1:2012
代替 GB/T 25687.1—2010

土方机械 同义术语的多语种列表
第 1 部分：综合

Earth-moving machinery—
Multilingual listing of equivalent terms—Part 1:General

(ISO/TS 9250-1:2012,IDT)

2017-12-29 发布　　　　　　　　　　　　2018-07-01 实施

中华人民共和国国家质量监督检验检疫总局
中国国家标准化管理委员会 发布

前　言

GB/T 25687《土方机械　同义术语的多语种列表》分为两个部分：

——第 1 部分：综合；

——第 2 部分：性能和尺寸。

本部分为 GB/T 25687 的第 1 部分。

本部分按照 GB/T 1.1—2009 给出的规则起草。

本部分代替 GB/T 25687.1—2010《土方机械　同义术语的多语种列表　第 1 部分：综合》，本部分与 GB/T 25687.1—2010 相比，除编辑性修改外主要技术变化如下：

——删除了原第 31 项"防滑带"、原第 51 项"发动机熄火临界状态"、原第 71 项"闭锁回路压力"、原第 122 项"梯级"、原第 126 项"座椅安全带装置"、原第 140 项"标准配置部件"和原第 191 项"绞盘"（见 2010 版的第 2 章）；

——同义术语增加了"约束系统"（见第 2 章表中第 109 项）；

——将原第 34 项"间接测量"改为第 32 项"累积测量"，将原第 36 项"普通装斗式铲运机的部件"改为第 34 项"开斗式铲运机部件"，将原第 40 项"防护距离"改为第 38 项"距离防护"，将原第 93 项"普通装斗式铲运机"改为第 90 项"开斗式铲运机"，将原第 108 项"推拉或双重装载"改为第 105 项"推拉装置　双重装载"，将原第 145 项"正常转向动力源的故障"改为第 139 项"正常转向动力源失效"（见第 2 章，2010 版的第 2 章）。

本部分使用翻译法等同采用 ISO/TS 9250-1:2012《土方机械　同义术语的多语种列表　第 1 部分：综合》（英文版）。

本部分由中国机械工业联合会提出。

本部分由全国土方机械标准化技术委员会（SAC/TC 334）归口。

本部分负责起草单位：徐工集团工程机械有限公司江苏徐州工程机械研究院、天津工程机械研究院。

本部分参加起草单位：福建省闽旋科技股份有限公司。

本部分主要起草人：张成玉、刘锡霞、吴继霞、朱斌。

本部分所代替标准的历次版本发布情况为：

——GB/T 25687.1—2010。

土方机械　同义术语的多语种列表
第1部分：综合

1 范围

GB/T 25687 的本部分给出了中文、英文、法文和俄文的土方机械综合术语的同义语列表，这些术语已经由现有的标准所定义。

制定本部分的目的是：

——促进世界范围内土方机械信息的交流，特别是确保使用者之间的交流正确和一致；

——明确专业人士（销售、售后服务、技术、零部件分销等）之间信息的交流；

——简化通关操作及统计调查；

——对于不同的市场，尽可能翻译成适用的主要语言。

这些术语是以英文术语的字母顺序进行排列和编号的，并且每项术语都由引用的标准所定义。

2 中文、英文、法文、俄文的同义术语

序号	中文	English(英文)	Français(法文)	Русский(俄文)	中国标准编号 （采用的国际标准）
1	外展	abduction	abduction	отведение(конечности или ее сегмента)	GB/T 21935—2008 (ISO 6682:1986,IDT)
2	内收	adduction	adduction	приведение	GB/T 21935—2008 (ISO 6682:1986,IDT)
3	通道装置	access system	accès secondaire	запасная система доступа	GB/T 17300—2017 (ISO 2867:2011,IDT)
4	备用出入口	alternative opening	ouverture secondaire	запасной проем	GB/T 17300—2017 (ISO 2867:2011,IDT)
5	固定器	anchorage	ancrage	место крепления	GB/T 17921—2010 (ISO 6683:2005,MOD)
6	角推土铲	angle dozer	lame orientable	бульдозерное оборудование с поворотным отвалом	ISO 6747:2013
7	在直线位置的角推土铲	angling blade dozer in straight position	lame inclinable en position droite	бульдозерное оборудование с поворотным отвалом, установленное в прямое положение	GB/T 21937—2008 (ISO 9246:1988,IDT)
8	仪器	apparatus	appareillage	аппаратура	GB/T 21154—2014 (ISO 6016:2008,IDT)
9	铰接车架自卸车	articulated frame dumper	tombereau à chassis articulé	самосвал с шарнирным шасси	GB/T 8498—2017 (ISO 6165:2012,IDT)

序号	中文	English(英文)	Français(法文)	Русский(俄文)	中国标准编号 （采用的国际标准）
10	附属装置	attachment	accessoire	дополнительное оборудование	GB/T 21154—2014 (ISO 6016:2008,IDT)
11	反铲	backhoe	pelle rétro	обратная лопата	GB/T 25604—2017 (ISO/DIS 7131:2009,IDT)
12	挖掘装载机	backhoe loader	chargeuse-pelleteuse	обратная лопата-погрузчик	GB/T 8498—2017 (ISO 6165:2012,IDT)
13	护栏	barrier guard	garde-corps	защитное ограждение	GB/T 25607—2010 (ISO 3457:2003,IDT)
14	主机	base machine	engin de base	базовая машина	GB/T 21154—2014 (ISO 6016:2008,IDT)
15	底板	bedplate	banc d'essai	платформа стенда	GB/T 17922—2014 (ISO 3471:2008,IDT)
16	车厢	body	benne	кузов	GB/T 25689—2010 (ISO 6483:1980,IDT)
17	臂架走道	boom walkway	passerelle de flèche	проход по стреле	GB/T 17300—2017 (ISO 2867:2011,IDT)
18	底卸式自卸车	bottom dumper	tombereau à vidage par le fond	землевоз с донной разгрузкой	GB/T 25689—2010 (ISO 6483:1980,IDT)
19	制动器	brake	frein	тормоз	ISO 3450:2011
20	制动操纵机构	brake control	commande(de frein)	орган управления	ISO 3450:2011
21	制动系统	brake system	dispositif de freinage	тормозная система	ISO 3450:2011
22	制动系统压力	brake system pressure	pression à l'intérieur du dispositif de freinage	давление тормозной системы	ISO 3450:2011
23	停车制动系统	brake system, parking	dispositif de freinage de stationnement	стояночная тормозная система	ISO 3450:2011
24	辅助制动系统	brake system, secondary	dispositif de freinage de secours	резервная тормозная система	ISO 3450:2011
25	行车制动系统	brake system, service	dispositif de freinage de service	рабочая тормозная система	ISO 3450:2011
26	铲斗组件	bucket components	éléments/composants des godets	элемент конструкции ковша	GB/T 21942—2008 (ISO 7546:1983,MOD)
27	磨合	burnishing	mise en condition	приработка(тормозов)	ISO 3450:2011

序号	中文	English(英文)	Français(法文)	Русский(俄文)	中国标准编号 (采用的国际标准)
28	机械挖掘机	cable excavator	pelle à cable	кабельный землекоп	GB/T 8498—2017 (ISO 6165:2012,IDT)
29	摇转	circumduction	circumduction	дуговое движение	GB/T 21935—2008 (ISO 6682:1986,IDT)
30	冷制动	cold brakes	freins froids	холодные тормоза	ISO 3450:2011
31	共用部件	common component	élément commun	общая составная часть	ISO 3450:2011
32	累积测量	cumulative measurement	mesure complexe	комплексное измерение	GB/T 21154—2014 (ISO 6016:2008,IDT)
33	部件	components	organes constitutifs	составные части	GB/T 21154—2014 (ISO 6016:2008,IDT)
34	开斗式铲运机部件	components of open bowl scraper	composantes de décapeuse à benne ouverte	составные части скрепера с напорной загрузкой	GB/T 25691—2010 (ISO 6485:1980,IDT)
35	操纵位移	control displacement	déplacement des commandes	перемещение органа управления	GB/T 21935—2008 (ISO 6682:1986,IDT)
36	操纵定位	control location	emplacement de la commande	расположение органа управления	GB/T 21935—2008 (ISO 6682:1986,IDT)
37	挠曲极限量(DLV)	deflection-limiting volume(DLV)	volume limite de déformation(DLV)	объем ограничения деформации	GB/T 17772—1999 (ISO 3164:1995,IDT)
38	距离防护	distance guarding	protecteur de maintien à distance	ограничитель расстояния	GB/T 25607—2010 (ISO 3457:2003,IDT)
39	推土铲装置	dozing equipment	équipement lame	бульдозерное оборудование	ISO 6747:2013
40	牵引杆	drawbar	timon	сцепное устройство	GB/T 6375—2008 (ISO 7464:1983,IDT)
41	牵引功率	drawbar power	puissance du timon	тяговая мощность	GB/T 6375—2008 (ISO 7464:1983,IDT)
42	牵引力	drawbar pull	traction du timon	тяговое усилие	GB/T 6375—2008 (ISO 7464:1983,IDT)
43	自卸车	dumper	tombereau	землевоз	GB/T 8498—2017 (ISO 6165:2012,IDT)
44	负荷测量车	dynamometer car	wagon-dynamomètre	динамометрическая тележка	GB/T 6375—2008 (ISO 7464:1983,IDT)
45	土方机械	earth-moving machinery	engin de terrassement	землеройные машины	GB/T 8498—2017 (ISO 6165:2012,IDT)
46	升运式铲运机	elevating scraper	décapeuse élévatrice	скрепер с элеваторной загрузкой	GB/T 25690—2010 (ISO 6484:1986,IDT)

序号	中文	English(英文)	Français(法文)	Русский(俄文)	中国标准编号 (采用的国际标准)
47	升运式铲运机部件	elevating scraper components	composantes des décapeuses élévatrices	составные части скрепера с элеваторной загрузкой	GB/T 25690—2010 (ISO 6484:1986,IDT)
48	机壳出入口	enclosure opening	ouverture de la cabine	проем в ограде	GB/T 17300—2017 (ISO 2867:2011,IDT)
49	工作装置	equipment	accessoire	рабочее оборудование	GB/T 21154—2014 (ISO 6016:2008,IDT)
50	挖掘机	excavator	pelle	экскаватор	GB/T 8498—2017 (ISO 6165:2012,IDT)
51	落物保护结构（FOPS）	falling object protective structure (FOPS)	structure de protection contre les chutes d'objet (FOPS)	устройство защиты от падающих предметов (FOPS)	GB/T 17922—2014 (ISO 3471:2008,IDT)
52	风扇护罩	fan guard	protection de ventilateur	кожух вентилятора	GB/T 25607—2010 (ISO 3457:2003,IDT)
53	发动机最大空载转速	fast idle engine speed	vitesse au ralenti rapide	максимальная частота вращения холостого хода двигателя	GB/T 6375—2008 (ISO 7464:1983,IDT)
54	挡泥板	fender	garde-boue	крыло	GB/T 25607—2010 (ISO 3457:2003,IDT)
55	扭曲	flexion	flexion	сгибание(тела, конечности)	GB/T 21935—2008 (ISO 6682:1986,IDT)
56	挡脚板	foot barrier	plinthe	бортик для ног	GB/T 17300—2017 (ISO 2867:2011,IDT)
57	前进［倒退］报警器	travel [reverse] warning alarm	avertisseur de [marche arrière]	звуковой сигна-лизатор перед-него [заднего] хода	GB/T 21155—2007 (ISO 9533:2010,IDT)
58	频率分析	frequency analysis	analyse de fréquence	частотный анализ	GB/T 8419—2007 ISO 7096:2000,IDT
59	机器的前桥［后桥］	front axle [rear axle]of machine	essieu avant [arrière]d'un engin	передняя[задняя] ось двигателя	GB/T 21154—2014 (ISO 6016:2008,IDT)
60	前置铲刀（推土板）	front blade	lame avant	передний отвал	ISO 7134:2013
61	抓铲[蛤壳式]闭合力	grab [clamshell] closing force	force de fermeture d'une grasping pelle [clamshell] en demi-coquilles	замыкающее усилие самосхвата	GB/T 13332—2008 (ISO 6015:2006,IDT)

序号	中文	English(英文)	Français(法文)	Русский(俄文)	中国标准编号 （采用的国际标准）
62	平地机	grader	niveleuse	автогрейдер	GB/T 8498—2017 (ISO 6165：2012,IDT)
63	防护装置	guard	protecteur	защитное устройство системы доступа	GB/T 25607—2010 (ISO 3457：2003,IDT)
64	护栏	guardrail	garde-corps	ограждающий поручень	GB/T 17300—2017 (ISO 2867：2011,IDT)
65	扶手	handrail	main courante	поручень	GB/T 17300—2017 (ISO 2867：2011,IDT)
66	扶栏和抓手	handrail and handhold	main courante et poignée	поручень и скоба	GB/T 17300—2010 (ISO 2867：2006,IDT)
67	抓手	handhold	poignée	скоба	GB/T 17300—2017 (ISO 2867：2011,IDT)
68	软管护罩	hose guard	protection des tuyaux flexibles	защитное устройство для рукавов (гидросистемы)	GB/T 25607—2010 (ISO 3457：2003,IDT)
69	液压极限	hydraulic limit	condition limite hydraulique	гидровлический предел	GB/T 13332—2008 (ISO 6015：2006,IDT)
70	斜支撑	jack	élément de réglage	винтовой раскос	ISO 6747：2013
71	梯子	ladder	échelle	трап	GB/T 17300—2017 (ISO 2867：2011,IDT)
72	回填压实机	landfill compactor	compacteur de remblais et de déchets	уплотнитель насыпи	GB/T 8498—2017 (ISO 6165：2012,IDT)
73	左侧[右侧]	left-hand [right-hand] side	côté gauche[droit]	левая[правая] сторона машины	GB/T 21154—2014 (ISO 6016：2008,IDT)
74	装载机	loader	chargeuse	погрузчик	GB/T 8498—2017 (ISO 6165：2012,IDT)
75	定位轴(LA)	locating axis(LA)	axe de positionnement (LA)	установочная ось	GB/T 17772—1999 (ISO 3164：1995,IDT)
76	圆木叉	log fork	fourche à grumes	челюстной захват	GB/T 25604—2017 (ISO/DIS 7131：2009,IDT)
77	机器	machine	engin	машина	GB/T 8499—1987 (ISO 5005：1977,IDT)
78	机器通过直径	machine clearance diameter	diamètre de dégagement de l'engin	габаритный диаметр поворота машины	GB/T 8592—2001 (eqv ISO 7457：1997)

序号	中文	English(英文)	Français(法文)	Русский(俄文)	中国标准编号 (采用的国际标准)
79	机架	machine frame	chassis	рама машины	GB/T 17922—2014 (ISO 3471:2008,IDT)
80	机器质量	machine mass	masse de l'engin	масса машины	ISO 3450:2011
81	机器速度	machine speed	vitesse de l'engin	скорость передвижения машины	GB/T 10913—2005 (ISO 6014:1986,MOD)
82	维修出入口	maintenance opening	ouverture de maintenance	служебный проем	ISO 2867:2011
83	质量	mass	masse	масса	GB/T 10913—2005 (ISO 6014:1986,MOD)
84	机器基准体	machine reference box	parallélépipède de référence de l'engin	базисный параллелепипед машины	GB/T 21155—2007 (ISO 9533:2010,IDT)
85	平均减速度	mean deceleration	décélération moyenne	среднее замедление	ISO 3450:2011
86	测量时间	measuring period	période de mesure	период измерения (вибрации)	GB/T 8419—2007 ISO 7096:2000,IDT)
87	小回转半径挖掘机	minimal swing radius excavator	pelle à rayon court	экскаватор с малым радиусом поворота	GB/T 8498—2017 (ISO 6165:2012,IDT)
88	多功能铲斗	multi-purpose bucket	godet à plusieurs utilisations	двухчелюстной ковш	GB/T 25604—2017 (ISO/DIS 7131:2009,IDT)
89	净功率	net power	puissance nette	мощность нетто	GB/T 16936—2015 (ISO 9249:2007,IDT)
90	开斗式铲运机	open bowl scraper	décapeuse à benne ouverte	скрепер с напорной загрузкой	GB/T 25691—2010 (ISO 6485:1980,IDT)
91	工作质量	operating mass	masse en service de l'engin	эксплуатационная масса	GB/T 21154—2014 (ISO 6016:2008,IDT)
92	高大身材司机	operator,large	grand conducteur	оператор высокого роста	GB/T 8420—2011 (ISO 3411:2007,IDT)
93	中等身材司机	operator,medium	moyen conducteur	оператор среднего роста	GB/T 8420—2011 (ISO 3411:2007,IDT)
94	矮小身材司机	operator,small	petit conducteur	оператор низкого роста	GB/T 8420—2011 (ISO 3411:2007,IDT)
95	司机座椅	operator seat	siège de l'opérateur	сиденье оператора	GB/T 8419—2007 (ISO 7096:2000,IDT)
96	可选的工作装置	optional equipment	équipement optionnel	необязательное оборудование	GB/T 21154—2014 (ISO 6016:2008,IDT)
97	货叉	pallet fork	fourche à palettes	грузовая вила	GB/T 25604—2017 (ISO/DIS 7131:2009,IDT)

序号	中文	English(英文)	Français(法文)	Русский(俄文)	中国标准编号 （采用的国际标准）
98	走廊	passageway	passage	проход	GB/T 17300—2017 (ISO 2867:2011,IDT)
99	吊管机	pipelayer	poseur de canalisations	трубоукладчик	GB/T 8498—2017 (ISO 6165:2012,IDT)
100	平台	platform	plate-forme	платформа	GB/T 17300—2017 (ISO 2867:2011,IDT)
101	聚酯纤维	polyester fibre	fibre polyester	полизфирное волокно	GB/T 17921—2010 (ISO 6683:2005,MOD)
102	防护	preservation	mise en conservation	консервация	GB/T 22358—2008 (ISO 6749:1984,IDT)
103	主要操纵	primary control	commande primaire	основные органы управления	GB/T 21935—2008 (ISO 6682:1986,IDT)
104	基本出入口	primary opening	ouverture principale	основной проем	GB/T 17300—2017 (ISO 2867:2011,IDT)
105	推拉装置 双重装载	push-pull loading dual loading	chargement réversible chargement double	сцепное устрой-ство для сов-местного набо-ра грунта сцепное устрой-ство для раз-дельного транс-портирования грунта	ISO 7133:2013
106	斜坡	ramp	rampe d'accès	рампа	GB/T 17300—2017 (ISO 2867:2011,IDT)
107	铲斗额定容量 (V_R)	rated bucket volume(V_R)	volume évalué du godet(V_R)	номинальная вместимость ковша	GB/T 21942—2008 (ISO 7546:1983,MOD)
108	清除防护物	removal of preservatives	remise en état de service	расконсервация	GB/T 22358—2008 (ISO 6749:1984,IDT)
109	约束系统	restraint system	ceinture de sécurité (dispositif)	система ремня безопасности	GB/T 17921—2010 (ISO 6683:2005,MOD)
110	限速器	retarder	ralentisseur	замедлитель	ISO 3450:2011
111	刚性车架自卸车	rigid-frame dumper	tombereau à chassis rigide	самосвал с жестким шасси	GB/T 8498—2017 (ISO 6165:2012,IDT)
112	松土器	ripper	défonceuse	рыхлительное оборудование	ISO 6747:2013
113	平行四连杆式松土器	ripper, parallelogram type	défonceuse,type parallélogramme	четырехзвенное рыхлительное оборудование	ISO 6747:2013
114	铰接式松土器	ripper,radial type	défonceuse,type radial	трехзвенное рыхлительное оборудование	ISO 6747:2013

序号	中文	English(英文)	Français(法文)	Русский(俄文)	中国标准编号 (采用的国际标准)
115	可调式松土器	ripper, variable type	défonceuse, type variable	рыхлительное оборудование с регулируемым углом рыхления	ISO 6747:2013
116	梯级高度	riser height	hauteur de la contre-marche	шаг подъема (лестницы, трапа)	GB/T 17300—2017 (ISO 2867:2011,IDT)
117	压路机	roller	compacteur	каток	GB/T 8498—2017 (ISO 6165:2012,IDT)
118	滚翻保护结构(ROPS)	roll-over protective structure(ROPS)	structure de protection contre le retournement (ROPS)	устройство защиты при опрокидывании (ROPS)	GB/T 17922—2014 (ISO 3471:2008,IDT)
119	日常维修	routine maintenance	entretien régulier	текущий ремонт	GB/T 25607—2010 (ISO 3457:2003,IDT)
120	松土器	scarifier	scarificateur	кирковщик	GB/T 25604—2017 (ISO/DIS 7131:2009,IDT)
121	铲运机	scraper	décapeuse	самоходный скрепер	GB/T 8498—2017 (ISO 6165:2012,IDT)
122	座椅安全带	seat belt assembly	assemblage de ceinture de sécurité	комплект ремня безопасности	GB/T 17921—2010 (ISO 6683:2005,MOD)
123	司机座椅标定点(SIP)	seat index point (SIP)	point de repère du siège(SIP)	контрольная точка сиденья(SIP)	GB/T 8591-2000 (eqv ISO 5353:1995)
124	次要操纵	secondary control	commande secondaire	второстепенные органы управления	GB/T 21935—2008 (ISO 6682:1986,IDT)
125	半U形和U形推土铲	semi-U and U-blade dozer	lame en demi-U et en U	бульдозерное оборудование с полусферическим и сферическим отвалами	GB/T 21937—2008 (ISO 9246:1988,IDT)
126	运输质量(SM)	shipping mass (SM)	masse de transport (SM)	погрузочная масса	GB/T 21154—2014 (ISO 6016:2008,IDT)
127	侧卸铲斗	side dump bucket	godet à déchargement latéral	ковш с боковой разгрузкой	GB/T 25604—2017 (ISO/DIS 7131:2009,IDT)
128	直接测量	simple measurement	mesure simple	простое измерение	GB/T 21154—2014 (ISO 6016:2008,IDT)
129	模拟地平面(SGP)	simulated ground plane(SGP)	plan fictif du sol (SGP)	имитируемая плоскость грунта (SGP)	GB/T 17922—2014 (ISO 3471:2008,IDT)

序号	中文	English(英文)	Français(法文)	Русский(俄文)	中国标准编号 （采用的国际标准）
130	滑移转向装载机	skid-steer loader	chargeuse à direction par glissement (uniloader)	погрузчик с управлением с буксованием	GB/T 8498—2017 (ISO 6165:2012,IDT)
131	防滑面	slip-resistant surface	surface antidérapante	нескользкое покрытие	GB/T 17300—2017 (ISO 2867:2011,IDT)
132	滑移极限	slipping limit	limite de dérapage	скольжение предел	GB/T 13332—2008 (ISO 6015:2006,IDT)
133	扫雪装置	snowplough	chasse-neige	плужный снегоочиститель	ISO 7134:2013
134	阶梯	stairway	escalier	лестница	GB/T 17300—2017 (ISO 2867:2011,IDT)
135	转向角	steering angle	angle de braquage	угол поворота	GB/T 14781—2014 (ISO 5010:2007,IDT)
136	转向操纵元件	steering control element	dispositif de contrôle de direction	командный орган рулевого управления	GB/T 14781—2014 (ISO 5010:2007,IDT)
137	转向操纵力	steering effort	effort de conduite	усилие рулевого управления	GB/T 14781—2014 (ISO 5010:2007,IDT)
138	应急转向动力源	steering power source,emergency	source de force motrice de direction de secours	аварийный энергетический источник системы рулевого управления	GB/T 14781—2014 (ISO 5010:2007,IDT)
139	正常转向动力源失效	steering power source,failure of normal	défaillance de la source de force motrice normale	отказ рабочего энергетического источника системы рулевого управления	GB/T 14781—2014 (ISO 5010:2007,IDT)
140	正常转向动力源	steering power source,normal	source de force motrice de direction normale	рабочий энергетический источник системы рулевого управления	GB/T 14781—2014 (ISO 5010:2007,IDT)
141	转向系统	steering system	système de direction	система рулевого управления	GB/T 14781—2014 (ISO 5010:2007,IDT)
142	应急转向系统	steering system, emergency	système de direction de secours	аварийная система рулевого управления	GB/T 14781—2014 (ISO 5010:2007,IDT)
143	动力转向系统	steering system, full-powered	système avec servodirection	рулевое управление с силовым приводом	GB/T 14781—2014 (ISO 5010:2007,IDT)
144	机械转向系统	steering system, manual	système de direction manuelle	ручное рулевое управление	GB/T 14781—2014 (ISO 5010:2007,IDT)

序号	中文	English(英文)	Français(法文)	Русский(俄文)	中国标准编号 (采用的国际标准)
145	动力助力转向系统	steering system, power-assisted	système de direction assistée	рулевое управление с усилителем	GB/T 14781—2014 (ISO 5010:2007,IDT)
146	踏脚	step	marche	ступень	GB/T 17300—2017 (ISO 2867:2011,IDT)
147	制动距离	stopping distance	distance d'arrêt	тормозной путь	ISO 3450:2011
148	贮存	storage	stockage	хранение	GB/T 22358—2008 (ISO 6749:1984,IDT)
149	直推土铲	straight dozer	lame droite	бульдозерное оборудование с неповоротным отвалом	ISO 6747:2013
150	跨步距离	stride distance	pas	проступь(лестницы)	GB/T 17300—2017 (ISO 2867:2011,IDT)
151	标定面	strike plane	plan de rasage	разделительная плоскость	GB/T 21942—2008 (ISO 7546:1983,MOD)
152	平装容量(V_S)	struck volume(V_S)	volume ras(V_S)	геометрический объем (V_S)	GB/T 21942—2008 (ISO 7546:1983,MOD)
153	撑杆	strut	arc-boutant	жесткий раскос	ISO 6747:2013
154	回转自卸车	swing dumper	tombereau orientable	поворотный опрокидыватель	GB/T 8498—2017 (ISO 6165:2012,IDT)
155	回转装载机	swing loader	chargeuse orientable	поворотный погрузчик	GB/T 8498—2017 (ISO 6165:2012,IDT)
156	摆动式牵引杆	swinging drawbar	barre d'attelage orientable	поворотное сцепное устройство	ISO 6747:2013
157	基本尺寸	target dimension	dimension cible	проектный размер	GB/T 17300—2017 (ISO 2867:2011,IDT)
158	试验道路	test course	aire d'essai	испытательный участок	ISO 3450:2011
159	测试距离	test distance	distance d'essai	длина измеряемого участка	GB/T 6375—2008 (ISO 7464:1983,IDT)
160	试验速度	test speed	vitesse d'essai	скорость передвижения	GB/T 10913—2005 (ISO 6014:1986,MOD)
161	测试时间	test time	temps d'essai	время опыта	GB/T 6375—2008 (ISO 7464:1983,IDT)
162	试验跑道	test track	piste d'essai	испытательный трек	GB/T 10913—2005 (ISO 6014:1986,MOD)
163	测试路段	test track length	longueur de la piste d'essai	мерный участок	GB/T 10913—2005 (ISO 6014:1986,MOD)

序号	中文	English(英文)	Français(法文)	Русский(俄文)	中国标准编号 （采用的国际标准）
164	隔热罩	thermal guard	protection thermique	тепловой кожух	GB/T 25607—2010 (ISO 3457:2003,IDT)
165	三点支承	three-point support	support trois points	трехточковая опора	GB/T 17300—2017 (ISO 2867:2011,IDT)
166	时间间隔	time interval	intervalle de temps	интервал времени	GB/T 10913—2005 (ISO 6014:1986,MOD)
167	时间记录器	time recorder	enregistreur de temps	регистратор времени	GB/T 10913—2005 (ISO 6014:1986,MOD)
168	倾翻极限	tipping limit	limite de basculement	опрокидывающаяся предел	GB/T 13332—2008 (ISO 6015:2006,IDT)
169	挖掘力	tool forces	forces de l'outil	усилия на рабочем органе	GB/T 13332—2008 (ISO 6015:2006,IDT)
170	堆尖容量(V_T)	top volume(V_T)	volume dépassant (V_T)	объем 《шапки》(V_T)	GB/T 21942—2008 (ISO 7546:1983,MOD)
171	拖式压路机	towed roller	compacteur tracté	прицепной каток	GB/T 8498—2017 (ISO 6165:2012,IDT)
172	拖式铲运机	towed scraper	décapeuse tractée	прицепной скрепер	GB/T 8498—2017 (ISO 6165:2012,IDT)
173	推土机	dozer	bouteur	бульдозер	GB/T 8498—2017 (ISO 6165:2012,IDT)
174	运输	transportation	transport	транспортирование	GB/T 22358—2008 (ISO 6749:1984,IDT)
175	踏面深度	tread depth	profondeur de marche	глубина рабочей поверхности ступени	GB/T 17300—2017 (ISO 2867:2011,IDT)
176	挖沟机	trencher	trancheuse	траншеекопатель	GB/T 8498—2017 (ISO 6165:2012,IDT)
177	转向中心	turning centre	centre de braquage	центр поворота	GB/T 8592—2001 (eqv ISO 7457:1997)
178	转弯直径	turning diameter	diamètre de braquage	диаметр поворота	GB/T 8592—2001 (eqv ISO 7457:1997)
179	转弯半径	turning radius	rayon de braquage	радиус поворота	GB/T 8592—2001 (eqv ISO 7457:1997)
180	轮胎通过圆	tyre circle	cercle de roulement	окружность поворота по шинам	GB/T 14781—2014 (ISO 5010:2007,IDT)
181	步履式挖掘机	walking excavator	pelle araignée	шагающий зкскаватор	GB/T 8498—2017 (ISO 6165:2012,IDT)
182	走道	walkway	passerelle	проход	GB/T 17300—2017 (ISO 2867:2011,IDT)

序号	中文	English(英文)	Français(法文)	Русский(俄文)	中国标准编号 （采用的国际标准）
183	轮胎[履带]滑转率	wheel [track] slip	patinage des roues [chenilles]	буксование колес [гусениц]	GB/T 6375—2008 (ISO 7464:1983,IDT)
184	全身振动	whole-body vibration	vibration globale du corps	общая вибрация тела оператора	GB/T 8419—2007 (ISO 7096:2000,IDT)
185	绞盘	winch	équipement du treuil	лебедка	GB/T 25604—2017 (ISO 7131:2009,IDT)
186	作业回路压力	working circuit hydraulic pressure	pression hydraulique de fonctionnement du circuit	работая гидравлическое давление цепи	GB/T 13332—2008 (ISO 6015:2006,IDT)
187	操纵的舒适区域	zones of comfort	zones de confort	зона комфорта	GB/T 21935—2008 (ISO 6682:1986,IDT)
188	操纵的可及范围	zones of reach	zones d'accessibilité	зона досягаемости	GB/T 21935—2008 (ISO 6682:1986,IDT)

参 考 文 献

中文
[对应中国国家标准编号及采用程度]

[1] ISO 2867:2011 土方机械 通道装置
[GB/T 17300—2017,IDT]

[2] ISO 3164 土方机械 保护结构的实验室鉴定 挠曲极限量的规定
[GB/T 17772—1999,IDT]

[3] ISO 3411:2007 土方机械 司机的身材尺寸与司机的最小活动空间
[GB/T 8420—2011,IDT]

[4] ISO 3450:1996 土方机械 轮胎式机器 制动系统的性能要求和试验验方法
[GB/T 21152—2007,IDT]

Bibliography（英文）

[1] ISO 2867:2011 Earth-moving machinery—Access systems

[2] ISO 3164 Earth-moving machinery—Laboratory evaluations of protective structures—Specifications for deflection-limiting volume

[3] ISO 3411:2007 Earth-moving machinery—Physical dimensions of operators and minimum operator space envelope

[4] ISO 3450:1996 Earth-moving machinery—Braking systems of rubber-tyred machines—Systems and performance requirements and test procedures

Bibliographie（法文）

[1] ISO 2867:2011 Engins de terrassement—Moyens d'accès

[2] ISO 3164 Engins de terrassement—Évaluations en laboratoire des structures de protection—Spécifications pour le volume limite de déformation

[3] ISO 3411:2007 Engins de terrassement—Définitions ergonomiques des conducteurs et espace enveloppe minimal

[4] ISO 3450:2011 Engins de terrassement—Engins sur pneumatiques ou surchenilles en caoutchouc à grande vitesse—Exigences de performance et modes opératoires d'essai dessystèmes de freinage

Библиография（俄文）

[1] ISO 2867:2011 Машины землеройные.Системы доступа

[2] ISO 3164 Машины землеройные.Защитные устройства.Характеристика объема ограничения деформации при лабораторных испытаниях

[3] ISO 3411:2007 Машины землеройные. Антропометрические данные операторов и минимальное рабочее пространство вокруг оператора

[4] ISO 3450:2011 Машины землеройные— Колесьнищи высокоскоростные срезиновыми гусеницамимашины— Эксплуата-ционные требования иметодики испытанийтормозных систем

[5] ISO 3457:2003 土方机械 防护装置 定义和要求 [GB/T 25607—2010,IDT]
ISO 3457:2003 Earth-moving machinery—Guards—Definitions and requirements
ISO 3457:2003 Engins de terrassement—Protecteurs—Définitions et exigences
ISO 3457:2003 Машины землеройные.Защитные устройства и ограждения. Определения и технические характеристики

[6] ISO 3471:2008 土方机械 滚翻保护结构 实验室试验和性能要求 [GB/T 17922—2014,IDT]
ISO 3471:2008 Earth-moving machinery—Roll-over protective structures—Laboratory tests and performance requirements
ISO 3471:2008 Engins de terrassement—Structures de protection au retournement—Essais de laboratoire et critères de performance
ISO 3471:2008 Машины землеройные.Устройства защиты при опрокидывании. Технические требования и лабораторные испытания

[7] ISO 5005:1977 土方机械 测定重心位置的方法 [GB/T 8499—1987,IDT]
ISO 5005:1977 Earth-moving machinery—Method for locating the centre of gravity
ISO 5005:1977 Engins de terrassement—Méthode de repérage du centre de gravité
ISO 5005:1977 Машины землеройные.Метод определения положения центра тяжести

[8] ISO 5010:2007 土方机械 轮胎式机器 转向要求 [GB/T 14781—2014,IDT]
ISO 5010:2007 Earth-moving machinery—Rubber-tyred machines—Steering requirements
ISO 5010:2007 Engins de terrassement—Engins équipés de pneumatiques—Systèmes de direction
ISO 5010:2007 Машины землеройные.Системы рулевого управления колесных машин

[9] ISO 5353:1995 土方机械 司机座椅标定点 [GB/T 8591—2000,eqv]
ISO 5353:1995 Earth-moving machinery—Seat index point
ISO 5353:1995 Engins de terrassement et tracteurs et matériels agricoles et forestiers—Point repère du siège
ISO 5353:1995 Машины землеройные и тракторы и машины самоходные сельскохозяйственные. Контрольная точка сиденья. Метод определения

[10] ISO 6014:1986 土方机械 行驶速度测定 [GB/T 10913—2005,MOD]
ISO 6014:1986 Earth-moving machinery—Determination of ground speed
ISO 6014:1986 Engins de terrassement—Détermination de la vitesse au sol
ISO 6014:1986 Машины землеройные.Определение скорости движения

[11] ISO 6015:2008 土方机械 液压挖掘机和挖掘装载机 挖掘力的测定方法

[11] ISO 6015:2008 Earth-moving machinery—Hydraulic excavators and backhoe loaders—Method of measuring tool forces

[11] ISO 6015:2008 Engins de terrassement—Pelles hydrauliques et chargeuses-pelleteuses—Méthodes de détermination des forces de l'outil

[11] ISO 6015:2008,Машины землеройные.Экскаваторы.Методы измерения усилий на рабочих органах

[12] ISO 6016:2008 土方机械 整机及其工作装置和部件的质量测量方法 [GB/T 21154—2014,IDT]

[12] ISO 6016:2008 Earth-moving machinery—Methods of measuring the masses of whole machines, their equipment and components

[12] ISO 6016:2008 Engins de terrassement—Méthodes de mesure des masses des engins complets,de leurs équipements et de leurs organes constitutifs

[12] ISO 6016:2008 Машины землеройные.Методы определения размеров машин с рабочим оборудованием

[13] ISO 6165:2012 土方机械 基本类型 识别、术语和定义 [GB/T 8498—2017,IDT]

[13] ISO 6165:2012 Earth-moving machinery—Basic types—Identification and terms and definitions

[13] ISO 6165:2012 Engins de terrassement—Principaux types—Identification et terms et définitions

[13] ISO 6165:2012 Машины землеройные.Основные типы.Термины и определения

[14] ISO 6483:1980 土方机械 铲车车厢 容量标定 [GB/T 25689—2010,IDT]

[14] ISO 6483:1980 Earth-moving machinery—Dumper bodies—Volumetric rating

[14] ISO 6483:1980 Engins de terrassement—Bennes de tombereau—Évaluation volumétrique

[14] ISO 6483:1980 Машины землеройные.Кузовы землевозов(самосвалов).Расчет вместимости

[15] ISO 6484:1986 土方机械 升运式铲运机 容量标定 [GB/T 25690—2010,IDT]

[15] ISO 6484:1986 Earth-moving machinery—Elevating scrapers—Volumetric ratings

[15] ISO 6484:1986 Engins de terrassement—Décapeuses élévatrices—Évaluations voumétriques

[15] ISO 6484:1986 Машины землеройные.Скреперы с элеваторной загрузкой.Расчет вместимости ковша

[16] ISO 6485:1980 土方机械 开斗式铲运机 容量标定 [GB/T 25691—2010,IDT]

[16] ISO 6485:1980 Earth-moving machinery—Open bowl scraper volumetric rating

[16] ISO 6485:1980 Engins de terrassement—Décapeuse—Évaluation volumétrique

[16] ISO 6485:1980 Машины землеройные.Расчет вместимости ковшей самоходных скреперов

[17] ISO 6682:1986 土方机械 操纵的舒适区域与可及范围 [GB/T 21935—2008,IDT]

[18] ISO 6683:2005 土方机械 座椅安全带及其固定器 性能要求和试验 [GB/T 17921—2010,MOD]

[19] ISO 6747:2013 土方机械 推土机—术语和商业规格

[20] ISO 6749:1984 土方机械 防护与贮存 [GB/T 22358—2008,IDT]

[21] ISO 7096:2000 土方机械 司机座椅振动的试验室评价 [GB/T 8419—2007,IDT]

[17] ISO 6682:1986 Earth-moving machinery—Zones of comfort and reach for controls

[18] ISO 6683:2005 Earth-moving machinery—Seat belts and seat belt anchorages—Performance requirements and tests

[19] ISO 6747:2013 Earth-moving machinery—Dozers—Terminology and commercial specifications

[20] ISO 6749:1984 Earth-moving machinery—Preservation and storage

[21] ISO 7096:2000 Earth-moving machinery—Laboratory evaluation of operator seat vibration

[17] ISO 6682:1986 Engins de terrassement—Zones de confort et d'accessibilité des commandes

[18] ISO 6683:2005 Engins de terrassement—Ceintures de sécurité et ancrages pour ceintures de sécurité

[19] ISO 6747:2013 Engins de terrassement—Bouteurs—Terminologie et spécifications commerciales

[20] ISO 6749:1984 Engins de terrassement—Conservation et stockage

[21] ISO 7096:2000 Engins de terrassement—Évaluation en laboratoire des vibrations transmises à l'opérateur par le siège

[17] ISO 6682:1986 Машины землеройные.Зоны комфорта и досягаемости органов управления

[18] ISO 6683:2005 Машины землеройные.Ремни безопасности и анкореджи ремня безопасности. Технические требования и испытания

[19] ISO 6747:2013 Машины землеройные.Тракторы. Терминология и техническая характеристика для коммерческой документации

[20] ISO 6749:1984 Машины землеройные.Консервация и хранение

[21] ISO 7096:2000 Вибрация. Лабораторный метод оценки вибрации,передаваемой через сиденье оператора машины.Машины землеройные

[22] ISO/DIS 7131:2009 Машины землеройные. Погрузчики. Термины, определения и техническая характеристика для коммерческой документации

[23] ISO 7133:2013 Машины землеройные. Самоходные скреперы. Термины, определения и техническая характеристика для коммерческой документации

[24] ISO 7134:2013 Машины землеройные. Скреперы с элеваторной загрузкой. Расчет вместимости ковша

[25] ISO 7457:1997 Машины землеройные. Методы определения параметров поворота колесных машин

[26] ISO 7464:1983 Машины землеройные. Метод определения тяговой характеристики

[27] ISO 7546:1983 Машины землеройные. Ковши погрузчиков и погрузочные ковши экскаваторов. Расчет вместимости

[22] ISO/DIS 7131:2009 Engins de terrassement—Chargeuses—Terminologie et spécifications commerciales

[23] ISO 7133:2013 Engins de terrassement—Décapeuses—Terminlogie et spécifications commerciales

[24] ISO 7134:2013 Engins de terrassement—Niveleuses—Terminologie et spécifications commerciales

[25] ISO 7457:1997 Engins de terrassement—Détermination des dimensions de braquage des engins sur roues

[26] ISO 7464:1983 Engins de terrassement—Méthode d'essai pour le mesurage de la traction du timon

[27] ISO 7546:1983 Engins de terrassement—Godets de chargeuses et de pelles à chargement frontal—Évaluations volumétriques

[22] ISO/DIS 7131:2009 Earth-moving machinery—Loaders—Terminology and commercial specifications

[23] ISO 7133:2013 Earth-moving machinery—Tractor-scrapers—Terminology and commercial specifications

[24] ISO 7134:2013 Earth-moving machinery—Graders—Terminology and commercial specifications

[25] ISO 7457:1997 Earth-moving machinery—Determination of turning dimensions of wheeled machines

[26] ISO 7464:1983 Earth-moving machinery—Method of test for the measurement of drawbar pull

[27] ISO 7546:1983 Earth-moving machinery—Loaders and front loading excavator buckets—Volumetric ratings

[22] ISO/DIS 7131:2009 土方机械 装载机 术语和商业规格 [GB/T 25604—2017,IDT]

[23] ISO 7133:2013 土方机械 铲运机—术语和商业规格

[24] ISO 7134:2013 土方机械 平地机—术语和商业规格

[25] ISO 7457:1997 土方机械 轮胎式机器转向尺寸的测定 [eqv GB/T 8592—2001]

[26] ISO 7464:1983 土方机械 牵引力测试方法 [GB/T 6375—2008,IDT]

[27] ISO 7546:1983 土方机械 装载机和正铲挖掘机的铲斗 容量标定 [GB/T 21942—2008,MOD]

[28] ISO 9246:1988 土方机械 履带式和轮胎式推土机的推土铲 容量标定 [GB/T 21937—2008,IDT]

ISO 9246:1988 Earth-moving machinery—Crawler and wheel tractor dozer blades—Volumetric ratings

ISO 9246:1988 Engins de terrassement—Lames de tracteurs sur chenilles ou sur roues—Évaluations volumétriques

ISO 9246:1988 Машины землеройные.Бульдозерные отвалы к гусеничным и колесным тракторам.Расчет объема призмы волочения

[29] ISO 9249:2007 土方机械 发动机净功率试验规范 [GB/T 16936—2015,IDT]

ISO 9249:2007 Earth-moving machinery—Engine test code—Net power

ISO 9249:2007 Engins de terrassement—Code d'essai des moteurs—Puissance nette

ISO 9249:2007 Машины землеройные.Правила испытаний двигателей.Полезная мощность

[30] ISO 9533:2010 土方机械 行车声响报警装置和前方喇叭 试验方法和性能准则 [GB/T 21155—2015,IDT]

ISO 9533:2010 Earth-moving machinery—Machine-mounted audible travel alarms and forward horns—Test methods and performance criteria

ISO 9533:2010 Engins de terrassement—Avertisseurs sonores de marche avant et de marche arrière montés sur engins—Méthode d'essai acoustique

ISO 9533:2010 Машины землеройные.Бортовые звуковые сигнализаторы переднего и заднего хода. Методы акустических испытаний

中 文 索 引

Alphabetical index(英文索引)

A

B

C

T

Index alphabétique(法文索引)

A

B

C

D

E

W

Z

Алфавитный указатель（俄文索引）

Ж

З

И

К

Л

M

Н

О

П

С

Т

У

ICS 53.100
P 97

中华人民共和国国家标准

GB/T 25687.2—2017/ISO/TS 9250-2:2012
代替 GB/T 25687.2—2010

土方机械 同义术语的多语种列表
第 2 部分：性能和尺寸

Earth-moving machinery—Multilingual listing of equivalent terms—
Part 2：Performance and dimensions

(ISO/TS 9250-2:2012，IDT)

2017-12-29 发布　　　　　　　　　　　　　2018-07-01 实施

中华人民共和国国家质量监督检验检疫总局
中国国家标准化管理委员会　发 布

前　言

GB/T 25687《土方机械　同义术语的多语种列表》分为两个部分：
——第1部分：综合；
——第2部分：性能和尺寸。

本部分为 GB/T 25687 的第2部分。

本部分按照 GB/T 1.1—2009 给出的规则起草。

本部分代替 GB/T 25687.2—2010《土方机械　同义术语的多语种列表　第2部分：性能和尺寸》，本部分与 GB/T 25687.2—2010 相比，除编辑性修改外主要技术变化如下：

——删除了原第4项"斗杆挖掘力"，原第37项"前伸距离"，原第55项"装载高度"，原136项"运输高度"（见2010年版的第2章）；

——将原第7项"铲刀至前轮的距离"改为第6项"铲刀前伸距离"，原第14项"料斗倾翻角度（后部卸料）"改为第13项"车厢卸载角（后部卸料）"，将原第28项"履带总成长度"改为第27项"履带总长"，将原第29项"履带总成高度"改为第28项"履带高度"，将原第36项"转向桥中心至工作装置前端的距离"改为第35项"前端至转向轮中心的距离"，将原第46项"最大提升时的销轴高度"改为第44项"最大提升时的铰轴高度"，将原第49项"料斗装载长度"改为第47项"车厢装载长度"，将原第98项"行驶时工作装置的总高"改为第95项"行驶状态时的总高"，将原第109项"运输状态时工作装置的总高"改为第106项"转运状态时工作装置的总高"，将原第114项"最高提升时的伸距"改为第111项"最高提升时的卸载距离"，将原第119项"后桥至后支腿中心的距离"改为第116项"后支腿支撑板中心至后桥的距离"，将原第120项"上部总成右侧至回转中心宽度"改为第117项"上部总成右侧至回转中心的距离"，将原第129项"极限倾翻载荷"改为第126项"倾翻载荷"，将原第131项"履带轨距"改为第128项"伸缩履带的履带轨距"，将原第149项"支腿伸展时的中心宽度"改为第145项"支腿或稳定器伸展时的支撑板中心宽度"（见第2章，2010年版的第2章）。

本部分使用翻译法等同采用 ISO/TS 9250-2:2012《土方机械　同义术语的多语种列表　第2部分：性能和尺寸》（英文版）。

本部分由中国机械工业联合会提出。

本部分由全国土方机械标准化技术委员会（SAC/TC 334）归口。

本部分起草单位：徐工集团工程机械有限公司江苏徐州工程机械研究院、天津工程机械研究院。

本部分主要起草人：杨颖、刘锡霞、王绍腾。

本部分所代替标准的历次版本发布情况为：
——GB/T 25687.2—2010。

土方机械　同义术语的多语种列表
第2部分:性能和尺寸

1 范围

GB/T 25687 的本部分给出了中文、英文、法文和俄文的土方机械性能和尺寸的同义语列表,这些术语已经由现有的标准所定义。

制定本部分的目的是:

——促进世界范围内土方机械信息的交流,特别是确保使用者之间的交流正确和一致;

——明确专业人士(销售、售后服务、技术、零部件分销等)之间信息的交流;

——简化通关操作及统计调查;

——对于不同的市场,尽可能的翻译成适用的主要语言。

这些术语是以英文术语的字母顺序进行排列和编号的,并且每项术语都由引用的标准所定义。

2 中文、英文、法文、俄文的同义术语

序号	中文	English(英文)	Français(法文)	Русский(俄文)	中国标准编号 (采用的国际标准)
1	阿克曼转向角	Ackemann steering angle	angle de direction Ackermann	угол поворотота Акермана	GB/T 18577.1—2008 (ISO 6746-1:2003,IDT)
2	接近角	angle of approach	angle d'approche	угол въезда	GB/T 18577.1—2008 (ISO 6746-1:2003,IDT)
3	离去角	angle of departure	angle de sortie	угол съезда	GB/T 18577.1—2008 (ISO 6746-1:2003,IDT)
4	铰接转向角	articulation angle	angle d'articulation	угол складывания полурам	GB/T 18577.1—2008 (ISO 6746-1:2003,IDT)
5	刀刃倾斜角	blade angle	angle de biais de la lame	угол поворота отвала	GB/T 18577.2—2008 (ISO 6746-2:2003,IDT)
6	铲刀前伸距离	blade front overhang	porte-à-faux frontal	передний свес	ISO 7134:2013
7	推土铲高度	blade height	hauteur de la lame	высота отвала	GB/T 18577.2—2008 (ISO 6746-2:2003,IDT)
8	铲刀长度	blade length	longueur de la lame	длина отвала	ISO 7134:2013
9	铲刀切削角	blade pitch angle	angle d'attaque de la lame	угол резания	ISO 7134:2013
10	铲刀切削角调整范围	blade pitch angle adjustment range	amplitude de l'angle d'attaque de la lame	диапазон регулировки угла резания	ISO 7134:2013

序号	中文	English（英文）	Français（法文）	Русский（俄文）	中国标准编号（采用的国际标准）
11	铲刀侧移距离	blade sideshift	déport de la lame	выдвижение отвала	ISO 7134:2013
12	铲刀倾斜角	blade tilt angle	angle d'inclinaison de la lame	угол срезаемого откоса	ISO 7134:2013
13	车厢卸载角（后部卸料）	body dump angle（rear dump）	angle de basculement de la benne（basculement arrière）	угол разгрузки кузова с задней разгрузкой	GB/T 25605—2010（ISO 7132:2003,MOD）
14	掘起力	breakout force	force d'arrachage	вырывное усилие	GB/T 10175.2—2008（ISO 14397-2:2007,IDT）
15	铲斗宽度	bucket width	largeur du godet	ширина ковша	GB/T 25604—2017（ISO/DIS 7131:2009,IDT）
16	C形架宽度	C-frame width	largeur du châssis en forme de C	ширина С-образной рамы	GB/T 18577.2—2008（ISO 6746-2:2003,IDT）
17	司机室高度	cab height	hauteur de la cabine	высота кабины	GB/T 6572—2014（ISO 7135:2009,IDT）
18	司机室总长	cab overall length	longueur hors tout de la cabine	габаритная длина кабины	GB/T 6572—2014（ISO 7135:2009,IDT）
19	司机室宽度	cab width overall	largeur hors tout de la cabine	габаритная ширина кабины	GB/T 6572—2014（ISO 7135:2009,IDT）
20	运料位置（高度）	carry position（height）	position de transport（hauteur）	высота подъема в транспортном положении	GB/T 25604—2017（ISO/DIS 7131:2009,IDT）
21	回转圈侧移距离	circle sideshift	déport du cercle d'orientation	вынос поворотного круга	ISO 7134:2013
22	通过半径	clearance radius	rayon de l'engin	габаритный радиус поворота машины	GB/T 18577.1—2008（ISO 6746-1:2003,IDT）
23	运行状态时刀片下面的间隙	clearance under cutting edge in travel position	garde au sol de la superstructure	дорожный просвет под ножом в транспортном положении	ISO 7133:2013
24	伸出的配重底部间隙	clearance under the extended counterweights	garde au sol sous le bord de coupe en position de translation	просвет под вынесенными противовесами	GB/T 22352—2008（ISO 7136:2006,IDT）
25	上部总成离地高度	clearance height under upper structure	garde sous le contrepoids sorti	дорожный просвет под поворотной частью	GB/T 6572—2014（ISO 7135:2009,IDT）
26	履带接地长度（履带轴距）	crawler base	empattement（engins sur chenilles）	база гусеничной машины	GB/T 18577.1—2008（ISO 6746-1:2003,IDT）

序号	中文	English（英文）	Français（法文）	Русский（俄文）	中国标准编号 （采用的国际标准）
27	履带总长	crawler overall length	longueur hors tout des chenilles	общая длина гусеницы	GB/T 6572—2014 (ISO 7135:2009,IDT)
28	履带高度	crawler track height	hauteur de voie des chenilles	высота гусеницы	GB/T 6572—2014 (ISO 7135:2009,IDT)
29	切削宽度	cutting edge width	largeur du bord de coupe	ширина режущей кромки	ISO 7134:2013
30	挖掘深度	digging depth	profondeur d'excavation	глубина копания	GB/T 25604—2017 (ISO/DIS 7131:2009,IDT)
31	挖掘力	digging force	force de creusement	усилие копания	GB/T 6572—2014 (ISO 7135:2009,IDT)
32	卸料高度(后部或侧向卸料)	discharge height (rear or side dump)	hauteur de déchargement (tombereau à basculement arrière ou latéral)	высота разгрузки (задней или боковой)	GB/T 25605—2010 (ISO 7132:2003,MOD)
33	卸载角	dump angle	angle de déchargement	угол опрокидывания	GB/T 25604—2017 (ISO/DIS 7131:2009,IDT)
34	卸载高度	dump height	hauteur de déchargement	высота опрокидывания	GB/T 25604—2017 (ISO/DIS 7131:2009,IDT)
35	前端至转向轮中心的距离	front distance to steering-wheel centre	distance entre l'avant et le centre du volant de direction	расстояние от передней точки до центра рулевого колеса	GB/T 6572—2014 (ISO 7135:2009,IDT)
36	前桥至前支腿中心的距离	front pad centre to front axle	distance du centre du patin avant à l'essieu avant	вынос передних опор относительно переднего моста	GB/T 6572—2014 (ISO 7135:2009,IDT)
37	离地间隙	ground clearance	garde au sol	дорожный просвет	GB/T 18577.1—2008 (ISO 6746-1:2003,IDT)
38	履刺高度	grouser height	hauteur du crampon	высота грунтозацепа	GB/T 18577.1—2008 (ISO 6746-1:2003,IDT)
39	抓铲闭合高度	height of closed grab	hauteur du grappin fermé	высота закрытого грейфера	GB/T 6572—2014 (ISO 7135:2009,IDT)
40	最高提升时的圆木叉水平段高度	height of level tines, fully raised	hauteur des dents horizontales, en levage maximal	высота горизонтальных вилок полностью поднятого челюстного захвата	GB/T 25604—2017 (ISO/DIS 7131:2009,IDT)

序号	中文	English（英文）	Français（法文）	Русский（俄文）	中国标准编号 （采用的国际标准）
41	抓铲张开高度	height of open grab	hauteur du grappin ouvert	высота открытого грейфера	GB/T 6572—2014 (ISO 7135:2009,IDT)
42	铲运机高度	height of scraper	hauteur de la décapeuse	высота скрепера	ISO 7133:2013
43	最高提升并在卸载时的叉水平段端部高度	height of tips of tines, fork fully raised and dumped	hauteur des extrémités des dents, les fourches étant en position de levage maximal et en position de basculement	высота концов вилок при разгрузке полностью поднятого челюстного захвата	GB/T 25604—2017 (ISO/DIS 7131:2009,IDT)
44	最大提升时的铰轴高度	height to hinge pin, fully raised	hauteur du tourillon de pivotement, en levage maximal	высота шарнира максимально поднятого ковша	GB/T 25604—2017 (ISO/DIS 7131:2009,IDT)
45	收回的配重顶部高度	height to top of retracted counterweight	hauteur du sommet du contrepoids rentré	высота до верхней точки придвинутого противовеса	GB/T 22352—2008 (ISO 7136:2006,IDT)
46	水平切削长度	length of level floor cut	longueur de coupe au niveau du sol	длина участка горизонтальной планировки	GB/T 6572—2014 (ISO 7135:2009,IDT)
47	车厢装载长度	length of loading body	longueur de la benne de chargement	длина грузовой части кузова	GB/T 25605—2010 (ISO 7132:2003,MOD)
48	铲刀提升高度	lift above ground	levée au-dessus du sol	высота подъема отвала автогрейдера над уровнем грунта	ISO 7134:2013
49	提升高度	lift height	hauteur de levage	высота подъема отвала бульдозера	GB/T 18577.2—2008 (ISO 6746-2:2003,IDT)
50	线拉力	line pull	traction sur le câble	тяговое усилие на канате	ISO 6747:2013
51	线速度	line speed	vitesse du câble	скорость навивки каната	ISO 6747:2013
52	载荷悬距	load overhang distance	distance d'accrochage	вылет груза	GB/T 22352—2008 (ISO 7136:2006,IDT)
53	圆木夹钳的宽度	log grapple width	largeur du grappin à bûches	ширина грейфера дия бревен	GB/T 18577.2—2008 (ISO 6746-2:2003,IDT)
54	纵向静态坡道能力〈机器〉	longitudinal static slope capacity〈machine〉	pente limite longitudinale〈engin〉	преодолеваемый продольный уклон〈машины〉	ISO 6747:2013

序号	中文	English（英文）	Français（法文）	Русский（俄文）	中国标准编号 （采用的国际标准）
55	下降时间	lowering time	temps de descente	время опускания ковша	GB/T 25604—2017 （ISO/DIS 7131:2009,IDT）
56	铲斗（或抓铲）最大装载高度	maximum bucket (or grab) loading clearance	garde au sol du godet (grappin) en chargement maximal	максимальная высота погрузки ковша	GB/T 6572—2014 （ISO 7135:2009,IDT）
57	铲斗铰轴的最大高度	maximum bucket hinge pin height	hauteur maximale de l'axe d'articulation du godet	максимальная высота подъема шарнира ковша	GB/T 6572—2014 （ISO 7135:2009,IDT）
58	最大铲削深度	maximum cutting depth	profondeur maximale de coupe	максимальная глубина резания	ISO 7133:2013
59	最大挖掘深度	maximum digging depth	profondeur maximale d'excavation	максимальная глубина копания	GB/T 6572—2014 （ISO 7135:2009,IDT）
60	水平底面为2.5米时的最大挖掘深度	maximum digging depth at 2.5 m floor length	profondeur maximale d'excavation pour une longueur horizontale de 2.5 m	максимальная глубина копания котлована на участке 2.5 м	GB/T 6572—2014 （ISO 7135:2009,IDT）
61	夹具关闭时的最大卸载高度	maximum dump height, clam closed	hauteur maximale de déchargement, mâchoire fermée	максимальная высота разгрузки закрытого двухчелюстного ковша	GB/T 25604—2017 （ISO/DIS 7131:2009,IDT）
62	夹具开启时的最大卸载高度	maximum dump height, clam open	hauteur maximale de déchargement, mâchoire ouverte	максимальная высота разгрузки раскрытого двухчелюстного ковша	GB/T 25604—2017 （ISO/DIS 7131:2009,IDT）
63	最大侧向卸载高度	maximum dump height, side	hauteur maximale de déchargement latéral	максимальная высота боковой разгрузки	GB/T 25604—2017 （ISO/DIS 7131:2009,IDT）
64	最大卸载高度	maximum dumping height	hauteur maximale de basculement (du godet)	максимальная высота разгрузки	GB/T 6572—2014 （ISO 7135:2009,IDT）
65	正铲的最大卸载高度	maximum dumping height for shovel	hauteur maximale de basculement de la pelle	максимальная высота разгрузки ковша прямой лопатой	GB/T 6572—2014 （ISO 7135:2009,IDT）
66	最大切入角	maximum grading angle	angle maximal de nivellement	максимальный угол копания	GB/T 25604—2017 （ISO/DIS 7131:2009,IDT）
67	最大高度	maximum height	hauteur totale maximale	максимальная высота	GB/T 18577.1—2008 （ISO 6746-1:2003,IDT）

序号	中文	English（英文）	Français（法文）	Русский（俄文）	中国标准编号 （采用的国际标准）
68	切削刃或斗齿的最大高度	maximum height of cutting edge or teeth	hauteur maximale du bord coupant ou des dents	максимальная высота подъема режущей кромки или зубьев	GB/T 18577.2—2008 (ISO 6746-2:2003,IDT)
69	自卸车料斗或拖挂装置的最大高度	maximum height of dumper body or hitch	hauteur maximale de la benne ou de l'attelage	максимальная высота кузова или сцепного устройства	GB/T 25605—2010 (ISO 7132:2003,MOD)
70	铲斗铰接点的最大高度	maximum height to hinge pin, fully raised	hauteur maximale de levage du godet	максимальная высота подъема ковша	GB/T 18577.2—2008 (ISO 6746-2:2003,IDT)
71	最大高度（不带司机室或ROPS）	maximum height without cab or ROPS	hauteur maximale sans cabine ni ROPS	максимальная высота без кабины и без ROPS	GB/T 18577.1—2008 (ISO 6746-1:2003,IDT)
72	最大吊钩高度	maximum hook height	hauteur maximale du crochet porteur	максимальная высота подъема крюка	GB/T 22352—2008 (ISO 7136:2006,IDT)
73	最大长度〈主机〉	maximum length 〈base-machine〉	longueur maximale 〈engin de base〉	максимальная длина базовой машины	GB/T 18577.1—2008 (ISO 6746-1:2003,IDT)
74	最大长度（装有工作装置和附属装置的机器）	maximum length 〈machine with equipment/attachment fitted〉	longueur maximale, 〈engin avec son équipement/ses accessoires〉	максимальная длина машины вместе с дополнительным оборудованием	GB/T 18577.2—2008 (ISO 6746-2:2003,IDT)
75	货叉水平段最大提升高度	maximum lift height tines level	hauteur maximale de levage, au niveau des dents	максимальная высота подъема горизонтальных вилок	GB/T 25604—2017 (ISO/DIS 7131:2009,IDT)
76	最大挖掘半径	maximum reach	portée maximale	максимальный радиус копания	GB/T 6572—2014 (ISO 7135:2009,IDT)
77	基准地平面最大挖掘半径	maximum reach at GRP	portée maximale au PRS	максимальный радиус копания на GRP	GB/T 6572—2014 (ISO 7135:2009,IDT)
78	在运料位置时的最大翻转角	maximum rollback at carry position	redressement maximal en position de transport	максимальный угол запрокидывания ковша в транспортном положении	GB/T 25604—2017 (ISO/DIS 7131:2009,IDT)
79	在地平面的最大翻转角	maximum rollback at ground	redressement maximal au niveau du sol	максимальный угол запрокидывания ковша на уровне стоянки	GB/T 25604—2017 (ISO/DIS 7131:2009,IDT)
80	最大提升时的最大翻转角	maximum rollback fully raised	redressement maximal, en levage maximal	максимальный угол запрокидывания полностью поднятого ковша	GB/T 25604—2017 (ISO/DIS 7131:2009,IDT)

序号	中文	English（英文）	Français（法文）	Русский（俄文）	中国标准编号 （采用的国际标准）
81	最大侧向卸载伸距	maximum side dump reach	portée maximale de déchargement latéral	максимальный вылет при боковой разгрузке	GB/T 25604—2017 (ISO/DIS 7131:2009,IDT)
82	最大回转速度	maximum swing speed	vitesse maximale de rotation	максимальная частота вращения поворотной части	GB/T 6572—2014 (ISO 7135:2009,IDT)
83	最大摆角	maximum swinging angle	angle d'orientation maximal	максимальный угол поворота	GB/T 18577.2—2008 (ISO 6746-2:2003,IDT)
84	最高行驶速度	maximum travel speed	vitesse maximale de translation	максимальная скорость передвижения	ISO 6747:2013
85	最大垂直挖掘深度	maximum vertical digging depth	profondeur maximale d'excavation à la verticale	максимальная глубина копания по вертикали	GB/T 6572—2014 (ISO 7135:2009,IDT)
86	最大宽度〈主机〉	maximum width 〈machine〉	largeur maximale 〈engin〉	максимальная ширина машины	GB/T 18577.1—2008 (ISO 6746-1:2003,IDT)
87	最大宽度〈工作装置〉	maximum width 〈equipment〉	largeur maximale 〈équipements〉	максимальная ширина оборудования	GB/T 18577.2—2008 (ISO 6746-2:2003,IDT)
88	履带最大总宽	maximum width, track extended or retracted	largeur maximale (voie étendue ou rétractée)	максимальная ширина с выступающими и невыступающими гусеницами	GB/T 6572—2014 (ISO 7135:2009,IDT)
89	水平挖掘时的最小挖掘半径	minimum level floor radius	rayon minimal au niveau du sol	максимальный радиус горизонтальной планировки на уровне стоянки	GB/T 6572—2014 (ISO 7135:2009,IDT)
90	最小挖掘半径	minimum reach	portée minimale	минимальный радиус копания	GB/T 6572—2014 (ISO 7135:2009,IDT)
91	在GRP上的最小挖掘半径	minimum reach at GRP	portée minimale au PRS	минимальный радиус копания на GRP	GB/T 6572—2014 (ISO 7135:2009,IDT)
92	铲斗在运料位置时的最小转弯半径	minimum turning radius with bucket in carry position	rayon minimal de braquage, le godet étant en position de transport	минимальный радиус копания с ковшом в транспортном положении	GB/T 25604—2017 (ISO/DIS 7131:2009,IDT)
93	机器最外侧通过半径	outside machine clearance radius	rayon minimal de braquage	внешний габаритный радиус поворота машины	GB/T 18577.2—2008 (ISO 6746-2:2003,IDT)

序号	中文	English（英文）	Français（法文）	Русский（俄文）	中国标准编号 （采用的国际标准）
94	抓铲侧板宽度	outside width of grab	largeur externe du grappin	габаритная ширина грейфера	GB/T 6572—2014 (ISO 7135：2009，IDT)
95	行驶状态时的总高	overall height in travelling condition	hauteur hors tout en condition de déplacement	габаритная ширина машины при передвижении своим ходом	GB/T 6572—2014 (ISO 7135：2009，IDT)
96	工地内转移时总长	overall length in manoeuvring condition	longueur hors tout en condition de manceuvre	габаритная длина машины в положении маневрирования	GB/T 6572—2014 (ISO 7135：2009，IDT)
97	运输长度	overall length in shipping position	longueur hors tout en condition de transport	габаритная длина машины при перевозке	GB/T 18577.2—2008 (ISO 6746-2：2003，IDT)
98	运输总长	overall length in transport condition	longueur horstout en condition de transport	габаритная длина машиныпри транспортировании	GB/T 6572—2014 (ISO 7135：2009，IDT)
99	行驶状态时的总长	overall length in travelling condition	longueur hors tout en condition de déplacement	габаритная длина машины при передвижении	GB/T 6572—2014 (ISO 7135：2009，IDT)
100	整机长度（带附属装置）	overall length （with attachment）	longueur hors tout （avec godet）	габаритная длина машины （с ковшом）	GB/T 25604—2017 (ISO/DIS 7131：2009，IDT)
101	铲运机总长度	overall length of scraper	longueur tout de la décapeuse	габаритная длина скрепера	ISO 7133：2013
102	最大提升时的作业高度	overall operating height fully raised	hauteur hors tout en ordre demarche, en levage maximal	габаритная рабочая высота с полностью поднятым ковшом	GB/T 25604—2017 (ISO/DIS 7131：2009，IDT)
103	支腿伸展时的总宽度	overall width including outriggers and supporting plates	largeur hors tout comprenant les stabilisateurs et les plaques de support	габаритная ширина по выносным опорам и их основаниям	GB/T 6572—2014 (ISO 7135：2009，IDT)
104	公路行驶状态时的支腿总宽度	overall width including outriggers at road travelling position	largeur hors tout comprenant les stabilisateurs en position de déplacement sur route	габаритная ширина по выносным опорам в положении передвижения по дорогам	GB/T 6572—2014 (ISO 7135：2009，IDT)
105	工地内转移时工作装置的总高	overall working equipment height in manoeuvring position	hauteur hors tout de l'équipement de travail en position de manceuvre	габаритная высота рабочего оборудования в положении маневрирования	GB/T 6572—2014 (ISO 7135：2009，IDT)

序号	中文	English（英文）	Français（法文）	Русский（俄文）	中国标准编号 （采用的国际标准）
106	转运状态时工作装置的总高	overall working equipment height in transport position	hauteur hors tout de l'équipement de travail en position de transport	габаритная высота рабочего оборудования при транспортировании	GB/T 6572—2014 (ISO 7135:2009,IDT)
107	有效载荷	payload	charge utile	полезная нагрузка	GB/T 25605—2010 (ISO 7132:2003,MOD)
108	提升时间	raising time	temps de levage	время подъема ковша	GB/T 25604—2017 (ISO/DIS 7131:2009,IDT)
109	最大挖掘深度时挖掘半径	reach at maximum digging depth	portée à la profondeur maximale d'excavation	радиус копания при максимальной глубине копания	GB/T 6572—2014 (ISO 7135:2009,IDT)
110	最大高度的挖掘半径	reach at maximum height	portée à la hauteur maximale	вылет при максимальной высоте	GB/T 6572—2014 (ISO 7135:2009,IDT)
111	最高提升时的卸载距离	reach fully raised	portées en levage maximal	вылет кромки ковша при разгрузке	GB/T 25604—2017 (ISO/DIS 7131:2009,IDT)
112	最大高度的卸载半径	reach to bucket pin centre at maximum height	portée du centrede l'axe du godet à la hauteur maximale	вылет шарнира ковша при максимальной высоте подъема	GB/T 6572—2014 (ISO 7135:2009,IDT)
113	后桥至回转中心的距离	rear axis to axis of rotation	distance entre l'essieu arrière et l'axe de rotation	расстояние от оси вращения до оси заднего моста	GB/T 6572—2014 (ISO 7135:2009,IDT)
114	后桥到转向铰接点的间距	rear axle to pivot of articulated steering	pont arrière à l'articulation	расстояние от заднего моста до шарнира сочлененной рамы	GB/T 18577.1—2008 (ISO 6746-1:2003,IDT)
115	后伸部分	rear overhang	porteàfaux par rapport à la surface de montage pour équipement optionnel	свес задней монтажной поверхности	GB/T 18577.1—2008 (ISO 6746-1:2003,IDT)
116	后支腿支撑板中心至后桥的距离	rear pad centre to rear axle	distance du centre du patin arrière à l'essieu arrière	вынос задних опор относительно заднего моста	GB/T 6572—2014 (ISO 7135:2009,IDT)
117	上部总成右侧至回转中心的距离	right side upper structure distance from axle of rotation	distance entre la partie droite de la superstructure et l'axe de rotation	расстояние от оси вращения до правого края поворотной платформы	GB/T 6572—2014 (ISO 7135:2009,IDT)

序号	中文	English (英文)	Français (法文)	Русский(俄文)	中国标准编号 （采用的国际标准）
118	运输高度	shipping height	hauteur (de chargement)	отгрузочная высота	GB/T 18577.1—2008 (ISO 6746-1:2003,IDT)
119	伸出距离	shoulder reach	portée latérale	вылет отвала	ISO 7134:2013
120	扫雪装置前端高度	snowplough height at leading end	hauteur du chasse-neige au bord d'attaque	высота передка плуга снегоочистителя	ISO 7134:2013
121	扫雪装置最大高度	snowplough maximum height	hauteur maximale du chasse-neige	максимальная высота плуга снегоочистителя	ISO 7134:2013
122	驱动轮轴至回转中心的距离	sprocket axis to axis of rotation	distance entre l'axe du pignon et l'axe de rotation	расстояние от оси цепного колеса до оси вращения	GB/T 6572—2014 (ISO 7135:2009,IDT)
123	尾部回转半径	swing (rear end) radius	rayon de pivotement (extrémité arrière)	радиус хвостовой части поворотной платформы	GB/T 6572—2014 (ISO 7135:2009,IDT)
124	串联桥中心距	tandem centre distance	entraxes du tandem	расстояние между осями колес сдвоенного моста	GB/T 25605—2010 (ISO 7132:2003,MOD)
125	货叉水平段宽度	tines width	largeur des dents	ширина по вилкам грузовых вил	GB/T 25604—2017 (ISO/DIS 7131:2009,IDT)
126	倾翻载荷	tipping load	charge de basculement	опрокидывающая нагрузка	GB/T 10175.1—2008 (ISO 14397-1:2007,IDT)
127	履带中心距	track gauge	voie	колея гусеничной машины	GB/T 18577.1—2008 (ISO 6746-1:2003,IDT)
128	伸缩履带的履带轨距	track gauge, track extended or retracted	voie (étendue ou rétractée)	колея гусеничной машины с выступающими и невыступающими гусеницами	GB/T 6572—2014 (ISO 7135:2009,IDT)
129	履带板宽度	track shoe width	largeur du patin	ширина башмака гусеницы	GB/T 18577.1—2008 (ISO 6746-1:2003,IDT)
130	轮缘牵引力	tractive force rimpull	effect à la jante	тяговое усилие машины	GB/T 25605—2010 (ISO 7132:2003,MOD)
131	带直接传动变速器的牵引力	tractive force with direct drive transmission	effect à la jante avec transmission directe	тяговое усилие машины с прямой передачей	GB/T 25605—2010 (ISO 7132:2003,MOD)

序号	中文	English（英文）	Français（法文）	Русский（俄文）	中国标准编号（采用的国际标准）
132	带动力换挡变速器［电力传动］［液力传动］的轮缘牵引力	tractive force rimpull with powershift transmission［electric drive］［hydrostatic drive］	effect à la jante avec servotransmission［transmission électrique］［transmission hydrostatique］	тяговое услиие на ведущих колесах машины с силовой передачей［электрическим приводом］［гидростатическим приводом］	GB/T 25605—2010 (ISO 7132:2003,MOD)
133	轮距（轮胎式）	tread (wheel type)	voie（engins sur roues）	колея（колесной машины）	GB/T 18577.1—2008 (ISO 6746-1:2003,IDT)
134	转弯半径	turning radius	rayon de braquage	радиус поворота машины	GB/T 18577.1—2008 (ISO 6746-1:2003,IDT)
135	底盘总长	undercarriage overall length	longueur hors tout du châssis	габаритная длина ходовой части	GB/T 6572—2014 (ISO 7135:2009,IDT)
136	底盘总宽	undercarriage overall width	largeur hors tout du châssis	габаритная ширина ходовой части	GB/T 6572—2014 (ISO 7135:2009,IDT)
137	上部总成的总宽	upper structure overall width	largeur hors tout de la superstructure	габаритная ширина поворотной части	GB/T 6572—2014 (ISO 7135:2009,IDT)
138	上部总成尾部至回转中心的距离	upper structure rearmost distance from axis of rotation	distance entre l'arrière de la superstructure et l'axe de rotation	расстояние от оси вращения до заднего края поворотной части	GB/T 6572—2014 (ISO 7135:2009,IDT)
139	轴距	wheel base	empattement〈engins sur roues〉	база колесной машины	GB/T 18577.1—2008 (ISO 6746-1:2003,IDT)
140	车轮倾斜角	wheel lean angle	angle d'inclinaison des roues	угол наклона колес	ISO 7134:2013
141	轴距（拖挂车）	wheel base (trailer)	empattement〈remorque〉	колесная база полуприцепа	GB/T 25605—2010 (ISO 7132:2003,MOD)
142	抓铲闭合宽度	width of closed grab	largeur du grappin fermé	ширина закрытого грейфера	GB/T 6572—2014 (ISO 7135:2009,IDT)
143	铲削宽度	width of cut	largeur de coupe	ширина резания	ISO 7133:2013
144	张开抓斗的宽度	width of open grab	largeur du grappin ouvert	ширина открытого грейфера	GB/T 18577.2—2008 (ISO 6746-2:2003,IDT)

序号	中文	English（英文）	Français（法文）	Русский（俄文）	中国标准编号（采用的国际标准）
145	支腿或稳定器伸展时的支撑板中心宽度	width of pad centres outrigger or stabilizer extended	entraxes des patins de stabilisateurs	ширина по осям оснований выдвинутых выносных опор	GB/T 6572—2014（ISO 7135:2009,IDT）
146	配重伸出时的宽度	width with counterweight extended	largeur de l′engin contrepoids sorti	ширина с вынесенным противовесом	GB/T 22352—2008（ISO 7136:2006,IDT）
147	配重收回时的宽度	width with counterweight retracted	largeur de l′engin contrepoids rentré	ширина с придвинутым противовесом	GB/T 22352—2008（ISO 7136:2006,IDT）

参 考 文 献

[对应中国国家标准编号及采用程度](中文)

[1] ISO 6746-1:2003 土方机械 尺寸与符号的定义 第 1 部分:主机 [GB/T 18577.1—2008,IDT]

[2] ISO 6746-2:2003 土方机械 尺寸与符号的定义 第 2 部分:工作装置和附属装置 [GB/T 18577.2—2008,IDT]

[3] ISO 6747:2013 土方机械 推土机 术语和商业规格

[4] ISO/DIS 7131:2009 土方机械 装载机 术语和商业规格 [GB/T 25604—2017,IDT]

[5] ISO 7132:2003 土方机械 自卸车 术语和商业规格 [GB/T 25605—2010,MOD]

Bibliography(英文)

[1] ISO 6746-1:2003 Earth-moving machinery—Definitions of dimensions and codes—Part 1: Base machine

[2] ISO 6746-2:2003, Earth-moving machinery—Definitions of dimensions and codes—Part 2: Equipment and attachments

[3] ISO 6747:2013, Earth-moving machinery—Dozers—Terminology and commercial specifications

[4] ISO/DIS 7131: 2009, Earth-moving machinery—Loaders—Terminology and commercial specifications

[5] ISO 7132:2003, Earth-moving machinery—Dumpers—Terminology and commercial specifications

Bibliographie(法文)

[1] ISO 6746-1:2003 Engins de terrassement—Définitions des dimensions et des codes—Partie1:Engin de base

[2] ISO 6746-2:2003, Engins de terrassement—Définitions des dimensions et des codes—Partie2:Équipements et accessoires

[3] ISO 6747:2013, Engins de terrassement—Bouteurs—Terminplogie et spécifications commerciales

[4] ISO/DIS 7131:2009, Engins de terrassement—Chargeuses—Terminplogie et spécifications commerciales

[5] ISO 7132:2003, Engins de terrassement—Tombereaux—Terminplogie et spécifications commerciales

Библиография（俄文）

[1] ISO 6746-1: 2003 Машины землеройные. Определения и условные обозначения размерных характеристик.Часть 1. Базовая машина

[2] ISO 6746-2: 2003, Машины землеройные. Определения и условные обозначения размерных характеристик. Часть 2. Рабочее оборудование

[3] ISO 6747: 2013, Машины землеройные. Трактторы. Терминология и техническая характеристика для коммерческой документации

[4] ISO/DIS 7131:2009, Машины землеройные. Погрузчики. Термины, определения и техническая характеристика для коммерческой документации

[5] ISO 7132: 2003, Машины землеройные. Землевозы. Термины, определения и техническая характеристика для коммерческой документации

[6] ISO 7133:2013 土方机械 铲运机 术语和商业规格

[6] ISO 7133:2013, Earth-moving machinery—Tractor-scrapers—Terminology and commercial specifications

[6] ISO 7133:2013, Engins de terrassement—Décapeuses—Terminplogie et spécifications commerciales

[6] ISO 7133:2013, Машины землеройные. Самоходные скреперы. Термины, определения и техническая характеристика для коммерческой документации

[7] ISO 7134:2013 土方机械 平地机 术语和商业规格

[7] ISO 7134:2013, Earth-moving machinery—Graders—Terminology and commercial specifications

[7] ISO 7134:2013, Engins de terrassement—Niveleuses—Terminologie et spécifications commerciales

[7] ISO 7134:2013, Машины землеройные. Скреперы с элеваторной загрузкой. Расчет вместимости ковша

[8] ISO 7135:2009 土方机械 液压挖掘机 术语和商业规格
[GB/T 6572—2014,IDT]

[8] ISO 7135:2009, Earth-moving machinery—Hydraulic excavators—Terminology and commercial specifications

[8] ISO 7135:2009, Engins de terrassement—Pelles hydrauliques—Terminplogie et spécifications commerciales

[8] ISO 7135:2009, Машины землеройные. Гидравлические экскаваторы определения и техническая характеристика для коммерческой документации

[9] ISO 7136:2006 土方机械 吊管机 术语和商业规格
[GB/T 22352—2008,IDT]

[9] ISO 7136:2006, Earth-moving machinery—Pipelayers—Terminology and commercial specifications

[9] ISO 7136:2006, Engins de terrassement—Tracteurs poseurs de canalisations—Définitions et spécifications commerciales

[9] ISO 7136:2006, Машины землеройные. Погрузчики. Термины, определения и техническая характеристика для коммерческой документации

[10] ISO 14397-2:2007 土方机械 装载机和挖掘装载机 第2部分：掘起力和最大提升高度提升能力的测试方法
[GB/T 10175.2—2008,IDT]

[10] ISO 14397-2:2007, Earth-moving machinery—Loaders and backhoe loaders—Part 2: Test method for measuring breakout forces and lift capacity to maximum lift height

[10] ISO 14397-2:2007, Enginsde terrassement—Chargeuses et chargeuses-pelleteuses—Partie 2: Méthode d'essai pourmesurer les forcesd'arrachement et la capacitéde levage à la hauteur de levage maximale

[10] ISO 14397-2:2007, Машины землеройные—Погрузчики и экскаваторы соборудованием обратнойлопаты и фронтальныммковшом—Часть 2: Метод измерения усилийотрыва и грузоподъемности при максимальнойвысоте подъема

中文索引

Alphabetical index(英文索引)

A

B

C

D

O

Index alphabétique（法文索引）

A

C

D

E

L

V

Алфавитный указатель（俄文索引）

Б

В

Г

Д

К

М

О

П

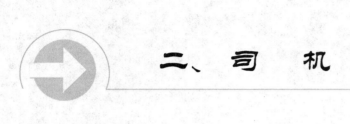

二、司 机

ICS 53.100
P 97

中华人民共和国国家标准

GB/T 25623—2017/ISO 7130:2013
代替 GB/T 25623—2010

土方机械　司机培训　内容和方法

Earth-moving machinery—Operator training—Content and methods

(ISO 7130:2013,IDT)

2017-11-01 发布　　　　　　　　　　　　　　　　2018-05-01 实施

中华人民共和国国家质量监督检验检疫总局
中国国家标准化管理委员会　发布

前　言

本标准按照 GB/T 1.1—2009 给出的规则起草。

本标准代替 GB/T 25623—2010《土方机械　司机培训方法指南》。本标准与 GB/T 25623—2010 相比,除编辑性修改外主要技术变化如下:

——增加了术语和定义(见第 3 章);

——修改了司机培训的具体要求(见第 4 章,2010 年版的第 3 章、第 4 章和第 6 章);

——删除了司机培训记录手册的要求(见 2010 年版的第 5 章);

——删除了多机型的操作和进修培训的要求(见 2010 年版的第 7 章);

——增加了培训教师的要求(见第 5 章);

——修改了培训证书的要求(见第 6 章,2010 年版的第 8 章);

——删除了资料性附录(见 2010 年版的附录 A)。

本标准使用翻译法等同采用 ISO 7130:2013《土方机械　司机培训　内容和方法》。

与本标准中规范性引用的国际文件有一致性对应关系的我国文件如下:

——GB/T 8498—2017　土方机械　基本类型　识别、术语和定义(ISO 6165:2012,IDT);

——GB/T 8593.1—2010　土方机械　司机操纵装置和其他显示装置用符号　第 1 部分:通用符号(ISO 6405-1:2004,IDT);

——GB/T 8593.2—2010　土方机械　司机操纵装置和其他显示装置用符号　第 2 部分:机器、工作装置和附件的特殊符号(ISO 6405-2:1993,IDT);

——GB 20178—2014　土方机械　机器安全标签　通则(ISO 9244:2008,IDT)。

本标准由中国机械工业联合会提出。

本标准由全国土方机械标准化技术委员会(SAC/TC 334)归口。

本标准起草单位:天津工程机械研究院。

本标准主要起草人:贾晓雯、李广庆。

本标准所代替标准的历次版本发布情况为:

——GB/T 25623—2010。

土方机械　司机培训　内容和方法

1　范围

本标准提供了 ISO 6165 定义的用于土方机械司机培训的内容和方法。司机培训为土方机械初学者提供了制造商指导下的基础知识,包括正确、安全的操作和常规保养。本标准旨在建立土方机械司机可以进行日常保养操作的评判标准,并非指土方机械司机保养和操作能力的技能测试或评价,也不可替代我国关于司机培训的相关要求或法律法规。

2　规范性引用文件

下列文件对于本文件的应用是必不可少的。凡是注日期的引用文件,仅注日期的版本适用于本文件。凡是不注日期的引用文件,其最新版本(包括所有的修改单)适用于本文件。

ISO 6165　土方机械　基本类型　识别、术语和定义(Earth-moving machinery—Basic types—Identification and terms and definitions)

ISO 6405-1　土方机械　司机操纵装置和其他显示装置用符号　第 1 部分:通用符号(Earth-moving machinery—Symbols for operator controls and other displays—Part 1:Common symbols)

ISO 6405-2　土方机械　司机操纵装置和其他显示装置用符号　第 2 部分:机器、工作装置和附件的特殊符号(Earth-moving machinery—Symbols for operator controls and other displays—Part 2:Symbols for specific machines,equipment and accessories)

ISO 9244　土方机械　机器安全标签　通则(Earth-moving machinery—Machine safety labels—General principles)

3　术语和定义

ISO 6165 界定的以及下列术语和定义适用于本文件。

3.1

司机　operator

对土方机械进行常规操作和保养的人员。

注:"常规"是指由制造商规定的指标,例如轮胎压力、液位等。

3.2

模拟器　simulator

一种模拟土方机械熟练操作规程的系统。

3.3

学员　trainee

接受培训的人员。

3.4

培训教师　trainer

具有相关教学资质,能够指导学员进行土方机械正确操作和日常保养的人员。

3.5

培训　training

获取知识以提高土方机械常规操作和保养技能的过程。

3.6

作业现场　work site

对土方机械进行常规操作和保养的场所。

4　要求

4.1　一般要求

司机培训的目的是赋予学员制造商规定的,正常运行土方机械的常规保养技能知识。如若对学员加以要求,该培训还需要设定具体目标。

司机培训的内容和时间取决于机器族,应用,单体机器及其附属装置(如适用)的复杂程度,以及学员的知识、技能和经验的初始水平。

注:进修培训是为学员提供符合国家或地区需要,为进一步了解和掌握机器技术的创新和进步而开设的课程。

4.2　准则

以下是由制造商根据 ISO 6750(司机手册)所提供的信息和指令。

一名合格的司机应当:

——了解并掌握正确操作和常规保养的安全防范措施;

——了解并掌握机器的正确操作规程,包括对尽可能提高机器生产率的附属装置的使用;

——了解并掌握 ISO 6405-1、ISO 6405-2 和 ISO 9244 所规定的仪器仪表信息、机器安全标签、司机操纵装置和显示装置用符号;

——了解技术参数,如质量、长度、高度、宽度、体积、接地比压和速度;

——了解并掌握制造商有关正确使用通道装置的说明;

——了解并控制机器的额定载荷、性能和稳定性在适当范围,也包括如载荷图表等相关的信息;

——了解并掌握以下能力:

　　——完成机器检修(如渗漏、损坏、裂纹、安全防护装置的状态)和制造商规定的常规保养;

　　——依照制造商提供的说明操作,保持机器润滑和正常的液体水平;

　　——使用通用安全防护装置(如铰接锁,支撑装置,轮挡)和调试工具;

——了解并掌握制造商关于机器启动、运行和停机的说明及注意事项,包括司机约束系统(如配备);

——了解并掌握制造商关于安装和拆卸机器附属装置的说明及注意事项,包括控制系统附件(如适用);

——了解并掌握制造商的以下说明及注意事项:

　　——起吊机器;

　　——拖拽机器;

　　——运输机器包括绑定机器的正确方法;

　　——在公路上移动机器;

——了解与作业现场有关的潜在风险:

　　——接地比压;

　　——地面稳定性;

　　——地面坡度和牵引条件;

　　——一般地形特征(例如岩石、地下管线、地下洞室);

　　——在作业现场的其他情况(例如公用设施头顶上方、工人和围观者、其他机器、障碍与高空坠物的潜在风险区域);

　　——照明,能见度以及天气状况;

　　——了解使用附属装置(例如司机室隔音罩)所减轻的相关潜在风险。

注:适用于当地或区域性地区的规定和要求。

5 培训条件

5.1 一般要求

培训教师帮助学员学习,了解并掌握所培训的土方机械操作的知识和技能。在下面列出了可适于本地或区域性要求的资格条件,获取资料和方法。

5.2 资格条件

培训教师应:

a) 具备良好的沟通能力;

b) 精通机器的操作和保养;

c) 熟知制造商的操作和保养说明;

d) 熟悉整机及附属装置的预期用途(如适用)。

5.3 培训资源

可提供给培训教师的资源包括:

a) 标准;

b) 法规;

c) 制造商的操作指令和/或指导计划(例如培训课程、视频);

d) 熟知制造商的正确操作和日常保养的熟练的司机。

5.4 培训地点和方法

司机培训可以在培训机构或条件适宜的作业现场进行。培训方法应将技术知识指导和机器的实地操作相结合,或使用其他有效途径。

培训可能包括以下培训地点和方法:

a) 课堂教学;

b) 媒体教学(例如视频或便携式媒体);

c) 互动式方法(例如计算机、微处理器或上机操作机器);

d) 真实机器的模拟器;

e) 由培训教师示范操作机器;

f) 考核(例如测试或讨论)。

6 培训证书

在培训结束后,经考核合格可颁发培训合格证书。在适当情况下,培训的详细内容可记录在司机的培训记录手册中。以下是培训记录的主要项目:

　　——学员的姓名;

　　——培训课程及适用的机器及其附属装置目录;

————顺利完成培训的日期；

————培训机构负责人姓名和签字；

————培训机构的名称；

————培训地点。

培训机构应对未能通过培训考核的学员保存档案。备用文档可记录更多的培训内容和机器操作经历。

———————————

ICS 53.100
P 97

中华人民共和国国家标准

GB/T 25625—2017/ISO 13459:2012
代替 GB/T 25625—2010

土方机械　教练员座椅　挠曲极限量、
环境空间和性能要求

Earth-moving machinery—Trainer seat—Deflection limiting volume,
space envelope and performance requirements

(ISO 13459:2012,IDT)

2017-12-29 发布

2018-07-01 实施

中华人民共和国国家质量监督检验检疫总局
中国国家标准化管理委员会　发布

前　言

本标准按照 GB/T 1.1—2009 给出的规则起草。

本标准代替 GB/T 25625—2010《土方机械　自卸车　教练员座椅/环境空间》。本标准与
GB/T 25625—2010 相比,除编辑性修改外主要技术变化如下:

——修改了标准的名称;

——修改了标准的适用范围(见第 1 章,2010 年版的第 1 章);

——修改、增加了规范性引用文件(见第 2 章,2010 年版的第 2 章);

——修改、增加了术语和定义(见第 3 章,2010 年版的第 3 章);

——修改了"座椅尺寸""教练员座椅位置""教练员环境空间的尺寸/调整/悬架""材料""扶手""贮
存"和"约束系统"的要求(见 4.1、4.2、4.3、4.7、4.8、4.9 和 4.10,2010 年版的第 4 章);

——增加了"教练员座椅的 FOPS 或顶防护装置要求""教练员座椅的 ROPS 要求"和"教练员座椅
ROPS/FOPS 或顶防护装置标签"的要求(见 4.4、4.5 和 4.6);

——增加了教练员 DLV 尺寸和教练员 DLV 验收标准的规定(见附录 A 和附录 B);

——增加了参考文献(见参考文献)。

本标准使用翻译法等同采用 ISO 13459:2012《土方机械　教练员座椅　挠曲极限量、环境空间和
性能要求》。

本标准中规范性引用的国际文件有一致性对应关系的我国文件如下:

——GB/T 8420—2011　土方机械　司机的身材尺寸与司机的最小活动空间(ISO 3411:2007,
IDT);

——GB/T 8498—2017　土方机械　基本类型　识别、术语和定义(ISO 6165:2012,IDT);

——GB/T 8591—2000　土方机械　司机座椅标定点(eqv ISO 5353:1995);

——GB/T 16937—2010　土方机械　司机视野　试验方法和性能准则(ISO 5006:2006,IDT);

——GB/T 17300—2017　土方机械　通道装置(ISO 2687:2011,IDT);

——GB/T 17771—2010　土方机械　落物保护结构　试验室试验和性能要求(ISO 3449:2005,
IDT);

——GB/T 17921—2010　土方机械　座椅安全带及其固定器　性能要求和试验(ISO 6683:2005,
MOD);

——GB/T 17922—2014　土方机械　滚翻保护结构　实验室试验和性能要求(ISO 3471:2008,
IDT);

——GB/T 19930.2—2014　土方机械　挖掘机保护结构的实验室试验和性能要求　第 2 部分:6 t
以上挖掘机的滚翻保护结构(ROPS)(ISO 12117-2:2008,IDT);

——GB/T 19932—2005　土方机械　液压挖掘机　司机防护装置的试验室试验和性能要求
(ISO 10262:1998,MOD);

——GB/T 21153—2007　土方机械　尺寸、性能和参数的单位与测量准确度(ISO 9248:1992,
MOD);

——GB 25684.1—2010　土方机械　安全　第 1 部分:通用要求(ISO 20474-1:2008,MOD)。

本标准由中国机械工业联合会提出。

本标准由全国土方机械标准化技术委员会(SAC/TC 334)归口。

本标准负责起草单位:天津工程机械研究院。

本标准参加起草单位:郑州宇通重工有限公司。

本标准主要起草人:贾晓雯、余礼祥、吴红丽。

本标准所代替标准的历次版本发布情况为:

——GB/T 25625—2010。

土方机械　教练员座椅　挠曲极限量、环境空间和性能要求

1　范围

本标准规定了教练员座椅的挠曲极限量、环境空间和性能要求及尺寸,用于 ISO 6165 定义的土方机械上保护结构的试验室评价。

短期或临时座椅的振动影响不视为重大危险,因此本标准不考虑振动的影响。

2　规范性引用文件

下列文件对于本文件的应用是必不可少的。凡是注日期的引用文件,仅注日期的版本适用于本文件。凡是不注日期的引用文件,其最新版本(包括所有的修改单)适用于本文件。

ISO 2867　土方机械　通道装置(Earth-moving machinery—Access systems)

ISO 3411　土方机械　司机的身材尺寸与司机的最小活动空间(Earth-moving machinery—Physical dimensions of operators and minimum operator space envelope)

ISO 3449　土方机械　落物保护结构　试验室试验和性能要求(Earth-moving machinery—Falling-object protective structures—Laboratory tests and performance requirements)

ISO 3471　土方机械　滚翻保护结构　实验室试验和性能要求(Earth-moving machinery—Roll-over protective structures—Laboratory tests and performance requirements)

ISO 5006　土方机械　司机视野　试验方法和性能准则(Earth-moving machinery—Operator's field of view—Test method and performance criteria)

ISO 5353　农业和林业用土方机械、拖拉机和机械　司机座椅标定点(Earth-moving machinery, and tractors and machinery for agriculture and forestry—Seat index point)

ISO 6165　土方机械　基本类型　识别、术语和定义(Earth-moving machinery — Basic type — Identification and terms and definitions)

ISO 6683　土方机械　座椅安全带及其固定器　性能要求和试验(Earth-moving machinery—Seat belts and seat belt anchorages—Performance requirements and tests)

ISO 9248　土方机械　尺寸、性能和参数的单位与测量准确度(Earth-moving machinery—Units for dimensions, performance and capacities, and their measurement accuracies)

ISO 10262　土方机械　液压挖掘机　司机防护装置的试验室试验和性能要求(Earth-moving machinery—Hydraulic excavators—Laboratory tests and performance requirements for operator protective guards)

ISO 12117-2　土方机械　挖掘机保护结构的实验室试验和性能要求　第 2 部分:6 t 以上挖掘机的滚翻保护结构(ROPS)(Earth-moving machinery—Laboratory tests and performance requirements for protective structures of excavators—Part 2: Roll-over protective structures (ROPS) for excavators of over 6 t)

ISO 20474-1　土方机械　安全　第 1 部分:通用要求(Earth-moving machinery—Safety—Part 1: General requirements)

3 术语和定义

下列术语和定义适用于本文件。

3.1

定位轴 locating axis;LA

DLV(3.2)相对于座椅标定点(SIP)位置的水平轴。

3.2

挠曲极限量 deflection limiting volume;DLV

ISO 3411规定的穿普通衣服、戴安全帽、坐姿高大身材司机的垂直投影近似值。

注1:改写ISO 3164:1995,定义3.1。

注2:该DLV适用于司机,而教练员DLV(3.7)适用于教练员和教练员座椅。

3.3

司机空间 operator space

司机周围的空间。

3.4

正交顶面 orthogonal top head plane

用于FOPS试验,DLV上部270 mm×330 mm的矩形水平面。

见图A.1。

3.5

教练员座椅 trainer seat

安装在司机室内,靠近司机座椅或在其后方,短期或临时使用培训司机用的座椅。

3.6

教练员环境空间 trainer space envelope

教练员履行工作职责所在的空间。

3.7

教练员DLV trainer DLV

穿普通衣服、戴安全帽、高大身材、坐姿教练员的近似值。

见图A.1。

注:改写ISO 3164:1995,定义3.1。(该教练员假设为与该定义和定义3.2中规定的高大身材司机同样身材)。

3.8

扶手 handhold

教练员可抓握的装置,该装置提供支撑并防止身体移动。

4 要求

4.1 座椅尺寸

教练员座椅的尺寸应符合表1的规定,基于特殊的人类工效学考虑的合理偏差除外。所有尺寸应以ISO 5353规定的座椅标定点(SIP)为基准。教练员座椅可由独立的坐垫构成,只要它们的尺寸符合要求。

4.2 教练员座椅位置

4.2.1 教练员座椅应安装在司机室内。

4.2.2 教练员座椅的任何部分不应位于 ISO 5006 中定义的视野 A 区内。教练员座椅应放置在易于观察司机和操作环境的位置。教练员座椅的位置应不干涉司机对机器的安全操作。

4.3 教练员环境空间的尺寸/调整/悬浮

教练员环境空间的尺寸见图 1。教练员座椅不需要座椅调整装置和悬浮装置。

4.4 教练员座椅的 FOPS 或顶防护装置要求

ISO 3449 中的 FOPS(落物保护结构)要求或 ISO 10262 中的顶防护装置要求适用于使用符合附录 A 规定教练员 DLV 的教练员座椅。如果经分析教练员上面的司机室结构强度更高,司机的 FOPS 或顶防护装置试验的结果可用于评价和验证其是否符合本标准。

4.5 教练员座椅的 ROPS 要求

4.5.1 一般要求

ISO 3471 或 ISO 12117-2 中给出的 ROPS(滚翻保护结构)要求,与 4.5.2 和 4.5.3 的规定适用于教练员座椅。按照 ISO 3471 或 ISO 12117-2 得出的 ROPS 试验结果可用于评价和验证是否符合 4.5.3 的规定。

见附录 B。

4.5.2 ROPS 试验程序

使用附录 A 和附录 B 规定的教练员 DLV,按照 ISO 3471 或 ISO 12117-2 的规定进行 ROPS 结构试验。

4.5.3 ROPS 验收标准

验收标准是 ISO 3471 或 ISO 12117-2 与附录 B。

4.6 教练员座椅 ROPS/FOPS 或顶防护装置标签

如果满足附录 B 的验收标准,应在 ROPS/FOPS 或顶防护装置标签中增加提及本标准。

4.7 材料

教练员座椅及其配件所用的材料应阻燃且符合 ISO 20474-1 的规定。

4.8 扶手

扶手尺寸应符合 ISO 2867 的规定,扶手应位于坐在教练员座椅中的人手臂可及范围内。扶手可用于推开门或关门,不可用于锁门和拉开门栓。

4.9 贮存

教练员座椅在不使用时可以保留或拆除。

4.10 约束系统

教练员座椅应具有符合 ISO 6683 规定的约束系统(如座椅安全带和安全带固定器)。

表 1　教练员座椅尺寸

单位为毫米

尺寸	名称	最大值	基本值	最小值
B	坐垫长度	320	300	215
D	坐垫宽度	—	360	300
G	靠背垫高度	—	400	150
H	靠背垫宽度	—	360	300
J	靠背垫角度	15°	10°	0°

SIP 见 ISO 5353。

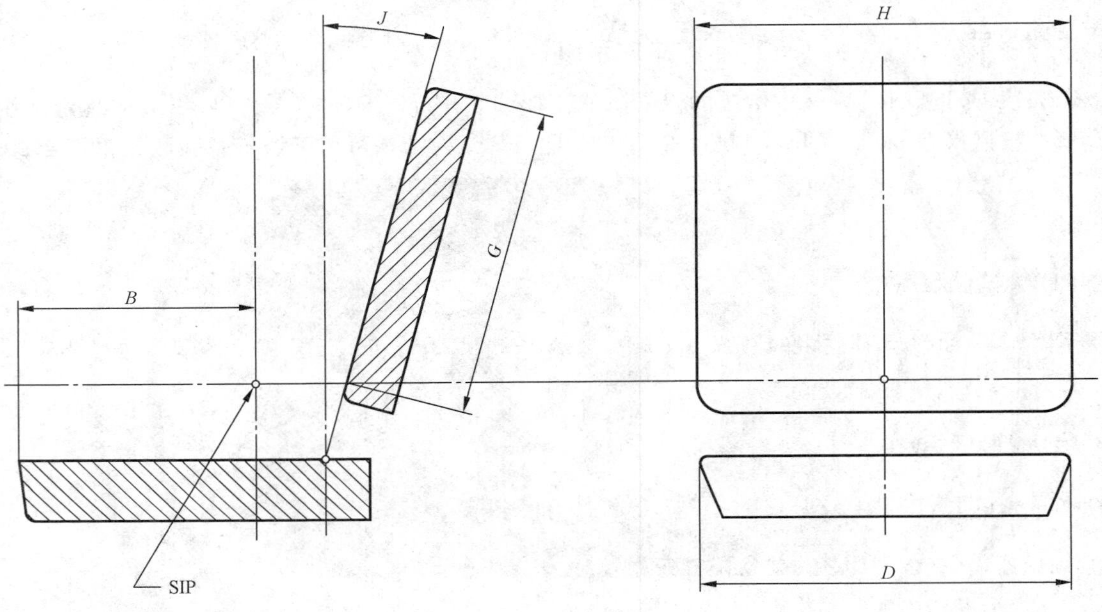

单位为毫米

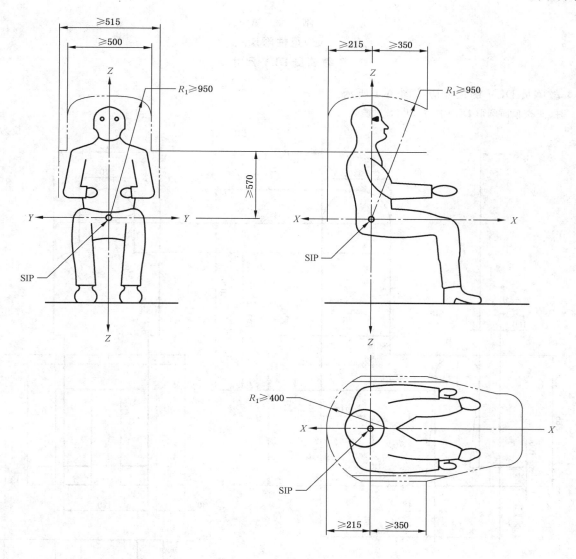

$R_1 \geqslant 1\ 050$(戴安全帽)或 $R_1 \geqslant 1\ 000$(不戴安全帽)。SIP 见 ISO 5353。

图 1　教练员环境空间

附　录　A
（规范性附录）
教练员 DLV 尺寸

教练员 DLV 的尺寸应按图 A.1 所示。

注：正交顶面圆形 DLV 用于 FOPS 试验。

单位为毫米

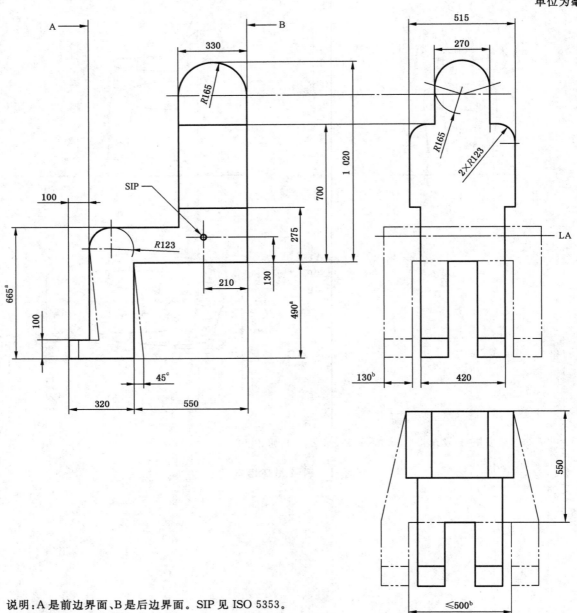

说明：A 是前边界面、B 是后边界面。SIP 见 ISO 5353。

[a] 可减少到避免干涉地板。

[b] 机器零件或控制元件可能导致双脚分开。最低限度是两侧应保持 ISO 3411 中防止双脚和双腿挤压的体积。

[c] 双脚可向后移动 45 mm。

图 A.1　教练员 DLV 尺寸

附　录　B

（规范性附录）

教练员 DLV 验收标准

B.1 教练员 DLV,SIP 的上部应允许以下旋转（见图 B.1）和调整。

 a) 在横向和纵向加载期间,允许教练员 DLV 上部向 ROPS 侧面或前面绕定位轴（LA）（见 3.1 和 ISO 5353）旋转为不大于 15°。在 LA 下部的 DLV 可忽略。教练员 DLV 的旋转应≤15°。如果小角度干涉机器部件或控制装置,则该角度应限制旋转。由于教练员 DLV 上的安装面变形,允许安装上部附加的旋转;

 b) 对于高大身材教练员的软组织挠曲,教练员 DLV 允许向 ROPS 的加载方向横向或纵向调整 50 mm。

B.2 当教练员 DLV 向 ROPS 挠曲方向旋转到最大角度 16°,司机空间应允许司机 DLV 旋转到最大角度 15°,以避免两个 DLV 的干涉。

B.3 刚性机架自卸车有比教练员座椅接近机器边缘的司机座椅,或有侧安装司机室,在发生滚翻时向教练员座椅一侧有不可评估的横向加载,教练员座椅（见 4.5）应符合 ISO 3471 的 ROPS 要求。

B.4 测量准确度应符合 ISO 9248 的规定。

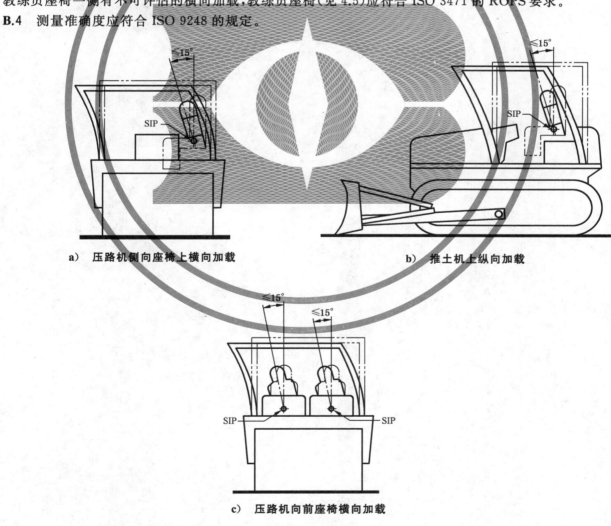

 a) 压路机侧向座椅上横向加载   **b)** 推土机上纵向加载

 c) 压路机向前座椅横向加载

图 B.1　SIP 上部 DLV 的允许旋转角度

参 考 文 献

[1]　GB/T 17772—1999　土方机械　保护结构的实验室鉴定　挠曲极限量的规定(ISO 3164:1995,IDT)

[2]　GB/T 25624—2010　土方机械　司机座椅　尺寸和要求(ISO 11112:1995,IDT)

ICS 53.100
P 97

中华人民共和国国家标准

GB/T 25686—2018/ISO 15817:2012
代替 GB/T 25686—2010

土方机械　司机遥控装置的安全要求

Earth-moving machinery—Safety
requirements for remote operator control systems

（ISO 15817:2012,IDT）

2018-09-17 发布

2019-04-01 实施

国家市场监督管理总局
中国国家标准化管理委员会　发 布

前　　言

本标准按照 GB/T 1.1—2009 给出的规则起草。

本标准代替 GB/T 25686—2010《土方机械　司机遥控的安全要求》，本标准与 GB/T 25686—2010
相比，除编辑性修改外主要技术变化如下：

——修改了标准名称；

——修改了范围的相关内容（见第 1 章，2010 年版的第 1 章）；

——第 2 章"规范性引用文件"中增加和删除部分引用标准（见第 2 章，2010 年版的第 2 章）；

——第 3 章增加了部分术语及其定义（见第 3 章的 3.2、3.3、3.4 和 3.11）；

——修改了第 4 章的标题（见第 4 章，2010 年版的第 4 章）；

——增加、修改和删除了司机遥控的要求的部分内容（见第 4 章，2010 年版的第 4 章）；

——修改了前进方向标记的相关内容（见第 5 章，2010 年版的第 5 章）；

——修改了说明书的部分内容（见第 6 章，2010 年版的第 6 章）；

——增加了资料性附录 A（见附录 A）。

本标准使用翻译法等同采用 ISO 15817:2012《土方机械　司机遥控装置的安全要求》。

与本标准中规范性引用的国际文件有一致性对应关系的我国文件如下：

——GB/T 4208—2017　外壳防护等级（IP 代码）（IEC 60529:2013,IDT）；

——GB/T 8498—2017　土方机械　基本类型　识别、术语和定义（ISO 6165:2012,IDT）；

——GB/T 8593.1—2010　土方机械　司机操纵装置和其他显示装置用符号　第 1 部分:通用符
号（ISO 6405-1:2004,IDT）；

——GB/T 8593.2—2010　土方机械　司机操纵装置和其他显示装置用符号　第 2 部分:机器、工
作装置和附件的特殊符号（ISO 6405-2:1993,IDT）；

——GB 20178—2014　土方机械　机器安全标签　通则（ISO 9244:2008,IDT）；

——GB/T 22359—2008　土方机械　电磁兼容性（ISO 13766:2006,IDT）；

——GB/T 16754—2008　机械安全　急停　设计原则（ISO 13850:2006,IDT）。

本标准由中国机械工业联合会提出。

本标准由全国土方机械标准化技术委员会（SAC/TC 334）归口。

本标准起草单位:南安市中机标准化研究院有限公司、厦门厦工机械股份有限公司、徐工集团工程
机械有限公司江苏徐州工程机械研究院、天津工程机械研究院有限公司。

本标准主要起草人:朱斌、江蕾、宋天佳、刘锡霞。

本标准所代替标准的历次版本发布情况:

——GB/T 25686—2010。

土方机械 司机遥控装置的安全要求

1 范围

本标准适用于 ISO 6165 中定义的土方机械用司机遥控装置的基本安全要求。

本标准不适用于不受司机协助就可使机器自行工作的自主控制系统,也不适用于非遥控机器上的附属装置的遥控。

2 规范性引用文件

下列文件对于本文件的应用是必不可少的。凡是注日期的引用文件,仅注日期的版本适用于本文件。凡是不注日期的引用文件,其最新版本(包括所有的修改单)适用于本文件。

ISO 6165 土方机械 基本类型 识别、术语和定义(Earth-moving machinery—Basic types-Identification and terms and definitions)

ISO 6405-1 土方机械 司机操纵装置和其他显示装置用符号 第 1 部分:通用符号(Earth-moving machinery—Symbols for operator controls and other displays—Part 1:Common symbols)

ISO 6405-2 土方机械 司机操纵装置和其他显示装置用符号 第 2 部分:机器、工作装置和附件的特殊符号(Earth-moving machinery—Symbols for operator controls and other displays—Part 2:Specific symbols for machines,equipment and accessories)

ISO 9244 土方机械 机器安全标签 通则(Earth-moving machinery—Machine safety labels—General principles)

ISO 13766 土方机械 电磁兼容性(Earth-moving machinery—Electromagnetic compatibility)

ISO 13850 机械安全 急停 设计原则(Safety of machinery—Emergency stop—Principles for design)

ISO 15998 土方机械 采用电子元件的机械控制系统(MCS) 功能安全性能准则和试验(Earth-moving machinery—Machine control systems (MCS) using electronic components—Performance criteria and tests for functional safety)

IEC 60068-2-31 环境试验 第 2-31 部分:试验 试验 Ec:粗处理冲击(主要用于设备型试样)(Environmental testing—Part 2-31:Tests—Test Ec:Rough handling shocks,primarily for equipment-type specimens)

IEC 60529 外壳防护等级(IP 代码)[Degrees of protection provided by enclosures (IP code)]

3 术语和定义

下列术语和定义适用于本文件。

3.1

控制电缆 control cable
在遥控箱和接收装置之间传输信号的电线。

3.2

直接操纵 direct control
对和司机身体接触的机器的操纵。

3.3

急停装置　emergency stop device

位于机器上用于启动紧急停止功能的手动启动装置。

3.4

急停功能　emergency stop function

此功能是：

——避免潜在的，或降低现存的对人员的危害，对机器或正在进行的工作的损坏；

——由单独动作启动。

注 1：引起危险的原因：

　　——功能异常（例如：机械故障，不接受材料加工的属性，人为失误）；

　　——常规操作。

注 2：规定源自 ISO 13850:2006 中 3.1 的定义。

3.5

危险区域　hazard zone

机器制造商和机器使用所定义的由于机器的运动和机器的应用可能存在潜在性伤害的区域。

3.6

接收装置　receiving unit

位于机器上以接收从遥控箱发射的信号并处理这些信号成为机器操纵命令的装置。

注：它由下列元件组成：

　　——从遥控箱接受信号的接收元件；

　　——确认信号用的监测元件；

　　——驱动机器的操纵装置的输出交会元件。

接收装置还可以包含回送确认信号的措施。

3.7

遥控　remote control

司机遥控　remote operator control

从一个不在机器上的遥控箱通过无线或有线，将信号传输到一个位于机器上的接收装置来控制机器。

3.8

遥控箱　remote control box

从不在机器上的位置，用传输信号驱动所有需要操纵功能的装置。

注：信号在遥控箱和接收装置间传输。

3.9

遥控装置　remote control system

由一个遥控箱和一个接收装置组成的用于给一台受遥控的机器传输操作信息或控制的装置。

3.10

遥控操纵　remote-controlled operation

由一名远离机器的司机对机器的操纵。

3.11

遥控停机　remote stop

由远程控制单元和/或"便携式"（如手持）设备以停止所有控制机器的危险运动。

4 司机遥控装置的要求

4.1 一般要求

4.1.1 设计

遥控装置、安全相关的机器控制系统使用电子元件的设计应遵循 ISO 15998 规定的原则。

遥控装置的设计在出现下列任何条件时,基于动力源的各种工作方式应停止:

a) 当没触发操纵装置时;

b) 当遥控装置的电源中断时;

c) 当遥控箱与接收装置之间的通讯中断时;

d) 机器丧失动力中断了遥控装置任何部分;

e) 任何遥控装置操作连锁和或功能的不到位。

重新供电或建立遥控箱和接收装置之间的信号不得产生意外的危险机器运动。只有在司机有意复位机器操作后,才能恢复遥控。

当机器的危险区域对于遥控操作者不可见时,应该配有操作者在发动机或机器启动前提供警告的装置。暴露于危险区域的人员应有时间离开或有防止发动机或机器启动的措施。

4.1.2 无线操纵

遥控装置应有(指示灯、信号灯、声音警报器等)用于司机遥控操纵时识别相应的机器。可以使用4.10 规定的报警装置。

4.1.3 有线操纵

为了使司机能在危险区域以外进行操纵,控制电缆应有足够长度和柔韧性。关于拉力方面,极度拉伸电缆也不能造成损坏,控制电缆或连接的任何故障应使机器运动停止。

4.2 信号的完整性

信号传输系统应具有一个错误监测和/或错误纠正系统以防止机器的控制装置被电磁辐射的脉冲电平造成的假信号、短时信号丧失等所触发。数据通讯协议应保证通信链和被传输的数据的完好。如无法核实信号完整,在建立新的完整信号且司机执行了有意复位之前,远程控制应及时停止。

4.3 无线操作范围

远程控制的操作范围应使司机远离危险区域,这一范围应在司机手册中说明。

4.4 遥控箱

4.4.1 设计

除停机外,一台机器的运转每次只能被一个遥控箱遥控。

遥控箱的设计应符合人类工效学,减少对司机活动自由度的限制。

遥控箱开启应由一个光学装置显示,例如 LED 或仪表灯。

4.4.2 司机操纵装置

4.4.2.1 常规

连续工作控制(如附属装置)和浮动控制可以保持在一个止动位置,遥控箱上的其他操纵装置应在司机松开它们时返回到中位,或者需要另一种持续的司机输入控制(如:保持运行)。

当操纵装置在中位或止动状态下,机器活动的结果应与遥控一致,如果存在,该指令应在司机手册中被认可使用连续运动控制说明。

4.4.2.2 标记

遥控箱上的操纵装置应清楚标记机器及其工作装置/附属装置(机具)运动的方向定位和方向,并与机器上操纵装置标记一致(若机器也按此配备)(见 ISO 6405-1 和 ISO 6405-2)。

4.4.2.3 防止意外触动的保护

遥控箱上的操纵装置应设置有防意外触动的防护措施,消除或防止意外触动。在遥控箱从司机手中跌落或司机拿着遥控箱摔倒的情况下,应提供防止触动的措施。

4.4.2.4 防止非法触动的保护

为防止非法触动,应在遥控箱上有所措施。
示例:钥匙开关或使用密码。
遥控操作非授权不可用。

4.4.2.5 机器保持功能

遥控箱上应提供一个保持机器静止的方法。
示例:激活停车制动或司机手册中规定的其他方法。

4.4.2.6 灭火系统

对于被控制的机器配有的灭火系统,应能自动激活或远程激活。

4.5 停机

4.5.1 通则

遥控箱和机器上应有一个停机操纵装置。
在所有以前操作或触动过的停机操纵装置都复位以前,不可恢复机器操作,停止控制应运用故障安全设计。

4.5.2 遥控停机

遥控停机装置应在遥控箱上,停机遥控通常应通过按钮装置或易于启动的替代装置来实现。装置或标志应为红色。
附加的遥控停机装置,比如只能控制停止功能的"便携式"手持单元也可使用,只要它们满足上面控制箱遥控停机装置定义的相同要求。

4.5.3 急停

如果风险评估提供了明确的证据,即位于机器上的急停装置的操作是可能的,没有额外的风险,至少应在机器上配有一个符合 ISO 13850 规定的人站在地面上可以操作的急停装置。

4.6 控制选择

4.6.1 直接操纵

如果机器可以被直接操纵,应配备符合 4.6.2~4.6.6 要求的控制选择开关。

4.6.2 非指令机器运作

操作控制选择开关不能引起非指令机器运作。

4.6.3 机器上的超越控制

机器上应具备司机可以关闭遥控的功能,如果激活了超越控制,遥控功能应进行重置后才能再启动。

4.6.4 控制选择开关

控制选择开关应设置在机器上司机直视并直接控制的范围内。否则,应当在司机可直接控制的区域内,给司机提供有效的指示。

4.6.5 开关的锁定

控制选择开关应具备锁定功能,或其他方式代替(如:防护),防止司机直接控制机器时,控制选择开关被无意识地切换到遥控模式。

4.6.6 非授权操纵

应为控制选择开关提供防止非授权操纵的措施。这些措施可以是钥匙开关、可锁开关、使用密码、可锁的驾驶室/车厢或其他类似方式。

4.6.7 远程驱动

当控制选择开关切换到遥控操作时,所有由遥控控制的机器动作应只能由遥控箱控制。

4.7 电磁兼容性

遥控装置的电磁兼容性应符合 ISO 13766 的规定。

4.8 碰撞、冲击和振动

遥控箱和接收装置应设计成在合理的、可预见的操作冲击和振动下,不导致机器意外运动。
a) 遥控箱应通过下列试验:
——按照 IEC 60068-2-31 的自由跌落;
——按照 ISO 15998:2008 的冲击测试。
b) 接收装置应通过下列试验:
——按照 ISO 15998:2008 的振动试验;
——按照 ISO 15998:2008 的冲击试验。

4.9 环境防护

4.9.1 遥控箱

遥控箱的防护等级应至少为 IP65 级(见 IEC 60529)。

4.9.2 接收装置

防护等级应按接收装置的安装位置确定。如果接收装置位于司机室内或类似的位置,按照 IEC 60529 的规定,应满足 IP54 级;在其他所有位置,应至少为 IP65 级。

4.10 报警装置

4.10.1 可视装置

当遥控模式启动时,应有一个警示灯或闪光灯以独有色彩显示。警示灯应位于机器上,且人员从任何方向接近机器时容易看到的位置。该机器可配备组合不同颜色的警示灯或闪光灯显示各种状态、条件或操作模式。

示例:绿色为开启状态,黄色/琥珀色为操作,红色为故障。

如果使用一个以上的警示灯或闪光灯,应在司机手册中描述其功能。

4.10.2 声响装置

当机器处于遥控状态时,遥控箱应可以控制机器的声响报警装置(如喇叭)。

4.11 行走

4.11.1 无线操纵

如果司机需要伴随机器行走,无线操纵的机器行走速度不应超过 10 km/h。如果司机不需要伴随行走,则可以视现场情况容许机器以更快的速度行走。同时其他人员和司机禁止进入危险区域。

4.11.2 有线操纵

当司机需要伴随机器行走,机器的最大行走速度不应超过 6 km/h。

4.12 系统信息

下列数据应永久性地固定在遥控装置上:

a) 制造商;

b) 系统标识;

c) 制造年份;

d) 序列号。

系统标识信息在机器上应清楚地指示遥控箱和接收装置之间的关系。该标识在遥控箱和接收器或机器的易读位置上标识出来。

4.13 机器安全标签

机器的安全标签应符合 ISO 9244 的规定,指示机器可以用遥控操纵。安全标签应清晰的表明人应在危险区域外。参见附录 A 的示例。

5 前进方向的标记

对于360°回转的机器,如挖掘机,应在机器底盘上的两侧标记出前进方向,以告知遥控操作者行走方向。除非机器有其他显著特征(如推土铲)指示前进方向。

对于前进方向不明确(如对称设计的机器)的机器,机器的两侧和机器的前后方向上都要标明前进方向。在机器正常运转期间,尽可能使标记不被脏东西、泥土等污损。

对于具有自动前进方向选择功能的机器,应在遥控器上标示出机器具有该功能。

6 说明书

关于无线遥控机器的司机手册应规定司机能够控制机器的最大极限距离。在使用时,出现一个对远程操纵者有危险的机器,在司机手册中应规定一个适当的警示以保持在远程操作期间机器的安全距离。遥控操作的其他信息应包括:如保持视线,在坡面上工作,载荷运输,在极端条件/环境中的使用,开机和关机步骤和保养控制箱的安全做法等。

司机手册应指示操作员定期测试报警装置的功能。

附 录 A

（资料性附录）

遥控机器安全标签示例

机器的安全标签,可以用来表明该机可以遥控操纵。

注:图 A.1 所示的在机器的安全标签顶部面板显示的警告标志是符合 ISO 7010:2011 的规定的,在这里只是作为一个示例。

图 A.1 机器安全标签

参 考 文 献

［1］ GB/T 16855.1—2008 机械安全 控制系统有关安全部件 第1部分:设计通则(ISO 13849-1:
2006,IDT)

［2］ ISO 7010 图形符号 安全色和安全标志 已注册安全标志(Graphical symbols—Safety
colours and safety signs—Registered safety signs)

三、试验方法

ICS 53.100
P 97

中华人民共和国国家标准

GB/T 17772—2018/ISO 3164:2013
代替 GB/T 17772—1999

土方机械 保护结构的实验室鉴定
挠曲极限量的规定

Earth-moving machinery—Laboratory evaluations of protective structures—
Specifications for deflection-limiting volume

(ISO 3164:2013,IDT)

2018-09-17 发布　　　　　　　　　　　　　　2019-04-01 实施

国家市场监督管理总局
中国国家标准化管理委员会　发 布

前　言

本标准按照 GB/T 1.1—2009 给出的规则起草。

本标准代替 GB/T 17772—1999《土方机械　保护结构的实验室鉴定　挠曲极限量的规定》。本标准与 GB/T 17772—1999 相比，除编辑性修改外主要技术变化如下：

——增加了部分引用标准（见第 2 章）；

——增加了挠曲极限量（DLV）的分类（见第 3 章）；

——增加了挠曲极限量（DLV）的尺寸和用途（见第 4 章）。

本标准使用翻译法等同采用 ISO 3164:2013《土方机械　保护结构的实验室鉴定　挠曲极限量的规定》。

与本标准中规范性引用的国际文件有一致性对应关系的我国文件如下：

——GB/T 8591—2000　土方机械　司机座椅标定点（ISO 5353:1995,eqv）

——GB/T 8498—2017　土方机械　基本类型　识别、术语和定义（ISO 6165:2012,IDT）

本标准由中国机械工业联合会提出。

本标准由全国土方机械标准化技术委员会（SAC/TC 334）归口。

本标准起草单位：天津工程机械研究院有限公司。

本标准主要起草人：贾晓雯、邓艳芳。

本标准所代替标准的历次版本发布情况为：

——GB/T 17772—1999。

土方机械 保护结构的实验室鉴定 挠曲极限量的规定

1 范围

本标准规定了 ISO 6165 定义的土方机械保护结构的实验室鉴定挠曲极限量（DLV），这种结构对土方机械的司机提供保护作用。

2 规范性引用文件

下列文件对于本文件的应用是必不可少的。凡是注日期的引用文件,仅注日期的版本适用于本文件。凡是不注日期的引用文件,其最新版本(包括所有的修改单)适用于本文件。

GB/T 8420—2011 土方机械 司机的身材尺寸与司机的最小活动空间 (ISO 3411:2007,IDT)

ISO 5353:1995 土方机械、农林拖拉机和机械 司机座椅标定点 (Earth-moving machinery, and tractors and machinery for agriculture and forestry —Seat index point)

ISO 6165 土方机械 基本类型 识别、术语和定义 (Earth-moving machinery — Basic types—Identification and terms and definitions)

3 术语和定义

下列术语和定义适用于本文件。

3.1

挠曲极限量 deflection-limiting volume;DLV

GB/T 8420 定义的高大身材司机坐姿的近似值。

3.1.1

直角挠曲极限量 orthogonal DLV

3.1 中的挠曲极限量指的是司机的垂直投影近似值。

注:见图1。

3.1.2

圆角挠曲极限量 rounded DLV

3.1.1 中的垂直挠曲极限量以接近司机(例如头、肩膀)的曲率拐角处修圆。

注:见图2。

3.1.3

直角顶端平面 orthogonal top head plane

270 mm 乘以 330 mm 的矩形水平面以 3.1.2 圆形挠曲极限量的方式用于折叠成 3.1.1 垂直挠曲极限量的顶端水平面。

注1:见图3。

注2:顶端平面用于圆形挠曲极限量的落物保护结构试验。

3.2

座椅标定点 seat index point;SIP

ISO 5353 规定的座椅中心垂直平面上的点。

3.3

定位轴 locating axis；LA

3.1 中的挠曲极限量（DLV）相对于 3.2 中的座椅标定点（SIP）位置的水平轴。

4 挠曲极限量（DLV）的尺寸、用途和精度

4.1 直角挠曲极限量的尺寸如图 1 所示,圆角挠曲极限量的尺寸如图 2 所示。

4.2 从座椅标定点到挠曲极限量（DLV）后界面的尺寸假设座椅前后有 150 mm 的调节值。如果座椅没有前后调节值,那么座椅标定点到挠曲极限量（DLV）后界面的尺寸将从 210 mm 减小到 135 mm。如果座椅前后调节值小于 150 mm,那么座椅标定点到挠曲极限量（DLV）后界面的尺寸将被降低为 150 mm 和实际前后调节值之差的一半。

4.3 滚翻保护结构试验和倾翻保护结构试验用圆角挠曲极限量或者垂直挠曲极限量。落物保护结构试验用直角挠曲极限量或者带有垂直顶端平面的圆角挠曲极限量。

4.4 对于滚翻保护结构试验和倾翻保护结构试验,当水平载荷时,挠曲极限量（DLV）的座椅标定点以上部分允许被侧向旋转大约 15°（见表 1）。当纵向载荷时,挠曲极限量（DLV）的定位轴以上部分允许被向前旋转大约 15°。见图 4。挠曲极限量（DLV）的座椅标定点以下的部分不可以旋转。如果一些机械零件有干扰,挠曲极限量（DLV）的旋转将被限制在发生干扰的角度。

表 1 滚翻保护结构试验和倾翻保护结构试验时挠曲极限量（DLV）的旋转允许信息

滚翻保护结构/倾翻保护结构载荷方向	角度	挠曲极限量的转动方向
水平载荷	15°	横向
纵向载荷	15°	纵向
当挠曲极限量被纵向和横向转动时,圆角挠曲极限量很好的表现了司机头部的形状。		

4.5 图 1 和图 2 所示挠曲极限量（DLV）的所有线性尺寸偏差为 ±5 mm。挠曲极限量（DLV）相对于座椅标定点（SIP）,水平方向和垂直方向偏差为 ±13 mm。旋转角度偏差为 ±1°。

5 挠曲极限量（DLV）的定位

机器的操纵杆及其有关部件的位置,不应影响 DLV。

5.1 挠曲极限量（DLV）以 ISO 5353 规定的座椅标定点（SIP）作基准点来定位,见图 1 和图 2。

单位为毫米

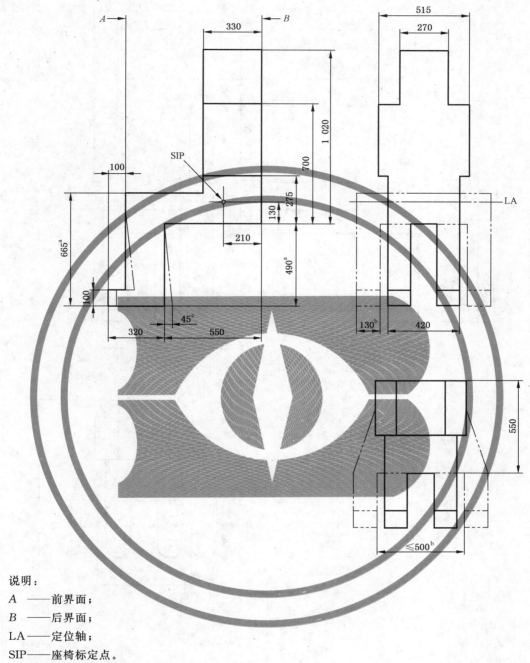

说明:

A ——前界面;

B ——后界面;

LA——定位轴;

SIP——座椅标定点。

[a] 为避免与地板干涉,该尺寸可减小。

[b] 机器零件或操纵杆可能会导致挠曲极限量(DLV)的两脚分开。

[c] 脚可以后移 45 mm 的距离。

图 1　直角挠曲极限量(DLV)的尺寸

单位为毫米

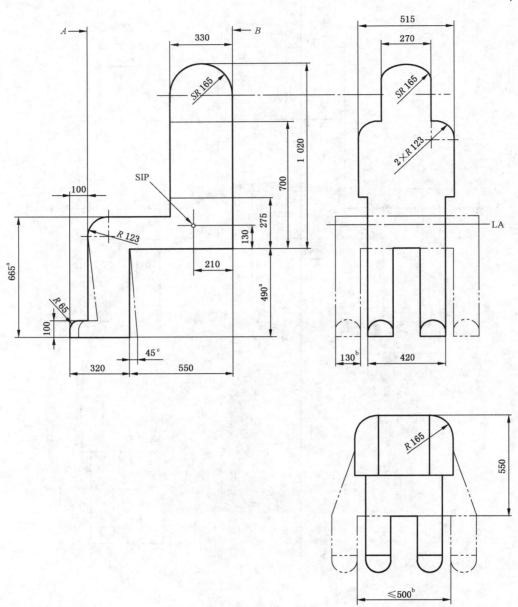

说明：

A ——前界面；

B ——后界面；

LA——定位轴；

SIP——座椅标定点。

[a] 为避免与地板干涉,该尺寸可减小。

[b] 机器零件或操纵杆可能会导致挠曲极限量(DLV)的两脚分开。

[c] 脚可以后移45 mm的距离。

图 2　圆角挠曲极限量(DLV)的尺寸

5.2　机器若有多种座椅位置因此也就有多个座椅标定点,应该采用机器在行驶状态时司机所用座椅的标定点。

5.3　挠曲极限量(DLV)的定位应使图1所示的定位轴LA通过5.2定义的座椅标定点。挠曲极限量

（DLV）在横向应位于座椅的横向和纵向坐标轴（图2根据 ISO 5353:1995 定义的 X' 和 Z' 坐标轴）位置的中心。

5.4 在实验室试验加载时,定位轴线可能产生移动,挠曲极限量（DLV）定位轴 LA 的位置仍需保持与座椅标定点重合。

注:不考虑挠曲极限量（DLV）中机器的操纵杆及其有关部件的位置。

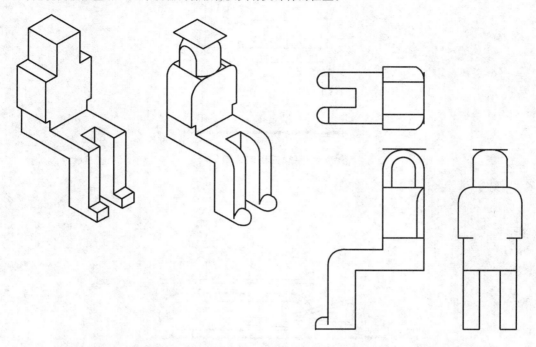

图3 对于落物保护结构试验垂直顶端平面的圆角挠曲极限量的透视图

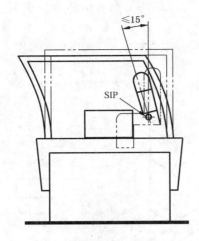

a) 水平载荷侧向旋转座椅

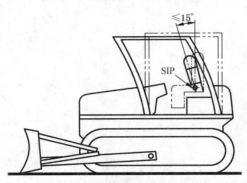

b) 牵引推土机上的纵向载荷

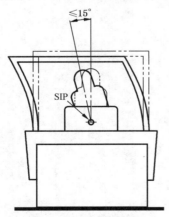

c) 水平载荷向前旋转座椅

说明:
SIP——座椅标定点。

图 4 挠曲极限量(DLV)的旋转例子

ICS 53.100
P 97

中华人民共和国国家标准

GB/T 21152—2018
代替 GB/T 21152—2007

土方机械　轮式或高速橡胶履带式机器
制动系统的性能要求和试验方法

Earth-moving machinery—Wheeled or high-speed rubber-tracked machines—
Performance requirements and test procedures for brake systems

(ISO 3450:2011,MOD)

2018-12-28 发布

2019-07-01 实施

国家市场监督管理总局
中国国家标准化管理委员会 发布

前　言

本标准按照 GB/T 1.1—2009 给出的规则起草。

本标准代替 GB/T 21152—2007《土方机械　轮胎式机器　制动系统的性能要求和试验方法》。本标准与 GB/T 21152—2007 相比，除编辑性修改外主要技术变化如下：

——增加了标准的范围（见第 1 章）；

——增加了部分引用文件（见第 2 章）；

——增加了部分术语（见第 3 章）；

——增加了一般要求（见第 4 章）；

——增加了附录 A（资料性附录）；

——增加了附录 B（资料性附录）。

本标准使用重新起草法修改采用 ISO 3450:2011《土方机械　轮式或高速橡胶履带式机器　制动系统的性能要求和试验方法》。本标准与 ISO 3450:2011 存在的有关技术性差异已编入正文中并在它们所涉及的条款的外侧页边空白处用垂直单线标识，主要差异如下：

——第 2 章中删除了"ISO 6165、ISO 7133 和 ISO 8811"三个引用文件。因为这三个文件未被规范性引用，将其移到参考文献。

——第 4 章悬置段修改为"注：这个条款的要求适应于本标准范围内的所有机器。所有制动系统的设计、构建和安装都尽可能减少污染。"因为此条为悬置段而且不含要求。

——4.1.1 由"所有机器应配置行车制动系统、辅助制动系统和停车制动系统"修改为"机器应配置行车制动系统和停车制动系统，可安装辅助制动系统。按机器的预期使用，在所有行驶、装载、加速、越野和坡道条件下，各制动系统均应是有效的。"因为与 GB 25684.1 保持一致。

——4.1.4 中删除了"对于单轮压路机和组合式压路机的制动系统应对所有的车轮和滚筒施加制动"，因为这条要求不符合国内市场的产品技术水平。

与本标准中规范性引用的国际文件有一致性对应关系的我国文件如下：

——GB/T 8595—2008　土方机械　司机的操纵装置（ISO 10968:2004，IDT）

——GB/T 10913—2005　土方机械　行驶速度测定（ISO 6014:1986，MOD）

——GB/T 21153—2007　土方机械　尺寸、性能和参数的单位与测量准确度（ISO 9248:1992，MOD）

——GB/T 21154—2014　土方机械　整机及其工作装置和部件的质量测量方法（ISO 6016:2008，IDT）

——GB/T 34353—2017　土方机械　应用电子器件的机器控制系统（MCS）　功能性安全的性能准则和试验（ISO 15998:2008，IDT）

本标准由中国机械工业联合会提出。

本标准由全国土方机械标准化技术委员会（SAC/TC 334）归口。

本标准负责起草单位：徐工集团工程机械有限公司江苏徐州工程机械研究院、三一重工股份有限公司、天津工程机械研究院有限公司。

本标准参加起草单位：内蒙古北方重型汽车股份有限公司。

本标准主要起草人：赵斌、李亮辉、贾晓雯、杨颖、孔山中、邓艳芳、吴继霞、裴洁。

本标准所代替标准的历次版本发布情况为：

——GB/T 21152—2007。

土方机械 轮式或高速橡胶履带式机器 制动系统的性能要求和试验方法

1 范围

本标准规定了轮式和高速橡胶履带式土方机械的行车制动系统、辅助制动系统和停车制动系统的最低性能要求和试验方法,以便对这些制动系统进行统一的评定。

本标准适用于以下在工地或在矿山上作业或在道路上行驶的土方机械:

——ISO 6165 定义的自行橡胶轮胎式土方机械;

——ISO 6165 和 ISO 8811 定义的自行压路机和回填压实机;

——ISO 7133 定义的铲运机;

——ISO 6165 定义的遥控轮式或橡胶履带式机器;

——橡胶轮胎式土方机械的派生机械;

——最高行驶速度不小于 20 km/h 的橡胶履带式土方机械。

本标准不适用于步行控制的土方机械(见 ISO 17063)或行驶速度小于 20 km/h(见 ISO 10265)的钢质或橡胶履带式土方机械。地下采矿专用机械并不在本标准规定的范围内,但是本标准通过对一些制动性能的修改和添加,一般的规定可以适用于这些机器(参见附录 A)。

注:本标准出版时,还没有制定专门用于地下采矿专用机械的国际标准。

2 规范性引用文件

下列文件对于本文件的应用是必不可少的。凡是注日期的引用文件,仅注日期的版本适用于本文件。凡是不注日期的引用文件,其最新版本(包括所有的修改单)适用于本文件。

ISO 6014 土方机械 行驶速度测定(Earth-moving machinery—Determination of ground speed)

ISO 6016 土方机械 整机及其工作装置和部件的质量测量方法(Earth-moving machinery—Methods of measuring the masses of whole machines, their equipment and components)

ISO 9248 土方机械 尺寸、性能和参数的单位与测量准确度(Earth-moving machinery—Units for dimensions, performance and capacities, and their measurement accuracies)

ISO 10968 土方机械 司机的操纵装置(Earth-moving machinery—Operator's controls)

ISO 15998 土方机械 应用电子器件的机器控制系统(MCS)功能性安全的性能准则和试验(Earth-moving machinery—Machine-control systems(MCS)using electronic components—Performance criteria and tests for functional safety)

3 术语和定义

下列术语和定义适用于本文件。

3.1

制动系统 **brake system(braking system)**

使机器制动和(或)停车的所有零部件的组合。包括操纵机构、制动传动装置、制动器,如装备了限速器,也包括在内。

3.1.1

行车制动系统　service brake system

用于将机器制动并停车的主制动系统。

3.1.2

辅助制动系统　secondary brake system

在行车制动系统失效时,使机器制动的系统。

3.1.3

停车制动系统　parking brake system

使已制动住的机器保持原地不动状态的系统,如适用,停车制动系统也可能成为辅助制动系统的一部分。

3.1.4

静液压制动系统　hydrostatic brake system

静液压或其他类似的驱动传动系统用于满足一个或多个制动系统的要求。

3.1.5

制动系统零部件　Braking system components

3.1.5.1

制动操纵机构　brake control

由司机直接操作的机构,其产生一个传递给制动器的作用力。

3.1.5.2

制动传动系统　brake actuation system

位于操纵机构与制动器之间,并将两者功能连接起来的所有零部件。

3.1.5.3

制动器　brake(brakes)

直接施加一个力来阻止机器运动的装置。

注:不同类型的制动包括摩擦式、机械式、电动式、再生设备和静液压式或其他流体的型式。

3.1.5.4

共用部件　common component

在两个或多个制动系统中执行同一种功能的部件。

示例:踏板,阀。

3.1.5.5

限速器　retarder

通常用于控制机器速度的能量吸收装置。

3.2

静液压驱动系统　hydrostatic drive system

静液压系统中液压马达用于驱动车轮或履带以推动和减慢机器运动。

3.3

机器测试质量　machine test mass

机器的工作质量,包括下列各项最重的组合:司机室、机棚、或带有全部组件和安装件的司机保护结构(如果需要)、制造商规定的工作装置,包括司机和按 ISO 6016 规定充满液体的各系统(例,对制动具有最不利影响的机器配置和行驶方向)。

注 1:对于压路机,洒水器宜装满水。

注 2:对于半牵引自行式铲运机、牵引拖车和所有类型的自卸车,机器测试质量也将包括制造商说明书上规定的最大极限载荷。对于所有其他机器,有效载荷不包括在内。

3.4

制动距离　stopping distance

s

从制动操纵机构动作开始(比如司机操作制动器)到完全停车时止,机器在试验道路上驶过的距离。

注1:它的单位是米。

注2:除非明确规定,不考虑司机的响应时间,但考虑系统的响应时间。

3.5

平均减速度　mean deceleration

a

从制动操纵机构动作开始的瞬间到完全停车时止,机器速度变化率的平均值。

注:平均减速度可由下式确定:

$$a = \frac{v^2}{2s}$$

式中:

a ——平均减速度,单位为米每二次方秒(m/s²);

v ——制动器动作前的瞬间机器的速度,单位为米每秒(m/s);

s ——制动距离,单位为米(m)。

3.6

磨合　burnishing

使机器制动器摩擦表面达到良好状态的处理方法。

3.7

制动系统压力　brake system pressure

制动操纵机构处的流体压力。

3.8

制动器工作压力　brake application pressure

在制动器上测定的流体压力。

3.9

可调制动　modulated braking

可通过操作制动操纵机构,连续地或渐进地增、减制动力的性能。

示例:制动系统根据制动操纵的单一和重复移动,允许制动力随时增大和减少。

3.10

试验道路　test course

机器进行试验的路面。

注:参见5.3。

3.11

冷制动　cold brakes

包含摩擦元件的制动系统,制动器状态如下:

——制动器不工作已超过1 h,性能测试除外(见第6章);

——在测量制动盘或制动鼓外表面温度时,制动器已冷却到100 ℃以下;

——对于全封闭制动器,包括油浸制动器,在最靠近制动器的壳体外表面所测得的温度低于50 ℃,
或在制造商规定的范围内。

3.12

机器最大速度　maximum machine speed

机器最大速度按 ISO 6014 或等同的标准确定。

3.13

反向节流　back throttling

向静液压或其他类似的驱动系统施加轻微的向前或向后动力以便保持机器静止的动作。

3.14

派生土方机械　derivative earth-moving machine

由不同的配置或布置生成的具有土方机械特征的其他土方机械。

示例：非自行装载情况,机器前置装载机设备,后置自卸车设备。

3.15

安全状态　safe state

在机器控制系统故障之后,受控设备,控制过程或系统自动或手动停止,或切换到防止意外发生的模式或防止存储能量的潜在危险释放模式。

3.16

自卸车　dumper

自行的履带式或轮式机器,具有敞开的车厢,用来运输、卸载或摊铺物料,自卸车由其他的装卸车进行装料。

[ISO 6165]

注：对于半牵引自卸车,见 ISO 7132：2003,图 3、图 16 和图 20。

3.16.1

刚性车架自卸车　rigid-frame dumper

具有刚性车架,用车轮或履带转向的自卸车。

[ISO 6165]

注：刚性车架和铰接车架自卸车在 ISO 7132：2003 中被说明,图 1 和图 2,图 8 和图 9,图 14 和图 15,图 18 和图 19。

3.16.2

铰接车架自卸车　articulated-frame dumper

具有铰接车架,并用该车架进行转向的自卸车(轮式机械)。

[ISO 6165]

注：刚性车架和铰接车架自卸车在 ISO 7132：2003 中被说明,图 1 和图 2,图 8 和图 9,图 14 和图 15,图 18 和图 19。

3.17

拖车　trailer

具有一个或多个轴的运输机械,根据其设计,适用于与自行式机械相连接。

3.18

充分发出的减速度率　fully developed deceleration rate

是机器在规定的恒定斜坡上,具有规定机器测试质量,路面条件及初始(减速前)机器行驶速度,能够产生的最大连续减速度。

3.19

专用地下矿用机械　purpose-built underground mining machine

可能有一个高度较低的侧面和附带着拖车,用于地下工作而设计的专用土方机械。

示例：地下自卸车、伸缩式自卸车、铲运机、连续斗、运煤机、电源车、支架搬运车、人员运输车、装载机器。

3.20

机器控制系统　machine control system；MCS

需要实现系统功能的组件包括：传感器、信号处理单元、监控器、控制器和执行器或这些元件的组合。

> 注：系统的范围不仅限于电子控制器，还通过完整系统的机器关联功能被定义，因此通常由电子的，非电子的和连接设备组成。这可以包括机械的、液压的、光学的或气动元件或系统。

[ISO 15998]

4 一般要求

> 注：这个条款的要求适应于本标准范围内的所有机器。所有制动系统的设计、构建和安装都尽可能减少污染。

4.1 制动系统要求

4.1.1 机器应配置行车制动系统和停车制动系统，可安装辅助制动系统。按机器的预期使用，在所有行驶、装载、加速、越野和坡道条件下，各制动系统均应是有效的。

行车、辅助和停车制动系统不必是三个独立的系统，可共用通用的元件或功能。

4.1.2 所有制动系统（包括静液压系统）不应包含如离合器或换档变速器等可脱开装置，因为他们会导致制动器失效。按照以下 a）和/或 b）的系统除外：

> a) 任何用于寒冷天气启动时断开行车制动和辅助制动动力源的装置，在脱开之前应使停车制动器工作。

> b) 用于故障机器移动的停车制动器断开（解除）装置应置于操作台之外，除非其可以再施加制动。

4.1.3 所有机器应具有至少一根轴的每个车轮（或等同物）的相等额定容量的行车制动器。带有半拖车单元的自卸车和自行式铲运机在牵引机器的至少一根轴上和每个半拖车单元的一根轴上装有制动器。

4.1.4 对于压路机，行车制动和辅助制动应适用于所有动力驱动的压轮和车轮。分体式压轮的每个压轮有相同的标称制动转矩。

4.1.5 如果停车制动器拟用于停止机器缓速运动，停车制动系统应允许在行驶期间制动停车制动器。

4.2 共用部件

行车、辅助和停车制动系统可以使用共用部件，在这种情况下，机器的制动性能应该满足 4.5 和 4.7 中对辅助制动系统的要求。除了轮胎、轮毂和履带以外，如果制动系统中任一零部件失效，制动性能应与表 3 一致。

共用制动操纵机构失效时，以下情况可以被接受。如果有一个可用来操纵行车制动与辅助制动系统的联合工作的共用制动操纵机构（手柄、踏板等）失效，机器应具有另一种动态制动（如能动态制动的停车制动），动态制动应根据表 3 规定的辅助制动器（辅助试验条件下）制动距离 120％内停车。动态制动可以自动产生，无需调整，如果自动产生，应同时或提前给司机一个提示。

4.3 制动操纵系统

所有制动系统操纵机构在司机操纵位置上都应能够使用。停车制动系统操纵机构也应该这样布置，除非立即重新施加，否则一旦施加就不能自动释放。

符合 ISO 10968 规定的制动操纵系统可以避免意外激活制动操纵系统。

制动操纵系统应设计成在正常操作过程中能够避免意外实施或解除。满足本标准要求的特定设计的自动制动系统也不能排除在外。

制动系统操纵机构的布置应符合 ISO 10968 的规定，如不满足，应提供解说操纵机构布置的指导性标志(如使用符号)。制动踏板和静液压制动系统操纵机构显而易见,不需要指导性的标志。

在正常的操作(机器的启动、停止或正常行走操纵等)过程中,制动控制系统应避免或减小任何意外的制动性能(偶然的制动实施,解除或间歇的制动性能等)。

用于行车、辅助及停车制动的电器控制系统、电气设备及电子元件应符合 ISO 15998 的规定。

当司机使用至少一只手来保持对机器转向装置的控制时,应能够实施行车或辅助制动的操作。

4.4 行车制动系统

所有机器都应满足第 6 章规定的行车制动性能要求,行车制动系统对机器最大速度大于 6 km/h 应该有可调制动,如果行走模式的速度限制在小于或等于 6 km/h,则不需要可调制动。

如果其他系统由行车制动系统提供动力,则在该系统中的任何故障都应视为行车制动系统的故障。

4.5 辅助制动系统

如适用,所有机器都应满足第 6 章规定的对辅助制动的性能要求,辅助制动系统应对机器最大速度大于 20 km/h 有可调制动。

4.6 停车制动系统

所有机器都应满足第 6 章规定的对停车制动的性能要求。

使用停车制动后,停车制动系统不应该依靠一个可被用尽的能源资源或司机的持续动作来维持(如手或脚的作用),停车制动系统可以使用共用部件,来满足 6.4 和表 2 的要求。不论制动元件的磨损还是任何形式的泄漏,停车制动操纵都应根据制造商的技术规范的要求与表 2 一致。

> 注:机械弹簧不被认为是一种可耗尽的能量资源,液压驱动系统的回油节流,不满足停车制动要求,因为向后油门调节需要持续的司机行为。

要求只有在操作人员的动作下,才能够释放停车制动。停车制动器在正常启动期间或失去能量时不得自动释放。

停车制动器可自动制动(如弹簧或控制系统启动),此时,在车辆处于停止状态和发动机关闭之后,停车制动器应自动制动或保持制动。

配有停车制动自动检测能力的机器,在非驾驶员操作的情况下,不会自行驱动。

4.7 静液压制动系统

配有静液压制动系统的机器,行车和辅助制动应该分别符合 4.4 和 4.5 的要求。

典型的静液压制动系统有一个可耗尽的动力供应,不能满足 4.6 规定的停车制动的要求。

行车制动应用应该通过下面的一种方法获得:

——一种单独控制的操纵;

——脚从驱动踏板移动到制动踏板;

——在采取制动行为的开始,用手或脚释放驱动控制并将其移动到空挡或反向驱动位置。

可在行车制动系统上增加一个附加的制动系统,用于机器蠕动运动时控制机器。不管坡度,可用液压节流阀或类似的驱动传动系统(反向节流),保持机器静止。

4.8 联合制动和转向功能的系统

如果制动系统具有联合制动和转向功能用在辅助制动系统,在依据第 6 章辅助制动系统制动距离测试时,机器应维持可控性。

当维持表 3 规定的辅助制动距离时,如图 1 所示,机器任一侧均不能转向边界线 X 外侧。

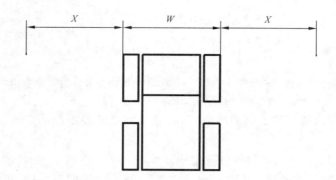

当 $W \leqslant 2$ m，$X = 1.25$ W；

当 $W > 2$ m，$X = 2$ m，这是为了限制机器转向时超出公共道路交通线宽度要求。

说明：

W ——机器包括轮胎或履带的宽度，单位为米（m）；

X ——边界线宽度，单位为米（m）。

图 1 辅助制动的边界条件

4.9 储能器的性能和报警装置

如果储备的能量（如储能容器，蓄能器）用于行车制动系统，则该储能系统应该配备一个低能报警装置。警告信号发生后，第三次实施行车制动应用中的残余压力，应足够满足表 3 中提供的适用于机器辅助制动性能的要求。

报警装置应通过发出连续的（如稳定地或脉冲地）可视报警和/或声讯报警信号，有效引起司机的注意。该项要求对指示压力或真空度的仪表不适用。

4.10 带电子控制系统的制动系统

制动系统的电控系统应该满足制造商通过危险评估方法确定的安全状态要求，电子控制系统应满足 ISO 15998 规定的安全状态的要求。

如果设计的最大机器速度限制在小于 6 km/h，当任一制动系统使机器在表 3 规定的制动距离范围内制动时，就满足这些安全状态要求。

满足本标准要求的机器制动系统也达到了 ISO 15998 规定的土方机器制动系统的安全概念，需对制动器机器控制系统进行风险评估，确定当任何单一电气和/或电子机器控制系统失效时，制动功能满足本标准制动性能要求。

注：ISO 15998 也要求机器控制系统的附加测试来验证它的性能和失效模式。

4.11 设计为牵引拖车的机器

本标准中适用于机器行车、辅助及停车制动的所有性能要求均适用于牵引拖车。

如果测试时含机器和拖车的组合装置的重量，包括规定的拖车负荷，牵引机器的制动系统满足行车、辅助和停车制动的要求，则拖车或者被牵引装置不需要制动器。

如果适用，需要评估牵引制动系统来防止出现"功耗"。

4.12 机器使用说明和标签

4.12.1 一般原则

根据制造商设计规格，制动控制系统的操作限制，如果适用，应包括在下列一项或几项内容中：

——操作手册；

——指令信号；

——机器监视显示器。

示例：停车制动操作注意事项：制动系统默认条件下，制动或减速操作特征可能自动更改产生新的制动性能特征，比如变速箱自动切换空挡或由于推动停车制动对停车制动的潜在破坏。

如果制动器或机器的制造商建议制动器磨合，制动器磨合方法应包括在机器的操作手册或维修手册中。

配备了限速器的机器，制造商应提供以下说明：

a) 在操作手册中，当加载的机器在机器制造商指定的特定斜坡下坡时，机器最大速度和/或传动齿轮处于啮合；

b) 一种指令信号或机器监视显示器包含 a)指定的信息，位于司机室和易于司机看见的地方。

显示下坡的减速能力的指令信号或机器监视显示器在百分比上不应超过行车和停车制动的最小制动保持性能。（见 6.4.2）

4.12.2 制动系统和定期检验说明书

制动的信息可以在手册、标签或其他手段提供，在操作台还应提供这些信息受限制的注意事项。如果制动系统和周期性验证说明由机器制造商提供，应该包括如下内容：

a) 日常制动检查方法说明：

——一种验证行车和停车制动器功能的方法；

——如果行车和/或停车制动器的检查方法不包含在内，提供验证辅助制动器功能的方法。

b) 运行期间、定期或后期维护制动验证说明：

——验证行车和停车制动器功能的方法，包括验收标准；

——验证辅助制动器功能的方法。

说明中应通知用户如果行车、辅助或停车制动器不能按日常制动检查方法，运行期间、定期或后期维护制动验证说明中规定的规格或性能要求运行，机器应立即停止运行直至符合要求。制动系统的周期性验证说明，可能会给出不同于本标准规定的测试条件，以允许用户开展其他测试或验证。

4.12.3 设计为牵引拖车的机器的附加说明

如适用，土方机械制造商应在机器手册或标签中提供机器的允许拖车牵引能力信息以及任何其他适用的拖车牵引说明或预防措施。如果提供，所提供的信息则应包括最大非制动拖车牵引负载以及机器的有效负载和牵引负载的最大组合。

4.13 制动驻坡能力估算

制动驻坡能力定义了将一台机器停止和保持在斜坡上的制动系统的能力。制动器实际可停止及保持机器在某一斜坡上的能力会由其他因素受到限制，如道路条件、坡度、速度、负载或机器制造商的技术规格。

附录 B 给出了制动驻坡能力的计算方法。

5 试验条件

5.1 整体测试参数

在进行性能测试时，应遵守制造商规定的注意事项。涉及制动系统的所有参数，包括轮胎尺寸和压力、制动器调整、报警点和制动系统的压力都应在制造商规定的范围内。在任一性能试验中，都不应对制动系统进行人工调整,如防止制动性能削弱或改善制动性能的调整。

进行测量的仪器的精度和单位应符合 ISO 9248 的规定。

表 2 和表 3 中给出的性能要求,应在制动系统的行车极限条件下进行单站和保持试验。这些要求应通过物理测试或替代方法进行验证,包括物理测试数据的计算和推导计算。验证方法应按照第 7 章的规定记录在试验报告中。

替代制动性能试验方法见 6.4.3 和 6.6。

注:液压制动系统通常不会受制动磨损极限的影响。

5.2 一般测试条件

如果机器传动系统可以选择变速比,应选择与规定的试验速度相应的变速挡位进行制动试验。在完全停车之前可将动力脱开。

行车制动系统性能试验中不应使用限速器,限速器可在辅助制动系统性能试验中使用。液压或类似的驱动系统不属于限速器。

对具有可选多轴驱动的机器,在进行制动系统性能试验时,非制动的可选驱动轴应脱挡。

工作装置(铲刀、铲斗、推土板等)应置于制造商建议的运输位置上。

试验前允许对制动器进行磨合与调整。磨合应按机器使用说明书和/或机器维修手册的规定进行,或咨询机器或制动器的制造商。

在试验前,机器应运转直到发动机油、传动箱油和机器中的液体,达到制造商规定的正常工作温度。

机器的试验速度应当是制动操纵机构动作之前的瞬间测定的速度。

制动保持性能试验应在动力传动系统脱开的状态下进行,除液压或类似的驱动系统,发动机转速最低时(如发动机怠速或停止),应启动动力传动系统。

当进行振动压路机试验时,所有试验均应在无振动状态下进行。

当静液压制动被用于行车制动时,行车制动系统的制动和保持性能(如反向节流)试验应在发动机运行的状态下进行。

应记录第 7 章试验报告所需的全部数据。

5.3 试验道路

试验道路地基应充分压实,地面应坚硬、干燥。地面的湿度不应对制动试验有不良影响。

试验道路的横向坡度不应大于 3%。

行驶方向的坡度不应大于 1%,或符合特定的试验要求。对于大于 32 000 kg 的刚性车架自卸车,铰接车架自卸车和自行式铲运机,其试验道路应具有行驶方向向下(9±1)%的坡度。

进入试验道路前的引导路段应具有足够的长度,并应平整、坡度均匀,以便保证机器在制动之前达到需要的速度。

5.4 机器测试配置

除在静液压制动系统上进行的行车制动和辅助制动系统的制动距离试验外,其他试验应在冷制动器条件下进行。

超过 32 000 kg 机器测试质量的刚性车架自卸车,铰接车架自卸车和自行式铲运机,变速箱应保持在一个挡位,发动机不超过制造商规定的最大引擎的转速,每分钟的转数(r/min)或频率(min^{-1})。

所有制动试验都应在下述状态下进行:机器配置(不包括 5.1 规定的行车限制要求)最不利于机器制动;机器测试质量与机型匹配。

注:在 3.3 定义里,所有的自卸车和自行式铲运机的机器测试质量包括制造商规定的最大载荷。

记录适用的轴载分布,并记录测试报告的结果(见第 7 章)。

6 性能试验

6.1 通则

如适用,下列性能试验应在本标准范围内所有机器及所有制动系统上按照第5章规定的试验条件下进行。制动保持和操作力应按照第7章的规定进行测量和报告。

注:6.3的规定不适用于不配备储能装置(如:贮能器或蓄能器)的行车制动系统。

6.2 制动操纵机构

在性能测试过程中,控制力不得超过表1中给出的值。

表 1 性能试验时制动系统操纵机构的最大操作力

操纵机构类型		施加的最大操作力 N
手指操作(轻触手柄和开关)		20
手操作	向上	400
	向下、侧向、前后	300
脚踏板(脚踝控制)		350
脚踏板(腿控制)		600

6.3 储能系统

6.3.1 行车制动系统的恢复能力

发动机速度控制机构应使发动机达到最大的转速或频率,制动器工作压力应在靠近制动器处测定。行车制动系统按下述方法操作以后,能够供给的压力不应低于第一次全行程制动操作时测得压力的70%:

——自卸车、自行式铲运机和轮式挖掘机,以每分钟4次的速率操作12次;

——对于所有其他机器,以每分钟6次的速率操作20次。

6.3.2 辅助制动系统的能力

如果行车制动系统的储能系统用于辅助制动系统,储能系统应在切断电源及机器停车的情况下满足以下要求:

——如适用,频率为≤1 s开和1 s关下5个全行车制动应用之后,行车制动系统储能系统的剩余容量应满足表3中规定的辅助制动制动性能要求。全行车制动应用应满足表1的力级要求。

6.3.3 测试性能

用于行车制动的储能系统应达到4.9给出的试验要求。

试验过程中,报警装置应在辅助制动系统自动动作前报警。

通过合适的试验方法减少行车制动系统的储能。

6.4 保持性能

6.4.1 通则

所有机器都应进行前进和后退两个方向的试验。

对于静液压或类似的驱动系统,可以使用反向节流以满足行车制动系统保持性能的条件,如果使用的话,应记录在试验报告中。

6.4.2 行车和停车制动

5.2 规定的机器的动力传动,行车和停车制动系统应能根据表2的要求在斜坡上保持固定。

表 2 行车和停车制动保持性能

制动	机器种类	坡度/%
行车制动	刚性车架自卸车和铰接车架自卸车的机器测试质量＞32 000 kg	20
	压路机(自行式、驾乘式振动钢轮、静压钢轮、橡胶轮胎)	20
	刚性车架自卸车、铰接车架自卸车、半拖自卸车和他们的牵引拖车的组合的机械测试质量≤32 000 kg	25
	所有其他土方机械、包括自行式铲运机	25
停车制动	刚性车架自卸车、铰接车架自卸车、自行式铲运机和他们牵引拖车的组合	15
	压路机(自行式、振动、刚性轮胎、静胎、橡胶轮胎)	20
	半牵引自卸车	20
	所有其他土方机械	20

6.4.3 制动保持性能试验

制动保持性能试验可在以下任一情况下进行:

a) 在指定的斜坡和防滑表面的试验场;

b) 在一个有防滑表面的倾斜平台上;

c) 在行驶方向坡度不大于1%的试验跑道上,对已制动停车、变速箱空挡的机器施加一拉力。

此情况,拉力应为接近地面的水平拉力以达到表2规定的斜坡最小等效拉力,等效拉力应以牛顿为单位:

——当坡度为15%时,数值上等于以千克为单位的机器测试质量的1.46倍;

——当坡度为20%时,数值上等于以千克为单位的机器测试质量的1.92倍;

——当坡度为25%时,数值上等于以千克为单位的机器测试质量的2.38倍。

跟斜坡试验相比拉力试验具有局限性。受轴荷分布的影响,机器在斜坡上的保持性能可能改变,可能发生溜车。

d) 用机器的推进系统来模拟一个静态的等效力,并通过下述推进试验证明表2要求的保持性能。

把机器放在一个水平面上。为推进系统提供表2中给出的生成适用于机器的等效制动保持要求的能量。试验中记录推进系统的输出,同时制动保持试验中车轮速度没有动作。

测量间接参数,如可用于随附计算(如齿轮比,轮胎尺寸)的转矩/压力/电流,以确定地面力输出。制动试验报告中应记录测量参数相关的计算及制动保持性能。如果应用了与表2保持要求等效的推进系统牵引力,制动系统抵抗住运动,则认为保持性能验证成功。在满足表2保持性能要求前,轮胎或履带在测试过程中运动则认为制动保持性能失效。

6.4.4 停车制动作为辅助制动时的耐久性试验

如果停车制动系统作为辅助制动系统的一部分,在适合机器的机器测试质量(见3.3)及水平表面没有调整停车制动的情况下,停车制动器应满足表2规定的保持性能要求,按照6.5规定的机器试验速度的动态停止性能要求。对于压路机,停车制动耐久性试验要经过 5 次停止。使用停车制动器时允许轮胎锁定。

6.5 制动性能

6.5.1 通则

所有机器均应进行表 3 给出的制动距离试验。如适用,制动应满足下列机器试验速度之一,公差在 2 km/h 范围内:

——对于机器测试质量≤32 000 kg 的刚性车架自卸车和铰接车架自卸车,在机器最大速度的 80%或 32 km/h 的制动,以较大者为准(机器测试质量>32 000 kg 的自卸车见 6.5.5);

——对于机器最大速度<32 km/h 的机器,以最大速度制动;

——对于所有其他机器,机器最大速度的 80%或 32 km/h 处制动,取较大者。

行车及辅助制动系统制动距离试验应从冷制动开始,在机器向前方行驶时进行,即沿试验道路的正、反方向各进行一次,两次制动的时间间隔最少为 10 min。

制动距离和机器速度应取行车制动和辅助制动系统两次试验(在试验道路的正、反方向各进行一次)的平均值,并按照第 7 章的内容填写试验报告。

6.5.2 行车制动系统

行车制动系统应在表 3 中规定的机器类型的制动距离内制动。

6.5.3 辅助制动系统

辅助制动系统应在表 3 中规定的机器类型的制动距离内制动。

注:国家或其他法规,选取更严格的。

如果机器装有限速器,可在本试验之前和试验中间使用。

在行车制动系统中的任何单一故障时,辅助制动系统应进行试验,以测量机器的停止。在本次试验中,修改行车制动系统或使用等效的方法来模拟最不利的行车制动系统的单一故障。

表 3 制动性能

机器种类	最大制动距离 S m	
	行车制动	辅助制动
铲运机、刚性车架自卸车、铰接车架自卸车的机器测试质量≤32 000 kg 和任意质量[a]的半牵引自卸车	$\dfrac{v^2}{44}+0.1(32-v)$	$\dfrac{v^2}{30}+0.1(32-v)$
铲运机、刚性车架自卸车、铰接车架自卸车的机器测试质量>32 000 kg	$\dfrac{v^2}{48-2.6\alpha}$	$\dfrac{v^2}{34-2.6\alpha}$
压路机	$\dfrac{v^2}{150}+0.2(v+5)$	$\dfrac{v^2}{75}+0.4(v+5)$
所有其他土方机器,包括带负载的牵引拖车	$\dfrac{v^2}{160}+0.2(v+5)$	$\dfrac{v^2}{80}+0.4(v+5)$
v——初始速度,单位为 km/h; α——8%~10%的测试坡度。		
[a] 速度大于 32 km/h 时,删除公式中 0.1(32-v)部分。		

6.5.4 除机器测试质量＞32 000 kg 的刚性车架和铰接车架自卸车的所有机器的热衰减试验

除机器测试质量＞32 000 kg 的刚性车架和铰接车架自卸车外,本试验应在所有机器上进行。

在最大或接近最大减速度,且轮胎和履带没有滑动时,应用和释放行车制动器,完成 4 个连续制动。每次制动后,应使用机器最大加速度尽可能快地恢复 6.5.1 要求的机器测试速度。应对连续的第 5 次制动进行测定,制动距离不应大于表 3 中所指制动距离的 125%。

6.5.5 机器测试质量＞32 000 kg 的刚性车架和铰接车架自卸车的制动试验

试验应在机器测试质量＞32 000 kg 的刚性车架和铰接车架自卸车上进行,试验道路按 5.3 的规定。

变速挡位应使发动机转速不超过制造商规定的最大转速,即每分钟的转数(r/min)或频率(min⁻¹)。

行车制动系统应以不小于(50±3) km/h 的机器速度,或者如低于此值时,则以机器最大速度,进行 5 次制动试验。每次制动的时间间隔为 10 min～20 min,每次制动距离均不应超过表 3 的规定。

辅助制动系统应以(25±2) km/h 的机器速度进行单次制动试验。如果机器装有限速器,可在本试验之前和试验中间使用。制动距离不应超过表 3 的规定。

6.6 替代试验

6.6.1 实验室试验

对于能够在实验室环境中再现的制动系统功能,替代实验室试验可用于确定行车、辅助和停车制动性能。实验室试验设备应能够产生同安装在机器上制动器一样的操作环境。测试系统应设置为能够在扭矩水平上通过制动器保持力和制动器制动力承受和测量扭矩。实验室试验系统应通过与历史机器试验数据关联的方式进行验证。

对于行车制动和辅助制动系统,应能重复制动器的动态负荷以满足本标准规定的冷制动停止性能要求。应按照第 7 章中规定的要求测量数据并记录在测试报告中。

对于停车制动系统,应按照第 7 章中规定的要求测量最大制动保持转矩并记录在试验报告中。

6.6.2 静液压或类似行走驱动机器的替代辅助制动试验

对于使用除静液压或类似的推进驱动外的辅助制动器的机器上,传动系中的驱动马达减速力应移除。或者,马达和终传动可在制动距离试验开始前与传动系断开。

如果很难去除推进电机的制动力或很难从传动系脱开电机和齿轮传动,辅助制动系统可进行如下试验。

机器静止,含传动系公差下的运动、变量马达设置为最大位移、机械传动装置设置在最低转速时,在满额定压力时启用辅助制动器,并推动驱动系统,正向和反向交替进行。除制动/传动零部件传动系公差外,机器应在小于 30 mm/s 蠕动运动时机器保持静止。

7 试验报告

试验报告应包含以下内容:
a) 参考的标准;
b) 测试时间及地点;
c) 机器类型;

d) 机器制造商；

e) 机器型号和编号；

f) 制动系统的状态（例如：新的、已运转 1 000 h，按制造商规定等）；

g) 试验机器的质量和轴荷分配（kg）；

h) 制造商认可的机器最大测试质量和轴荷分配；

i) 如适用，压轮尺寸、轨道尺寸、轮胎尺寸、标定层数、花纹型式和压力（MPa）；

j) 制动器种类（例如：盘式或鼓式、手控或脚控）；

k) 制动系统形式（例如：机械式或液压式）；

l) 试验道路的路面（例如：沥青的、混凝土的或泥土的）；

m) 试验道路的纵向坡度和横向坡度；

n) 全部制动试验和保持试验的结果以及，如适用，替代制动保持的计算或方法；

o) 在进行制动试验后，行车制动系统储备能量（见 6.3.1）的百分比按下式计算：

$$p = \frac{p_2}{p_1} \times 100$$

式中：

p ——用百分比表示的剩余压力；

p_1 ——第一次制动时制动系统压力；

p_2 ——其后制动时测定的制动系统最低压力。

p) 操作力大小（见 4.3 和 6.2）；

q) 机器最大水平速度，机器试验速度（km/h）；

r) 使用作为制动系统之一的静液压制动系统进行试验；

s) 如适用，停车制动耐久性试验的结果（见 6.4.4）；

t) 如适用，评估报告及支撑信息，证明最大制动磨损不会影响制动性能结果；

u) 如适用，制动驻坡能力估算，轮胎类型，轮胎压力，测得的轮胎滚动半径及充分发出的减速度率。

附 录 A
（资料性附录）
专用地下矿用机械

警示——地下开采是世界范围内监管最严的工作之一。要求非常规范。本附录有关专用地下矿用
机械的一般制动性能。由于地下采矿法规的规范性，有必要研究区域性地下开采的要求，机器应在符合
区域监管要求下使用。

A.1　通则

本附录介绍了用于地下矿用制动系统的建议。本标准中的主体规定应仅适用于本附录补充及修改
的专用地下矿用机械。设计为地面作业的机械若在地下使用，应经制造商和最终用户评估。

任何制动系统上均不应安装可使应用位置处制动保持的装置，除非当设备操作人员不再接触制动
驱动装置时，制动保持解除。

注：煤和瓦斯开采应用区域要求信息在 A.12 给出。

A.2　术语和定义

最大减速
在制动试验运行期间产生的最大减速值。

A.3　制动系统控制器（见 4.3）

根据 ISO 10968，停车制动控制器应为主要控制器。形状及颜色应区别于其他控制器。

注：应用停车制动控制器时所需的操作动作有不同的区域性要求。典型的地下开采应用程序采用推停车制动器的
动作停车制动。然而有地区需要用拉的动作。

A.4　行车制动系统（见 4.4）

A.4.1　停车制动性能

辅助制动制动距离 S 的推荐公式见式（A.1），单位为 m，

$$S = \frac{vt}{3.6} + \frac{v^2}{26a} \qquad\qquad\qquad\qquad （A.1）$$

式中：
v ——初始速度，单位为千米每小时（km/h）；
t ——时间，指 0.35 s；
a ——平均减速度，单位为米每二次方秒（m/s²）（＝ 0.28 g 或 2.75 m/s²）。
表示 20%（11.3°）坡度时推荐使用 28% 的制动效率。如果使用了 20% 的制动效率，推荐使用
12.3% 坡度（7°）。
测试制动性能时，机器应在设计斜坡上至少保持 0.75 m/s 的充分发出的减速度率。如果机器应用
于超过 20% 的坡度，最小制动效率应大于 8%，以机器使用的最大坡度百分比表示。

A.4.2 保持性能

加上 20%的安全因素,行车制动应能在最大设计坡度上使机器静止(无蠕动运动)。

A.5 辅助制动系统(见 4.5)

除当辅助制动器 $t=1$ s,$a=0.18$ g 或 1.77 m/s^2 外,辅助制动制动距离 s 的推荐公式为式(A.1),单位为 m。

测试制动性能时,机器应在设计斜坡上至少保持至少 0.45 m/s^2 充分发出的减速度率。

静液压制动系统不应作为辅助制动器。

限速器不宜在辅助制动系统性能试验中使用。

专用地下矿用机械的辅助制动器可不调节就使用。

如果辅助制动器自动应用,应在应用前警示操作者。如果自动制动器与辅助制动系统分离,其性能应该至少与辅助制动器的性能相同。

A.6 停车制动系统(见 4.6)

加上 20%的安全因素,行车制动器应能在最大设计坡度上使机器静止,最小设计坡度为 25%。停车制动无论以下哪种情况,停车制动应自动运行:操作者停止发动机或由于其他原因发动机停止(如发动机自动保护系统运行)。当发动机停止运行时,停车制动器应在发动机停止转动后 2 s 内响应。

如果停车制动器已自动应用,应可由操作者通过特定操作解除。

机器应配置连锁系统,防止停车制动器应用时机器行驶。可提供制动器日常试验程序或系统停车制动(如 4.12.2)。可配置紧急状况下挪移机器的装置。应提供机器检索说明来解释释放停车制动器的程序。

自动停车制动器应包括一司机驾驶室装置,无需关闭设备就可手动应用制动器,并且无需启动设备就能解除及重新应用停车制动器。停车制动如果制动器手动释放,当机器重新启动时制动器应自动重新启动。可使用一装置,防止制动器手动应用前机器重新启动。停车制动试验过程中,静液传动系统应断开。

停车制动应只能通过控制器解除,解除时不应运行其他设备功能,也就是说此控制器专门针对停车制动系统。停车制动停车制动保持性能可在实际斜坡上进行验证,或者在水平地面上停车制动器运行状态下拖拽机器进行验证。

A.7 静液压制动系统(见 4.7)

对于配置静液压传动装置的机器,不应回油节流以满足保持性能标准。行车制动保持时,当有蠕动运动时,停车制动器可在维修时使用。

A.8 设计为牵引拖车的机器(见 4.11)

如果牵引机的制动器不能满足行车、辅助和停车制动器的要求,如果适用,当测试时使用机器和拖车质量加上牵引机和拖车的总有效载荷,牵引拖车应配备作用于每个拖车车轮的,制动装置为系统的一部分。如果拖车是设计为在所有工况下车轮均匀负载,则制动器只需要作用于要满足制动要求的车轮。

拖车制动器应作用在车轴的两侧。

拖车的行车制动器，辅助制动器和停车制动器应被设计为不能作为牵引机制动器独立应用。牵引机的停车制动控制应适用于机器的停车制动器和配备的任何牵引拖车。

拖车的停车制动系统应设计为当拖车与牵引机断开时，停车制动系统自动应用。

如果拖车没有停车制动器，拖车需要设置保持自己固定的一种方法（不推荐使用轮挡）。机器/拖车组合应只在前进方向进行测试。

A.9 一般试验条件（见5.2）

限速器不应在行车和辅助制动试验中使用。所有的机器都应该在5.3中描述的试验道路上试验。

A.10 性能测试（见第6章）

A.10.1 保持性能（见6.4）

推荐使用的行车制动保持性能见A.4.2。

推荐使用的停车制动保持性能见A.6停车制动。

A.10.2 制动性能（见6.5）

A.10.2.1 行车制动器（见6.5.2）

推荐使用的行车制动器制动性能见A.4.1。专用地下矿用机械的制动性能试验如下：

a) 机器向前行驶和向后倒车运动速度一样，如铲运机（装、运、卸）：
——最大测试质量及最大指定有效载荷下5次向前行驶停止；
——最大测试质量及最大指定有效载荷下5次倒车停止；
——最大测试质量无载荷下5次向前行驶停止；
——最大测试质量无载荷下5次倒车停止。

b) 机器主要做向前行驶，如自卸车或带拖车的机器：
——最大测试质量及最大指定有效载荷下5次向前行驶停止；
——最大测试质量无载荷下5次向前行驶停止。

试验时应以最大速度的80%下开展。

停止间要有间隔，最大间隔时间为10 min。

应记录峰值减速。

A.10.2.2 辅助制动器（见6.5.3）

推荐使用的辅助制动器制动性能见A.5。

专用地下矿用机械的制动性能试验如下：
——最大测试质量及最大指定有效载荷下3次向前行驶停止；
——最大测试质量无载荷下3次向前行驶停止。

试验时应以最大速度或25 km/h下开展，以最小速度为准。停止间要有间隔，最大间隔时间为10 min。

A.11 试验报告（见第7章）

一些地区要求应有充分发出的减速度率报告。

A.12 煤/瓦斯开采应用

　　警示——高瓦斯矿井,如煤矿,比其他矿山监管更严格。监管机构要求的法律要求和认证,需要进行广泛地研究。

　　在澳大利亚,在煤矿使用的制动器对于任何暴露的表面通常有 150 ℃的最大允许制动温度。

　　在美国,MSHA(矿场安全和健康管理局)要求服务和紧急制动器性能相同。

附　录　B

（资料性附录）

坡度的制动能力计算方法

坡度的制动能力（BSC）可以通过充分发出的减速度率计算，在刹车性能测试中用加速度计测量。坡度的制动能力是指制动器制动并保持机器的能力，不是机器的坡度作业能力。在特定区域机器在坡度上作业时，需要考虑其他因素（见4.13）。

坡度的制动能力，在一定百分比斜率的坡度上使机器制动，可以使用式（B.1）和测量的充分发出的减速度率 DR 计算：

$$BSC = \{[(DR + b) \cdot MR \cdot TR] - SR\} \times 100 \quad\quad\quad\quad\quad\quad (B.1)$$

式中：

DR——制动减速度率，充分发出的减速度率，以 gs 表示，其中 g 指减速度率，公式中取米每二次方秒除以 9.8；

b ——机器是评估或测试用坡度，公式中取坡度除以 100；

SR——坡度上预期的减速度率，以 gs 表示，制动停车率，（主要制动器的典型预期减速度率为 $0.06g \sim 0.08g$；辅助制动器为 $0.03g \sim 0.04g$）；

MR——机器的质量比，在测试过程中，根据本标准划分的工作现场的机器质量、实际的机器质量包括选配及修改的机器的有效载荷的质量比；

TR——轮胎的半径比，在测试过程中，根据本标准及工作现场的机器的轮胎半径比，从而允许选配不同的轮胎。

式（B.1）可应用于行车制动和辅助制动系统，根据特定的制动系统使用合适的预期减速度率。

示例 1：20 t 轮式装载机行车制动器的坡度的制动能力，与行车制动测试过程中使用的机器质量一样（MR = 1.0），轮胎（TR = 1.0），坡度一样（b = 0），测量的制动减速度率为 0.5g：

$$BSC = \{[(0.5 + 0) \times 1.0 \times 1.0] - 0.06\} \times 100 = 44\%$$

示例 2：100 t 自卸车辅助制动器的坡度的制动能力，自卸车运载超过额定载荷 10%（MR = 0.91），轮胎比标准轮胎大 3%（TR = 0.97），测量的制动减速度率为 0.25g，坡度 b 为 0：

$$BSC = \{[(0.25 + 0) \times 0.91 \times 0.97] - 0.03\} \times 100 = 19\%$$

参 考 文 献

[1]　GB/T 19929—2014　土方机械　履带式机器　制动系统的性能要求和试验方法（ISO 10265:2008,IDT）

[2]　GB/T 25604—2010　土方机械　装载机　术语和商业规格（ISO 7131:2007,MOD）

[3]　GB/T 25605—2010　土方机械　自卸车　术语和商业规格（ISO 7132:2003,MOD）

[4]　GB/T 25609—2010　土方机械　步行操纵式机器的制动系统性能要求和试验方法（ISO 17063:2003,IDT）

[5]　ISO 6165　土方机械　基本类型　术语（Earth-moving machinery—Identification and terms and definitions）

[6]　ISO 7133　土方机械　自行式铲运机　术语和商业规格（Earth-moving machinery—Tractor-scrapers—Terminology and commercial specifications）

[7]　ISO 8811　土方机械　压路机和压实机　术语和商业规格（Earth-moving machinery—Rollers and compactors—Terminology and commercial specifications）

[8]　SABS 1589　The braking performance of trackless underground mining machines—Load haul dumpers and dump trucks

[9]　CAN/CSA-M424.3-M90（R2007）Braking Performance—Rubber-Tired，Self-Propelled Underground Mining Machines

[10]　EN 1889-1　Machines for underground mines—Mobile machines working underground—Safety—Part 1：Rubber tyred vehicles

[11]　MSHA　website：http://www.msha.gov

[12]　SAE J1329　Minimum Performance Criteria for Braking Systems for Specialized Rubber-tired，Selfpropelled Underground Mining Machines

[13]　SAE J1472:2006　Braking Performance—Rollers

[14]　ECE R-13 Rev 1 Add 12 Rev 5　Annex 18，Special Requirements to be applied to the safety aspects of complex electronic vehicle control systems

[15]　USA 30　Code of Federal Regulations，Part 57，Safety and health standards—Underground metal and nonmetal mines

[16]　USA 30　Code of Federal Regulations，Part 75，Mandatory safety standards—Underground coal mines

ICS 53.100
P 97

中华人民共和国国家标准

GB/T 33941.1—2017

土方机械　结构件应力测试方法
第1部分:通则

Earth-moving machinery—Structure stress test method—
Part 1：General principles

2017-07-12 发布

2018-02-01 实施

中华人民共和国国家质量监督检验检疫总局
中国国家标准化管理委员会 发布

前　言

GB/T 33941《土方机械　结构件应力测试方法》分为 3 个部分：
——第 1 部分：通则；
——第 2 部分：装载机机架；
——第 3 部分：装载机、挖掘机和挖掘装载机的工作装置和附属装置。

本部分为 GB/T 33941 的第 1 部分。

本部分按照 GB/T 1.1—2009 给出的规则起草。

本部分由中国机械工业联合会提出。

本部分由全国土方机械标准化技术委员会(SAC/TC 334)归口。

本部分负责起草单位：厦门市产品质量监督检验院[国家场(厂)内机动车辆质量监督检验中心]、厦门威迪思汽车设计服务有限公司、天津工程机械研究院等。

本标准参加起草单位：福建晋工机械有限公司、厦门理工学院。

本部分主要起草人：王一峰、庄鸿辉、韩锋钢、俞明欢、赵家宏、蔡樱晖、尚海波、吕志忠。

土方机械　结构件应力测试方法
第 1 部分:通则

1　范围

GB/T 33941 的本部分规定了土方机械进行结构件应力测试的术语和定义、测试原理、测试仪器及设备/设施、测试条件、测试点及贴片形式、测试步骤、数据处理和测试报告等。

本部分适用于 GB/T 8498 所定义的土方机械机器族结构件应力的测试。

2　规范性引用文件

下列文件对于本文件的应用是必不可少的。凡是注日期的引用文件,仅注日期的版本适用于本文件。凡是不注日期的引用文件,其最新版本(包括所有的修改单)适用于本文件。

GB/T 228.1—2010　金属材料　拉伸试验　第 1 部分:室温试验方法

GB/T 8498　土方机械　基本类型　识别、术语和定义

GB/T 13992　金属粘贴式电阻应变计

GB/T 18577.1　土方机械　尺寸与符号的定义　第 1 部分:主机

GB/T 18577.2　土方机械　尺寸与符号的定义　第 2 部分:工作装置和附属装置

GB/T 21153　土方机械　尺寸、性能和参数的单位与测量准确度

GB/T 21154　土方机械　整机及其工作装置和部件的质量测量方法

GB/T 22315　金属材料　弹性模量和泊松比试验方法

JB/T 6261　电阻应变仪技术条件

JJG 623　电阻应变仪检定规程

3　术语和定义

GB/T 8498、GB/T 13992、GB/T 18577.1 和 GB/T 18577.2 界定的以及下列术语和定义适用于本文件。

3.1

结构件　structure

主机、工作装置/附属装置中起连接、支撑和(或)传递载荷作用,承受机器运动过程和(或)作业过程载荷的金属部件。

注:土方机械结构件一般包括主机机架、司机保护结构、工作装置/附属装置等部件。

3.2

应力　stress

材料由于受外因而发生形变时,在材料内部会产生大小相等但方向相反,用于抵抗外力的反作用力。

3.2.1

应力测试　stress test

通过对机器在工作状态下结构件的应变进行测量,并计算出应力的过程。

注：应力测试一般分动态应力测试和静态应力测试。

3.2.1.1

动态应力测试 **dynamic stress test**

机器在典型工况下，结构件承受的载荷在测试期间随时间明显变化，在结构件上产生的应力也相应发生明显变化。对该过程的应变进行连续采集，并得出应力值随时间或空间变化的坐标数据。

3.2.1.2

静态应力测试 **stationary stress test**

在结构件承受载荷处于恒定状态或对特定状态下的应变进行采集，得出单一应力值。

3.2.2

典型工况 **typical condition**

机器按照预先设定的作业程序，完成可重复的负载循环工作过程。

3.3

贴片 **test strain gauge**

粘贴在结构件上，进行应变测试的金属粘贴式电阻应变计。

注：可按所需结构形状要求进行组合。

3.4

温度补偿片 **temperature compensation strain gauge**

用于补偿贴片因环境温度发生变化而引起的测试值（电阻值）变化的应变计。

4 测试原理

将金属粘贴式电阻应变计（以下简称应变计）粘贴在被测结构件表面，通过应变仪测量结构件受力形变时所引起的电阻变化，并将其变化量转化为应变值。依据结构件材料弹性模量和泊松比计算出应力值。

5 测试仪器及设备/设施

5.1 测试仪器

5.1.1 材料力学性能试验仪器

5.1.1.1 弹性模量和泊松比试验仪器精度应不低于 GB/T 22315 的规定。

5.1.1.2 拉伸试验仪器按 GB/T 228.1 的规定。

5.1.2 应变测试仪器

5.1.2.1 应变测试仪器一般包括应变计、静态应变仪、动态应变仪、数据采集系统、信号处理系统、万用表、兆欧表等。

5.1.2.2 应变仪应符合 JB/T 6261 的规定，并按 JJG 623 的规定进行检定。

5.1.2.3 应变计应符合 GB/T 13992 的规定，并按用途、应用条件、极限工作温度选择相应的应变计，宜采用箔式应变计。引出线和测量线应采用屏蔽导线。

5.1.2.4 万用表的精度等级应不低于 0.5 级、兆欧表的精度等级应不低于 10 级。

5.1.3 工况性能测试仪器

5.1.3.1 工况性能测试仪器包括：

a) 载荷测试仪器——载荷传感器、测力传感器或已知质量的载荷重块等；

b) 液压系统测试仪器——压力传感器、温度传感器、流量传感器等；

c) 长度测量仪器——钢卷尺、钢板尺、激光测距仪、位移传感器等；

d) 时间测量仪器——秒表或时间记录仪等；

e) 角度测量仪器——万能角度仪或数字倾角仪等；

f) 道路行驶测量仪器——五轮仪或道路行驶试验仪等；

g) 土壤测试仪器——土壤密度仪等；

h) 其他辅助测量仪器——风速表、气压表、温度计、轮胎气压表、发动机转速表、地中衡等。

5.1.3.2 工况性能测试仪器的量程应与测量值的大小相适应,精度应符合 GB/T 21153 的规定。

5.2 测试设备/设施

5.2.1 工况性能测试设备/设施包括：

a) 载荷测试设备/设施——测试用平台、支撑工装、连接工装、钢丝绳、锚定装置、确定载荷作用线位置的工具、剪力墙或挡墙等；

b) 起吊(升)设备——起重机(行车)、千斤顶或举升台等；

c) 场地测试设施——地面、颠簸块、坡道、凹坑、物料堆、土壤层(堆)、地槽等；

d) 加载装置——液压油缸、配重块、负荷牵引测量车等；

e) 试验台架——结构件加载试验台、整机道路模拟试验台、FOPS、ROPS、TOPS 试验台等；

f) 试验用辅助工具。

注：以上测试设备/设施按实际测试要求选用,受条件限制也可选用等效的设备/设施。

5.2.2 防护装置

为防止测试过程达到或超过机器的极限而发生的倾翻、坠落、失速等,应安装必要的防护装置。防护装置应有合适的松弛度,以保证试验过程既能达到试验极限,又能防止其发生危险。

6 测试条件

6.1 环境条件

6.1.1 常温实际工况静态应力测试宜在室内进行,在规定条件下也可在室外进行。测试场地应是坚硬、平坦、干燥的混凝土或钢质平台,场地应有足够的空间。测试环境温度应为 5 ℃~40 ℃;相对湿度不大于 90%;风速不大于 4 m/s;周围无强烈振动、腐蚀性气体和强磁场干扰。

6.1.2 常温实际工况动态应力测试应在符合要求的试验场地进行,具体要求应符合机器试验方法的规定。测试环境温度应为 0 ℃~40 ℃;相对湿度不大于 90%;测量场地应无强烈振动、腐蚀性气体和强磁场干扰。

6.1.3 低温工况测试可选择满足试验温度的环境,也可在环境舱内进行。测试过程温度变化不得大于 3 ℃。

6.1.4 台架工况应力测试应在室内进行。测试场地应能满足结构件的吊装、安装和拆卸,并有足够的空间。

6.2 结构件及材料试样

6.2.1 结构件

6.2.1.1 结构件表面应清洁,无裂纹、破损和变形。凡准备粘贴应变计的位置,在粘贴部位不小于 30 mm×30 mm 的范围内应平整。

6.2.1.2 进行实际工况测试的结构件,允许在整机装配后贴应变计,也可以在零件或部件状态粘贴后再装配成整机。在整机状态无法粘贴或无法粘贴牢固时,应在零件或部件状态粘贴。

6.2.1.3 台架工况测试的结构件与台架的固定方式应与整机的安装方式一致。

6.2.2 材料试样

6.2.2.1 进行力学性能试验的样坯应从与结构件同一材料中切取。无法满足同一材料切取,则试件的批号或炉号应与结构件一致。

6.2.2.2 结构件如进行热处理,样坯应从同批次的结构件或随炉试样中取样。

6.2.2.3 弹性模量和泊松比试验试样应符合 GB/T 22315 的规定。

6.2.2.4 拉伸试验试样应符合 GB/T 228.1 的规定。

6.3 机器

6.3.1 测试机器应清洁干净,基本装置应符合 GB/T 21154 的规定,并应符合制造商规定的标准配置。

6.3.2 测试机器处于出厂状态,按规定加足各种液体。

6.3.3 测试机器应按司机手册和产品技术规范核定发动机最高空载转速、液压系统安全阀标定压力、制动系统的操纵气压或油压。

7 测试点及贴片形式

7.1 测试点选择

7.1.1 在结构分析的基础上,确定危险应力区,并对各危险应力区进行测试。危险应力区一般有以下类型:
  a) 应力均匀区——该应力达到屈服强度时,会引起结构件的永久变形;
  b) 应力集中区——如孔眼、锐角、焊缝、铰点等处产生的集中应力,该区内屈服应力的出现不会引起结构件整体的永久变形,但过大的应力集中会影响结构件的疲劳寿命;
  c) 弹性屈曲区——该区的最大应力并没有达到材料的屈服强度,但可能因发生屈曲而导致结构件的破坏。

7.1.2 测试点选择宜从以下几个方面确定(不限于):
  a) 采用有限元等力学分析方法对结构件进行分析,以确定测试点位置;
  b) 参照同类型机器以往测试的结果选择测试点;
  c) 在机器工作过程中结构件易发生破坏的位置选择测试点。

7.2 贴片形式

7.2.1 测试点的应变计结构一般选择单轴、平行轴二栅(也可选择同轴二栅)、二轴90°或三轴45°形式。

7.2.2 如果能够对结构件采用分析法、脆性涂料法或经验法等确定主应力方向,则可沿主应力方向贴上单轴、平行轴二栅(也可选择同轴二栅)或二轴90°应变计。如果主应力的方向无法确定,则应贴上三轴45°应变计。

7.2.3 对于焊缝测点,所贴的应变计短边距焊缝边缘应不大于 3 mm。

7.2.4 对于孔眼、锐角、铰点等集中应力区测点,所贴的应变计短边距其边缘应不大于 5 mm。

7.3 贴片施工

7.3.1 根据选择好的测试部位和确定的测试点、贴片形式,绘制测试点分布图,对贴片统一编号,并标明应变计的方向。

7.3.2 在结构件测试点的位置上去除覆盖的涂镀层或锈蚀层,用砂轮或砂纸进行必要的打磨,打磨方向宜与贴片方向成 $45°$,表面粗糙度在 $Ra1.6~\mu m \sim 3.2~\mu m$ 为宜。用浸有丙酮或无水乙醇脱脂棉球将贴片位置及周围擦拭干净,直至棉球洁白为止。

7.3.3 按照测试点分布图的规定,用划针在测点处划出贴片定位线,以保证贴片位置准确。

7.3.4 在应变计基底面和贴片处涂抹一层薄薄的粘结胶,然后把应变计对准预先划好的贴片标志处,用一小片塑料(如聚四氟乙烯)薄膜盖在应变计上,再用大拇指按压,从应变计一端开始作无滑动的滚动,将应变计下多余胶水或气泡排除。

7.3.5 将测量导线与引出线焊接(引出线可以焊接后贴片,也可以贴片后再焊接),焊点应小而牢固,并保证焊点与被测表面有良好绝缘和固定。为了防止测试过程应变计脱落、损坏、潮湿,宜采用环氧树脂等绝缘粘贴剂将应变计固封在结构件测试位置上。

7.3.6 对于测试周期较长或可能受到雨水侵袭的贴片,应采用防水保护处理。

7.3.7 在引出线与应变仪连接之前应先进行通断检查和绝缘阻值检查,应变计电阻值应小于 $0.2~\Omega$,与测试件的绝缘阻值不得小于 $50~M\Omega$。

8 测试步骤

8.1 结构件材料力学性能试验

8.1.1 弹性模量和泊松比试验按 GB/T 22315 的规定进行,测试记录参见附录 A 表 A.1。

8.1.2 拉伸试验按 GB/T 228.1 的规定进行,测试记录参见表 A.2。

注:受条件所限,结构件材料弹性模量、泊松比和屈服强度也可取行业推荐的参考值。

8.2 工况性能测试

8.2.1 测试前准备

8.2.1.1 根据贴片的电阻值以及测试环境条件,设置单点或公用温度补偿片。具体作法为,在测试结构件无载荷变化的部位或无载荷变化的金属板上粘贴一定数量的温度补偿片。如采用金属板,则金属板应连接在被补偿的贴片附近(连接方式宜采用粘胶带粘贴或捆绑方式),其材质应与被补偿测试点的结构件相同。

8.2.1.2 根据测试精度要求选择相应的桥路连接方式(参见附录 B),将测试点的应变计和温度补偿片通过引出导线联结在电桥盒上,并引出与应变仪连接的测量导线。

8.2.1.3 用万用表测量贴片和温度补偿片连接测量导线后的电阻值,测试记录参见表 A.3。

8.2.1.4 将测量导线与应变仪连接。

8.2.1.5 将电桥盒、应变仪、数据采集系统和信号处理系统等固定在机器或机外的适宜位置上。动态应力测试时应变仪、数据采集系统和信号处理系统等应采取必要的减振和防护措施。

8.2.1.6 测量导线应沿走线方向与结构件及其他零部件固定(固定方式宜采用捆绑、粘胶带粘贴等方式),测量导线应预留一定的自由长度,以防止机器工作时对测量导线产生损坏。

8.2.1.7 接通电源、预热仪器,调整应变仪,使各测点电桥平衡。测试前应对应变仪进行标定。

8.2.2 测试程序

8.2.2.1 自重应力测试

在结构件的零应力状态时,测量消除自重载荷影响的基准应变值 ε_{i0}。如果无法消除自重载荷影响,可不测零应力状态,但应在报告上注明。

8.2.2.2 静态应力测试

在规定的典型工况下,测量结构件应变值,每组测量 3 次,测试记录参见表 A.4。取 3 次读数中,两次读数之差不超过其平均值5%的数据,以算术平均值作为结果值(若 3 次读数值均满足要求,则取两次较大值的算术平均值作为结果值)。若不能满足要求,则应重新测量或查明原因后重新测量。测量完毕后,关机、卸载。

8.2.2.3 动态应力测试

动态应力测试应采用动态应变仪,在规定的典型工况下,按以下规定进行:
——当不能估计测试点应变幅值时可先以最大档位进行一次测量后,再选择合适的测量档位;
——测试时应对采样频率进行规定;
——启动数据采集系统和信号处理系统;
——数据采集系统记录时间应大于机器工况运转时间;
——测试过程应记录环境、走向(或方向)、时间、作业对象、作业环境、场地或道路条件并作必要的说明,测试记录参见表 A.5;
——利用数据采集系统和信号处理系统的监控功能,监视各通道应变信号时间历程是否呈稳态和各态历经,观察各通道的信号衰减是否合适,信号是否过载或过小;
——各工况试验次数不少于 3 次,每次作业循环次数依数据统计需求确定;
——测量完毕后,应对数据进行保存,关机、卸载。

9 数据处理

9.1 应力值计算

9.1.1 应变值的修正系数按式(1)进行计算:

$$k = r/R \qquad\qquad\qquad (1)$$

式中:
k ——应变值的修正系数;
r ——应变计连接测量导线的电阻值,单位为欧姆(Ω);
R——应变计标称标准电阻值,单位为欧姆(Ω)。

9.1.2 应变值的修正按式(2)进行计算:

$$\varepsilon = k \cdot \varepsilon_{仪} \qquad\qquad\qquad (2)$$

式中:
$\varepsilon_{仪}$ ——应变仪显示值,无量纲;
ε ——修正后的应变值,无量纲。
注:应变仪具备对测量导线电阻值影响的修正功能,可消除测量导线电阻值影响,则对测试的应变值不进行修正。

9.1.3 承受单向应力结构件,按式(3)和式(4)进行计算:

$$\sigma_i = E(\varepsilon_i - \varepsilon_{i0}) \qquad\qquad\qquad (3)$$
$$\sigma_i = E\varepsilon_i \qquad\qquad\qquad (4)$$

式中:
σ_i ——第 i 测试点的单向应力值,单位为兆帕(MPa);
E ——弹性模量,单位为兆帕(MPa);
ε_i ——第 i 测试点应变值,无量纲;
ε_{i0} ——第 i 测试点在零应力状态测量的消除自重载荷影响的基准应变值,无量纲。

注：式(3)为在结构件的零应力状态时,有测量消除自重载荷影响的基准应变值 ε_{i0}。式(4)为无法消除自重载荷影响,不测零应力状态。

9.1.4 承受二向应力的结构件,按变形能(第四)强度理论计算,其当量单向应力计算公式为:

a) 当主应力(变)的方向已知,采用二轴 90°(二轴分别标注为 X、Y 方向)应变计测得了两个方向的主应力时,当量单向应力按式(5)计算:

$$\sigma' = \sqrt{\sigma_x{}^2 - \sigma_x\sigma_y + \sigma_y{}^2} \quad\cdots\cdots\cdots\cdots\cdots\cdots(5)$$

式中:

σ' ——当量单向应力,单位为兆帕(MPa);

σ_x ——X 方向最大主应力,单位为兆帕(MPa);

σ_y ——Y 方向最大主应力,单位为兆帕(MPa)。

主应力可由主应变求得,按式(6)和式(7)计算:

$$\sigma_x = E(\varepsilon_x + \mu\varepsilon_y)/(1 - \mu^2) \quad\cdots\cdots\cdots\cdots\cdots\cdots(6)$$
$$\sigma_y = E(\varepsilon_y + \mu\varepsilon_x)/(1 - \mu^2) \quad\cdots\cdots\cdots\cdots\cdots\cdots(7)$$

式中:

ε_x ——最大主应变,无量纲;

ε_y ——最小主应变,无量纲;

μ ——泊松比。

b) 当主应力(变)的方向未知,采用三轴 45°(三轴分别标注为 a、b、c)应变计测得三个方向的线应变时,当量单向应力按式(8)计算:

$$\sigma' = \frac{E}{2}\left[\frac{\varepsilon_a + \varepsilon_c}{1 - u} + \frac{\sqrt{2}}{1 + u}\sqrt{(\varepsilon_a - \varepsilon_b)^2 + (\varepsilon_b - \varepsilon_c)^2}\right] \quad\cdots\cdots\cdots(8)$$

式中:

ε_a ——a 应变计的应变,无量纲;

ε_b ——b 应变计的应变,无量纲;

ε_c ——c 应变计的应变,无量纲。

9.2 安全系数计算

9.2.1 各测试点的安全系数按式(9)和式(10)进行计算:

$$n_i = \sigma_s(或\ \sigma_{P0.2})/\sigma_i \quad\cdots\cdots\cdots\cdots\cdots\cdots(9)$$
$$n' = \sigma_s(或\ \sigma_{p0.2})/\sigma' \quad\cdots\cdots\cdots\cdots\cdots\cdots(10)$$

式中:

n_i ——第 i 测试点的安全系数;

n' ——对于承受二向应力的弹、塑性材料的安全系数;

σ_s(或 $\sigma_{p0.2}$)——材料的屈服强度,单位为兆帕(MPa)。

9.2.2 取同一工况中,所有测试点计算出的安全系数最小值,作为该工况的安全系数。

9.2.3 数据统计

将采集的数据依据雨流计数等方法进行统计、分析,并根据需要绘制应力、应力幅值、应力均值与时间、频次等有关曲线或图表。

10 测试报告

测试报告应包含以下信息:

a) 测试目的与要求;

b)　使用仪器型号、状态及仪器联接方框图(必要时)。

c)　机器外形图(必要时)及测试结构件外形图。

d)　测试点分布图、编号图及应变计方向图。

e)　测试条件:

　　——环境条件;

　　——走向或方向;

　　——载荷状态;

　　——作业环境;

　　——场地或地面条件等。

f)　结构件:

　　——名称;

　　——材料牌号;

　　——材料力学性能指标;

　　——材料弹性模量和泊松比推荐参考值。

g)　机器:

　　——制造商名称;

　　——机器型号;

　　——机器类型;

　　——测试样机产品验证码;

　　——试验样机工作质量;

　　——液压回路工作压力或安全压力,单位为千帕(kPa);

　　——行走类型(履带式、轮胎式或步履式机器);

　　——转向形式(铰接转向、滑移转向等);

　　——机器状态(工作时间等)。

h)　测试工况。

i)　各测试点在各种工况下的静态应力值及安全系数。

j)　各测试点的动态应力幅值-时间-载荷(或位移)的概率密度函数曲线。

k)　动态应力均幅值矩阵。

l)　测试结果的说明和分析。

m)　测试时间、测试人员。

n)　其他需要说明的信息。

附　录　A
（资料性附录）
测试记录表

A.1　弹性模量和泊松比试验记录表见表 A.1。

表 A.1　弹性模量和泊松比试验记录表

序号	结构件名称	牌号	弹性模量 E/MPa		泊松比 μ	
			推荐参考值	实测值	推荐参考值	实测值
1						
2						
3						
4						
5						
…	…	…	…	…	…	…

A.2　拉伸试验记录表见表 A.2。

表 A.2　拉伸试验记录表

序号	结构件名称	牌号	屈服强度 σ_s（或 $\sigma_{P0.2}$）[a]/MPa		抗拉强度 σ_b/MPa	
			推荐的参考值 或标准规定值	实测值	推荐的参考值 或标准规定值	实测值
1						
2						
3						
4						
5						
…	…	…	…	…	…	…

[a]　GB/T 228.1—2010 屈服强度符号 R_{el}（或 $R_{p0.2}$）和抗拉强度符号 R_m，为了与应变计标称电阻值代号区别并与应力值符号一致，故本部分屈服强度符号采用 σ_s（或 $\sigma_{p0.2}$）和 σ_b，符号对照见 GB/T 228.1—2010 附录 L 中表 L.1。

A.3　贴片和温度补偿片电阻值记录表见表 A.3。

表 A.3　贴片和温度补偿片电阻值记录表

贴　片				温度补偿片			
编号	应变计标称标准电阻值 R/Ω	连接测量导线电阻值 r/Ω	修正系数 k	编号	标称标准电阻值 R/Ω	连接测量导线电阻值 r/Ω	修正系数 k
1							
2				1			
3							
...	...	...	...	2			
				...	...	...	...

A.4　静态应力测试记录表见表 A.4。

表 A.4　静态应力测试记录表

测试工况	测试次数及计算	测试点编号					
		1	2	3	4	5	...
	基准应变值 ε_0						...
	第 1 次应变值						...
	第 2 次应变值						...
	第 3 次应变值						...
	修正系数 k						...
	结果计算值 ε_i						...
	应力值 σ/MPa						...
	安全系数						...

A.5　动态应力测试条件记录表见表 A.5。

表 A.5　动态应力测试条件记录表

序号	项　目		内　容	备注
1	工况名称			
2	作业时间			
3	环境状况	温度/℃		
4		相对湿度/%		
5		风速/(m/s)		
6		大气压力/kPa		

表 A.5（续）

序号	项　目	内　容	备注
7	试验场地(道路)路面及状态		
8	作业环境		
9	作业走向或行驶方向		
10	作业对象		

附 录 B
（资料性附录）
桥路连接方式

B.1 全桥连接方式

B.1.1 将平行轴二栅（或同轴二栅）的应变计贴片和温度补偿片的两端引出线按图 B.1 所示方法接入应变仪的 A、B、C、D 接线端中。

B.1.2 当结构件受力发生形变时，应变仪即可测得应变值 ε，因为应变仪显示的应变值是两片应变计的应变值之和，所以结构件的实际应变值应为应变仪所显示值的一半，如式（B.1）所示：

$$\varepsilon = \frac{1}{2}\varepsilon_{仪} \qquad\qquad\qquad\cdots\cdots\cdots\cdots\cdots\cdots(B.1)$$

式中：

ε —— 实际应变值，无量纲；

$\varepsilon_{仪}$ —— 应变仪显示值，无量纲。

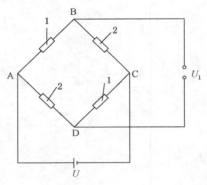

说明：
1——温度补偿片；
2——贴片。

图 B.1 全桥接法

B.2 半桥连接方式

B.2.1 将应变计贴片和温度补偿片两端引出线按图 B.2 所示方法分别接入应变仪的 AB 接线端和 BC 接线端中。AD 接线端和 DC 接线端分别接入标准电阻。

B.2.2 当结构件受力发生形变时，应变仪即可测得应变值 ε。

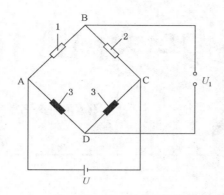

说明：
1——温度补偿片；
2——贴片；
3——标准电阻。

图 B.2　半桥接法

B.3　1/4 桥连接方式

B.3.1　将应变计贴片两端引出线按图 B.3 所示方法接入应变仪的 AB 接线端中。BC 接线端、AD 接线端和 DC 接线端分别接入标准电阻。

B.3.2　当结构件受力发生形变时，应变仪即可测得应变值 ε。

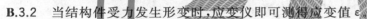
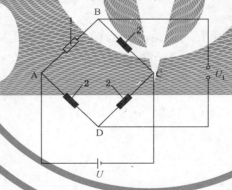

说明：
1——贴片；
2——标准电阻。

图 B.3　1/4 桥接法

ICS 53.100
P 97

中华人民共和国国家标准

GB/T 34353—2017/ISO 15998：2008

土方机械 应用电子器件的机器控制
系统（MCS） 功能性安全的性能
准则和试验

Earth-moving machinery—Machine-control systems（MCS）using electronic
components—Performance criteria and tests for functional safety

（ISO 15998：2008，IDT）

2017-10-14 发布

2018-05-01 实施

中华人民共和国国家质量监督检验检疫总局
中国国家标准化管理委员会 发布

前　言

本标准按照 GB/T 1.1—2009 给出的规则起草。

本标准使用翻译法等同采用 ISO 15998:2008《土方机械　应用电子器件的机器控制系统(MCS)功能性安全的性能准则和试验》。

与本标准中规范性引用的国际文件有一致性对应关系的我国文件如下：

——GB/T 4208—2008　外壳防护等级(IP 代码)(IEC 60529:2001,IDT)；

——GB/T 22359—2008　土方机械　电磁兼容性(ISO 13766:2006,IDT)。

本标准由中国机械工业联合会提出。

本标准由全国土方机械标准化技术委员会(SAC/TC 334)归口。

本标准起草单位:徐工集团工程机械有限公司江苏徐州工程机械研究院、徐州市产品质量监督检验中心、天津工程机械研究院。

本标准主要起草人:胡传正、崔祥柱、邓艳芳、吴继霞、卜凡纬、宋天佳、杨颖。

引　言

在大部分应用领域中,利用电子组件构成的系统进行安全性能的操作已经有很多年。目前,以计算机为基础的系统和可编程电子系统(PES)已经被应用于所有的领域,用来进行非安全性能操作与越来越多的安全性能操作。如果计算机系统技术被有效地和安全地开发,对于那些决策者在做决策时所依据的安全方面有足够的指导,是至关重要的。

本标准用于包含电的或电子的或可编程的电子组件(E/E/PES)的系统在土方机械安全性能的操作中。

在大多数情况下,安全由大量的依靠很多技术的保护性系统来完成(如:机械的,液压的,充气的,电的,电子的,可编程电子的)。因此,任何安全策略都应不仅仅考虑单一系统中的所有因素,如:传感器,控制设备和驱动器,还要考虑到所有与安全性相关的系统。因此,当该标准和与安全性相关的 E/E/PES 相联系的时候,它也能够为依靠其他技术的安全性系统提供指导。

本标准:

——拥有迅速发展的技术,以及足够全面的规章去满足该技术所需要的要求;

——为必需的安全性能要求规格的发展提供一种方法,为 E/E/PES 来定义所需要的安全性能;

——展现出一种方法论,明确规定安全性整体的水平,用一种以风险为基础的途径来实行 E/E/PES 的安全性能。

土方机械 应用电子器件的机器控制
系统（MCS） 功能性安全的性能
准则和试验

1 范围

本标准规定了 GB/T 8498 定义的土方机械及其设备中使用的电子组件与安全性能相关的机械控制系统（MCS）安全性能的性能准则与测试。制造商可按照第 7 章的规定进行验证和试验，也可采用 ECE R79 的附录 6、ISO 13849-1 或 IEC 62061 规定的程序代替。

2 规范性引用文件

下列文件对于本文件的应用是必不可少的。凡是注日期的引用文件，仅注日期的版本适用于本文件。凡是不注日期的引用文件，其最新版本（包括所有的修改单）适用于本文件。

GB/T 8498—2008 土方机械 基本类型 识别、术语和定义（ISO 6165：2006，IDT）

GB/T 20438.4—2006 电气/电子/可编程电子安全相关系统的功能安全 第 4 部分：定义和缩略语（IEC 61508-4：1998，IDT）

ISO 13766 土方机械 电磁兼容性（Earth-moving machinery—Electromagnetic compatibility）

IEC 60529 外壳防护等级（IP 代码）[Degrees of protection provided by enclosures（IP Code）]

3 术语、定义和缩略语

3.1 术语和定义

GB/T 20438.4 界定的以及下列术语和定义适用于本文件。

3.1.1

土方机械 earth-moving machinery

使用轮胎、履带或步履的自行式或拖式机械，具有工作装置或附属装置（作业器具），或两者都有，主要用于土壤、岩石或其他物料的挖掘、装载、运输、钻孔、摊铺、压实或挖沟作业。

[GB/T 8498—2008，定义 3.1]

3.1.2

机械控制系统 machine-control system

MCS

系统包含的组件需要满足系统的功能，包含传感器，信号处理单元，监控器，控制和驱动器，或其中的几个部分。

注：该系统的范围不仅限于电子控制，而是由完整的系统设备相关的功能定义。因此，它一般包括电子，非电子和连接设备。这可以包括机械的，液压的，光纤的或充气的组件/系统。

3.1.3

系统单元 system unit

机器控制系统的部分，包含任何给定数量的集成在一个或多个单元的元件和/或部件。

示例：动力换挡变速器的控制单元。

注：一般来说，组件和/或部件安装在同一个外壳中，但系统单元也可能是由几个功能元素组成的机械综合体。

3.1.4

连接设备　connection devices

动力源与为信号和数据传输的设备。

3.1.5

基本功能　basic function

〈机器控制系统〉控制任务。

3.1.6

基本功能　basic function

〈系统单元〉接受信号和数据,处理和/或驱动。

3.1.7

系统功能　system function

机器控制系统或系统单元需要处理的任何功能。

注：除了基本功能,系统功能还包含诊断,自我监控,信号处理和与其他系统的数据传输。

3.1.8

安全概念　safety concept

概念包含在进入该系统,以解决在发生故障时的系统性能和安全操作设计方法的描述。

3.1.9

与安全相关的机械控制系统　safety-related machine-control systems

机械控制系统,控制机械与安全相关的功能。

3.1.10

安全状态　safe state

自动或手动应用的机械控制系统,在受控制的设备,工艺或系统出现故障停止时应能切换好安全模式,以防止意想不到的动作或有潜在危险的储存能量,如(高伏电力,液体压力或压缩的弹簧)。

3.1.11

有效的组件　well-tried component

过去在相似领域中被广泛应用并取得成功与安全操作相关的组件,并且该操作已取得证明与安全相关的适宜性和应用可靠性的应用原则。

注 1：在一些有效的组件中,因为已知的故障率很低,某些故障也会被排除。

注 2：在应用中决定接受一个特殊部件作为有效的组件。

3.1.12

替代功能　substitute function

当系统发生故障或错误时允许持续运行的功能。

3.1.13

紧急运作功能　emergency motion function

当系统发生故障或错误时允许操作紧急运行的功能。

示例：将机器从道路上紧急移出的措施。

3.1.14

可编程电子系统　programmable electronic system；PES

基于一个或多个可编程电子装置的控制,保护和监测系统,包括系统的所有元件,如电源,传感器和其他输入设备,数据总线和其他通信路径,以及驱动器和其他输出设备。

3.2　缩略语

下列缩略语适用于本文件。

PES：可编程电子系统(programmable electronic system)

MCS:机械控制系统(machine-control systems)

FMEA:失效模式与影响分析(failure modes and effects analysis)

FTA:故障树分析(fault tree analysis)

ETA:事件树分析(event tree analysis)

SIL:安全完整性等级(safety integrity level)(见 GB/T 20438.4—2006,3.5.6)

IP Code:IP 代码(international protection code)

EMC:电磁兼容性(electromagnetic compatibility)(见 GB/T 22359—2008,3.1)

OSI:开放系统互连(open systems interconnection)

ASIC:专用集成电路(application-specific integrated circuit)

RF:射频(radio-frequency)

4 通用安全要求

4.1 应用

以下性能准则对所有使用电子组件与安全性相关的机械控制系统都是有效的。这些性能准则适用于机械控制系统的所有类型。

4.2 机械控制系统的描述

该系统的描述与概述将包括:
——涉及到与安全性能相关的所有系统单元的明细;
——连接设备和系统单元布局的原理图,代表机器控制系统安全相关的功能。

在附录 B 中给出了描述系统结构和内容的示例。

明确规定每一个系统单元的基本功能和与其他系统单元的接口。可以通过图表或框图的形式来表示。

这种连接应以一种合适的方式表达出来;例如电气系统,使用线路图是合适的。

这种图表的形式能够清晰地区分系统单元(如,通过终端识别)中的每一个连接设备(如,电线)。

系统单元应标明识别代码(如,数字,符号,字母),系统说明与机器中的机械控制系统之间的联系可以得到验证。

通过使用识别码,制造商需要证明,关于基本功能,安全概念和接口的文件与系统单位是一致的。识别码的结构(如字母数字混合编制)可以由制造商来规定,但是应明确。

系统描述也包括机器运转期间对环境条件的要求:
——气候条件(温度,湿度);
——机械条件(振动,冲击);
——腐蚀条件(盐雾,气体污染);
——电子条件(过压和欠压);
——电磁条件;
——电源电压波动。

4.3 基本功能描述

机械控制系统的基本功能可以通过简短的描述来规定,可以借助图表工具,如功能性图表或框图。该描述包括:
——列举机械控制系统中的输入类型和输入值;
——列举机械控制系统中的受控输出类型和输出值;
——开环和闭环的控制目标和使用的数据/传感器;

——允许的操作与调整范围。

4.4 风险分析与评估

机械控制系统的风险分析与评估按 4.2 的规定实施风险评估。并与 ISO 14121-1 或 GB/T 20438.5—2006 附录 D 中所描述的风险评估方法一致。具体示例参见标准中的附录 A。

4.5 安全概念的性能准则

在机械控制系统开发和生产的过程中,需要考虑由制造商明确规定的关于机械安全概念的基本概念和系统功能。安全概念包括超出了标准操作(以 GB/T 20438.2—2006,7.2.3.1 为指导)的所有措施。这些应该以通常可以理解的方式列举出来,比如下面的例子:

——冗余;

——故障检测的流程;

——"安全状态",一种可启动的安全状态,例如,紧急运作功能(见 5.4)。

包括相关记录的分析,用来描述安全概念的可实现性。这可能由一种分析方法(如 FMEA,FTA,ETA),或使用等效的适用于机械控制系统安全概念的方法来完成。

在开发阶段制造商应将涉及到的系统逻辑以文件的形式记录下来。

从标准操作模式切换到安全状态时,应考虑机器的稳定性和人体伤害风险的最小化。当机器控制系统失灵时,应能操作机器或其工作设备/工具使其离开危险区域或位置。

4.6 物理环境与操作条件

4.6.1 概论

机械控制系统的基本规格应该满足机器使用的环境条件。

4.6.2 环境温度与湿度

机械控制系统可以在 7.2.2 中所述的条件下进行安全操作。

机器控制系统的安全功能不应该受任何环境条件的影响。

对于特殊的机器操作和电子部件安装,制造商应明确规定使用的环境条件。

4.6.3 保护等级(IP 码)

根据 IEC 60529,在满足安装条件的基础上,机械控制系统中执行安全性能操作的部件至少要满足以下的保护等级:

——IP 66[1]适用于机器外部或直接受环境影响的所有电子部件。

对于特殊的机器操作和电子部件的安装条件,制造商应明确规定使用的环境条件。

4.6.4 电磁兼容性(EMC)

机械控制系统应符合 ISO 13766 的规定。

4.6.5 机械振动和冲击

在机器典型操作中,机器控制系统单元的组件应正确设计和安装,避免振动和冲击载荷对其安全功能造成影响。

测试条件见 7.2.3 和 7.2.4。

---

1) 针对特殊的安装条件,可以选择其他的保护等级,如,过高的电压,水分,灰尘或外来导体粒子等导致无法接受的情况(危险)。

对于特殊的机器操作和电子部件的安装,制造商应明确规定使用的环境条件。

4.7 紧急停止功能

当安全概念需要时,启动紧急停止功能。当某个故障导致机器产生危险动作或进入危险状况时,紧急停止功能使机械控制系统或系统单元或机器转换到安全状态。

5 机械控制系统中与安全性相关的附加要求

5.1 一般要求

本条款适用于具有安全功能的机械控制系统,该安全性能最少符合 SIL1 水平或者同等水平(见 A.3.2)。根据风险评估,具有安全功能的机械控制系统需要满足以下附加要求。

5.2 故障避免和控制

5.2.1 使用 GB/T 20438.2—2006 附录 A 和附录 B,或者其他类似的方法作为故障避免和控制的措施及技术指导。

5.2.2 主要根据发生的时间对安全系统的失效进行如下分类:

    a) 安装前或安装时产生的故障,例如,软件故障包括规格和项目故障,硬件故障包括制造故障和组件的错误选择;

    b) 安装后在寿命期间/操作周期内故障或人为失误(如,随机硬件故障,因使用不当造成故障)。

a)中提到的故障类型可以在使用周期的不同阶段进行检测,修正和避免(见 GB/T 20438.2—2006,附录 B)。避免故障的措施主要是设计和分析。

b)中提到的故障类型可在正常操作中进行控制(见 GB/T 20438.2—2006,附录 A),控制这些失效的措施应集成在安全概念中。

GB/T 20438.2—2006 中给定的一些措施和技术技巧是非常重要(见附录 A 和附录 B),因此这些措施和技巧应可以与安全完整性等级独立开来使用。其他的措施和技巧也可以也应与这个等级分开来使用。选择合理的措施达到 GB/T 20438.2—2006 表 B.1 和表 B.5(低/中等/高)中的要求。原则上其他的措施是可替代的。它们可以单个被替代,也可以与其他方法一起使用。

5.3 可编程电子系统的要求(PES)

软件应该以正确的方法来编制和确认(如,GB/T 20438.3—2006 附录 A 或 GB/T 16855.1—2008)。在机械控制系统中使用的可编程电子系统(PES)的概念、开发方法和工具应该以文字的形式记录下来。

5.4 机器控制系统中使用的电子部件失灵或失效

与风险评估一致,机械控制系统中的电子组件出现故障时可以进入安全状态。通过降低系统的性能或使用一个或者多个替代功能来达到一个安全状态,这些作为安全概念的一部分。

根据风险评估,在机器控制系统中使用的电子部件失灵或失效时机器应进入安全状态。可以通过降低系统性能或使用一个或多个替代功能来达到一个安全状态,这是安全概念的一部分。

可通过自动转换到替代功能达到安全状态(见图 1)。如果这个转换由机械控制系统自动控制,将传递给操作者某种类型的指示形式,如警报,指示器或者降级操作(如慢动作)。机器控制系统应传递给操作者某种类型的指示,如:

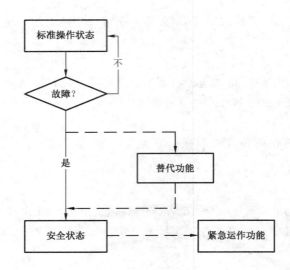

说明：
－－－－可选。

图 1　进入安全状态示例

5.5　重启程序

当故障消失时(未经机械控制系统确认)，只有风险评估表明可以继续进行安全操作，才能允许自动重启。

6　文件

根据制造商的记录，按照第 4 章的要求，制造商应当保留机械控制系统中安全要求相关的所有相关文件。该文件至少包括以下项目：
——4.2 规定的机械控制系统的描述；
——4.3 规定的本功能的描述；
——4.4 规定的风险分析与评估；
——4.5 规定的安全概念(包括每个模块的功能描述框图，外部连接的电路图，外部信号的描述)；
——证明完整故障覆盖率的测试案例及结果。
在开发阶段涉及到的系统逻辑验证文件(见 4.5)应包括：
——每个模块功能描述的框图；
——外部连接的电路图，外部信号的描述。
按照第 5 章的规定，与安全相关的机械控制系统的安全概念的验证，以系统安全部分的详细文件为基础。可以通过以下形式：
——内部电子电路各个模块和组件的电路图；
——电路图的功能性描述；
——部件详单，包括部件标识，各个位置的名称，额定值与允许偏差；
——相关载荷、组件命名和组件制造商、特殊和关键组件数据表的描述；
——失效模式与故障条件的影响分析。

7　与安全有关机械控制系统的测试

7.1　一般要求

7.2 中所给出的测试符合第 4 章中的一般要求，推荐机械控制系统使用；然而，其他替代的验证方法也是允许的。可以按照顺序进行机械控制系统中的系统单元级别(如次级装配)的测试。机械控制系统在机器规定的操作条件下(设计规范)进行验证。

7.2 机械控制系统的测试

7.2.1 测试内容

测试如下:

a) 基本功能的测试(4.2 规定的功能和系统描述及 4.3 规定的基本功能描述);

b) 进入安全状态的测试(见 5.4);

c) 4.6.2 与 7.2.2 规定的操作温度和湿度的功能测试;

d) 4.6.4 规定的 EMC 测试;

e) 4.6.5、7.2.3 和 7.2.4 规定的冲击与振动测试。

7.2.2 环境温度与湿度下的功能测试

机械控制系统中与安全有关的部件的所有功能,要满足 4.6.2 的要求,要与制造商的规定一致,或与 IEC 60068-2-14 的指导一致,测试在以下的环境条件进行:

——环境温度为 -25 ℃;

——环境温度为 $+70$ ℃;

——30%的相对湿度;

——95%的相对湿度。

每 3 min 的温度变化在 1 ℃左右。需要进行两个温度测试周期。

在温度上升至最高环境温度时,应该选择理论上最大电压,在温度下降至最低环境温度时,应该选择理论上最小电压。

最高环境温度下测试载荷不低于 3/4,并且最大载荷的测试时间不低于 1 h。在测试过程中,检查相关功能。

7.2.3 振动测试

7.2.3.1 机械控制系统的组件在机器上相同位置和相同固定方法的前提下进行测试。

7.2.3.2 测试应该根据 IEC 60068-2-6 进行正弦式波动操作,或根据制造商的规定进行操作,如它们满足 4.6.2、4.6.3 和 4.6.5 的特殊条件:

频率范围(f):5 Hz~200 Hz

表 1 中所示的为振幅与加速度之间的关系。

表 1 振幅与加速度之间的关系

频率	动力舱	所有其他位置
$f < f_T$	振幅±21 mm	振幅±15 mm
$f \geqslant f_T$	加速度=70 m/s²(7 g)	加速度=50 m/s²(5 g)
	振幅<±21 mm	振幅<±15 mm

传输频率(f_T):   8 Hz~9 Hz

频率周期数量: 20

扫描频率: 1 octave/min

允许出现频率周期的间断。

测试应该按照彼此垂直的轴线方向进行,其中一条轴线方向与机器的纵向轴线方向相同。

7.2.3.3 在测试过程中,对样品要施加正常的电压,并且进行相关的功能测试。安全功能不能有所损失。

7.2.3.4 测试完成后,整个机械控制系统没有变形,并且功能完整。

7.2.4 冲击测试

冲击测试应该根据制造商的规定或在 IEC 60068-2-27 的指导下进行操作。

测试样本固定在测试台上的方法与安装在机器上的固定方法应该是一致的。依照机器制造商的规定进行固定。最小冲击载荷应遵照制造商的规定(如 150 m/s²(15g)加速度和 11 ms 脉冲持续时间,300 m/s²(30g)加速度和 18 ms 脉冲持续时间更好)。

7.2.5 与安全有关机械控制系统的附加功能测试

所有与安全相关的机械控制系统应遵照第 5 章进行测试。

可以依照 GB/T 20438.7—2006 中 B.5.1 做一个简单的功能测试,和依照 GB/T 20438.7—2006 中 B.6.8 做一个扩展功能测试。

注:除了标准中引用的 IEC 61508 标准,使用经过验证的替代方法也是允许的。

附　录　A
（资料性附录）
风险评估指南

A.1　通则

风险评估处理机器使用中的每一个危险情况。推荐一组专家从以下两个角度发现所有的危险：

a)　机器操作者的危险；

b)　在机械周围工作的人员的危险。

本附录描述的方法适用于安全功能安全完整性等级的选择（见图 A.1 和图 A.2 所示的风险图）。如果想得到风险评估的详细信息，请参照 ISO 14121-1，IEC 61508-5 或其他相当水平的风险评估方法。

A.2 描述了风险图的方法，这是一种有效的方法，机械控制系统的安全完整性等级由风险因素决定。这种定性方法使用了若干参数共同描述了系统出现故障时危险情况的性质。从每四组中选出一个参数（见表 A.1），选择参数组合共同决定与系统相匹配的安全完整性等级。

A.2　风险图的使用

不考虑任何机械控制系统中的安全特征的情况下，确定风险参数是很重要的。风险图的说明见表 A.1 与表 A.2：

——如在表 A.1 中所示，使用风险参数 C，F 和 P 导致大量结果。每个结果在图上用三个等级表示（W_1，W_2，W_3）。这些等级中的每一点都是机械控制系统需要考虑的必要的安全整体的说明；

——如在表 A.1 中所示，W_1，W_2，W_3 的图示规定了其他降低风险的贡献。对用于 W_1，W_2 和 W_3 等级的尺度偏移功能，以便从其他三个不同层次的措施，减少风险。也就是说，W_3 等级规定的最低降低风险的其他措施（即，意外的发生概率最高），W_2 等级提供了一个中等贡献，W 等级提供了最大的贡献。对于风险图具体的中级输出结果（风险参数 C，F 和 P 使用后）和具体的 W 等级（即 W_1，W_2 或 W_3），风险图的最终输出结果给出机械控制系统的安全完整性等级（即 1，2，3 或 4），并且是此系统需要减少风险的措施。这种风险降低和由其他措施造成的风险降低（如，通过其他技术安全相关系统和外部风险降低设施）需要被考虑紧 W 等级机制中，并且针对具体情况进行必要的风险降低。

表 A.1　与风险图相关的数据示例（见图 A.1 和图 A.2）

风险参数		分类	备注
结果（C）	C_1	轻度伤害	对于 C_1、C_2、C_3 和 C_4 的说明，需要把事故的后果和正常痊愈考虑进去
	C_2	一个或多人严重永久伤害；一人死亡	
	C_3	多人死亡	
	C_4	大量死亡	
在危险区的频率与暴露时间（F）	F_1	在危险区暴露的频率少或多	
	F_2	在危险区暴露的频率经常或永久	

表 A.1（续）

风险参数		分类	备注
避免危险事件的可能性（P）	P_1	某些条件下可能	需考虑以下参数 ——操作过程（例如由经验丰富的技术人员监督或普通技术人员的监督或未监督下）； ——危险事件发生速度（如突发,快,慢）； ——危险认知程度（如,发现后立即使用技术措施检测或未用技术措施检测）； ——危险事件的避免（如可能的,不可能的或某些条件下可能的逃跑路线）； ——实际安全经验（此类经验可能在同样的或相似的机械控制系统中存在,或不存在）
	P_2	几乎不可能	
意外事件的可能性（W）	W_1	很轻微的可能性被忽略,只有一部分意外发生的可能性	W 因素的目的在于估计意外事件在没有增加任何 MCS（机械控制系统）但包含外部风险降低设施的情况下发生的频率。 如果在该 MCS（机械控制系统）或其他相似的 MCS（机械控制系统）没有或很少经验,W 因素的预估需要被计算出来。在这种事件中,需要做较坏的打算
	W_2	轻微的可能性被忽略,几乎没有意外发生的可能性	
	W_3	相对高的可能性被忽略,意外发生的可能性很频繁	

A.3 电子动力换挡控制的风险分析示例

A.3.1 危险识别和风险参数分配

应该将所有需要的危险详列出来。表 A.2 阐述了当电子控制的动力转移传输使用时的危险识别与风险参数分配的示例。

表 A.2 电子动力转移控制的风险分析示例

对操作者的危险	危险参数			
	C	F	P	W
装置在出现故障时意外地减速,如从从四档降到一档	C_2 操作者因速度突然降低而受到严重伤害	F_2 操作者总是暴露	P_1 操作者能使用安全带	W_1 经验表明,出现这种事故的可能性如 W_1 所估计
故障时导致意外启动（从静止状态）	C_2 在最糟的情况下,机器进入危险区（碰撞或旋转）	F_2 操作者总是暴露	P_1 操作者能使用刹车	W_1 经验表明,出现这种事故的可能性如 W_1 所估计
对其他人的危险				
装置在出现故障时意外地减速,如在建筑工地从第四档降到第一档	运行时没有危险	—	—	—
装置在出现故障时意外地减速,如在道路上运行从第四档降到第一档	C_2 机器突然停止时可能撞车	F_1 被禁止上路行驶	P_1 可以使用刹车或其他突然转向的工具	W_1 经验表明,出现这种事故的可能性如 W_1 所估计

表 A.2（续）

对操作者的危险	危险参数			
	C	F	P	W
在建筑工地，故障时意外启动（从静止状态）	C_2 对其他人造成严重伤害	F_1 一般来说，机械移动时其他人不需要一直在操作区内	P_1 人们可以突然转向回避（低速车辆）	W_1 经验表明，出现这种事故的可能性如 W_1 所估计
上路行驶时装置出现故障导致意外启动（从静止状态）	C_2 对其他人造成严重伤害	F_1 被禁止上路行驶	P_1 人们可以突然转向回避（低速车辆）	W_1 经验表明，出现这种事故的可能性如 W_1 所估计

注：该表格只是展示一个案例。预估的风险参数应该根据每个机械控制系统而作调整。这些危险是不完全的，需要考虑到其他的危险和情况。

A.3.2 风险分析

将上述预估的风险参数输入图 A.1 和图 A.2 中，在图 A.1 对操作者风险分析的示例中得出安全完整性等级需求为 SIL1。在图 A.2 对其他人风险分析的示例中得出不需要安全要求。

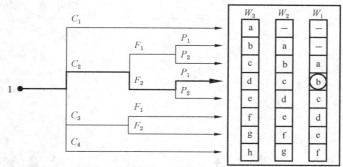

必要的最小风险降低	根据 ISO 13849-1 的操作等级（PL）	SIL
—	—	无安全要求
a	a	无特殊安全要求
b,c	b,c	1
d	d	2
e,f	e,f	3
G		4
h		一个 MCS 不够

说明：
1 ——风险预估的起点；
C ——后果风险参数；
F ——频率与暴露危险时间参数；
P ——避免风险失败可能性参数；
W ——意外事件的可能性；
a 到 h——MCS 所需要的风险降低预估。

后果　　　　　　　　　　C_2（一个或多人严重永久伤害；一人死亡）
频率与暴露时间　　　　　F_2（在危险区从经常暴露到永久暴露）
避免危险事故的可能性　　P_1（在某些条件下可能）
意外事件的可能性　　　　W_1（意外的可能性很小，很少意外发生）

图 A.1　风险图——对操作者的风险

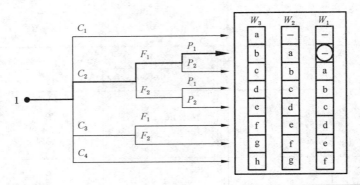

必要的最小风险降低	SIL
—	无安全要求
a	无特殊安全要求
b,c	1
d	2
e,f	3
G	4
h	一个 MCS 不够

说明：

1 ——风险预估的起点；

C ——后果风险参数；

F ——频率与暴露危险时间参数；

P ——避免风险失败可能性参数；

W ——意外事件的可能性；

a 到 h——MCS 所需要的风险降低预估。

后果　　　　　　　　　C_2（一个或多人严重永久伤害；一人死亡）

频率与暴露时间　　　F_1（在危险区从很少暴露到较多暴露）

避免危险事故的可能性　P_1（在某些条件下可能）

意外事件的可能性　　　W_1（意外的可能性很小，很少意外发生）

图 A.2　风险图——对其他人的风险

A.3.3　总结

两个风险分析得出这样的结论，动力转换传输应该根据 SIL1 级安全完整性等级来开发。

附 录 B

（资料性附录）

系统规格的图表划分示例

表 B.1

序号	项目
1	功能规格
1.1	外部接口
1.2	人工/机器界面
1.3	操作模式
1.4	系统功能
2	安全功能的要求
2.1	安全指导方针与安全记录准则
2.2	需要考虑的故障和失效
2.3	故障反馈（包括与时间相关行为的）
2.4	重启程序
2.5	安全与可靠性的限制值
2.6	确认要求的故障偏差的特殊措施
2.7	对抗外部影响的保护组织措施
3	需要考虑的环境条件
3.1	环境条件的类型
3.2	容许的限制值
3.3	某些环境条件下系统的回应
4	设计要求
4.1	设计与实施的特殊规格
4.2	可用组件
4.3	负责任的人员
4.4	可用的操作方法,补给
4.5	可用的通信工具
5	操作与维修的简要条件
5.1	测试与维修必要的设备与接口
5.2	安装的一般技术条件
5.3	操作与维修的一般组织条件
5.4	最终的测试要求与系列产品控制

附　录　C

（资料性附录）

有效组件明细

C.1　概论

有效安全原则如：

——避免某些故障。如通过隔离避免短路；

——减少故障的可能性，如大尺寸或高估的组件；

——适应失效模式，如发生故障后确保是动力源是开路的；

——对故障进行早期检查；

——限制故障的后果，如设备接地线。

新开发的组件和制定的安全原则如果符合以上条件，应被视为"有效组件"。

在一些应用中有效组件可能不适用。

表 C.1 与表 C.2 需要设计师检查其适用性。

C.2　机械部件/组件

表 C.1

有效组件	"有效"状态的条件	标准或规格
螺丝	需要考虑所有影响螺丝连接和应用的因素	机械连接部件是标准化的，如螺丝，螺母，垫圈，铆钉，别针，螺栓等
弹簧	见 GB/T 16855.2—2007，表 A.2 中"有效弹簧使用"描述	见 ISO 4960 弹簧钢的技术规格与其他特殊应用
凸轮	需要考虑所有影响凸轮排列的因素（如联锁装置的一部分）	见 ISO 14119（联锁装置）
安全销	需要考虑所有影响使用的因素	—
转向杆	需要考虑所有影响使用的因素	—
吊杆，提升杆	需要考虑所有影响使用的因素	—

C.3　液压部件/组件

——液压油缸；——硬管，软管；——主要控制阀。

C.4 电子组件

表 C.2

有效组件	"有效"状态的条件	标准或规格
主动启动模式的开关（直接打开动作），如： ——按钮； ——位置开关； ——凸轮操作选择器的开关，如为了操作模式。	—	见 GB 14048.5—2008,附录 K
紧急停止设备	—	ISO 13850
保险丝	—	IEC 60269-1
电路断路器	—	IEC 60947-2
不同电路断路器/RCD（漏电检测）	—	GB 14048.2—2008,附录 B
主要接触器	以下情况才是有效的： a) 需考虑其他影响如振动 b) 用适宜方法避免故障,如尺寸过大（见 ISO 13849-2:2003,表 D.2） c) 电流载荷被热保护设备限制 d) 电路被控制超载的设备保护	ISO 13849-2
控制和保护开关设备（CPS）	—	IEC 60947-6-2
辅助接触器（如接触器继电器）	以下情况才是有效的： a) 需考虑其他影响如振动； b) 主动通电动作； c) 用适宜方法避免故障,如尺寸过大（见 ISO 13849-2:2003,表 D.2）； d) 接触电流被保险丝或断路器限制来避免接触焊接； e) 检测时进行主动地机械地引导接触	EN 50205 IEC 60204-1:1997,5.3.2 和 9.3.3 IEC 60947-5-1
变压器	—	IEC 61558-1
线缆	应该保护外部暴露线缆以避免机械损害（包括如,振动或弯曲）	IEC 60204-1:1997,第 13 章
插头与插座	—	目标应用按照相关电子标准。 连锁装置也见 ISO 14119
温度开关	—	电子方面见 GB 14048.5—2008,附录 K
压力开关	—	电子方面见 GB 14048.5—2008,附录 K 压力方面见 GB/T 16855.2—2007,附录 B 与 C
电磁阀	—	无欧洲或国际标准

附　录　D
（资料性附录）
有关总线系统传送安全性信息的建议

D.1　范围

本附录给出了机械控制系统中使用的与安全相关的信息传输的建议。通信可以在机械控制系统中各种系统单元之间和/或智能传感器和机械控制系统中的系统单元之间发生。

注1：在这一点上，只需要考虑那些封装总线系统，该系统包含制造商规定了总线参与者的数量和类型（即与总线连接的单元）。该系统在长距离数据传输的延伸不列入考虑之内。内部数据与总线位址也被排除在这个范围之外。

注2：使用的总线系统是包含 SAE J 1939 条约和传输的标准组件的系统（见 D.3 所示模型）。

D.2　术语和定义

下列术语和定义适用于本附录。

D.2.1
总线系统　bus system
与安全相关信息的传输系统包括系统单元（信息的来源与汇），传输途径/传输介质（如电线，光纤线，RF 传输）和信息来源/汇与总线电子（ASICs 条约，收发器）之间的接口。
见图 D.1。
注：远程控制见 ISO 15817。

D.2.2
封装总线系统　encapsulated bus system
封装总线系统包含通过已明确并固定的操作/特征互相连接的总线参与者固定的或预定的最大数量。

D.2.3
信息来源　message source
信息传输器　message sender
与安全相关信息的传输器。

D.2.4
信息汇　message sink
信息接收器　message receiver
与安全相关信息的接收器。

D.2.5
信息　message
信息包含使用者数据，地址与确保传输完整的数据等。

D.2.6
最大扩展规模　maximum extension size
信息交流中传输器与接收器的最大容许数量在系统中规定。

D.2.7
过程安全时间　process safety time
如果安全功能未执行，机械控制系统故障发生与危险事故发生之间的时间。

D.2.8

电器反应时间 electrical reaction time

从与安全相关的"电"检测到安全反应的"电"启动的时间。

注意 电反应时间包含几个单个时间，如总线传输时间。

D.2.9 传输错误

D.2.9.1

重复 repetition

由于总线参与者故障造成的错误，由于老的过时的信息在错误的时间点重复引发接收器的有害干扰（如当"通道门"已经开了的时候，报关闭的信号）。

D.2.9.2

损失 loss

由于总线参与者的故障导致信息意外删除（如安全停止的要求）。

D.2.9.3

插入 insertion

由于总线参与者的故障导致意外插入（如安全停止的取消）。

D.2.9.4

错误次序 incorrect sequence

由于总线参与者的故障导致信息意外修改次序。

示例：正确次序：安全停止前，选择减速。

　　　错误次序：安全停止后，选择减速。

　　　后果：机器继续运转而不是安全停止。

注：总线系统可能包含能够修改正确次序的存储电报元素（FIFOs 等）。

D.2.9.5

信息伪造 message falsification

由于总线参与者的错误或传输媒介的错误导致的信息意外伪造。

D.2.9.6

迟缓 retardation

因数据交流导致的传输路径超载或总线参与者因传输错误信息引发的超载，导致安全功能的意外迟缓或停滞。

D.2.9.7

安全相关与非安全相关信息的联接 coupling of safety-related and non-safety-related messages

无意地将非安全相关信息的认为是安全相关的信息。

D.3 模型与描述

D.3.1 概论

就本附录的宗旨，以下模型描述了某些总线系统功能或总线系统结构。

D.3.2 总线系统模型

图 D.1 展示总线系统的模型。

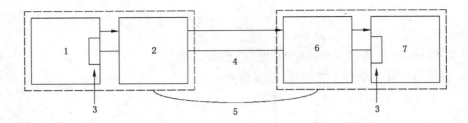

说明：
1——信息来源；
2——总线传输器；
3——总线干扰；
4——传输媒介；
5——总线；
6——总线接收器；
7——信息汇。

图 D.1　总线系统模型

D.3.3　安全相关信息传输模型（依照 OSI）

图 D.2 展示安全相关信息传输模型。

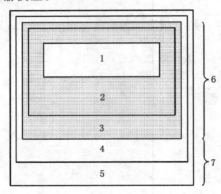

说明：
1——安全电路的应用数据；
2——安全程序，如为了认证；
3——完整编码，如 CRC；
4——传输条款；
5——传输编码（电报）；
6——安全层；
7——传输层。

图 D.2　安全相关信息传输 OSI 模型

安全层包含安全程序与完整编码。传输层包含传输条款与传输编码。

在安全层，与安全相关的用户数据由带有完整编码（如 CRC）的安全程序补充，并且又传输层传输。

D.3.4　总线结构

D.3.4.1　概论

总线系统可有多种结构。以下 A 到 D 模型描述典型的总线结构。它们在故障变差有区别。描述了主要的优势与劣势。

D.3.4.2 模型 A：单通道系统

图 D.3 中所示的系统是其他模型的参考模型。总线的连接只有一个通道（通道 1）。未与通道 2 连接的信息被保存下来然后转发给与总线连接的通道 1 中。

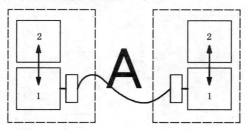

说明：
1——通道 1；
2——通道 2。

图 D.3 建筑模型 A

D.3.4.3 模型 B

图 D.4 展示了一个冗余系统，所有的安全层和传输层都是双层的。

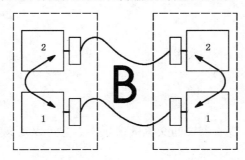

说明：
1——通道 1；
2——通道 2。

图 D.4 建筑模型 B

D.3.4.4 模型 C

图 D.5 展示了一个可与模型 B 比较的模型，其传输媒介只有一个通道。

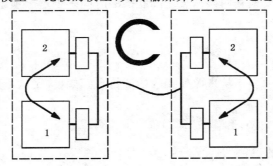

说明：
1——通道 1；
2——通道 2。

图 D.5 建筑模型 C

D.3.4.5　模型 D

图 D.6 展示的系统安全层有两个通道,传输层有一个通道。安全层与传输层都有独立的通道。用户数据可以通过一个或两个电报传输。

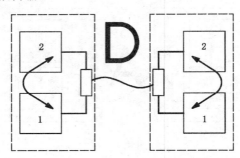

说明:
1——通道 1;
2——通道 2。

图 D.6　建筑模型 D

D.4　控制传输错误的措施说明

D.4.1　概论

该项列举了控制传输错误的措施。

D.4.2　运行号码

运行号码加在每条发送器与接收器之间交流的信息中。它可以定义为包含一个数字的附加数据领域,以预订方式从一条信息过渡到下一条信息。

D.4.3　时间标记

信息内容通常是在一个既定时间内有效。时间标记指,如,在发送器传输的信息里加上日期与时间。时间标记可分为相对时间标记,绝对时间标记和双重时间标记。

D.4.4　时间到期

在信息传输期间,接收器要检查两条信息之间耽搁的时间是否超出预定值。在这种情况下,可能会出现错误。

D.4.5　接受认可/回应

信息汇发送一条信息,其内容是从来源处接收的源信息。如,接受认可重复接收的数据以便使发送器检查是否为正确接收。

注:一些总线系统术语如"接收认可","回应"和"接收"为同义词。

D.4.6　信息发送器与接收器的识别

信息可能包含发送器和/或接收器识别,用来确认与安全相关的参与者的合逻辑的地址。

D.4.7　交叉监控的冗余

发送器与接收器有完整的两通道结构,见模型 B 与 C。信息可独立地传输两次。此外,传输信息对于总线或有效的双重通道的发送器/接收器单元的分离连接是交叉监控的。

出现不同时,应考虑传输期间在发送器或接收器的处理单元里出现的错误。如果使用冗余的媒介,要考虑共因失效故障(如检测共因失效的故障用冗余结构的多样性实现)。

D.4.8 不同的与安全相关的(SR)数据完整性确保与非安全相关的(NSR)数据

如果安全相关(SR)与非安全相关(NSR)的数据能够通过同一总线传输,可以使用不同的数据完整性确保或编码原则(不同的 CRC 算法,不同的生成多项式)来确保 NSR 信息无法影响 SR 接收器的任何安全功能。

注:不同的数据完整性确保也意味着 NSR 信息没有数据完整性确保。

D.5 建议

D.5.1 可能的控制传输错误的措施

D.5.1.1 为了安全传输,应该以安全的方式生成信息(见 4.5)。传输媒介(如,包含接口 ASICs 的总线)本身并不是足够安全的。数据确保机制只由信息源与信息汇的处理单元负责(见图 D.7 示例)。

D.5.1.2 原则上应该使用时间过期机制。

D.5.1.3 应该在接收器中建立检测传输错误与反应故障的机制,并且有责任在过程安全时间内启动与安全相关的反应。

D.5.1.4 如出现 D.2.9 的传输错误,应该启动规定的错误反应(如停止要求)。

D.5.1.5 每个安全电路的过程安全时间由制造商规定。即使是在故障的情况下,启动安全相关的反应所需的时间也不应该超时。

注:在一些总线系统中,传输率与过程安全时间与参与者的数量有关。注:与安全相关的传输率与安全过程时间能够限制参与者的数量。

D.5.1.6 对于总线系统与安全相关的传输,应该至少选择一个对应传输错误的措施(见表 D.1)。

D.5.1.7 应该考虑非安全相关的总线参与者(任何连接到总线的设备)对与安全相关的总线参与者的影响(如,通过发送多条安全相关的信息)。

D.5.2 数据完整性确保

D.5.2.1 概论

数据完整性确保是达到要求的 SIL 的一个主要组件。

为符合 4.4 的要求,所有数据完整性的确保都应由 MCS(机械控制系统)设计的监督部件来操作。残差率 Λ,应该由监督的安全相关的数据完整性确保机制的残差可能性 $R(p)$ 和与安全相关的信息传输率来计算。

使用以下公式来计算由残差可能性得出的残差率:

$$\Lambda = 3\,600 \times R(p) \cdot \nu \cdot m \times 100 [传输错误/h]$$

式中:

3 600 ——用来计算每小时的传输的因素;

ν ——为达到所需的反应时间的与安全相关的要求率;

$R(p)$——是残差可能性;

m ——实现安全功能所需的信息数量。

因素 100 确保了传输在为建议的安全完整性只贡献了 1%(安全边缘)。这可得出一个结论,这个传输是足够安全的。根据风险评估,制造商可以偏离安全边缘。

只要没有其他证据,$R(p)$的评估可依据制造商的信息,误码率可假定为$p=0.01$。

对于 SIL 3,允许$\Lambda<10^{-7}$。

对于 SIL 2,允许$\Lambda<10^{-6}$。

对于 SIL 1,允许$\Lambda<10^{-5}$。

注:这些可能的残差率与 IEC 61508 的目标故障措施分开(每小时危险故障的可能性)。

D.5.2.2 总线系统中与安全相关的传输的残差率计算示例(见图 D.7)

土方机械的运作由两个操纵杆控制。SIL 2 满足机械"安全运行"的安全功能需求。根据操纵杆的位置,信息被总线系统传输给主控,主控评估相关控制命令的信息和传输给八个液压驱动器。

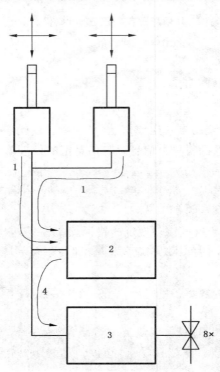

说明:

1——两条信息;

2——主控;

3——液压控制;

4——八条信息。

图 D.7 安全相关总线系统示例

以下假定可用来做残差率计算。

a) 每个传输的信息包含一个简单的总线电报。

b) 每个操纵杆按照x轴和y轴的方向传输信息。

c) 主控接收信息,评估输出信息并且为土方继续偶尔的运行传输八个液压驱动器。

d) 为了与所需的电反应时间一致,液压驱动器对输出信息的驱动每 100 毫秒发生一次。这意味着与安全相关的信息传输率,v,应是每秒 10 次。

e) 传输控制系统中与安全相关的信息的设计不需考虑。假定该设计满足有关与安全相关的建议。

f) 对于传输,在残差可能性最糟的情况下,即$R(p)7\times10^{-9}$,需使用标准总线系统。假定规定的芯片中标准的完整性编码措施中出现的故障也由其他总线参与者识别并且由发生错误模式表明。

对残差率做出以下估计：

$$\Lambda = 3\,600 \times R(p) \cdot \nu \cdot m \times 100 [传输错误/h]$$

$$\Lambda = 3\,600 \times 7 \times 10^{-9} \times 10(8+2+2) \times 100 [传输错误/h]$$

$$\Lambda = 0.3 [传输错误/h]$$

$\Lambda > \Lambda_{所要求的}$，因此该总线系统与建议不一致。

以下措施可进行残差率的改进：

——每个被传输的与安全相关的信息包含两个总线电报。

——接收总线参与者检查每组总线电报的持续性。如果发现不是持续的，就会发生错误反应。

这意味着信息中的传输故障只可能因相同的传输错误发生。信息伪造的可能性由标准总线系统的最糟情况的残差可能决定。

在两个电报的情况下，出现的错误可能 $R(p)_{完全}$ 由单一最糟情况残差可能的平方决定。$R(p)_{完全} = R(p)^2$

这些假定得出以下公式：

$$\Lambda = 3\,600 \times R(p) \cdot \nu \cdot m \times 100 [传输错误/h]$$

$$\Lambda = 3\,600 \times (7 \times 10^{-9})^2 \times 10 \times 12 \times 100 [传输错误/h]$$

$$\Lambda = 2.1 \times 10^{-9} [传输错误/h]$$

$\Lambda = \Lambda_{所要求的} \times 10^{-6}$，因此该总线系统与建议一致。

表 D.1　在出现可能的传输错误时不同方法的效率

传输错误	发送信息的方法							
	运行号码，见 D.4.2	时间印记，见 D.4.3	时间过期，见 D.4.4	接收认可，见 D.4.5	发送器与接收器识别，见 D.4.6	数据完整性确保，见 D.4.8	交叉检查的冗余，见 D.4.7	SR 与非 SR 信息系统中不同的数据完整性确保，见 D.4.8
重复，见 D.2.9.1	×	×					×	
损失，见 D.2.9.2	×			×			×	
插入，见 D.2.9.3	×			×[a]	×[b]		×	
错误次序，见 D.2.9.4	×	×					×	
信息伪造，见 D.2.9.5					×	×	只适合系统总线[d]	
迟缓，见 D.2.9.6		×	×[c]					
SR 与非 SR 信息联接，见 D.2.9.7				×[a]	×			×

[a] 取决于具体实际应用情况。

[b] 只应用于发送识别。只检查无效来源的插入。

[c] 所有情况都要求。

[d] 如果两条信息通过独立的收发器发送，通过计算能证明残差率 Λ 与 D.5.2 的值一致，该措施只与高质量数据确保机制做比较。

参 考 文 献

[1] GB 13539.1—2008 低压熔断器 第1部分:基本要求(IEC 60269-1:2006,Low-voltage fuses—Part 1:General requirements,IDT)

[2] GB 14048.2—2008 低压开关设备和控制设备 第2部分:断路器(IEC 60947-2:2006,Low-voltage switchgear and controlgear—Part 2:Circuit-breakers,IDT)

[3] GB 14048.5—2008 低压开关设备和控制设备 第5-1部分:控制电路电器和开关元件 机电式控制电路电器(IEC 60947-5-1:2003 Low-voltage switchgear and controlgear—Part 5-1:Control circuit devices and switching elements—Electromechanical control circuit devices,MOD)

[4] GB 14048.9—2008 低压开关设备和控制设备 第6-2部分:多功能电器(设备)控制与保护开关电器(设备)(CPS)(IEC 60947-6-2:2007,Low-voltage switchgear and controlgear—Part 6-2:Multiple function equipment—Control and protective switching devices(or equipment)(CPS),IDT)

[5] GB 16754—2008 机械安全 急停 设计原则(ISO 13850:2006,Safety of machinery—Emergency stop—Principles for design,IDT)

[6] GB/T 16855.1—2008 机械安全 控制系统有关安全部件 第1部分:设计通则(ISO 13849-1:2006,Safety of machinery—Safety-related parts of control systems—Part 1:General principles for design,IDT)

[7] GB/T 16855.2—2007 机械安全 控制系统有关安全部件 第2部分:确认(ISO 13849-2:2003,Safety of machinery—Safety-related parts of control systems—Part 2:Validation,IDT)

[8] GB/T 16856.1—2008 机械安全 风险评价 第1部分:原则(ISO 14121-1:2007,Safety of machinery—Risk assessment—Part 1:Principles,IDT)

[9] GB 19212.1—2008 电力变压器、电源、电抗器和类似产品的安全 第1部分:通用要求和试验(IEC 61558-1,Safety of power transformers, power supplies, reactors and similar products—Part 1:General requirements and tests,IDT)

[10] GB/T 20438.1—2006 电气/电子/可编程电子安全相关系统的功能安全 第1部分:一般要求(IEC 61508-1:1998,Functional safety of electrical/electronic/programmable electronic safety-related systems—Part 1:General requirements,IDT)

[11] GB/T 20438.2—2006 电气/电子/可编程电子安全相关系统的功能安全 第2部分:电气/电子/可编程电子安全相关系统的要求(IEC 61508-2:2000,Functional safety of electrical/electronic/programmable electronic safety-related systems—Part 2:Requirements for electrical/electronic/programmable electronic safety-related systems)

[12] GB/T 20438.3—2006 电气/电子/可编程电子安全相关系统的功能安全 第3部分:软件的要求(IEC 61508-3:1998,Functional safety of electrical/electronic/programmable electronic safety-related systems—Part 3:Software requirements,IDT)

[13] GB/T 20438.5—2006 电气/电子/可编程电子安全相关系统的功能安全 第5部分:确定安全完整性等级的方法示例(IEC 61508-5:1998,Functional safety of electrical/electronic/programmable electronic safety related systems—Part 5:Examples of methods for the determination of safety integrity levels,IDT)

[14] GB/T 20438.6—2006 电气/电子/可编程电子安全相关系统的功能安全 第6部分:GB/T 20438.2 和 GB/T 20438.3 的应用指南(IEC 61508-6:2000,Functional safety of electrical/electronic/programmable electronic safety-related systems—Part 6:Guidelines of the application of IEC 61508-2 and IEC 61508-3,IDT)

[15]　GB/T 20438.7—2006　电气/电子/可编程电子安全相关系统的功能安全　第 7 部分:技术和措施概述(IEC 61508-7:2000,Functional safety of electrical/electronic/programmable electronic safety-related systems—Part 7:Overview of techniques and measures,IDT)

[16]　ISO 4960:2007　碳含量大于 0.25%的冷轧碳素钢带(Cold-reduced carbon steel strip with a mass fraction of carbon over 0.25%)

[17]　ISO 14119　机械安全　带防护装置的联锁装置　设计和选择原则(Safety of machinery—Interlocking devices associated with guards—Principles for design and selection)

[18]　ISO 15817:2005　土方机械　司机遥控的安全要求(Earth-moving machinery—Safety requirements for remote operator control)

[19]　IEC 60068-2-6　环境试验　第 2 部分:试验方法　试验 Fc:振动(正弦)[Environmental testing—Part 2:Tests—Test Fc:Vibration (sinusoidal)]

[20]　IEC 60068-2-14　环境试验　第 2 部分:试验方法　试验 N:温度变化(Environmental testing—Part 2:Tests—Test N:Change of temperature)

[21]　IEC 60068-2-27　环境试验　第 2 部分:试验方法　试验 Ea 和导则:冲击(Environmental testing—Part 2:Tests—Test Ea and guidance:Shock)

[22]　IEC 60204-1:1997　机械电气安全　机械电气设备　第 1 部分:通用技术条件(IEC 60204-1:1997,Safety of machinery—Electrical equipment of machines—Part 1:General requirements)

[23]　IEC 62061:2005　机器安全　安全相关的电气、电子和可编程电子控制系统的功能安全(Safety of machinery—Functional safety of safety-related electrical, electronic and programmable electronic control systems)

[24]　EN 50205　Relas with forcibly guided (linked) contacts

[25]　ECE R79　Uniform provisions concerning the approval of vehicles with regard to steering equipment, Annex 6, Special requirements to be applied to the safety aspects of complex electronic vehicle control systems

[26]　SAE J 1939　Recommended Practice for a Serial Control and Communications Vehicle Network

[27]　REINERT, D., SCHAEFER, M., Sichere Bussysteme für die Automation,Hüthig,Heidelberg, 2001. ISBN:3-7785-2797-5 (language:D)

[28]　REINERT, D., SCHAEFER, M., Progress in the validation of safety-related distributed systems, 2nd. International Conference Safety of Industrial Automated Systems, 13-15.11.2001, Bonn—Oral presentation. Proceedings pp. 243-251, Editor.:Hauptverband der gewerblichen Berufsgenossenschaften—HVBG,Sankt Augustin. ISBN:3-88383-604-4 (in English)

ICS 83.160.99
G 41

中华人民共和国国家标准

GB/T 30197—2018
代替 GB/T 30197—2013

工程机械轮胎作业能力测试方法
转鼓法

Test method for work capacity of earth-mover tyres—Drum method

2018-12-28 发布　　　　　　　　　　　2019-11-01 实施

国家市场监督管理总局
中国国家标准化管理委员会　发 布

前　言

本标准按照 GB/T 1.1—2009 给出的规则起草。

本标准代替 GB/T 30197—2013《工程机械轮胎作业能力测试方法　转鼓法》。与 GB/T 30197—2013 相比，除编辑性修改外主要技术变化如下：

——增加了术语"TKPH 额定值""平衡温度""临界温度"（见 3.2、3.3、3.4）；

——修改了试验机转鼓的径向跳动精度（见 4.1.6，2013 年版的 4.1.6）；

——增加了"从轮胎中心线到两侧胎肩，以最大 50 mm 的增量，将钻孔定位于花纹块"轮胎表面钻孔相对位置的规定（见 5.3）；

——增加了"对所有测温孔进行编号，每次测试按同一顺序进行温度测量"的规定（见 6.4）；

——删除了"试验条件"记录，增加了"试验方法标准代号、转鼓直径、环境温度"的记录（见第 8 章，2013 年版的第 9 章）；

——修改了数值计算与处理部分关于绘制 TKPH 值对平衡温度的曲线图的描述（见 7.1，2013 年版的 8.1）；

——修改了当环境温度改变时，TKPH 值修正式（1）～式（3）（见 7.2，2013 年版的 8.2）。

本标准由中国石油和化学工业联合会提出。

本标准由全国轮胎轮辋标准化技术委员会（SAC/TC 19）归口。

本标准主要起草单位：三角轮胎股份有限公司、风神轮胎股份有限公司、贵州轮胎股份有限公司、双钱轮胎集团有限公司、北京橡胶工业研究设计院有限公司、山东玲珑轮胎股份有限公司、中策橡胶集团有限公司、徐州徐轮橡胶有限公司、安徽佳通乘用子午线轮胎有限公司、江苏通用科技股份有限公司、大连固特异轮胎有限公司。

本标准主要起草人：刘亮亮、孟婴、朱海涛、杨世春、李博慰、王克先、牟守勇、陈少梅、毛建清、裴晓辉、汪林锋、丁振洪、尹庆叶、程洪伟。

本标准所代替标准的历次版本发布情况为：

——GB/T 30197—2013。

工程机械轮胎作业能力测试方法
转鼓法

1 范围

本标准规定了工程机械轮胎作业能力（TKPH 值）测试的术语和定义、试验设备与精度、试验条件、试验程序、数值计算与处理、试验报告。

本标准适用于新的工程机械轮胎。

2 规范性引用文件

下列文件对于本文件的应用是必不可少的。凡是注日期的引用文件，仅注日期的版本适用于本文件。凡是不注日期的引用文件，其最新版本（包括所有的修改单）适用于本文件。

GB/T 2980　工程机械轮胎规格、尺寸、气压与负荷

GB/T 6326　轮胎术语及其定义

HG/T 2177　轮胎外观质量

3 术语和定义

GB/T 6326 界定的以及下列术语和定义适用于本文件。

3.1

作业能力　work capacity

通常用于评价工程机械轮胎作业过程中温升性能的指标值。

注：单位为吨千米每小时（Ton Kilometer Per Hour，TKPH）。

3.2

作业能力额定值　work capacity rating

TKPH 额定值 TKPH rating

通常以轮胎在 38 ℃环境温度下达到允许的内部最高安全温度时负荷与速度的乘积来表示。

3.3

平衡温度　equilibrium temperature

同一测温孔连续测量 3 次都停止上升或 3 次测量最高值与最低值之差小于 3 ℃时测量得到的温度。

3.4

临界温度　critical temperature

轮胎制造商认为轮胎作业不会损坏的内部最高安全温度。

4 试验仪器设备及其精度要求

4.1 试验机

4.1.1　试验机转鼓直径宜为 3 000 mm±30 mm 或 5 000 mm±50 mm 或 7 000 mm±70 mm。

4.1.2　试验机转鼓的试验鼓面应为平滑的钢制面，其宽度应大于或等于试验轮胎的断面总宽度。

4.1.3　试验加载装置的加载能力应能满足试验方法要求，其精度为满量程的±1.5％。

4.1.4 试验机转鼓及试验设备的速度能力应满足试验方法的要求,其速度精度为 $^{+2}_{0}$ km/h。

4.1.5 环境温度测量装置宜设置在距离试验轮胎 150 mm~1 000 mm 的范围内。

4.1.6 转鼓直径为 3 000 mm±30 mm 试验机转鼓的径向跳动应为≤0.25 mm,转鼓直径为 5 000 mm± 50 mm 和 7 000 mm±70 mm 试验机转鼓的径向跳动应为≤1 mm。

4.2 充气压力表

充气压力表的量程至少应为 1 000 kPa,精度为±10 kPa。

4.3 热电偶

精度为满量程的±1‰。

4.4 深度尺

精度为 0.02 mm。

5 试验条件

5.1 轮胎外观

试验轮胎的外观质量应符合 HG/T 2177 的规定。

5.2 轮胎停放

轮胎硫化后应在室温下停放 24 h 以上。

5.3 轮胎表面钻孔

在轮胎表面花纹块上钻孔用于测量温度,从轮胎中心线到两侧胎肩,以最大 50 mm 的增量,将钻孔定位于花纹块,测试孔直径为 5 mm±0.5 mm;测试孔应位于胎冠中心线至胎肩之间的花纹块上,在周向均匀分布(至少二等分)位置上横向至少钻 3 个孔,孔的位置宜为胎冠中心(胎冠中心为花纹沟时,应在中心两侧 25 mm 处另外加孔,但离花纹块边缘起,不得小于 12.5 mm)、胎肩花纹块中心;孔的深度为距最上面帘布层 5 mm 之内,打孔时不得触及这一帘布层。

5.4 试验速度、负荷、气压、环境温度

5.4.1 试验转鼓速度为在轮胎最高额定速度内选取至少 3 个测试速度值,宜以轮胎最高额定速度的一半作为试验速度参考值,在此速度上下选取测试速度值,从选取的最低速度值开始试验。

5.4.2 试验负荷为 GB/T 2980 或相关技术文件规定的相应速度下额定负荷能力的 85%。

5.4.3 试验气压为 GB/T 2980 或相关技术文件规定的额定负荷能力对应的气压。

5.4.4 试验轮胎轮辋组合体在环境温度不低于 20 ℃下停放至少 24 h。

5.4.5 试验期间环境温度应不低于 20 ℃,宜为 38 ℃±3 ℃。

6 试验程序

6.1 将轮胎安装在符合 GB/T 2980 或相关技术文件规定的测量轮辋上,按 5.4.3 规定的气压进行充气。

6.2 将停放后的轮胎气压重新调整到 5.4.3 规定值,再停放 15 min 后,以规定的该规格轮胎的最低测定速度开始运行。

6.3 每运行 1 h,测量所有孔的温度。测量完成后继续运行,直到温度保持稳定。在确保安全的情况下,温度的测试应在 15 min 内完成。

6.4 对所有测温孔进行编号,每次测试按同一顺序进行温度测量,所有测温孔温度稳定(同一点连续测量3次都停止上升或3次测量最高值与最低值之差小于3 ℃)时,即达轮胎的平衡温度,停止测试。

6.5 轮胎冷却至室温,按下一个测定速度开始运行,直至在此速度下达到温度稳定。

6.6 按6.3、6.4、6.5的规定至轮胎损坏或将选取的测试速度测试完。

7 数值计算与处理

7.1 环境温度为38 ℃时,以试验过程中每个速度阶段的每组测温点所达到的最高平衡温度为纵坐标,以轮胎试验负荷与试验速度相乘所得的值为横坐标,绘制TKPH值对平衡温度的曲线图。从图中读取轮胎临界温度对应于曲线的TKPH值就是该轮胎的TKPH额定值。

临界温度值取决于轮胎本身的结构、材料性能及橡胶配方等,因制造商不同而各异,推荐为93 ℃～121 ℃。

7.2 当环境温度改变时,应按式(1)修正:

$$环境温度为 38\ ℃\ 时的\ TKPH\ 额定值=\frac{试验测得\ TKPH\ 值}{F(t)} \quad\cdots\cdots（1）$$

式中:

$F(t)$——TKPH值修正系数。

$F(t)$按式(2)、式(3)计算:

当环境温度低于38 ℃时:

$$F(t)=\frac{临界温度-38}{(临界温度-38)+T} \quad\cdots\cdots（2）$$

式中:

T——温度修正系数。

当环境温度高于38 ℃时:

$$F(t)=\frac{临界温度-60}{(临界温度-60)+T} \quad\cdots\cdots（3）$$

T按式(4)、式(5)计算:

当轮胎断面宽度小于27.00寸时:

$$T=（环境温度-38）\times 0.5 \quad\cdots\cdots（4）$$

当轮胎断面宽度大于30.00寸时:

$$T=（环境温度-38）\times 0.4 \quad\cdots\cdots（5）$$

8 试验报告

试验报告宜包括以下内容:

a) 试验方法标准编号、试验日期、试验轮胎制造厂名称、商标、生产编号;

b) 轮胎规格、轮胎花纹类型代号,如:E-3、L-5、G-2等;

c) 试验负荷;

d) 试验气压;

e) 试验速度;

f) 转鼓直径;

g) 试验各阶段运行时间、累计时间、不同点位的内部温度、环境温度。

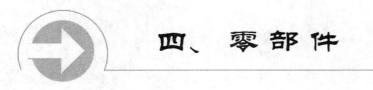

四、零部件

ICS 83.160.99
G 41

中华人民共和国国家标准

GB/T 1190—2018
代替 GB/T 1190—2009

工程机械轮胎技术要求

Technical specification of earth-mover tyres

2018-12-28 发布

2019-11-01 实施

国家市场监督管理总局
中国国家标准化管理委员会　发 布

前　言

本标准按照 GB/T 1.1—2009 给出的规则起草。

本标准代替 GB/T 1190—2009《工程机械轮胎技术要求》。与 GB/T 1190—2009 相比，除编辑性修改外主要技术变化如下：

——增加了规范性引用文件 GB/T 30193（见第 2 章）；

——增加了子午线轮胎表面不准许出现帘线外露的规定（见 4.1.2）；

——对轮胎物理性能要求中不适用于钢丝帘布的粘合强度指标做了说明性标注（见表 1）；

——增加了有关轮胎耐久性能的要求（见 4.3）；

——试验方法中增加了耐久性能测试方法的规定（见 5.5）；

——删除了轮胎标志中关于测量轮辋的规定（见 2009 年版的 6.1）；

——增加了植入射频识别电子标签（RFID）的轮胎应有永久性的电子标签标志的规定（见 6.1.3）；

——增加了子午线轮胎应模刻"RADIAL"的规定（见 6.1.4）。

本标准由中国石油和化学工业联合会提出。

本标准由全国轮胎轮辋标准化技术委员会（SAC/TC 19）归口。

本标准起草单位：风神轮胎股份有限公司、中策橡胶集团有限公司、徐州徐轮橡胶有限公司、天津国际联合轮胎橡胶股份有限公司、山东玲珑轮胎股份有限公司、安徽佳通乘用子午线轮胎有限公司、三角轮胎股份有限公司、北京橡胶工业研究设计院有限公司、双钱轮胎集团有限公司、贵州轮胎股份有限公司、江苏通用科技股份有限公司、浙江科泰安轮胎有限公司、米其林（中国）投资有限公司、大陆马牌轮胎（中国）有限公司、大连固特异轮胎有限公司、汕头市浩大轮胎测试装备有限公司。

本标准主要起草人：王志平、毛建清、裴晓辉、王礼均、陈少梅、汪林锋、孙洪沙、王克先、牟守勇、蔡利超、杨世春、丁振洪、夏欢、陆奕、马忠、尹庆叶、陈迅。

本标准所代替标准的历次版本发布情况为：

——GB/T 1190—1974、GB/T 1190—1982、GB/T 1190—1991、GB/T 1190—2001、GB/T 1190—2009。

工程机械轮胎技术要求

1 范围

本标准规定了工程机械轮胎的术语和定义、要求、试验方法、标志和包装、使用和保养。

本标准适用于新的工程机械充气轮胎（包括外胎、内胎和垫带）。

2 规范性引用文件

下列文件对于本文件的应用是必不可少的。凡是注日期的引用文件,仅注日期的版本适用于本文件。凡是不注日期的引用文件,其最新版本（包括所有的修改单）适用于本文件。

GB/T 519　充气轮胎物理性能试验方法

GB/T 521　轮胎外缘尺寸测量方法

GB/T 528　硫化橡胶或热塑性橡胶　拉伸应力应变性能的测定

GB/T 531.1　硫化橡胶或热塑性橡胶　压入硬度试验方法　第1部分:邵氏硬度计法（邵尔硬度）

GB/T 532　硫化橡胶或热塑性橡胶与织物粘合强度的测定

GB/T 1689　硫化橡胶　耐磨性能的测定（用阿克隆磨耗试验机）

GB/T 2980　工程机械轮胎规格、尺寸、气压与负荷

GB/T 6326　轮胎术语及其定义

GB/T 9768　轮胎使用与保养规程

GB/T 30193　工程机械轮胎耐久性试验方法

HG/T 2177　轮胎外观质量

3 术语和定义

GB/T 6326 和 GB/T 2980 界定的术语和定义适用于本文件。

4 要求

4.1 基本要求

4.1.1　轮胎的规格、尺寸、气压与负荷、轮胎的使用类型、花纹分类代号宜符合 GB/T 2980 或相关技术文件的规定。

4.1.2　各种外胎不准许有严重影响使用寿命的缺陷,如各部件间脱层、海绵状、钢丝圈断裂和严重上抽、多根帘线断和裂开、胎里帘线起褶楞和胎冠出胶边带帘线等缺陷,子午线轮胎表面不准许出现帘线外露。若使用垫带,垫带不准许外形上有残缺和带身开裂。

4.1.3　轮胎和垫带的其他外观质量要求应符合 HG/T 2177 的规定。

4.1.4　若使用内胎和垫带,应符合与外胎配套要求。

4.2 轮胎的物理性能

轮胎的物理性能应符合表1的规定。

表 1 轮胎物理性能

项　　目		指标	
		外胎	垫带
拉伸强度/MPa	≥	16.5[a]	7.0
拉断伸长率/%	≥	350[a]	350
拉断永久变形/%	≤	—	40
硬度(邵尔 A 型)/度	≥	55[a]	
磨耗量(阿克隆)/cm³	≤	0.50[a]	
粘合强度[b]/(kN/m)	胎面胶/缓冲胶与缓冲布层 ≥	8.0	
	缓冲帘布层间 ≥	7.0	
	缓冲层与帘布层 ≥	6.0	
	帘布层间 ≥	5.5	
	胎侧胶与帘布层 ≥	5.5	

　　[a] 指胎面胶。
　　[b] 仅适用于纤维骨架帘布层。

4.3 轮胎耐久性能

　　轮胎经耐久性能试验后,轮胎气压不应低于规定的初始气压;试验结束后,外观检查不应有(胎面、胎侧、帘布层、气密层、带束层或缓冲层、胎圈等)脱层、帘布层裂缝、帘线剥离、帘线断裂、崩花、接头裂开、龟裂以及外胎异常变形等缺陷。

5 试验方法

5.1 外胎胎面胶的拉伸强度和拉断伸长率按 GB/T 519 的规定取样,按 GB/T 528 的规定用 2 型裁刀进行试验。

5.2 外胎胎面胶的磨耗量按 GB/T 519 的规定取样,按 GB/T 1689 的规定进行试验。

5.3 外胎各部件间的粘合强度按 GB/T 519 的规定取样,按 GB/T 532 的规定进行试验。

5.4 外胎胎面胶的硬度按 GB/T 519 的规定取样,按 GB/T 531.1 的规定进行试验。

5.5 轮胎耐久性能按照 GB/T 30193 进行试验。

5.6 垫带的拉伸强度、拉断伸长率和拉断永久变形按 GB/T 519 的规定取样,按 GB/T 528 的规定用 1 型裁刀裁切的试样进行试验。

5.7 新胎充气后的外缘尺寸按 GB/T 521 进行测定。

6 标志和包装

6.1 标志

6.1.1 每条外胎胎侧上应有 a)～h)的标志;每条垫带上应有 a)、b)和 g)的标志:
　　a) 规格;
　　b) 商标、制造商名称或产地地名;

c) 层级或负荷符号或负荷指数；

d) 轮胎骨架材料名称或代号、花纹分类代号；

e) 无内胎轮胎应标明"无内胎"或"TUBELESS"；

f) 轮胎行驶方向标志（外胎胎面花纹有行驶方向的）；

g) 出厂检验标记；

h) 生产编号。

6.1.2 外胎上6.1.1a)~f)的标志均需使用模刻印痕,其他标志可用水洗不掉的标志。

6.1.3 植入射频识别电子标签(RFID)的轮胎应有永久性的电子标签标志。

6.1.4 子午线轮胎应模刻"RADIAL"或"子午线"标志。

6.2 包装

凡有内胎和垫带的轮胎,配套时应将内胎和垫带装在外胎内,并在内胎中充以适量的空气,使其与外胎内缘相接触,并捆扎两处以上或根据用户要求进行包装。

7 使用和保养

轮胎的使用与保养应符合GB/T 9768的规定。

8 实施过渡期

对于6.1.3和6.1.4的规定,自本标准实施日起24个月为过渡期。

————————————

ICS 83.160.99
G 41

中华人民共和国国家标准

GB/T 2980—2018
代替 GB/T 2980—2009

工程机械轮胎规格、尺寸、气压与负荷

Size designation, dimensions, inflation pressure and load capacity
for earth-mover tyres

(ISO 4250-1:2014, Earth-mover tyres and rims—Part 1:Tyre
designation and dimensions;ISO 4250-2:2014,Earth-mover
tyres and rims—Part 2:Loads and inflation pressure,NEQ)

2018-12-28 发布

2019-11-01 实施

国家市场监督管理总局
中国国家标准化管理委员会 发 布

前　言

本标准按照 GB/T 1.1—2009 给出的规则起草。

本标准代替 GB/T 2980—2009《工程机械轮胎规格、尺寸、气压与负荷》。与 GB/T 2980—2009 相比，除编辑性修改外主要技术变化如下：

——增加了部分轮胎不同速度下的负荷变化计算（见表1、表2）；

——增加了起重机子午线轮胎系列（见表17）；

——补充了子午线及斜交轮胎部分规格（见表3～表16，2009 年版的表2～表15）；

——14.00-(R)24 测量轮辋使用 10.00/2.0 代替 10.0，14.00-(R)25 测量轮辋使用 10.00/2.0 代替 10.00/1.5（见表3 和表5，2009 年版的表2 和表4）；

——增加了起重机子午线轮胎花纹分类（见附录A）；

——设计花纹深度增加部分公制规格系列设计花纹深度（见附录B）。

本标准使用重新起草法参考 ISO 4250-1:2014《工程机械轮胎和轮辋　第 1 部分：轮胎规格与尺寸》和 ISO 4250-2:2014《工程机械轮胎和轮辋　第 2 部分：负荷与充气压力》编制，与 ISO 4250-1:2014 和 ISO 4250-2:2014 的一致性程度为非等效。

本标准由中国石油和化学工业联合会提出。

本标准由全国轮胎轮辋标准化技术委员会（SAC/TC 19）归口。

本标准起草单位：贵州轮胎股份有限公司、风神轮胎股份有限公司、徐州徐轮橡胶有限公司、山东玲珑轮胎股份有限公司、北京橡胶工业研究设计院有限公司、三角轮胎股份有限公司、天津国际联合轮胎橡胶股份有限公司、双钱轮胎集团有限公司、中策橡胶集团有限公司、江苏通用科技股份有限公司、浙江科泰安轮胎有限公司、大连固特异轮胎有限公司、普利司通（中国）投资有限公司。

本标准主要起草人：杨世春、程洪伟、朱海涛、裴晓辉、陈少梅、徐丽红、李淑环、谷宁、黄书达、蔡利超、吴辉、丁振洪、冯晓东、尹庆叶、傅广平。

本标准所代替标准的历次版本发布情况为：

——GB/T 2980—1974、GB/T 2980—1982、GB/T 2980—1991、GB/T 2980—2001、GB/T 2980—2009。

工程机械轮胎规格、尺寸、气压与负荷

1 范围

本标准规定了工程机械轮胎的术语和定义、轮胎规格表示与最大负荷标志、轮胎规格、尺寸、气压与负荷、花纹分类及设计花纹深度。

本标准适用于重型自卸车、装载机、挖掘机、平地机、铲运机、推土机、起重机和压路机等工程机械用新的充气轮胎。

2 规范性引用文件

下列文件对于本文件的应用是必不可少的。凡是注日期的引用文件,仅注日期的版本适用于本文件。凡是不注日期的引用文件,其最新版本(包括所有的修改单)适用于本文件。

GB/T 6326 轮胎术语及其定义

3 术语和定义

GB/T 6326 界定的以及下列术语和定义适用于本文件。

3.1

窄基轮胎 narrow base tyres
轮胎断面高宽比为 0.95 左右的工程机械轮胎。

3.2

宽基轮胎 wide base tyres
轮辋宽度与轮胎断面宽度比为 0.80 左右的工程机械轮胎。

3.3

低断面轮胎 low section tyres
轮胎断面高宽比为 0.65 左右(65 系列)或 0.70 左右(70 系列)的工程机械轮胎。

3.4

最高速度 maximum speed
车辆在工作过程中的任何阶段(重车或空车)所达到的峰值速度。

3.5

工业车辆 industrial vehicle
包括平衡配重式叉车、集装箱装卸机、跨式运输机、飞机牵引车、移动式粉碎机、运梁机和提梁机等。

3.6

平地或跑道 smooth floors and runways
有铺砌面层或保护层的运行路面(没有起伏不平、障碍或间断地段)。

4 轮胎规格表示与最大负荷标志

4.1 轮胎规格表示示例

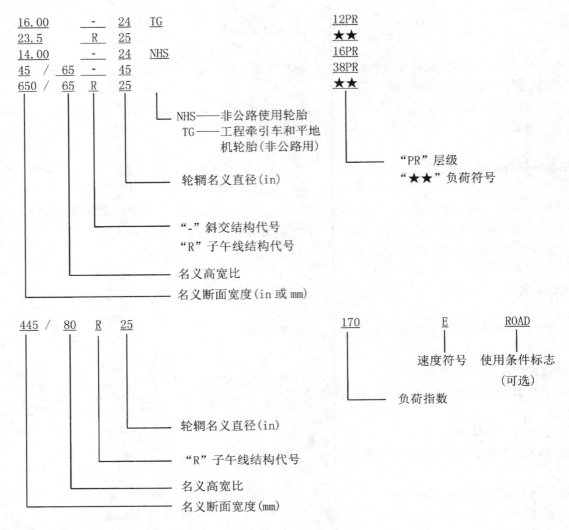

4.2 最大负荷标志

用轮胎强度来表示轮胎在规定使用条件下所能承受的最大推荐负荷。

斜交轮胎的强度用层级（或"PR"）表示，例如：16 层级（或 16PR）；子午线轮胎的强度用 1、2 或 3 颗星（★）表示或负荷指数表示。

5 轮胎规格、尺寸、气压与负荷

5.1 基本要求

轮胎的规格、层级（或负荷符号或负荷指数）及其对应的负荷能力和充气压力、测量轮辋、新胎设计尺寸、最大使用尺寸应符合表 3～表 19 的规定；凡是"允许使用轮辋"有 2 种及其以上的，有关轮辋设计及其轮廓尺寸问题，应咨询轮胎或轮辋制造商；气门嘴型号宜符合表 3～表 19 的规定，若使用其他型号的气门嘴，使用方应与制造方协商。

5.2 新胎最大、最小总宽度

新胎最大总宽度(mm) = 新胎设计断面宽度×a

斜交轮胎 $\qquad\qquad\qquad\qquad\qquad\qquad\qquad$ $a = 1.06$

子午线轮胎 $\qquad$ 新胎设计断面宽度<380 $\qquad$ $a = 1.07$

$\qquad\qquad\qquad$ 新胎设计断面宽度≥380 $\qquad$ $a = 1.09$

新胎最小总宽度(mm) = 新胎设计断面宽度×0.97

5.3 新胎最大、最小外直径

新胎最大外直径(mm) = 2×新胎设计断面高度×1.03+轮辋名义直径

新胎最小外直径(mm) = 2×新胎设计断面高度×0.97+轮辋名义直径

5.4 充气压力

5.4.1 充气压力是指冷充气压力。需要充入液体使用的工程机械轮胎,充入液体的体积不宜超过该轮胎内腔体积的 75%。

5.4.2 轮胎规格尺寸表中规定的充气压力是指轮胎在相应的速度和负荷下,确保轮胎行驶安全的标准气压。在实际使用中,可根据使用条件变化适当调整轮胎的使用气压。

5.4.3 轮胎规格尺寸表中规定的充气压力是指在环境温度下测定的轮胎气压。不包括车辆机具行驶后轮胎生热升温后增高的气压。

5.5 负荷能力

5.5.1 轮胎总负荷

包括车辆机具自身重量、附件重量、附加设备重量和载重量。

5.5.2 轮胎负荷能力

轮胎规格尺寸表中规定的负荷能力是指轮胎在相应充气压力和速度下所允许的最大负荷。

选择轮胎规格以该机具车轴上最大车轮负荷为依据。

平地机用轮胎(基准速度 40 km/h),压路机用轮胎(基准速度 10 km/h),装载机和推土机用轮胎(基准速度 10 km/h),移动式起重机用轮胎(基准速度 70 km/h 和 80 km/h),除基准速度外,其负荷能力按表 1 中规定的负荷能力变化率来确定,气压不变;用于工业车辆上的工程机械轮胎,在相同气压不同路面上使用时,根据表 2 给出的变化率求得相应速度下的负荷值。

表 1 工程机械轮胎负荷变化率

轮胎分类	最高速度/(km/h)	负荷变化率	轮胎分类	最高速度/(km/h)	负荷变化率
平地机	30	+7%	装载机和推土机	静态	+60%
	35	+4%		蠕动	+30%
	40	0		5	+15%
	45	-4%		10	0
	50	-8%		15	-13%
	60	-18%		20	-16%
	65	-27%		25	-20%

表 1（续）

轮胎分类	最高速度/(km/h)	负荷变化率		轮胎分类	最高速度/(km/h)	负荷变化率
压路机	10	0		装载机和推土机	30	−23%
	15	−13%			35	−26%
	25	−23%			40	−30%
	35	−29%			45	−32%
移动式起重机	30	+30%[a]	+25%[b]		50	−37%
	40	+24%[a]	+15%[b]		—	—
	50	+18%[a]	+12%[b]		—	—
	60	+12%[a]	+10%[b]		—	—
	70	0[a]	+5%[b]		—	—
	80	−18%[a]	0[b]		—	—
	90	−30%[a]	−6%[b]		—	—
	100	−40%[a]	−15%[b]		—	—

计算值修约规则：

负荷 ≤ 4 999 kg 修约到最接近的 25 kg 的整数倍的数值；

负荷 5 000 kg～9 999 kg 修约到最接近的 50 kg 的整数倍的数值；

负荷 ≥ 10 000 kg 修约到最接近的 100 kg 的整数倍的数值。

注：在中等速度下，允许更改。

[a] 基准速度 70 km/h。

[b] 基准速度 80 km/h。

表 2 用于工业车辆上的工程机械轮胎负荷变化率

负荷下最高速度/(km/h)	非道路[a]	平地或跑道[b]
静态	+60%	+80%
蠕动[c]	+30%	+60%
5	+15%	+45%
10	0	+35%
15	−13%	+30%
20	−16%	+27%
25[d]	−20%	+25%

计算值修约规则：

负荷 ≤ 4 999 kg 修约到最接近的 25 kg 的整数倍的数值；

负荷 5 000 kg～9 999 kg 修约到最接近的 50 kg 的整数倍的数值；

负荷 ≥ 10 000 kg 修约到最接近的 100 kg 的整数倍的数值。

注：在中等速度下，允许更改。

[a] 非道路使用时的充气压力：采用 10 km/h 速度下的充气压力。

[b] 平地或跑道路面下使用时的充气压力：采用 10 km/h 时气压 ×1.2。对于叉车上的转向轮，其负荷为"平地或跑道路面"负荷×0.8。

[c] 指工业车辆运行速度不高于 2 m/min。

[d] 速度大于 25 km/h 时，应向轮胎制造厂咨询。

任何情况下轮辋应适用于高负荷和充气压力。

6 花纹分类及设计花纹深度

6.1 工程机械轮胎花纹分类及使用条件宜符合附录 A 的规定。
6.2 工程机械轮胎设计花纹深度参见附录 B。

表 3　窄基斜交轮胎

轮胎规格	层级	测量轮辋	新胎设计尺寸/mm			轮胎最大使用尺寸[a]/mm			不同速度下的负荷能力[b]/kg		不同速度下的充气压力/kPa		允许使用轮辋	气门嘴型号	
			断面宽度	外直径		总宽度	外直径		10 km/h	50 km/h	10 km/h	50 km/h		有内胎	无内胎
				普通花纹	深花纹和超深花纹		普通花纹	深花纹和超深花纹							
12.00-20NHS	14	8.5	315	1145	1175	340	1185	1215	5000	2800	600	425	8.50V / 8.5V5°	DG09C	—
	16	8.5	315	1145	1175	340	1185	1215	5450	3000	700	475			
	20	8.5	315	1145	1175	340	1185	1215	6150	—	825	—			
	24	8.5	315	1145	1175	340	1185	1215	6900	—	1000	—			
12.00-24NHS	14	8.5	315	1245	1275	340	1285	1315	5600	3000	575	375	8.50V / 8.5V5°	DG09C	—
	16	8.5	315	1245	1275	340	1285	1315	6150	3250	675	450			
	18	8.5	315	1245	1275	340	1285	1315	6500	3550	750	500			
	20	8.5	315	1245	1275	340	1285	1315	6900	3750	825	550			
	24	8.5	315	1245	1275	340	1285	1315	7500	4125	975	650			
12.00-25NHS	14	8.50/1.3	315	1245	1275	340	1285	1315	5600	3000	575	375	—	DG09C	—
	16	8.50/1.3	315	1245	1275	340	1285	1315	6150	3250	675	450			
	18	8.50/1.3	315	1245	1275	340	1285	1315	6500	3550	750	500			
	20	8.50/1.3	315	1245	1275	340	1285	1315	6900	3750	825	550			
13.00-24NHS	12	10.0	350	1300	1350	380	1340	1395	5600	3000	450	300	10.00W	DG09C	—
	18	10.0	350	1300	1350	380	1340	1395	7100	3875	675	450			
	20	10.0	350	1300	1350	380	1340	1395	7500	4000	750	500			
	22	10.0	350	1300	1350	380	1340	1395	8000	4250	825	550			

表 3（续）

轮胎规格	层级	测量轮辋	新胎设计尺寸/mm			轮胎最大使用尺寸/mm			不同速度下的负荷能力/kg[b]		不同速度下的充气压力/kPa		允许使用轮辋	气门嘴型号	
			断面宽度	外直径		总宽度	外直径[a]		10 km/h	50 km/h	10 km/h	50 km/h		有内胎	无内胎
				普通花纹	深花纹和超深花纹		普通花纹	深花纹和超深花纹							
13.00-25NHS	12	10.00/1.5	350	1300	1350	380	1340	1395	5600	3000	450	300	8.50/1.3 8.50/1.5	DG09C	—
	18	10.00/1.5	350	1300	1350	380	1340	1395	7100	3875	675	450			
	20	10.00/1.5	350	1300	1350	380	1340	1395	7500	4000	750	500			
	22	10.00/1.5	350	1300	1350	380	1340	1395	8000	4250	825	550			
	28	10.00/1.5	350	1300	1350	380	1340	1395	9250	4875	1050	700			
14.00-20NHS	16	10.0	375	1265	1315	405	1310	1365	6500	3750	550	425	10.00 W	DG09C	—
	20	10.0	375	1265	1315	405	1310	1365	7500	4375	700	525			
	24	10.0	375	1265	1315	405	1310	1365	8500	4875	850	625			
	28	10.0	375	1265	1315	405	1310	1365	9000	5300	975	725			
14.00-24NHS	10	10.00/2.0	375	1370	1420	405	1415	1470	5600	3000	350	225	10.00 WA 10.00 W	DG09C	—
	12	10.00/2.0	375	1370	1420	405	1415	1470	6300	3350	425	275			
	16	10.00/2.0	375	1370	1420	405	1415	1470	7300	4000	550	375			
	20	10.00/2.0	375	1370	1420	405	1415	1470	8500	4625	700	475			
	24	10.00/2.0	375	1370	1420	405	1415	1470	9500	5150	850	575			
	28	10.00/2.0	375	1370	1420	405	1415	1470	10000	5600	925	650			
	32	10.00/2.0	375	1370	1420	405	1415	1470	10900	6150	1050	750			

表 3（续）

轮胎规格	层级	测量轮辋	新胎设计尺寸/mm 断面宽度	新胎设计尺寸/mm 外直径 普通花纹	新胎设计尺寸/mm 外直径 深花纹和超深花纹	新胎设计尺寸/mm 总宽度	轮胎最大使用尺寸[a]/mm 外直径 普通花纹	轮胎最大使用尺寸[a]/mm 外直径 深花纹和超深花纹	不同速度下的负荷能力[b]/kg 10 km/h	不同速度下的负荷能力[b]/kg 50 km/h	不同速度下的充气压力/kPa 10 km/h	不同速度下的充气压力/kPa 50 km/h	允许使用轮辋	气门嘴型号 有内胎	气门嘴型号 无内胎
14.00-25NHS	10	10.00/2.0	375	1370	1420	405	1415	1470	5600	3000	350	225			
	12	10.00/2.0	375	1370	1420	405	1415	1470	6300	3350	425	275			
	16	10.00/2.0	375	1370	1420	405	1415	1470	7300	4000	550	375			
	20	10.00/2.0	375	1370	1420	405	1415	1470	8500	4625	700	475	10.00/1.5	DG09C	—
	24	10.00/2.0	375	1370	1420	405	1415	1470	9500	5150	850	575			
	28	10.00/2.0	375	1370	1420	405	1415	1470	10000	5600	925	650			
	32	10.00/2.0	375	1370	1420	405	1415	1470	10900	6150	1050	750			
16.00-20NHS	16	11.25/2.0	430	1390	1445	480	1460	1520	—	4375	—	325	—	DG09C	—
	20	11.25/2.0	430	1390	1445	480	1460	1520	—	5100	—	425			
16.00-21NHS	16	11.25/2.0	430	1390	1445	480	1460	1520	—	4375	—	325	—	DG09C	—
	20	11.25/2.0	430	1390	1445	480	1460	1520	—	5150	—	425			
16.00-24	12	11.25/2.0	430	1495	1550	480	1565	1625	7100	3875	325	225	—	DG09C	HZ01
	16	11.25/2.0	430	1495	1550	480	1565	1625	8250	4875	425	325			
	20	11.25/2.0	430	1495	1550	480	1565	1625	9750	5450	550	400			
	24	11.25/2.0	430	1495	1550	480	1565	1625	10600	6000	650	475			
	28	11.25/2.0	430	1495	1550	480	1565	1625	11500	6700	750	575			
	32	11.25/2.0	430	1495	1550	480	1565	1625	12500	7300	875	650			

表 3（续）

轮胎规格	层级	新胎设计尺寸/mm 测量轮辋	新胎设计尺寸/mm 断面宽度	新胎设计尺寸/mm 外直径 普通花纹	新胎设计尺寸/mm 外直径 深花纹和超深花纹	轮胎最大使用尺寸[a]/mm 总宽度	轮胎最大使用尺寸[a]/mm 外直径 普通花纹	轮胎最大使用尺寸[a]/mm 外直径 深花纹和超深花纹	不同速度下的负荷能力[b]/kg 10 km/h	不同速度下的负荷能力[b]/kg 50 km/h	不同速度下的充气压力/kPa 10 km/h	不同速度下的充气压力/kPa 50 km/h	允许使用轮辋	气门嘴型号 有内胎	气门嘴型号 无内胎
16.00-25	12	11.25/2.0	430	1495	1550	480	1565	1625	7100	3875	325	225	—	DG09C	HZ01
	16	11.25/2.0	430	1495	1550	480	1565	1625	8250	4875	425	325			
	20	11.25/2.0	430	1495	1550	480	1565	1625	9750	5450	550	400			
	24	11.25/2.0	430	1495	1550	480	1565	1625	10600	6000	650	475			
	28	11.25/2.0	430	1495	1550	480	1565	1625	11500	6700	750	575			
	32	11.25/2.0	430	1495	1550	480	1565	1625	12500	7300	875	650			
	36	11.25/2.0	430	1495	1550	480	1565	1625	13600	7750	975	725			
	40	11.25/2.0	430	1495	1550	480	1565	1625	14500	—	1075	—			
18.00-24	12	13.00/2.5	500	1615	1675	555	1695	1760	8250	4750	275	200	—	DG09C	—
	16	13.00/2.5	500	1615	1675	555	1695	1760	10000	5600	375	275			
	20	13.00/2.5	500	1615	1675	555	1695	1760	11500	6500	475	350			
	24	13.00/2.5	500	1615	1675	555	1695	1760	12500	7300	550	425			
	28	13.00/2.5	500	1615	1675	555	1695	1760	13600	8000	650	500			
	32	13.00/2.5	500	1615	1675	555	1695	1760	15000	8750	750	575			
	36	13.00/2.5	500	1615	1675	555	1695	1760	16000	9250	850	625			
	40	13.00/2.5	500	1615	1675	555	1695	1760	17000	9750	950	700			

表 3（续）

轮胎规格	层级	新胎设计尺寸/mm					轮胎最大使用尺寸ª/mm		不同速度下的负荷能力ᵇ/kg		不同速度下的充气压力/kPa		允许使用轮辋	气门嘴型号	
		测量轮辋	断面宽度	外直径		总宽度	外直径		10 km/h	50 km/h	10 km/h	50 km/h		有内胎	无内胎
				普通花纹	深花纹和超深花纹		普通花纹	深花纹和超深花纹							
18.00-25	12	13.00/2.5	500	1615	1675	555	1695	1760	8250	4750	275	200			
	16	13.00/2.5	500	1615	1675	555	1695	1760	10000	5600	375	275			
	20	13.00/2.5	500	1615	1675	555	1695	1760	11500	6500	475	350			
	24	13.00/2.5	500	1615	1675	555	1695	1760	12500	7300	550	425			
	28	13.00/2.5	500	1615	1675	555	1695	1760	13600	8000	650	500		DG09C	HZ01
	32	13.00/2.5	500	1615	1675	555	1695	1760	15000	8750	750	575			
	36	13.00/2.5	500	1615	1675	555	1695	1760	16000	9250	850	625			
	40	13.00/2.5	500	1615	1675	555	1695	1760	17000	9750	950	700			
	44	13.00/2.5	500	1615	1675	555	1695	1760	18000	10300	1050	775			
18.00-33	28	13.00/2.5	500	1820	1875	555	1895	1960	16000	9250	650	500			
	32	13.00/2.5	500	1820	1875	555	1895	1960	17500	10000	750	575	—	—	HZ01
	36	13.00/2.5	500	1820	1875	555	1895	1960	18500	10600	850	625			
	40	13.00/2.5	500	1820	1875	555	1895	1960	19500	11200	950	700			
18.00-49	24	13.00/2.75	500	2225	2285	555	2305	2370	18500	—	550	—	—	—	HZ01
	28	13.00/2.75	500	2225	2285	555	2305	2370	20000	—	650	—			
	32	13.00/2.75	500	2225	2285	555	2305	2370	21800	—	750	—			

表 3（续）

轮胎规格	层级	测量轮辋	新胎设计尺寸ª/mm			轮胎最大使用尺寸ª/mm			不同速度下的负荷能力ᵇ/kg		不同速度下的充气压力/kPa		允许使用轮辋	气门嘴型号	
			断面宽度	外直径 普通花纹	深花纹和超深花纹	总宽度	外直径 普通花纹	深花纹和超深花纹	10 km/h	50 km/h	10 km/h	50 km/h		有内胎	无内胎
21.00-24	16	15.00/3.0	570	1750	1800	635	1840	1895	11800	6900	325	250	—	DG09C	—
	20	15.00/3.0	570	1750	1800	635	1840	1895	13200	7750	400	300			
	24	15.00/3.0	570	1750	1800	635	1840	1895	15000	8750	500	375			
	28	15.00/3.0	570	1750	1800	635	1840	1895	16500	9500	575	425			
21.00-25	16	15.00/3.0	570	1750	1800	635	1840	1895	11800	6900	325	250	—	—	HZ01
	20	15.00/3.0	570	1750	1800	635	1840	1895	13200	7750	400	300			
	24	15.00/3.0	570	1750	1800	635	1840	1895	15000	8750	500	375			
	28	15.00/3.0	570	1750	1800	635	1840	1895	16500	9500	575	425			
	32	15.00/3.0	570	1750	1800	635	1840	1895	17500	10300	650	500			
	36	15.00/3.0	570	1750	1800	635	1840	1895	19500	10900	750	550			
	40	15.00/3.0	570	1750	1800	635	1840	1895	20600	11800	825	625			
	44	15.00/3.0	570	1750	1800	635	1840	1895	21800	12500	900	700			
21.00-35	28	15.00/3.0	570	2005	2050	635	2090	2145	19500	11200	575	425	—	—	HZ01
	32	15.00/3.0	570	2005	2050	635	2090	2145	21200	12150	650	500			
	36	15.00/3.0	570	2005	2050	635	2090	2145	23000	12850	750	550			
	40	15.00/3.0	570	2005	2050	635	2090	2145	24300	14000	825	625			
	44	15.00/3.0	570	2005	2050	635	2090	2145	25000	14500	900	675			

表 3（续）

轮胎规格	层级	测量轮辋	新胎设计尺寸/mm			轮胎最大使用尺寸/mm			不同速度下的负荷能力[b]/kg		不同速度下的充气压力/kPa		允许使用轮辋	气门嘴型号	
			断面宽度	外直径		总宽度	外直径		10 km/h	50 km/h	10 km/h	50 km/h		有内胎	无内胎
				普通花纹	深花纹和超深花纹		普通花纹	深花纹和超深花纹							
21.00-49	28	15.00/3.0	570	2360	2405	635	2450	2500	23600	13600	575	425	—	—	HZ01
	32	15.00/3.0	570	2360	2405	635	2450	2500	25000	15000	650	500			
	36	15.00/3.0	570	2360	2405	635	2450	2500	27250	15500	750	550			
	40	15.00/3.0	570	2360	2405	635	2450	2500	29000	17000	825	625			
	44	15.00/3.0	570	2360	2405	635	2450	2500	30750	17500	900	675			
24.00-25	24	17.00/3.5	655	1875	1920	725	1975	2025	18000	10300	425	325	—	—	HZ01
	30	17.00/3.5	655	1875	1920	725	1975	2025	20000	11800	525	400			
24.00-29	24	17.00/3.5	655	1975	2025	725	2075	2130	19000	11200	425	325	—	—	HZ01
	30	17.00/3.5	655	1975	2025	725	2075	2130	21800	12500	525	400			
24.00-35	36	17.00/3.5	655	2125	2175	725	2225	2280	26500	15500	650	475	—	—	HZ01
	42	17.00/3.5	655	2125	2175	725	2225	2280	29000	16500	750	550			
	48	17.00/3.5	655	2125	2175	725	2225	2280	31500	18500	850	650			
	54	17.00/3.5	655	2125	2175	725	2225	2280	34500	19500	975	725			
24.00-43	36	17.00/3.5	655	2330	2380	725	2430	2485	30000	17000	650	475	—	—	HZ01
	42	17.00/3.5	655	2330	2380	725	2430	2485	32500	19000	750	575			
	48	17.00/3.5	655	2330	2380	725	2430	2485	34500	20600	850	650			
24.00-49	36	17.00/3.5	655	2485	2530	725	2585	2635	32500	18500	650	475	—	—	HZ01
	42	17.00/3.5	655	2485	2530	725	2585	2635	34500	20000	750	500			
	48	17.00/3.5	655	2485	2530	725	2585	2635	37500	21800	850	650			

表 3（续）

轮胎规格	层级	测量轮辋	新胎设计尺寸/mm			轮胎最大使用尺寸ᵃ/mm			不同速度下的负荷能力ᵇ/kg		不同速度下的充气压力/kPa		允许使用轮辋	气门嘴型号	
			断面宽度	外直径		总宽度	外直径		10 km/h	50 km/h	10 km/h	50 km/h		有内胎	无内胎
				普通花纹	深花纹和超深花纹		普通花纹	深花纹和超深花纹							
27.00-33	24	22.00/4.0	760	2240	2295	845	2355	2410	—	13200	—	275	—	—	HZ01
	30	22.00/4.0	760	2240	2295	845	2355	2410	—	15500	—	350	—	—	
	36	22.00/4.0	760	2240	2295	845	2355	2410	—	16500	—	400	—	—	
27.00-49	36	19.50/4.0	735	2650	2700	815	2760	2815	36500	21200	575	425	—	—	HZ01
	42	19.50/4.0	735	2650	2700	815	2760	2815	40000	23000	675	500	—	—	
	48	19.50/4.0	735	2650	2700	815	2760	2815	43750	25000	775	575	—	—	
	54	19.50/4.0	735	2650	2700	815	2760	2815	46250	26500	875	650	—	—	
30.00-33	28	22.00/4.5	825	2390	2445	915	2515	2575	—	16000	—	275	—	—	HZ01
	34	22.00/4.5	825	2390	2445	915	2515	2575	—	18500	—	350	—	—	
	40	22.00/4.5	825	2390	2445	915	2515	2575	—	21200	—	425	—	—	
30.00-51	40	22.00/4.5	825	2845	2905	915	2970	3035	45000	25750	575	425	—	—	HZ01
	46	22.00/4.5	825	2845	2905	915	2970	3035	48750	29000	650	500	—	—	
	52	22.00/4.5	825	2845	2905	915	2970	3035	53000	30000	750	550	—	—	
33.00-51	42	24.00/5.0	895	2995	3060	990	3130	3200	51500	30000	550	425	—	—	LS01
	50	24.00/5.0	895	2995	3060	990	3130	3200	56000	33500	650	500	—	—	
	58	24.00/5.0	895	2995	3060	990	3130	3200	61500	35500	750	575	—	—	
	66	24.00/5.0	895	2995	3060	990	3130	3200	65000	37500	850	650	—	—	

表 3（续）

轮胎规格	层级	测量轮辋	新胎设计尺寸/mm			轮胎最大使用尺寸ᵃ/mm			不同速度下的负荷能力ᵇ/kg		不同速度下的充气压力/kPa		允许使用轮辋	气门嘴型号	
			断面宽度	外直径		总宽度	外直径		10 km/h	50 km/h	10 km/h	50 km/h		有内胎	无内胎
				普通花纹	深花纹和超深花纹		普通花纹	深花纹和超深花纹							
36.00-51	42	26.00/5.0	990	3165	3235	1100	3315	3390	58000	34500	500	375			LS01
	50	26.00/5.0	990	3165	3235	1100	3315	3390	65000	37500	600	450			
	58	26.00/5.0	990	3165	3235	1100	3315	3390	71000	41250	675	525			
37.00-57	68	27.00/6.0	1015	3370	3440	1125	3525	3600	—	46250	—	525	—	—	—
	76	27.00/6.0	1015	3370	3440	1125	3525	3600	—	50000	—	600			
40.00-57	68	29.00/6.0	1095	3525	3595	1215	3690	3765	92500	54500	725	550	—	—	—
	76	29.00/6.0	1095	3525	3595	1215	3690	3765	97500	58000	800	625			

ᵃ 轮胎最大使用尺寸是指胀大的最大尺寸，用于工程机械制造设计轮胎间隙。
ᵇ 静态时的负荷调节：负荷（10 km/h 的负荷调节）：负荷（50 km/h 的负荷）×0.85；
　最高速度 65 km/h 调节：负荷（50 km/h 的负荷）×1.60；
　最高速度 15 km/h 的负荷调节：负荷（50 km/h 的负荷）×1.12。

表 4　80、90 系列工程机械斜交轮胎

轮胎规格	层级	测量轮辋	新胎设计尺寸/mm			轮胎最大使用尺寸ᵃ/mm			不同速度下的负荷能力ᵇ/kg		不同速度下的充气压力/kPa		允许使用轮辋	气门嘴型号	
			断面宽度	外直径		总宽度	外直径		10 km/h	50 km/h	10 km/h	50 km/h		有内胎	无内胎
				普通花纹	深花纹和超深花纹		普通花纹	深花纹和超深花纹							
46/90-57	68	29.00/6.0	1170	3525	3595	1300	3690	3765	—	59000	—	550	—	—	—
	76	29.00/6.0	1170	3525	3595	1300	3690	3765	—	63000	—	625	—	—	—

表 4（续）

轮胎规格	层级	测量轮辋	新胎设计尺寸/mm			轮胎最大使用尺寸a/mm			不同速度下的负荷能力b/kg		不同速度下的充气压力/kPa		允许使用轮辋	气门嘴型号	
			断面宽度	外直径		总宽度	外直径		10 km/h	50 km/h	10 km/h	50 km/h		有内胎	无内胎
				普通花纹	深花纹和超深花纹		普通花纹	深花纹和超深花纹							
50/80-57	68	36.00/6.0	1255	3480	3555	1395	3640	3725	90000	—	650	—	—	—	—
52/80-57	68	36.00/6.0	1320	—	3580	1465	—	3750	92500	—	600	—	—	—	—
53/80-63	76	36.00/5.0	1345	3715	3780	1495	3885	3955	—	82500	—	600	—	—	—
53/80-63	84	36.00/5.0	1345	3715	3780	1495	3885	3955	—	87500	—	675	—	—	—
59/80-63	84	44.00/5.0	1500	4000	4070	1665	4190	4270	—	100000	—	600	—	—	—

a 轮胎最大使用尺寸是指膨胀大的最大尺寸，用于工程机械制造设计轮胎间隙。
b 静态时的负荷调节(10 km/h 的负荷)×1.60；
最高速度65 km/h的负荷调节：负荷(50 km/h 的负荷)×0.85；
最高速度15 km/h的负荷调节：负荷(50 km/h 的负荷)×1.12。

表 5 窄基子午线轮胎

轮胎规格	符号	测量轮辋	新胎设计尺寸/mm			轮胎最大使用尺寸a/mm			不同速度下的负荷能力b/kg		不同速度下的充气压力/kPa		允许使用轮辋	气门嘴型号	
			断面宽度	外直径		总宽度	外直径		10 km/h	50 km/h	10 km/h	50 km/h		有内胎	无内胎
				普通花纹	深花纹和超深花纹		普通花纹	深花纹和超深花纹							
12.00R24NHS	★	8.5	315	1245	1275	340	1285	1315	5150	—	550	—			
	★★	8.5	315	1245	1275	340	1285	1315	6900	4000	800	650	8.50V	DG09C	—
	★★★	8.5	315	1245	1275	340	1285	1315	7300	4250	950	700	8.5V5°		

表 5（续）

轮胎规格	符号	测量轮辋	新胎设计尺寸/mm			轮胎最大使用尺寸[a]/mm			不同速度下的负荷能力[b]/kg		不同速度下的充气压力/kPa		允许使用轮辋	气门嘴型号	
			断面宽度	外直径		总宽度	外直径		10 km/h	50 km/h	10 km/h	50 km/h		有内胎	无内胎
				普通花纹	深花纹和超深花纹		普通花纹	深花纹和超深花纹							
12.00R25NHS	★	8.50/1.3	315	1245	1275	340	1285	1315	5150	—	550	—	—	—	—
	★★	8.50/1.3	315	1245	1275	340	1285	1315	6900	4000	800	650	—	DG09C	—
	★★★	8.50/1.3	315	1245	1275	340	1285	1315	7300	4250	950	700	—	DG09C	—
13.00R24NHS	★★	10.0	350	1300	1350	380	1340	1395	8000	4750	800	650	10.00W	DG09C	—
	★★★	10.0	350	1300	1350	380	1340	1395	8500	4875	950	700	10.00W	DG09C	—
13.00R25NHS	★★	10.00/1.5	350	1300	1350	380	1340	1395	8000	4750	800	650	8.50/1.3	DG09C	—
	★★★	10.00/1.5	350	1300	1350	380	1340	1395	8500	4875	950	700	8.50/1.5	DG09C	—
14.00R20NHS	★	10.0	375	1265	1315	405	1310	1365	—	3750	—	450	10.00W	DG09C	—
	★★	10.0	375	1265	1315	405	1310	1365	—	5000	—	650	10.00W	DG09C	—
	★★★	10.0	375	1265	1315	405	1310	1365	—	5300	—	700	10.00W	DG09C	—
14.00R24NHS	★★	10.00/2.0	375	1370	1420	405	1415	1470	9500	5600	800	650	10.00WA	DG09C	—
	★★★	10.00/2.0	375	1370	1420	405	1415	1470	10000	5800	950	700	10.00W	DG09C	—
14.00R25NHS	★★	10.00/2.0	375	1370	1420	405	1415	1470	9500	5600	800	650	10.00/1.5	DG09C	—
	★★★	10.00/2.0	375	1370	1420	405	1415	1470	10000	5800	950	700	10.00/1.5	DG09C	—
16.00R20NHS	★	11.25/2.0	430	1390	1445	480	1460	1520	—	5150	—	450	—	DG09C	—
	★★	11.25/2.0	430	1390	1445	480	1460	1520	—	6900	—	650	—	DG09C	—
16.00R21NHS	★	11.25/2.0	430	1390	1445	480	1460	1520	—	5150	—	450	—	DG09C	—
	★★	11.25/2.0	430	1390	1445	480	1460	1520	—	6900	—	650	—	DG09C	—

表 5（续）

轮胎规格	符号	新胎设计尺寸/mm 测量轮辋	断面宽度	外直径 普通花纹	外直径 深花纹和超深花纹	总宽度	轮胎最大使用尺寸ᵃ/mm 外直径 普通花纹	外直径 深花纹和超深花纹	不同速度下的负荷能力ᵇ/kg 10 km/h	50 km/h	不同速度下的充气压力/kPa 10 km/h	50 km/h	允许使用轮辋	气门嘴型号 有内胎	无内胎
16.00R24	★	11.25/2.0	430	1495	1550	480	1565	1625	9000	5450	550	450	—	DG09C	HZ01
16.00R24	★★	11.25/2.0	430	1495	1550	480	1565	1625	12150	7300	800	650	—	DG09C	HZ01
16.00R25	★	11.25/2.0	430	1495	1550	480	1565	1625	9000	5450	550	450	—	DG09C	HZ01
16.00R25	★★	11.25/2.0	430	1495	1550	480	1565	1625	12150	7300	800	650	—	DG09C	HZ01
16.00R25	★★★	11.25/2.0	430	1495	1550	480	1565	1625	12850	—	900	—	—	DG09C	HZ01
18.00R24	★	13.00/2.5	500	1615	1675	555	1695	1760	11800	7100	550	450	—	DG09C	—
18.00R24	★★	13.00/2.5	500	1615	1675	555	1695	1760	16000	9250	800	650	—	DG09C	—
18.00R25	★	13.00/2.5	500	1615	1675	555	1695	1760	11800	7100	550	450	—	DG09C	HZ01
18.00R25	★★	13.00/2.5	500	1615	1675	555	1695	1760	16000	9250	800	650	—	DG09C	HZ01
18.00R25	★★★	13.00/2.5	500	1615	1675	555	1695	1760	17000	—	900	—	—	DG09C	HZ01
18.00R33	★★	13.00/2.5	500	1820	1875	555	1895	1960	18500	10900	800	650	—	—	HZ01
18.00R49	★★	13.00/2.75	500	2225	2285	555	2305	2370	23000	13600	800	650	—	—	HZ01
21.00R24	★★	15.00/3.0	570	1750	1800	635	1840	1895	20600	12100	800	650	—	DG09C	—
21.00R25	★★	15.00/3.0	570	1750	1800	635	1840	1895	20600	12100	800	650	—	—	HZ01
21.00R33	★★	15.00/3.0	570	1955	2000	635	2045	2095	23600	14000	800	650	—	—	HZ01
21.00R35	★★	15.00/3.0	570	2005	2050	635	2090	2145	24300	14500	800	650	—	—	HZ01
21.00R49	★★	15.00/3.0	570	2360	2405	635	2450	2500	29000	17500	800	650	—	—	HZ01
24.00R35	★★	17.00/3.5	655	2125	2175	725	2225	2280	30750	18500	800	650	—	—	HZ01

表 5（续）

轮胎规格	符号	测量轮辋	新胎设计尺寸/mm			轮胎最大使用尺寸[a]/mm				不同速度下的负荷能力[b]/kg		不同速度下的充气压力/kPa		允许使用轮辋	气门嘴型号	
			断面宽度	外直径		总宽度	外直径			10 km/h	50 km/h	10 km/h	50 km/h		有内胎	无内胎
				普通花纹	深花纹和超深花纹		普通花纹	深花纹和超深花纹								
24.00R43	★★	17.00/3.5	655	2330	2380	725	2430	2485		34500	20600	800	650	—	—	HZ01
24.00R49	★★	17.00/3.5	655	2485	2530	725	2585	2635		37500	21800	800	650	—	—	HZ01
27.00R33	★★	22.00/4.0	760	2240	2295	845	2355	2410		37500	21800	800	650	—	—	HZ01
27.00R49	★★	19.50/4.0	735	2650	2700	815	2760	2815		45000	27250	800	650	—	—	HZ01
30.00R51	★★	22.00/4.5	825	2845	2905	915	2970	3035		56000	33500	800	650	—	—	HZ01
33.00R51	★★	24.00/5.0	895	2995	3060	990	3130	3200		65000	38750	800	650	—	—	LS01
36.00R51	★★	26.00/5.0	990	3165	3235	1100	3315	3390		80000	46250	800	650	—	—	LS01
37.00R57	★	27.00/6.0	1015	3370	3440	1125	3525	3600		61500	38750	550	475	—	—	LS01
	★★	27.00/6.0	1015	3370	3440	1125	3525	3600		82500	53000	800	725	—	—	LS01
40.00R57	★	29.00/6.0	1095	3525	3595	1215	3690	3765		75000	45000	550	475	—	—	LS01
	★★	29.00/6.0	1095	3525	3595	1215	3690	3765		100000	60000	800	725	—	—	LS01

[a] 轮胎最大使用尺寸是指胀大的最大尺寸，用于工程机械制造设计轮胎间隙。

[b] 最高速度 65 km/h 的负荷调节：负荷(10 km/h 的负荷)×1.60；
静态时的负荷调节：负荷(50 km/h 的负荷)×0.88；
最高速度 15 km/h 的负荷调节：负荷(50 km/h 的负荷)×1.12。

表 6 80,90 系列工程机械子午线轮胎

轮胎规格	符号	测量轮辋	新胎设计尺寸/mm 断面宽度	新胎设计 外直径 普通花纹	新胎设计 外直径 深花纹和超深花纹	轮胎最大使用尺寸a/mm 总宽度	最大使用 外直径 普通花纹	最大使用 外直径 深花纹和超深花纹	不同速度下的负荷能力b/kg 10 km/h	50 km/h	不同速度下的充气压力/kPa 10 km/h	50 km/h	允许使用轮辋	气门嘴型号 有内胎	无内胎
80 系列															
50/80R57	★★	34.00/5.0	1270	3480	3555	1410	3645	3725	100000	73000	—	600	—	—	—
55/80R57	★★	44.00/5.0	1395	3665	3715	1550	3840	3895	118000	—	650	—	—	—	—
60/80R57	★★	47.00/6.0	1525	3885	3940	1695	4080	4140	—	82500	650	—	47.00/5.0	—	—
53/80R63	★★	36.00/5.0	1345	3715	3780	1480	3780	3845	—	92500	—	600	—	—	—
55/80R63	★★	41.00/5.0	1395	3835	3905	1535	3905	3975	—	95000	—	600	—	—	—
56/80R63	★★	41.00/5.0	1420	3875	3955	1575	4055	4145	—	95000	—	600	—	—	—
58/80R63	★★	44.00/5.0	1475	3830	3890	1625	3885	3960	—	100000	—	600	—	—	—
59/80R63	★★	44.00/5.0	1500	4000	4070	1650	4070	4145	—	—	—	600	—	—	—
90 系列															
21/90R33	★	13.00/2.5	535	1800	1855	595	1875	1935	—	8750	—	475	—	—	—
21/90R33	★★	13.00/2.5	535	1800	1855	595	1875	1935	—	11500	—	700	—	—	—
31/90R49	★	19.50/4.0	785	2660	2715	870	2775	2835	—	21200	—	475	—	—	—
31/90R49	★★	19.50/4.0	785	2660	2715	870	2775	2835	—	29000	—	700	—	—	—
42/90R57	★	27.00/6.0	1065	3370	3435	1180	3525	3595	—	40000	—	475	—	—	—
42/90R57	★★	27.00/6.0	1065	3370	3435	1180	3525	3595	—	53000	—	700	—	—	—
46/90R57	★	29.00/6.0	1170	3525	3595	1300	3690	3765	—	47500	—	475	32.00/6.0	—	—
46/90R57	★★	29.00/6.0	1170	3525	3595	1300	3690	3765	—	63000	—	700	32.00/6.0	—	—
50/90R57	★	32.00/6.5	1270	3760	3835	1410	3945	4025	—	58000	—	475	32.00/6.0	—	—
50/90R57	★★	32.00/6.5	1270	3760	3835	1410	3945	4025	—	77500	—	700	32.00/6.0	—	—

a 轮胎最大使用尺寸是指膨胀大的最大尺寸,用于工程机械制造设计轮胎间隙。

b 静态时的负荷调节:负荷(10 km/h 的负荷)×1.60;
最高速度 65 km/h 的负荷调节:负荷(50 km/h 的负荷)×0.88;
最高速度 15 km/h 的负荷调节:负荷(50 km/h 的负荷)×1.12。

表 7 平地机斜交轮胎（速度 10 km/h）

轮胎规格	层级	测量轮辋	新胎设计尺寸/mm				轮胎最大使用尺寸[a]/mm		负荷能力/kg	充气压力/kPa	允许使用轮辋	气门嘴型号	
			断面宽度	外直径		总宽度	外直径					有内胎	无内胎
				普通花纹	深花纹和超深花纹		普通花纹	深花纹和超深花纹					
12.00-24TG	10	8.00TG	310	1225	1265	335	1260	1305	4500	400	—	DG09C	—
	12	8.00TG	310	1225	1265	335	1260	1305	5150	500		DG09C	—
13.00-24TG	8	8.00TG	335	1280	1315	360	1320	1355	4375	300	10.00VA	DG09C	HZ01
	10	8.00TG	335	1280	1315	360	1320	1355	5000	375			
	12	8.00TG	335	1280	1315	360	1320	1355	5600	450			
	14	8.00TG	335	1280	1315	360	1320	1355	6150	525			
	16	8.00TG	335	1280	1315	360	1320	1355	6500	600			
14.00-24TG	8	8.00TG	360	1350	1390	390	1395	1435	4875	275	10.00VA	DG09C	HZ01
	10	8.00TG	360	1350	1390	390	1395	1435	5600	350			
	12	8.00TG	360	1350	1390	390	1395	1435	6300	425			
	16	8.00TG	360	1350	1390	390	1395	1435	7300	550			
16.00-24TG	12	10.00VA	425	1460	1505	470	1530	1575	7100	325	—	DG09C	HZ01
	16	10.00VA	425	1460	1505	470	1530	1575	8250	425			

[a] 轮胎最大使用尺寸是指胀大的最大尺寸，用于工程机械制造设计轮胎间隙。

表 8 平地机斜交轮胎（速度 40 km/h）

轮胎规格	层级	测量轮辋	新胎设计尺寸/mm			轮胎最大使用尺寸[a]/mm			负荷能力/kg	充气压力/kPa	允许使用轮辋	气门嘴型号	
			断面宽度	外直径		总宽度	外直径					有内胎	无内胎
				普通花纹	深花纹和超深花纹		普通花纹	深花纹和超深花纹					
10.00-24TG	8	8.00TG	285	1150	—	310	1180	—	1700	250	—	DG09C	—
12.00-24TG	6	8.00TG	310	1225	1265	335	1260	1305	1600	150	—	DG09C	—
	8	8.00TG	310	1225	1265	335	1260	1305	1900	225			
	12	8.00TG	310	1225	1265	335	1260	1305	2425	325			
13.00-24TG	8	8.00TG	335	1280	1315	360	1320	1355	2060	200	10.00VA	DG09C	HZ01
	10	8.00TG	335	1280	1315	360	1320	1355	2360	250			
	12	8.00TG	335	1280	1315	360	1320	1355	2725	300			
	14	8.00TG	335	1280	1315	360	1320	1355	3000	350			
14.00-24TG	8	8.00TG	360	1350	1390	390	1395	1435	2500	175	10.00VA	DG09C	HZ01
	10	8.00TG	360	1350	1390	390	1395	1435	2800	225			
	12	8.00TG	360	1350	1390	390	1395	1435	3075	275			
	14	8.00TG	360	1350	1390	390	1395	1435	3450	325			
	16	8.00TG	360	1350	1390	390	1395	1435	3650	375			
16.00-24TG	12	10.00VA	425	1460	1505	470	1530	1575	3650	225	—	DG09C	HZ01
	14	10.00VA	425	1460	1505	470	1530	1575	4000	275			
	16	10.00VA	425	1460	1505	470	1530	1575	4500	325			
18.00-25	12	13.00/2.5	500	1615	1675	555	1695	1760	4125	200	—	DG09C	—
	16	13.00/2.5	500	1615	1675	555	1695	1760	5000	275			

表 8（续）

轮胎规格	层级	测量轮辋	新胎设计尺寸/mm			轮胎最大使用尺寸ᵃ/mm			负荷能力/kg	充气压力/kPa	允许使用轮辋	气门嘴型号	
			断面宽度	外直径		总宽度	外直径					有内胎	无内胎
				普通花纹	深花纹和超深花纹		普通花纹	深花纹和超深花纹					
15.5-25	8	12.00/1.3	395	1275	1325	435	1325	1380	1950	150	—	DG09C	JZ01
	10	12.00/1.3	395	1275	1325	435	1325	1380	2180	175			
	12	12.00/1.3	395	1275	1325	435	1325	1380	2650	225			
17.5-25	8	14.00/1.5	445	1350	1400	495	1405	1460	2120	125	14.00/1.3	DG09C	JZ01
	12	14.00/1.5	445	1350	1400	495	1405	1460	2900	200			
	14	14.00/1.5	445	1350	1400	495	1405	1460	3000	225			
	16	14.00/1.5	445	1350	1400	495	1405	1460	3350	275			
	20	14.00/1.5	445	1350	1400	495	1405	1460	3650	325			
20.5-25	12	17.00/2.0	520	1490	1550	575	1560	1625	3550	175	17.00/1.7	DG09C	JZ01
	16	17.00/2.0	520	1490	1550	575	1560	1625	4000	225			
	20	17.00/2.0	520	1490	1550	575	1560	1625	4500	275			
23.5-25	12	19.50/2.5	595	1615	1675	660	1695	1760	4000	150	—	DG09C	JZ01
	16	19.50/2.5	595	1615	1675	660	1695	1760	4750	200			
	20	19.50/2.5	595	1615	1675	660	1695	1760	5450	250			
25/65-25	12	20.00/2.0	635	1485	1525	705	1555	1595	3350	125	19.50/2.0	DG09C	JZ01
	16	20.00/2.0	635	1485	1525	705	1555	1595	4125	175			

ᵃ 轮胎最大使用尺寸是指膨胀大的最大尺寸，用于工程机械制造设计轮胎间隙。

表 9 平地机子午线轮胎（速度 40 km/h）

轮胎规格	层级	测量轮辋	新胎设计尺寸/mm			轮胎最大使用尺寸ª/mm			负荷能力/kg	充气压力/kPa	允许使用轮辋	气门嘴型号	
			断面宽度	外直径		总宽度	外直径					有内胎	无内胎
				普通花纹	深花纹和超深花纹		普通花纹	深花纹和超深花纹					
窄基子午线轮胎													
10.00R24TG	★	8.00TG	280	1150	—	305	1185	—	1950	375	—	DG09C	—
12.00R24TG	★	8.00TG	310	1225	1265	335	1260	1305	2575	375	—	DG09C	—
13.00R24TG	★	8.00TG	335	1280	1315	360	1320	1355	3000	375	10.00VA	DG09C	HZ01
14.00R24TG	★	8.00TG	360	1350	1390	390	1395	1435	3650	375	10.00VA	DG09C	HZ01
16.00R24TG	★	10.00VA	425	1460	1505	470	1530	1575	4625	375	—	DG09C	HZ01
18.00R25	★	13.00/2.5	500	1615	1675	555	1695	1760	5600	375	—	DG09C	—
宽基子午线轮胎													
15.5R25	★	12.00/1.3	395	1275	1325	435	1325	1380	3000	300		DG09C	JZ01
17.5R25	★	14.00/1.5	445	1350	1400	495	1405	1460	3650	300	14.00/1.3	DG09C	JZ01
20.5R25	★	17.00/2.0	520	1490	1550	575	1560	1625	4625	300	17.00/1.7	DG09C	JZ01
23.5R25	★	19.50/2.5	595	1615	1675	660	1695	1760	6000	300	—	DG09C	JZ01
65系列子午线轮胎													
25/65 R25	★	20.00/2.0	635	1485	1525	705	1555	1595	5000	300	19.50/2.0	DG09C	JZ01
550/65R25	★	17.00/2.0	545	1350	1400	605	1405	1460	4250	325	17.00/1.7	—	—
650/65R25	★	19.50/2.5	640	1480	1535	710	1550	1605	5800	325	—	—	—
750/65R25	★	24.00/3.0	755	1610	1665	840	1690	1745	7500	325	22.00/3.0、25.00/3.0	—	—
850/65R25	★	27.00/3.5	850	1740	1790	945	1830	1880	8750	325	25.00/3.5	—	—

ª 轮胎最大使用尺寸是指膨胀大的最大尺寸，用于工程机械制造设计时轮胎间隙。

表 10 压路机斜交轮胎（速度 10 km/h）

轮胎规格	层级	测量轮辋	新胎设计尺寸/mm		轮胎最大使用尺寸ª/mm		负荷能力/kg	充气压力/kPa	允许使用轮辋	气门嘴型号	
			断面宽度	外直径	总宽度	外直径				有内胎	无内胎
7.50-15NHS	6	6.0	215	785	230	805	1850	400	6.00GS,6.5	DG10	—
	12	6.0	215	785	230	805	2650	750			—
7.50-16NHS	6	6.0	215	810	230	830	1900	400	6.00GS	DG05C	—
8.25-20NHS	10	6.5	235	970	255	1000	3250	600	6.0,7.0,6.50T	DG06C	—
	12	6.5	235	970	255	1000	3650	725			
	14	6.5	235	970	255	1000	3875	800			
9.00-20NHS	10	7.0	255	1015	280	1045	3650	525	6.5,7.00T,7.5	DG07C	—
	12	7.0	255	1015	280	1045	4000	625			
	14	7.0	255	1015	280	1045	4375	725			
	16	7.0	255	1015	280	1045	4750	825			
11.00-20NHS	12	8.0	290	1080	315	1115	4750	550	7.5,8.00V,8.5,9.0	DG09C	—
	14	8.0	290	1080	315	1115	5150	650			
	16	8.0	290	1080	315	1115	5450	725			
	18	8.0	290	1080	315	1115	6000	825			
	20	8.0	290	1080	315	1115	6300	925			
	22	8.0	290	1080	315	1115	6700	1025			
12.00-16NHS	10	8.5	315	1020	340	1060	4125	450	8.50V	DG09C	—
12.00-20NHS	14	8.5	315	1120	340	1160	5600	600	8.50V	DG09C	—
13/80-20	16	8.5	320	1060	345	1095	5450	800	8.50V	DG09C	—
13.00-24NHS	18	10.00W	350	1275	380	1315	8000	700	9.0,9.00V	DG09C	—

表 10（续）

轮胎规格	层级	测量轮辋	新胎设计尺寸/mm		轮胎最大使用尺寸ᵃ/mm		负荷能力/kg	充气压力/kPa	允许使用轮辋	气门嘴型号	
			断面宽度	外直径	总宽度	外直径				有内胎	无内胎
18.00-24	12	13.00/2.5	500	1615	555	1695	8250	275	—	DG09C	—
	14	13.00/2.5	500	1615	555	1695	9000	325			
	16	13.00/2.5	500	1615	555	1695	10000	375			
	20	13.00/2.5	500	1615	555	1695	11500	475			
20.5-25	16	17.00/2.0	520	1490	575	1560	8250	350	17.00/1.7	DG09C	JZ01
	18	17.00/2.0	520	1490	575	1560	9000	400			

ᵃ 轮胎最大使用尺寸是指膨胀大的最大尺寸,用于工程机械制造设计轮胎间隙。

表 11 宽基斜交轮胎

轮胎规格	层级	测量轮辋	新胎设计尺寸/mm			轮胎最大使用尺寸ᵃ/mm			不同速度下的负荷能力ᵇ/kg		不同速度下的充气压力/kPa		允许使用轮辋	气门嘴型号	
			断面宽度	外直径		总宽度	外直径		10 km/h	50 km/h	10 km/h	50 km/h		有内胎	无内胎
				普通花纹	深花纹和超深花纹		普通花纹	深花纹和超深花纹							
15.5-25	8	12.00/1.3	395	1275	1325	435	1325	1380	4250	2575	250	175	—	DG09C	JZ01
	10	12.00/1.3	395	1275	1325	435	1325	1380	4875	3000	325	225			
	12	12.00/1.3	395	1275	1325	435	1325	1380	5600	3250	400	250			
17.5-25	8	14.00/1.5	445	1350	1400	495	1405	1460	4750	2800	225	150	14.00/1.3	DG09C	JZ01
	12	14.00/1.5	445	1350	1400	495	1405	1460	6150	3650	350	225			
	16	14.00/1.5	445	1350	1400	495	1405	1460	7300	4250	475	300			
	20	14.00/1.5	445	1350	1400	495	1405	1460	8250	5000	575	400			

表 11（续）

轮胎规格	层级	测量轮辋	新胎设计尺寸/mm			轮胎最大使用尺寸/mm			不同速度下的负荷能力[b]/kg		不同速度下的充气压力/kPa		允许使用轮辋	气门嘴型号	
			断面宽度	外直径		总宽度	外直径		10 km/h	50 km/h	10 km/h	50 km/h		有内胎	无内胎
				普通花纹	深花纹和超深花纹		普通花纹	深花纹和超深花纹							
20.5-25	12	17.00/2.0	520	1490	1550	575	1560	1625	6700	4500	250	200			
	16	17.00/2.0	520	1490	1550	575	1560	1625	8250	5450	350	275			
	20	17.00/2.0	520	1490	1550	575	1560	1625	9500	6000	450	325	17.00/1.7	DG09C	JZ01
	24	17.00/2.0	520	1490	1550	575	1560	1625	10300	6700	525	400			
	28	17.00/2.0	520	1490	1550	575	1560	1625	11500	7500	625	475			
23.5-25	12	19.50/2.5	595	1615	1675	660	1695	1760	8000	5300	225	175			
	16	19.50/2.5	595	1615	1675	660	1695	1760	9500	6150	300	225			
	20	19.50/2.5	595	1615	1675	660	1695	1760	10900	7300	375	300	—	DG09C	JZ01
	24	19.50/2.5	595	1615	1675	660	1695	1760	12500	8000	475	350			
	28	19.50/2.5	595	1615	1675	660	1695	1760	13600	8750	550	400			
26.5-25	16	22.00/3.0	675	1750	1800	745	1840	1895	11500	7300	275	200			
	20	22.00/3.0	675	1750	1800	745	1840	1895	13200	8250	350	250			
	24	22.00/3.0	675	1750	1800	745	1840	1895	14000	9250	400	300	—	—	JZ01
	28	22.00/3.0	675	1750	1800	745	1840	1895	15500	10000	475	350			
	32	22.00/3.0	675	1750	1800	745	1840	1895	17000	11200	550	425			
26.5-29	18	22.00/3.0	675	1850	1900	745	1940	1995	12850	8250	300	225			
	22	22.00/3.0	675	1850	1900	745	1940	1995	14500	9250	375	275			
	26	22.00/3.0	675	1850	1900	745	1940	1995	16000	10300	450	325	—	—	JZ01
	30	22.00/3.0	675	1850	1900	745	1940	1995	17500	11200	525	375			

表 11（续）

轮胎规格	层级	测量轮辋	新胎设计尺寸/mm			轮胎最大使用尺寸[a]/mm			不同速度下的负荷能力[b]/kg		不同速度下的充气压力/kPa		允许使用轮辋	气门嘴型号	
			断面宽度	外直径/mm		总宽度	外直径		10 km/h	50 km/h	10 km/h	50 km/h		有内胎	无内胎
				普通花纹	深花纹和超深花纹		普通花纹	深花纹和超深花纹							
29.5-25	16	25.00/3.5	750	1875	1920	830	1970	2025	12850	8000	250	175	—	—	JS01C
	22	25.00/3.5	750	1875	1920	830	1970	2025	15000	10000	325	250	—	—	
	28	25.00/3.5	750	1875	1920	830	1970	2025	17500	11500	425	325	—	—	
29.5-29	16	25.00/3.5	750	1975	2025	830	2070	2130	14000	8500	250	175	—	—	JS01C
	22	25.00/3.5	750	1975	2025	830	2070	2130	16000	10600	325	250	—	—	
	28	25.00/3.5	750	1975	2025	830	2070	2130	19000	12100	425	325	—	—	
	34	25.00/3.5	750	1975	2025	830	2070	2130	21200	14000	525	400	—	—	
	40	25.00/3.5	750	1975	2025	830	2070	2130	23600	15000	625	475	—	—	
29.5-35	22	25.00/3.5	750	2125	2175	830	2225	2280	17500	11500	325	250	—	—	JS01C
	28	25.00/3.5	750	2125	2175	830	2225	2280	20600	13600	425	325	—	—	
	34	25.00/3.5	750	2125	2175	830	2225	2280	23000	15000	525	400	—	—	
33.25-29	26	27.00/3.5	845	2090	2145	935	2195	2260	20600	13600	350	275	—	—	JS01C
	32	27.00/3.5	845	2090	2145	935	2195	2260	23600	15000	450	325	—	—	
	38	27.00/3.5	845	2090	2145	935	2195	2260	25750	17000	525	400	—	—	
33.25-35	26	27.00/3.5	845	2240	2295	935	2350	2405	22400	14500	350	275	—	—	JS01C
	32	27.00/3.5	845	2240	2295	935	2350	2405	25750	16000	450	325	—	—	
	38	27.00/3.5	845	2240	2295	935	2350	2405	28000	18000	550	400	—	—	

表 11（续）

轮胎规格	层级	测量轮辋	新胎设计尺寸/mm 断面宽度	新胎设计尺寸 外直径 普通花纹	新胎设计尺寸 外直径 深花纹和超深花纹	轮胎最大使用尺寸[a]/mm 总宽度	轮胎最大使用尺寸[a] 外直径 普通花纹	轮胎最大使用尺寸[a] 外直径 深花纹和超深花纹	负荷能力[b]/kg 10 km/h	负荷能力[b]/kg 50 km/h	充气压力/kPa 10 km/h	充气压力/kPa 50 km/h	允许使用轮辋	气门嘴型号 有内胎	气门嘴型号 无内胎
33.5-33	26	28.00/4.0	850	2240	2295	940	2350	2410	22400	15000	350	275	—	—	JS01C
	32	28.00/4.0	850	2240	2295	940	2350	2410	25750	16500	425	325	—	—	JS01C
	38	28.00/4.0	850	2240	2295	940	2350	2410	29000	18500	525	400	—	—	JS01C
33.5-39	26	28.00/4.0	850	2395	2450	940	2505	2565	24300	16000	360	275	—	—	JS01C
	32	28.00/4.0	850	2395	2450	940	2505	2565	27250	18000	425	325	—	—	JS01C
	38	28.00/4.0	850	2395	2450	940	2505	2565	30750	20000	525	400	—	—	JS01C
37.25-35	30	31.00/4.0	945	2390	2445	1050	2510	2570	28000	17500	375	275	—	ZK01	—
	36	31.00/4.0	945	2390	2445	1050	2510	2570	30750	19500	450	325	—	ZK01	—
	42	31.00/4.0	945	2390	2445	1050	2510	2570	33500	21800	525	400	—	ZK01	—
37.5-33	30	32.00/4.5	950	2390	2445	1055	2515	2575	28000	18000	375	275	—	ZK01	—
	36	32.00/4.5	950	2390	2445	1055	2515	2575	31500	20000	450	325	—	ZK01	—
	42	32.00/4.5	950	2390	2445	1055	2515	2575	34500	22400	525	400	—	ZK01	—
37.5-39	28	32.00/4.5	950	2540	2600	1055	2665	2730	29000	18000	350	250	—	ZK01	—
	36	32.00/4.5	950	2540	2600	1055	2665	2730	33500	21200	450	325	—	ZK01	—
	44	32.00/4.5	950	2540	2600	1055	2665	2730	37500	24300	550	400	—	ZK01	—
	52	32.00/4.5	950	2540	2600	1055	2665	2730	—	26500	—	475	—	ZK01	—
37.5-51	28	32.00/4.5	950	2845	2905	1055	2970	3035	33500	20600	350	250	—	ZK01	—
	36	32.00/4.5	950	2845	2905	1055	2970	3035	38750	24300	450	325	—	ZK01	—
	44	32.00/4.5	950	2845	2905	1055	2970	3035	42500	27250	525	400	—	ZK01	—

表 11（续）

轮胎规格	层级	测量轮辋	新胎设计尺寸/mm			轮胎最大使用尺寸ᵃ/mm			不同速度下的负荷能力ᵇ/kg		不同速度下的充气压力/kPa		允许使用轮辋	气门嘴型号	
			断面宽度	外直径		总宽度	外直径							有内胎	无内胎
				普通花纹	深花纹和超深花纹		普通花纹	深花纹和超深花纹	10 km/h	50 km/h	10 km/h	50 km/h			
40.5/75-39	30	32.00/4.5	1030	2580	2625	1145	2705	2755	31500	20600	325	250	—	ZK01	—
	38	32.00/4.5	1030	2580	2625	1145	2705	2755	37500	24300	425	325			
	46	32.00/4.5	1030	2580	2625	1145	2705	2755	42500	27250	525	400			

ᵃ 轮胎最大使用尺寸是指胀大的最大尺寸,用于工程机械制造设计轮胎间隙。
ᵇ 静态时的负荷调节:负荷(10 km/h 的负荷)×1.60;
最高速度 65 km/h 的负荷调节:负荷(50 km/h 的负荷)×0.83;
最高速度 15 km/h 的负荷调节:负荷(50 km/h 的负荷)×1.12。

表 12　宽基子午线轮胎

轮胎规格	符号	测量轮辋	新胎设计尺寸/mm			轮胎最大使用尺寸ᵃ/mm			不同速度下的负荷能力ᵇ/kg		不同速度下的充气压力/kPa		允许使用轮辋	气门嘴型号	
			断面宽度	外直径		总宽度	外直径							有内胎	无内胎
				普通花纹	深花纹和超深花纹		普通花纹	深花纹和超深花纹	10 km/h	50 km/h	10 km/h	50 km/h			
15.5R25	★	12.00/1.3	395	1275	1325	435	1325	1380	5800	3550	475	350	—	DG09C	JZ01
	★★	12.00/1.3	395	1275	1325	435	1325	1380	7100	4500	600	475			
17.5R25	★	14.00/1.5	445	1350	1400	495	1405	1460	7100	4125	475	350	14.00/1.3	DG09C	JZ01
	★★	14.00/1.5	445	1350	1400	495	1405	1460	8500	5450	600	475			
20.5R25	★	17.00/2.0	520	1490	1550	575	1560	1625	9500	5600	475	350	17.00/1.7	DG09C	JZ01
	★★	17.00/2.0	520	1490	1550	575	1560	1625	11500	7300	600	475			

表 12（续）

轮胎规格	符号	测量轮辋	新胎设计尺寸/mm 断面宽度	新胎设计尺寸 外直径 普通花纹	新胎设计尺寸 外直径 深花纹和超深花纹	轮胎最大使用尺寸/mm 总宽度	最大使用 外直径 普通花纹	最大使用 外直径 深花纹和超深花纹	不同速度下的负荷能力[b]/kg 10 km/h	负荷能力 50 km/h	不同速度下的充气压力/kPa 10 km/h	充气压力 50 km/h	允许使用轮辋	气门嘴型号 有内胎	气门嘴型号 无内胎
23.5R25	★	19.50/2.5	595	1615	1675	660	1695	1760	12150	7100	475	350	—	DG09C	JZ01
	★★	19.50/2.5	595	1615	1675	660	1695	1760	14500	9250	600	475			
26.5R25	★	22.00/3.0	675	1750	1800	745	1840	1895	15000	9000	475	350	—	—	JZ01
	★★	22.00/3.0	675	1750	1800	745	1840	1895	18500	11500	600	475			
26.5R29	★	22.00/3.0	675	1850	1900	745	1940	1995	16000	9500	475	350	—	—	JZ01
	★★	22.00/3.0	675	1850	1900	745	1940	1995	19500	12500	600	475			
29.5R25	★	25.00/3.5	750	1875	1920	830	1970	2025	18000	10900	475	350	—	—	JS01C
	★★	25.00/3.5	750	1875	1920	830	1970	2025	22400	14000	600	475			
29.5R29	★	25.00/3.5	750	1975	2025	830	2070	2130	19500	11500	475	350	—	—	JS01C
	★★	25.00/3.5	750	1975	2025	830	2070	2130	23600	15000	600	475			
29.5R35	★	25.00/3.5	750	2125	2175	830	2225	2280	21200	12500	475	350	—	—	JS01C
	★★	25.00/3.5	750	2125	2175	830	2225	2280	25750	16000	650	500			
33.25R29	★	27.00/3.5	845	2090	2145	935	2195	2260	23600	14000	475	350	—	—	JS01C
	★★	27.00/3.5	845	2090	2145	935	2195	2260	29000	18500	650	500			
33.25R35	★	27.00/3.5	845	2240	2295	935	2350	2405	25750	15500	475	350	—	—	JS01C
	★★	27.00/3.5	845	2240	2295	935	2350	2405	31500	20000	650	500			
33.5R33	★	28.00/4.0	850	2240	2295	940	2350	2410	25750	15500	475	350	—	—	JS01C
	★★	28.00/4.0	850	2240	2295	940	2350	2410	31500	20000	650	500			

表 12（续）

轮胎规格	符号	测量轮辋	新胎设计尺寸/mm			轮胎最大使用尺寸[a]/mm			不同速度下的负荷能力[b]/kg		不同速度下的充气压力/kPa		允许使用轮辋	气门嘴型号	
			断面宽度	外直径		总宽度	外直径		10 km/h	50 km/h	10 km/h	50 km/h		有内胎	无内胎
				普通花纹	深花纹和超深花纹		普通花纹	深花纹和超深花纹							
33.5R39	★	28.00/4.0	850	2395	2450	940	2505	2565	28000	16500	475	350	—	—	JS01C
	★★	28.00/4.0	850	2395	2450	940	2505	2565	34500	21800	650	500	—	—	—
37.25R35	★	31.00/4.0	945	2390	2445	1050	2510	2570	31500	18500	475	350	—	ZK01	—
	★★	31.00/4.0	945	2390	2445	1050	2510	2570	37500	23600	650	500	—		
37.5R33	★	32.00/4.5	950	2390	2445	1055	2515	2575	31500	18500	475	350	—	ZK01	—
	★★	32.00/4.5	950	2390	2445	1055	2515	2575	37500	24300	650	500	—		
37.5R39	★	32.00/4.5	950	2540	2600	1055	2665	2730	33500	20000	475	350	—	ZK01	—
	★★	32.00/4.5	950	2540	2600	1055	2665	2730	41250	25750	650	500	—		
37.5R51	★	32.00/4.5	950	2845	2905	1055	2970	3035	37500	22400	475	350	—	ZK01	—
	★★	32.00/4.5	950	2845	2905	1055	2970	3035	46250	29000	650	500	—		
40.5/75R39	★	32.00/4.5	1030	2580	2625	1145	2705	2755	37500	22400	475	350	—	ZK01	—
	★★	32.00/4.5	1030	2580	2625	1145	2705	2755	46250	29000	650	500	—		

[a] 轮胎最大使用尺寸是指胀大的最大尺寸，用于工程机械制造设计轮胎间隙。

[b] 静态时的负荷调节(10 km/h 的负荷)×1.60;

最高速度 65 km/h 的负荷调节：负荷(50 km/h 的负荷)×0.88;

最高速度 15 km/h 的负荷调节：负荷(50 km/h 的负荷)×1.12。

表 13 压路机子午线轮胎（速度 10 km/h）

轮胎规格	符号	测量轮辋	新胎设计尺寸/mm		轮胎最大使用尺寸[a]/mm		负荷能力/kg	充气压力/kg	允许使用轮辋	气门嘴型号	
			断面宽度	外直径	总宽度	外直径				有内胎	无内胎
7.50R15NHS	★	6.0	215	785	230	805	2725	800	6.00GS,6.5	DG10	—
8.25R15NHS	★	6.5	235	845	255	875	3000	800	6.0,7.0, 6.50T	DG06C	—
10.00R20NHS	★★	7.5	275	1050	300	1080	5300	950	7.0,8.0	DG08C	—
14.00R24NHS	★★★	10.00/2.0	375	1340	405	1380	10300	900	10.00WA 10.00W	DG09C	—
11/80R20NHS	★★	8.00	280	920	305	980	4625	1000	—	DG09C	—
13/80R20NHS	★★	9.0	325	1045	350	1080	6000	900	10.0	DG09C	—
17/80R24NHS	★★★	10.0	415	1340	455	1405	12150	850	10.00W	DG09C	—

[a] 轮胎最大使用尺寸是指膨胀大的最大尺寸，用于工程机械制造设计轮胎间隙。

表 14 低断面斜交轮胎

轮胎规格	层级	测量轮辋	新胎设计尺寸/mm			轮胎最大使用尺寸[a]/mm			不同速度下的负荷能力/kg		不同速度下的充气压力/kPa		允许使用轮辋	气门嘴型号	
			断面宽度	外直径		总宽度	外直径		10 km/h	50 km/h	10 km/h	50 km/h		有内胎	无内胎
				普通花纹	深花纹和超深花纹		普通花纹	深花纹和超深花纹							
65 系列															
25/65-25	12	20.00/2.0	635	1485	1525	705	1555	1595	7300	4375	250	175	20.00/2.0	—	ZK01
	16	20.00/2.0	635	1485	1525	705	1555	1595	8500	5150	325	225			
	20	20.00/2.0	635	1485	1525	705	1555	1595	9750	5800	400	275			

表 14（续）

65 系列

轮胎规格	层级	测量轮辋	新胎设计尺寸/mm			轮胎最大使用尺寸[a]/mm			不同速度下的负荷能力/kg		不同速度下的充气压力/kPa		允许使用轮辋	气门嘴型号	
			断面宽度	外直径		总宽度	外直径		10 km/h	50 km/h	10 km/h	50 km/h		有内胎	无内胎
				普通花纹	深花纹和超深花纹		普通花纹	深花纹和超深花纹							
30/65-25	16	24.00/3.0	760	1655	1700	845	1735	1785	10900	6700	275	200	—	—	ZK01
	20	24.00/3.0	760	1655	1700	845	1735	1785	12500	7500	350	250	—	—	ZK01
30/65-29	16	24.00/3.0	760	1760	1800	845	1840	1885	11500	7100	275	200	—	—	ZK01
	20	24.00/3.0	760	1760	1800	845	1840	1885	13200	8250	350	250	—	—	
	24	24.00/3.0	760	1760	1800	845	1840	1885	15000	9000	425	300	—	—	
35/65-33	24	28.00/3.5	890	2030	2075	990	2125	2175	19000	11500	350	250	—	—	ZK01
	30	28.00/3.5	890	2030	2075	990	2125	2175	21200	12500	425	300	—	—	
	36	28.00/3.5	890	2030	2075	990	2125	2175	23600	14500	525	375	—	—	ZK01
	42	28.00/3.5	890	2030	2075	990	2125	2175	26500	16000	625	450	—	—	
40/65-39	30	32.00/4.0	1015	2350	2405	1125	2460	2520	27250	—	375	—	—	—	ZK01
	36	32.00/4.0	1015	2350	2405	1125	2460	2520	30000	—	450	—	—	—	
45/65-45	38	36.00/4.5	1145	2675	2735	1270	2800	2860	38750	—	425	—	—	—	ZK01
	46	36.00/4.5	1140	2675	2735	1270	2800	2860	43750	—	525	—	—	—	
	50	36.00/4.5	1140	2675	2735	1270	2800	2860	46250	—	575	—	—	—	ZK01
	58	36.00/4.5	1140	2675	2735	1270	2800	2860	50000	—	675	—	—	—	
50/65-51	46	40.00/4.5	1270	2995	3060	1410	3130	3200	53000	—	475	—	—	—	ZK01
	54	40.00/4.5	1270	2995	3060	1410	3130	3200	58000	—	575	—	—	—	
65/65-57	62	52.00/6.0	1650	3660	3740	1830	3835	3925	95000	—	500	—	—	—	ZK01

表 14（续）

轮胎规格	层级	测量轮辋	新胎设计尺寸[a]/mm 断面宽度	外直径 普通花纹	外直径 深花纹和超深花纹	轮胎最大使用尺寸[a]/mm 总宽度	外直径 普通花纹	外直径 深花纹和超深花纹	不同速度下的负荷能力/kg 10 km/h	50 km/h	不同速度下的充气压力/kPa 10 km/h	50 km/h	允许使用轮辋	气门嘴型号 有内胎	气门嘴型号 无内胎
								70 系列							
16/70-20	10	13（SDC）	410	1075	—	455	1120	—	4250	2900	325	250	—	DG09C	—
	14	13（SDC）	410	1075	—	455	1120	—	5150	3350	450	350	—		
	18	13（SDC）	410	1075	—	455	1120	—	5800	3350	550	450	—		
1 6/70-24	10	13（SDC）	410	1175	—	455	1220	—	4750	2800	325	250	—	DG09C	—
	14	13（SDC）	410	1175	—	455	1220	—	5600	3350	450	350	—		
22/70-24	12	16.00T（SDC）	545	1390	1445	605	1450	1510	6150	4250	275	250	—	DG09C	—
	14	16.00T（SDC）	545	1390	1445	605	1450	1510	7100	5000	350	325	—		
41.25/70-39	42	32.00/4.5	1050	2450	2510	1165	2565	2630	37500	—	475	—	—	—	ZK01

[a] 轮胎最大使用尺寸是指胀大的最大尺寸,用于工程机械制造设计轮胎同隙。

表 15 低断面子午线轮胎

轮胎规格	符号	测量轮辋	新胎设计尺寸[a]/mm 断面宽度	外直径 普通花纹	外直径 深花纹和超深花纹	轮胎最大使用尺寸[a]/mm 总宽度	外直径 普通花纹	外直径 深花纹和超深花纹	不同速度下的负荷能力[b]/kg 10 km/h	50 km/h	不同速度下的充气压力/kPa 10 km/h	50 km/h	允许使用轮辋	气门嘴型号 有内胎	气门嘴型号 无内胎
20/65R25	★	16.00/1.5	510	1315	1350	565	1370	1405	7100	3875	475	325	—	—	—
	★★	16.00/1.5	510	1315	1350	565	1370	1405	8750	5150	625	425	—	—	—

表 15 （续）

轮胎规格	符号	测量轮辋	新胎设计尺寸/mm				轮胎最大使用尺寸/mm[a]		不同速度下的负荷能力[b]/kg		不同速度下的充气压力/kPa		允许使用轮辋	气门嘴型号	
			断面宽度	外直径		总宽度	外直径		10 km/h	50 km/h	10 km/h	50 km/h		有内胎	无内胎
				普通花纹	深花纹和超深花纹		普通花纹	深花纹和超深花纹							
25/65R25	★	20.00/2.0	635	1485	1525	705	1555	1595	10600	5800	475	325	19.50/2.0	—	—
	★★	20.00/2.0	635	1485	1525	705	1555	1595	12850	7750	625	425		—	—
30/65R29	★	24.00/3.0	760	1760	1800	845	1840	1885	16000	8500	475	325	22.00/3.0	—	—
	★★	24.00/3.0	760	1760	1800	845	1840	1885	19000	11500	625	425		—	—
35/65R33	★	28.00/3.5	890	2030	2075	990	2125	2175	23000	13600	500	350	—	—	—
	★★	28.00/3.5	890	2030	2075	990	2125	2175	27250	17500	650	475	—	—	—
40/65R39	★	32.00/4.0	1015	2350	2405	1125	2460	2520	31500	18500	500	350	—	—	—
	★★	32.00/4.0	1015	2350	2405	1125	2460	2520	37500	23600	650	475	—	—	—
45/65R45	★	36.00/4.5	1145	2675	2735	1270	2800	2860	42500	25000	500	350	—	—	—
	★★	36.00/4.5	1145	2675	2735	1270	2800	2860	50000	31500	650	475	—	—	ZK01
50/65R51	★	40.00/4.5	1270	2995	3060	1410	3130	3200	54500	31500	500	350	—	—	—
	★★	40.00/4.5	1270	2995	3060	1410	3130	3200	65000	40000	650	475	—	—	ZK01
55/65R51	★	44.00/5.0	1395	3165	3235	1550	3315	3390	65000	37500	500	350	—	—	—
	★★	44.00/5.0	1395	3165	3235	1550	3315	3390	77500	48750	650	475	—	—	—
65/65R51	★	52.00/5.5	1650	3510	3575	1830	3685	3755	87500	51500	500	350	—	—	—
	★★	52.00/5.5	1650	3510	3575	1830	3685	3755	106000	67000	650	475	—	—	—

[a] 轮胎最大使用尺寸是指膨胀最大的尺寸,用于工程机械制造设计计算轮胎间隙。

[b] 静态时的负荷(10 km/h 的负荷调节:负荷(10 km/h 的负荷)×1.60;
最高速度65 km/h 的负荷调节:负荷(50 km/h 的负荷)×0.88;
最高速度15 km/h 的负荷调节:负荷(50 km/h 的负荷)×1.12。

表 16 公制低断面子午线轮胎

轮胎规格	符号	测量轮辋	新胎设计尺寸/mm 断面宽度	新胎外直径 普通花纹	新胎外直径 深花纹和超深花纹	轮胎最大使用尺寸ᵃ/mm 总宽度	最大外直径 普通花纹	最大外直径 深花纹和超深花纹	负荷能力ᵇ/kg 10 km/h	负荷能力ᵇ/kg 50 km/h	充气压力/kPa 10 km/h	充气压力/kPa 50 km/h	允许使用轮辋	气门嘴 有内胎	气门嘴 无内胎
550/65R25	★	17.00/2.0	545	1350	1400	605	1405	1460	8500	—	475	—	17.00/1.7	—	—
550/65R25	★★	17.00/2.0	545	1350	1400	605	1405	1460	10300	—	625	—	17.00/1.7	—	—
600/65R25	★	19.50/2.5	605	1415	1470	670	1475	1535	9750	—	475	—	17.00/2.0、17.00/1.7	—	—
600/65R25	★★	19.50/2.5	605	1415	1470	670	1475	1535	12150	7500	625	425	17.00/2.0、17.00/1.7	—	—
650/65R25	★	19.50/2.5	640	1480	1535	710	1550	1605	11500	—	475	—	—	—	—
650/65R25	★★	19.50/2.5	640	1480	1535	710	1550	1605	14000	8000	625	425	—	—	—
750/65R25	★	24.00/3.0	755	1610	1665	840	1690	1745	15000	—	475	—	22.00/3.0、25.00/3.0	—	—
750/65R25	★★	24.00/3.0	755	1610	1665	840	1690	1745	18500	10600	625	425	22.00/3.0、25.00/3.0	—	—
850/65R25	★	27.00/3.5	850	1740	1790	945	1830	1880	19000	—	475	—	25.00/3.5	—	—
850/65R25	★★	27.00/3.5	850	1740	1790	945	1830	1880	23000	12500	625	425	25.00/3.5	—	—
575/65R29	★	18.00/2.5	575	1485	1540	640	1545	1605	10000	—	475	—	—	—	—
675/65R29	★	22.00/3.0	685	1615	1670	760	1685	1745	13200	—	475	—	—	—	—
675/65R29	★★	22.00/3.0	685	1615	1670	760	1685	1745	17000	10000	625	425	25.00/3.5	—	—
775/65R29	★	24.00/3.5	770	1745	1790	855	1825	1875	18000	—	475	—	25.00/3.5	—	—
775/65R29	★★	24.00/3.5	770	1745	1790	855	1825	1875	20600	12150	625	425	25.00/3.5	—	—
800/65R29	★	25.00/3.5	800	1775	1825	890	1860	1910	21200	—	475	—	24.00/3.0、27.00/3.0	—	—
800/65R29	★★	25.00/3.5	800	1775	1825	890	1860	1910	21800	—	625	425	24.00/3.0、27.00/3.0	—	—
875/65R29	★	28.00/3.5	880	1875	1920	975	1965	2015	21200	—	475	—	27.00/3.5	—	—
875/65R29	★★	28.00/3.5	880	1875	1920	975	1965	2015	25750	15500	625	425	27.00/3.5	—	—

表 16（续）

轮胎规格	符号	测量轮辋	新胎设计尺寸/mm			轮胎最大使用尺寸[a]/mm			不同速度下的负荷能力[b]/kg		不同速度下的充气压力/kPa		允许使用轮辋	气门嘴型号	
			断面宽度	外直径		总宽度	外直径		10 km/h	50 km/h	10 km/h	50 km/h		有内胎	无内胎
				普通花纹	深花纹和超深花纹		普通花纹	深花纹和超深花纹							
875/65R33	★	28.00/3.5	880	1975	2025	975	2065	2120	22400	—	475	—	—	—	—
	★★	28.00/3.5	880	1975	2025	975	2065	2120	27250	—	625	—	—	—	—
900/65R33	★	28.00/3.5	895	2010	2055	995	2105	2150	23600	—	475	—	—	—	—
	★★	28.00/3.5	895	2010	2055	995	2105	2150	29000	—	625	—	—	—	—
1150/65R45	★	36.00/4.5	1150	2640	2705	1275	2760	2830	41250	—	475	—	—	—	—
	★★	36.00/4.5	1150	2640	2705	1275	2760	2830	50000	—	625	—	—	—	—
	★★★	36.00/4.5	1150	2640	2705	1275	2760	2830	60000	—	800	—	—	—	—

[a] 轮胎最大使用尺寸是指胀大后的最大尺寸,用于工程机械制造设计轮胎间隙。
[b] 静态时的负荷调节:负荷(10 km/h的负荷)×1.60;
最高速度65 km/h的负荷调节:负荷(50 km/h的负荷)×0.88;
最高速度15 km/h的负荷调节:负荷(50 km/h的负荷)×1.12。

表 17 起重机子午线轮胎（速度 70 km/h）

轮胎规格	负荷指数	测量轮辋	新胎设计尺寸/mm		轮胎最大使用尺寸[a]/mm		负荷能力/kg	充气压力/kPa	允许使用轮辋	气门嘴型号	
			断面宽度	外直径	总宽度	外直径				有内胎	无内胎
385/95 R 24	170	10.00/1.5	380	1370	410	1415	6 000	900	11.25/1.3	DG09C	—
385/95 R 25	170	10.00/1.5	380	1370	410	1415	6 000	900	9.50/1.7 CR 11.25/1.3	—	—
445/95 R 25	177	11.25/2.0	435	1480	485	1550	7 300	900	11.00/1.7 CR 13.00/2.0	—	—

表 17 (续)

轮胎规格	负荷指数	测量轮辋	新胎设计尺寸/mm		轮胎最大使用尺寸/mm		负荷能力/kg	充气压力/kPa	允许使用轮辋	气门嘴型号	
			断面宽度	外直径	总宽度	外直径				有内胎	无内胎
505/95 R 25	186	13.00/2.5	495	1 595	550	1670	9 500	900	15.00/2.5	—	—
575/95 R 25	193	15.00/3.0	565	1725	625	1810	11 500	900	17.00/3.0	—	—
395/80 R 25	165	12.00/1.3	390	1265	435	1 315	5 150	700	11.25/1.3	—	—
445/80 R 25	170	14.00/1.5	445	1345	495	1400	6 000	700	14.00/1.3 14.00/1.7 CR	—	—
525/80 R 25	179	17.00/2.0	530	1475	590	1540	7 750	700	17.00/1.7CR	—	—
605/80 R 25	188	19.50/2.5	610	1605	675	1685	10 000	700	—	—	—
685/80 R 25	195	22.00/3.0	690	1730	765	1820	12 150	700	—	—	—

表 18 沙地斜交轮胎

轮胎规格	层级	测量轮辋	新胎设计尺寸/mm		不同速度下的负荷能力/kg			不同速度下的充气压力/kPa			允许使用轮辋	气门嘴型号	
			断面宽度	外直径	8 km/h	50 km/h	65 km/h	8 km/h	50 km/h	65 km/h		有内胎	无内胎
9.00-15NHS	8	5.50F	235	840	1650	—	950	245	—	245	5¹/₂K、6LB	DG08C	—
9.00-16NHS	8	6.50H	245	890	1700	—	975	245	—	245	—	DG05C	—
14.00-20NHS	18	10.00W	375	1220	4125	—	2360	245	—	245	—	DG15	—
16.00-16	16	6.50H	355	1100	4000	—	2300	245	—	245	—	DG11	—
16.00-20	16	10.00W	420	1370	5450	—	3150	245	—	245	—	DG15	—
16.00-24	16	10.00W	460	1460	7500	—	4250	245	—	245	—	DG15	—
18.00-24	16	10.00W	470	1545	7750	—	4375	245	—	245	—	DG15	—
18.00-25	16	10.00/1.5	470	1545	7750	—	4375	245	—	245	—	DG15	—

表 18（续）

轮胎规格	层级	测量轮辋	新胎设计尺寸/mm		不同速度下的负荷能力/kg			不同速度下的充气压力/kPa			允许使用轮辋	气门嘴型号	
			断面宽度	外直径	8 km/h	50 km/h	65 km/h	8 km/h	50 km/h	65 km/h		有内胎	无内胎
21.00-25	16	15.00/3.0	570	1685	10000	—	5800	245	—	245	—	ZK01	—
18-20	8	14.00T	455	1090	—	3650	—	—	240	—	—		—
18-20	14	14.00T	455	1090	—	4625	—	—	360	—	—	DG09C	—
18-20	20	14.00T	455	1090	—	5300	—	—	460	—	—		—
20-20	16	14.00T	505	1180	—	6000	—	—	360	—	—	DG09C	—
22-20	14	17.0	555	1075	—	4125	—	—	280	—	—	—	JZ01
24-21	16	18.00/1.5	610	1370	—	3875	—	—	140	—	—	JZ25	JZ01
27.25-21	16	19.50/1.5	685	1510	—	5800	—	—	170	—	—	—	ZR01
29.5-25	28	25.00/3.5	750	1830	—	10000	—	—	240	—	—	—	JS01C

表 19　保留生产的工程机械轮胎[a]

轮胎规格	层级	测量轮辋	新胎设计尺寸/mm		充气压力/kPa	不同速度下的负荷能力/kg			允许使用轮辋	气门嘴型号	
			断面宽度	外直径		10 km/h	30 km/h	50 km/h		有内胎	无内胎
7.50-16NHS	6	6.00G	215	815	400	1650	—	—	5.50F 6.50H	DG04C	—
	8	6.00G	215	815	500	1900					
	10	6.00G	215	815	600	2180					
	12	6.00G	215	815	675	2300					
7.50-20NHS	8	6.0	215	950	500	2240			6.5 6.50T	DG06C	
	10	6.0	215	950	600	2500					
	12	6.0	215	950	700	2725					
8.25-10NHS	12	6.00F	230	710	550	1800	—	—	—	DG05C	—
8.25-16NHS	10	6.50H	235	865	550	1800			6.00G 6.5	DG05C	
	12	6.50H	235	865	675	2060					
	14	6.50H	235	865	800	2300					
12.5-20	16	11.00	370	1145	450	4250	—	—		DG09C	—
	18	11.00	370	1145	500	—		3550			
13-20	16	11.00V	395	1205	425	—		3750		DG09C	
13.00-20NHS	16	10.00	340	1200	700	5600				DG09C	—
	20	9.0	340	1200	525	4125		3650			
1300×530-533	10	17.5/2.0	560	1300	400			5600		DG09C	—
18-22.5	16	14.00	457	1155	600	—		4500	—	—	CR09
	18				700	—		5000			
	20				800	—		5450			
21.00-33	24	15.00/3.0	575	1940	375	—		8750	—	DG11C	—
	28				425	—		9500			
	32				500	—		10300			
	36				575	—		11200			
23.1-26	8	DW20	595	1500	140	4000	—	—	—	DG01C	—
	12				200	5150					
	14				230	5600	—	—			
	16				260	6150					

轮胎使用的胀大尺寸,即轮胎胀大的最大总宽度和最大外直径,用于机械制造设计轮胎间隙。

最大总宽度 ＝［设计新轮胎断面宽(S.W.)］× (1+d)

d:当 S.W. < 380 mm 时,为 0.08
　　≥380 mm 时,为 0.11

最大外直径 ＝(设计新轮胎外直径 － 轮辋直径)×(1+d)+轮辋直径

d:当 S.W. < 380 mm 时,为 0.06
　　≥380 mm 时,为 0.08

注:表中所列的新胎设计尺寸,仅适用于轮胎设计。

[a] 新设计的车辆不推荐使用这些规格的轮胎。

附 录 A
（规范性附录）
工程机械轮胎花纹分类及使用条件

工程机械轮胎花纹分类及使用条件见表 A.1。

表 A.1　工程机械轮胎的花纹分类及使用条件

花纹代号	胎面花纹形式	使用类型	最高速度[a]	最大单程距离[a]
C——压路机轮胎				
C-1	光面	压路机	10 km/h	不限
C-2	槽沟	压路机	10 km/h	不限
E——铲运机和重型自卸车轮胎				
E-1	普通条形	搬运	65 km/h	4 km
E-2	普通牵引型	搬运	65 km/h	4 km
E-3	普通块状	搬运	65 km/h	4 km
E-4	加深块状	搬运	65 km/h	4 km
E-7	浮力型	搬运	65 km/h	4 km
G——平地机轮胎				
G-1	普通条形	平地	40 km/h	不限
G-2	普通牵引型	平地	40 km/h	不限
G-3	普通块状	平地	40 km/h	不限
G-4	加深块状	平地	40 km/h	不限
L——装载机和推土机轮胎				
L-2	普通牵引型	装载、推土	10 km/h	75 m
L-3	普通块状	装载、推土	10 km/h	75 m
L-4	加深块状	装载、推土	10 km/h	75 m
L-5	超深块状	装载、推土	10 km/h	75 m
L-3S	普通光面	装载、推土	10 km/h	75 m
L-4S	加厚光面	装载、推土	10 km/h	75 m
L-5S	超厚光面	装载、推土	10 km/h	75 m
IND——工业车辆轮胎				
IND-3	普通花纹	—	30 km/h	不限
IND-4	加深花纹	—	30 km/h	不限
IND-5	超加深花纹	—	30 km/h	不限
H——起重机子午线轮胎				
H-2	公路型	—	70 km/h	不限
[a] 关于载运或其他作业条件，请向轮胎制造厂查询。				

附　录　B

（资料性附录）

工程机械轮胎设计花纹深度

工程机械轮胎设计花纹深度参见表 B.1 的规定。

表 B.1　工程机械轮胎设计花纹深度

名义断面宽度（或轮胎规格）		花纹深度/mm		
窄基、80、90 系列	宽基	普通	加深	超加深
12.00	—	22.5	33.5	47.5
13.00	15.5	24.5	43.0	59.5
14.00	17.5	25.5	45.5	63.5
16.00	20.5	28.5	51.5	71.0
18.00	23.5	31.5	54.0	78.5
21.00	26.5	35.0	54.0	87.5
24.00	29.5	38.0	57.0	95.0
—	33.25	42.5	—	106.0
27.00	33.5	42.5	63.5	106.0
—	37.25	46.5	—	—
30.00	37.5	46.5	69.5	116.5
33.00	41.5	50.5	75.0	—
36.00	45.5	54.5	82.0	—
37.00	—	54.5	82.0	—
40.00	—	54.5	82.0	—
42/90	—	—	82.0	—
46/90	—	—	82.0	—
50/90	—	—	82.0	—
50/80	—	—	82.0	—
52/80	—	—	97.0	—
53/80	—	—	88.0	—
55/80	—	—	88.0	118.0
59/80	—	—	88.0	—
65、70 系列				
25		31.5	47.0	78.5
30		35.0	52.5	87.0
35		38.0	57.0	95.0
40		42.5	63.5	106.0

表 B.1（续）

名义断面宽度（或轮胎规格）		花纹深度/mm		
窄基、80、90 系列	宽基	普通	加深	超加深
65、70 系列				
41.25		—	—	106.0
45	46.5	69.5		116.5
50	50.0	75.5		125.5
65		—		150.0
公制 80/90 系列规格				
385/95 R 24	22.0	—		—
385/95 R 25	22.0	—		—
445/95 R 25	24.0	—		—
505/95 R 25	26.0	—		—
575/95 R 25	29.0	—		—
395/80 R 25	20.0	—		—
445/80 R 25	21.0	—		—
525/80 R 25	24.0	—		—
605/80 R 25	27.0	—		—
685/80 R 25	29.0	—		—
公制 65 系列规格				
550/65R25	31.5	54.0		78.5
600/65R25	31.5	54.0		78.5
650/65R25	35	54.0		87.5
750/65R25	38	57.0		95.0
850/65R25	42.5	63.5		106.0
575/65R29	31.5	54.0		78.5
675/65R29	35	54.0		87.5
775/65R29	38	57.0		95.0
875/65R29	42.5	63.5		106.0

ICS 53.100
P 97

中华人民共和国国家标准

GB/T 17300—2017/ISO 2867:2011
代替 GB/T 17300—2010

土方机械 通道装置

Earth-moving machinery—Access systems

（ISO 2867:2011,IDT）

2017-12-29 发布

2018-07-01 实施

中华人民共和国国家质量监督检验检疫总局
中国国家标准化管理委员会 发 布

前　言

本标准按照 GB/T 1.1—2009 给出的规则起草。

本标准代替 GB/T 17300—2010《土方机械　通道装置》。本标准与 GB/T 17300—2010 相比,除编辑性修改外主要技术变化如下:

——增加了相关标准的引用(见第 2 章,2010 年版的第 2 章);

——增加和修改了若干术语和定义,删除了操作平台(见 2010 年版的 3.14.1)、防滑条(见 2010 年版的 3.17);

——增加了通道装置一般要求的内容(见 4.1);

——可移动通道装置修改为可伸缩通道装置,并增加了有关要求(见 4.2,2010 年版的 4.2);

——备用出口通道修改为备用出口通道和出入口,并增加了有关要求(见 4.3,2010 年版的 4.3)

——增加了带可回转上部机构的特定履带式机器的要求(见 4.4);

——修改了机壳出入口有关尺寸:圆角半径(见表 1,2010 版 11.12)、地板至门内把手:站姿司机室高度最大值和站立面之上的门外把手的高度最大值(见表 1,2010 年版表 4)、铰链门手间隙尺寸(见 5.9,2010 年版的 11.9);

——合并了原标准行走和站立表面与平台、走廊、走道、护栏和挡脚板(见第 6 章,2010 年版的第 5 章、第 10 章),并在条款中增加了在两护栏垂直端之间的水平开口处(见 6.2.4)、平台最小长度(见 6.2.7)、维护(见 6.3)、吊臂走道(见 6.4)的要求,修改了平台、走廊、走道、护栏和挡脚板图形(见表 2,2010 年版的图 3);

——增加了相邻扶手间的最大空间尺寸(见 7.3)和扶手和抓手被安装在可动部件的要求(见 7.9);

——合并了原标准踏脚和阶梯(见第 8 章,2010 年版的第 6 章、第 8 章),修改了踏脚与支承面最近边缘的距离(见表 7,2010 年版的 6.2),单级踏脚缩进修改为履带结构/缩进踏脚及有关要求(见 8.2.8,2010 年版的 6.6);

——修改了在地面以上垂直延伸超过 5 m 的梯子应装备梯子限落装置为 3 m(见 9.2,2010 年版的 7.2);

——增加了防滑表面示例(见附录 A);

——增加了运输人员的动力可伸缩通道装置的附加要求(见附录 B)。

本标准使用翻译法等同采用 ISO 2867:2011《土方机械　通道装置》。

与本标准中规范性引用的国际文件有一致性对应关系的我国文件如下:

——GB/T 8420—2011　土方机械　司机的身材尺寸与司机的最小活动空间(ISO 3411:2007,IDT);

——GB/T 8498—2017　土方机械　基本类型　识别、术语和定义(ISO 6165:2012,IDT);

——GB/T 17301—1998　土方机械　操作和维修空间　棱角倒钝(idt ISO 12508:1994);

——GB/T 17888.4—2008　机械安全　进入机械的固定设施　第 4 部分:固定式直梯(ISO 14122-4:2004,IDT)。

本标准由中国机械工业联合会提出。

本标准由全国土方机械标准化技术委员会(SAC/TC 334)归口。

本标准负责起草单位:徐工集团工程机械有限公司江苏徐州工程机械研究院、天津工程机械研究院、厦门厦工机械股份有限公司。

本标准参加起草单位：内蒙古北方重型汽车股份有限公司、临工集团济南重机有限公司。

本标准主要起草人：赵斌、贾晓雯、陈树巧、江蕾、闫军利、王欢利、管恩禄、王霞。

本标准所代替标准的历次版本发布情况为：

——GB/T 17300—1998、GB/T 17300—2010。

引　言

机械领域安全标准的结构为：

a)　A 类标准（基础安全标准），给出适用于机械的基本概念、设计原则和一般特征；

b)　B 类标准（通用安全标准），涉及机械的一种安全特征或使用范围较宽的一类安全防护装置：

　　——B1 类，特定的安全特征（如安全距离、表面温度、噪声）标准；

　　——B2 类，安全装置（如双手操纵装置、联锁装置、压敏装置、防护装置）标准。

c)　C 类标准（机器安全标准），对一种特定的机器或一组机器规定出详细的安全要求的标准。

本标准为 ISO 12100 中规定的 C 类标准。

当 C 类标准中的条款与 A 类或 B 类标准所规定的条款不同时，对于已经按照 C 类标准的条款设计和制造的机器而言，C 类标准的条款优于其他类标准的条款。

注：ISO 14122 是一系列 B 类标准，对固定式和移动式机器的通道装置提出了总的要求，可作为设计土方机械通道装置的总的参考。

土方机械 通道装置

1 范围

本标准规定了为司机提供进入到 ISO 6165 中定义的土方机械上的司机位置和日常维护点的通道装置要求。本标准适用于按制造商说明书要求停放的每一台机器的通道装置(如机壳出入口、平台、护栏、扶手和抓手、阶梯、踏脚和梯子)。本标准基于 ISO 3411 中定义的第 5 百分位至第 95 百分位之间的司机的尺寸。本标准涉及下列重大危险、危险状态和危险事件:人员滑倒、绊倒和跌落,以及不健康的姿势或过度消耗体力。

本标准规定的准则可用于机器维修、安装、拆卸、日常维护,选择固定式或便携式的通道系统。

2 规范性引用文件

下列文件对于本文件的应用是必不可少的。凡是注日期的引用文件,仅注日期的版本适用于本文件。凡是不注日期的引用文件,其最新版本(包括所有的修改单)适用于本文件。

GB/T 17888.1—2008 机械安全 进入机械的固定设施 第 1 部分:进入两级平面之间的固定设施的选择(ISO 14122-1:2001,IDT)

ISO 3411 土方机械 司机的身材尺寸与司机的最小活动空间(Earth-moving machinery — Physical dimensions of operators and minimum operator space envelope)

ISO 6165 土方机械 基本类型 识别、术语和定义(Earth-moving machinery—Basic type—Identification and terms and definitions)

ISO 12508 土方机械 操作和维修空间 棱角倒钝(Earth-moving machinery—Operator station and maintenance areas—Bluntness of edges)

ISO 14122-4 机械安全 进入机械的固定设施 第 4 部分:固定式直梯(Safety of machinery—Permanent means of access to machinery—Part 4:Fixed ladders)

ISO 14567 防止从高处坠落的个人防护装置 单点锚定设备(Personal protective equipment for protection against falls from a height- Single-point anchor devices)

3 术语和定义

下列术语和定义适用于本文件。

3.1 一般术语和定义

3.1.1
目标尺寸 target dimension
考虑了基于舒适的人类工效学准则的尺寸值。
注:可接受的数值在规定的范围内(从最小值到最大值)

3.1.2
机器维修 machine repairs
对发生故障的机器进行的工作。

3.1.3

日常维护点   routine maintenance points

司机手册中规定的周期性维护计划用于执行该机器上的每日/每周/每月保养的位置。

3.1.4

两点支承   two-point support

通道装置的特性,使作业人员在上、下机器或在机器上移动时能够同时使用两只脚或一只手和一只脚。

3.1.5

三点支承   three-point support

通道装置的特性,使作业人员在上、下机器或在机器上移动时能够同时使用两只手和一只脚或两只脚和一只手。

3.1.6

操作位置   operator station

司机操纵机器行驶和作业的区域。

3.1.7

地面   ground

考虑了被凸块或履刺完全穿透的放置机器的表面。

见图1。

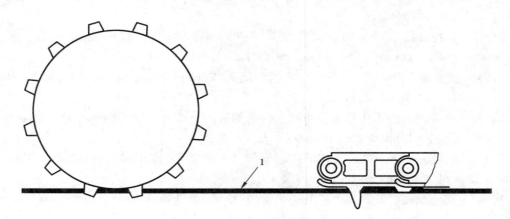

说明:

1——基准地平面   ground reference plane(GRP)。

图 1   带凸块或履刺机器的地面定位

3.2   通道装置

3.2.1

通道装置   access system

机器上提供的从地面上到机器、从机器下到地面或者从机器的一个区域到另一个区域的装置。

3.2.1.1

基本通道装置   primary access system

从地面上到操作位置或者从操作位置下到地面的通道装置。

3.2.1.2

可伸缩通道装置　retractable access system

使用时一部分(带或不带动力源)可从贮存位置伸缩(如旋转、平移、收缩、铰接)的通道装置。

3.2.1.3

动力可伸缩通道装置　powered retractable access system

依靠机器上的动力源进行伸缩的通道装置。

3.2.2

备用出口通道　alternative exit path

当基本通道装置不能使用的情况下,从操作位置到地面的通道。

3.2.3

第二通道装置　secondary access system

当基本通道装置不能使用的情况下,用于从地面上到操作位置或者从操作位置下到地面的通道
装置。

3.3　机壳出入口

3.3.1

机壳出入口　enclosure opening

进出通道装置的出入口,足够一个人通过。

3.3.1.1

基本出入口　primary opening

从操纵位置正常进出的出入口。

3.3.1.2

备用出入口　alternative opening

在预期的基本出入口不能使用的情况下使用的出入口。

3.3.1.3

维护出入口　maintenance opening

日常维护使用的机壳出入口。

3.4　行走及站立区域

3.4.1

走道　walkway

允许在机器上从一个区域行走或移动到另一个区域的通道装置的一部分。

3.4.1.1

吊臂走道　boom walkway

主要在长吊臂上使用的走道。

3.4.1.2

走廊　passageway

两侧带有限制挡板的走道。

3.4.2

平台　platform

支承作业人员从事操作或日常维护的水平面。

3.4.2.1

休息平台　rest platform

通道之间使用的可供一人休息的平台。

3.4.3

斜坡　ramp

与水平面所成的倾斜角不大于 20°的平面。

3.5　护栏、扶手和抓手

3.5.1

护栏　guardrail

为防止人员跌落,沿着走道或平台开放侧设立的装置。

3.5.2

扶手　handrail

用手可以抓握以帮助支承身体和保持平衡,并且当在通道中移动时手不需要离开就可移动至不同位置的装置。

3.5.3

抓手　handhold

用单手可以抓握以帮助支承身体和保持平衡的装置。

3.6　阶梯和踏脚

3.6.1

阶梯　stairway

通道装置或通道装置的一部分,与水平面所成的倾斜角大于 20°,但小于 50°,由 3 个或更多个踏脚组成。

3.6.2

踏脚　step

放置单脚或双脚的装置,是梯子或阶梯的一部分,或者是安装(放置)的单独踏脚或一连串踏脚。

3.6.3

柔性踏脚　flexible step

由一种在接触障碍物时能移动并返回至原始位置的材料安装的踏脚。

3.6.4

梯级高度　riser height

两个相邻踏脚之间的高度,从一个踏脚踏面到下一个踏脚踏面之间测得的距离。

3.6.5

踏面深度　tread depth

踏脚前缘至后缘的距离。

3.6.6

跨步距离　stride distance

一个踏脚的前缘至下一个踏脚前缘的水平距离。

3.6.7

履带架踏脚　track frame step

可用履带架不可分割的一部分或在履带架上增加一个部件作为踏脚。

3.7 梯子

3.7.1

斜梯 inclined ladder

与水平面所成的倾斜角大于75°,但不大于80°的梯子。

3.7.2

直梯 vertical ladder

与水平面所成的倾斜角大于80°,但不大于90°的梯子。

3.7.3

踏梯 step ladder

与水平面所成的倾斜角大于50°,但不大于75°的梯子。

3.7.4

梯段 flight

连续不间断的踏脚。

3.8 滑倒和跌落

3.8.1

个人跌落阻止装置 person fall arrest system;PFAS

设计用于在人体与地面或其他障碍物发生接触前阻止人员跌落的装置。

3.8.2

个人跌落约束装置 person fall restraint system;PFRS

约束和阻碍人员到达跌落点的装置。

3.8.3

防滑面 slip-resistant surface

具有提高鞋底或其他接触组合(例如爬行时)的附着性能的通道装置表面。

3.8.4

挡脚板 foot barrier

防止人脚从平台、踏脚或走道边缘滑落的装置。

3.8.5

梯子跌落限制装置 ladder fall limiting device

从梯子上跌落的风险降低到最小值的装置。

4 通道装置的要求

4.1 一般要求

4.1.1 两平台间通道装置类型的选择应符合 GB/T 17888.1—2008 中第 4 章和第 5 章及以下要求。

4.1.2 通道装置的设计:

——尽可能采用斜梯,而不是直梯或 60°～75°的踏梯;

——车轮和轮胎表面不能作为通道装置的一部分;

——如提供三点支撑,履带表面可作为通道装置的一部分,而在实际应用中,通道装置应避免采用履带表面作为走道;

——应对通道装置的潜在破坏,以及机器,设备或附属装置周围可视性遮影进行评估。

4.1.3 通道装置中关于手和脚放置的正确使用应一目了然,无需专门训练。司机手册应包含可伸缩通道装置的说明介绍。应说明关于检查磨损或损坏的需求,包括通道装置防滑表面。如果制造商推荐其他通道辅助装置,说明中应阐述。

可伸缩通道装置使用信息应适当地包括在机器的使用说明书中及靠近通道装置的信息标签上。

4.1.4 对可能发生绊倒,勾挂肢体或衣物而造成危险的通道装置凸出部分,应使其最小。

4.1.5 通道装置的设计应尽量避免使用者接触到如过热或过冷、带电、运动部件和尖锐物体等,以减少潜在的危险。

4.1.6 所有设计用于行走、攀爬、蹬踏或爬行的通道装置表面(包括设计作为通道装置一部分的任何装置或结构部件)都应是防滑的。4.1.2 中提及的履带表面不适用。参见附录 A 防滑表面示例。

4.1.7 当高出地面 1 m 以上时,通道装置部件的正确布置应允许并利于操作人员在使用通道装置时保持三点支承,对于阶梯、斜坡、走道和平台可以使用两点支承。

4.1.8 如果司机或维修人员需要携带物品到司机位置或日常维护点,应提供下述之一的装置(如果装置不明显,则要在司机手册中提供说明):

    a) 只需要两点支撑的阶梯或斜坡通道,一只手可以用来携带物品;

    b) 在持续攀爬通道装置上,每 1.7 m 高设置最小尺寸 300 mm×400 mm 的能够暂时放置物品的辅助平台或平面,使得在通道装置中移动时能够保持三点支承;

    c) 能够将物品运到司机位置或日常维护点的方法或装置(如绳索滑轮装置),使得在通道装置中能够一直保持三点支承。

    注:从地面可获得的日常维护点符合本要求。

4.1.9 如果司机位置平台高于 3 m,则通往司机位置的主通道装置应提供照明装置。应能从地面及司机位置激活照明装置。

4.1.10 通道装置应适于对由机器制造商提供的附件或选配件(如:镜子)进行使用和日常维护。

4.1.11 对于间隔周期超过一个月的日常维护,可使用其他通道辅助装置,例如个人跌落阻止装置(PFASs),个人跌落约束装置(PFRSs),或外部通道装置(如便携式工作平台、阶梯)。司机手册应提供其他通道辅助装置的使用指导。固定点(如提供)应符合 ISO 14567 的规定。

4.1.12 制造商提供的指导文件(例如机器维修手册,经销商维修手册,服务手册)应包括机器维修通道信息。机器上应提供用于机器维修的通道装置或制造商指导文件能提供使用外部通道装置(如便携式工作平台,或阶梯)的推荐信息。

4.1.13 对有可能因为与物体或地面接触而损坏的通道装置的某些部分应设计为便于更换。

4.1.14 通道装置可拆卸部件的搬运、组装、拆卸、存储和运输应在司机手册中(如运输)进行说明。

4.1.15 对于在千斤顶、支腿或轨矩可调节的履带上有操作位置的机器,通道装置的设计应确保在这些作业位置上有足够的通道。

4.2 可伸缩通道装置

4.2.1 一般要求

4.2.1.1 可伸缩通道装置除以下要求之外,还应符合本标准给定的所有其他相关要求。

4.2.1.2 为便于在机器上贮存,通道装置的某部分可为可伸缩的。当使用及在贮存位置时,该可伸缩装置应保持在预期位置,例如:通过重力,弹簧力或附属机械装置。

4.2.1.3 可伸缩通道装置的设计应降低被卡住的风险。

4.2.1.4 如果司机位置高于地面以上 2 m,应能从地面操作手动或动力可伸缩通道装置,或者应提供符合本标准要求的第二通道装置。

4.2.2 手动可伸缩通道装置

当手动伸缩通道装置不在缩回(贮存)位置时,如使用位置存在被损坏的风险,应提供警告司机的方法。

4.2.3 动力可伸缩通道装置

4.2.3.1 当释放控制装置时,伸缩通道装置应停止动作。

4.2.3.2 从控制位置应能看到动力伸缩通道装置,或者提供其他装置[如:镜子,闭路电视(CCTV)]以保证足够的视野。

4.2.3.3 动力伸缩通道装置应安装联锁装置,避免当动力伸缩通道不在缩回(贮存)位置时与机器本身的接触可能造成损害机器的动作(如:挖掘机回转)。对于其他机器动作,操作人员报警装置可满足本要求。对于运输人员的动力伸缩通道装置,还应符合附录B给出的附加要求。

4.2.3.4 如动力失效,应能够降低可伸缩通道装置或提供第二通道装置。

4.3 备用出口通道和出入口

4.3.1 操作位置处的备用出入口应与基本出入口设置在不同的表面。其尺寸应符合表1的规定。备用出口通道应设置在机器上不同于基本通道的位置。

4.3.2 备用出入口应有明显标识。如果备用出口通道不明显,应对其进行标识。

4.3.3 直梯可作为备用出口通道,并且从最低踏脚到地面的最大距离为700 mm。

4.3.4 备用出口通道是在由于危害或障碍导致基本通道装置不可用时使用,因此不需满足4.1的要求。只有当其用作第二通道装置的一部分时,才应满足4.1的一般要求。

4.4 带可回转上部机构的特定履带式机器的要求

对于上部机构能360°连续回转的吊管机和装有打桩及钻孔附属装置的挖掘机,应配有附加通道装置,用于当其上部机构定期旋转到非制造商规定的正常驻车位置时进出司机室。附加通道装置应符合本标准所有要求。

5 机壳出入口的要求

5.1 机壳出入口应符合表1的规定,5.3规定的机器除外,其出入口可符合5.3.1或5.3.2的要求。

5.2 如果不能实现矩形基本出入口,则最小出入口区域可减小至表1图中最小虚线尺寸。另外,距离最小出入口低处(窄处)从地板算起的垂直距离可由460 mm 最大增加到770 mm,相应的最小宽度由250 mm 增加到300 mm。开口形状无需对称。

5.3 对于设计为前入口或走下来进入机壳的机器,如小型挖掘机,小回转半径挖掘机及小型机器(如:滑移转向装载机),可采用5.3.1和5.3.2规定的尺寸替代表1中的尺寸。

5.3.1 基本出入口宽度(A)应大于550 mm,门槛以上的出入口高度(B)应大于875 mm。

5.3.2 备用出入口尺寸应能通过圆角半径符合表1的380 mm×550 mm的矩形。

5.4 基本出入口如果装有机壳门,则其打开及关闭不应妨碍使用者,同时保持三点支撑。当打开或关闭机壳门时,与门或门附件的接触,不应作为支撑点之一。

5.5 打开或关闭带铰链的基本机壳门的力不应超过135 N。打开和关闭所有其他带铰链的通道门或盖的力不应超过245 N。此要求适用于机壳门的打开和关闭,不适用于门锁的启用。

5.6 机壳门应提供使其安全固定在关闭位置的方式。如果在机器操作期间为使机壳门能始终开着,应提供一个使其固定在开启位置的装置,并且该装置应能承受300 N的关闭力,且其安全装置不失效。

5.7 门的设计应避免由于机器操作产生的惯性力作用使门产生危险移动。

5.8 铰链门一般应向外开启。

5.9 至少应留有 40 mm 的手间隙：

    a) 在铰链门的外边缘与门架之外的其他固定物体之间；

    b) 当打开或拆下本标准范围内其他类型的机壳、门或机罩时,可与手接触的任何固定零件之间。

5.10 在重力作用下就位的可拆装的机壳出入口盖,包括天窗,设计时应避免其从出入口处掉落。

5.11 可手拆的机壳出入口盖的质量不应超过 25 kg。

表 1 机壳出入口尺寸   单位为毫米

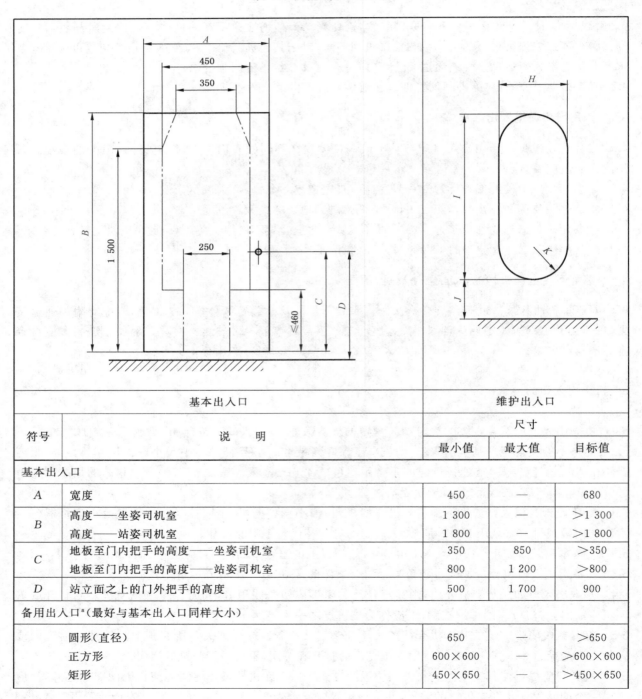

符号	说明	尺寸		
		最小值	最大值	目标值
基本出入口				
A	宽度	450	—	680
B	高度——坐姿司机室	1 300	—	＞1 300
	高度——站姿司机室	1 800	—	＞1 800
C	地板至门内把手的高度——坐姿司机室	350	850	＞350
	地板至门内把手的高度——站姿司机室	800	1 200	＞800
D	站立面之上的门外把手的高度	500	1 700	900
备用出入口ᵃ（最好与基本出入口同样大小）				
	圆形（直径）	650	—	＞650
	正方形	600×600	—	＞600×600
	矩形	450×650	—	＞450×650

表 1（续）

单位为毫米

符号	说　明	尺寸		
		最小值	最大值	目标值
维护出入口				
H	宽度	450	—	680
I	高度[b]	760	—	1 100
J	底边至地板	—	500	250
K	圆角半径	—	0.5H	150

> [a]　基本出入口和备用出入口的圆角半径应小于 190 mm。
>
> [b]　如果 H 小于 680 mm，且 J 大于 250 mm，则 I 应大于 1 100 mm。

6　护栏、挡脚板、平台、走廊、走道及其他用于行走、爬行、攀爬、蹬踏及站立表面的要求

6.1　表面

6.1.1　在以下作用力下，任何用于行走、爬行、攀爬、蹬踏及站立的表面，包括踏脚，不应出现永久变形。该作用力应单独而不能同时施加：

　　a)　在最不利位置以直径为 125 mm 的固体圆盘施加 2 000 N 的力；

　　b)　4 500 N 的力均匀分布在每平方米的表面区域上，如果表面区域小于 1 m²，允许使用按比例折
　　　　算的载荷。

检查过程中用于支撑人员的机壳顶篷，如司机室和机棚的顶篷，只需要满足 a)的要求。

可接受计算验证。

6.1.2　走道，走廊和平台表面应符合以下要求：

　　——在人员通常要行走、站立或作业的区域之上的走道和平台表面上的开孔，不准许直径大于或等
　　　　于 20 mm 的球形物体通过；

　　——在人员不经常行走、站立或作业的区域之上的走道和平台表面上的开孔，不准许直径大于或等
　　　　于 40 mm 的球形物体通过。

在有必要防止通过的物料可能对走道，走廊和平台表面上部或下部的人员造成伤害的时候，应使用
无开孔的表面。

6.2　平台、走廊、走道、护栏和挡脚板

6.2.1　平台、走廊、走道、护栏和挡脚板应符合表 2 的尺寸要求。

6.2.2　护栏的顶部栏杆与走道或平台之间的中间位置应安置栏杆。或者，如果立柱之间的空间不大于
180 mm 时，可使用垂直立柱。

6.2.3　如果平台和走道在地面、平台、走道或走廊以上的高度大于 3 m，则应沿着平台和走道的开放侧
安装护栏。

　　对于平台和走道在地面、平台、走道或走廊以上的高度为 2 m～3 m 之间的，并且平台或走道的站
立或行走区域的边界距机器开放侧小于 1.5 m，适用于以下要求：

　　——在站立位置要求用双手进行日常维护的平台或走道开放侧应提供护栏；

　　——平台或走道开放侧应提供护栏或扶手（见第 7 章），或在其内侧提供表 2 所示的用于三点支撑
　　　　的扶手或抓手（图解尺寸 G）。

为了方便工地运输,可伸缩护栏或扶手及抓手可替代固定护栏。

6.2.4 在两护栏垂直端之间的水平开口处应不小于 75 mm 且不大于 120 mm。最大扶手圆角半径应为 250 mm。对于较大出入口,应提供护板。该要求不适用于护栏/扶手(见表 3,尺寸 G)之间通向通道装置另外部分(如平台、走道、阶梯、梯子)的开口。护板应符合 6.2.5 的要求。

6.2.5 护栏应能承受来自任意方向的施加在分布于超过 50 mm 长度的不小于 1 000 N 的作用力,且没有明显的永久变形。柔性护栏或护板(链条或缆绳)在不小于 1 000 N 的作用下,相对于正常位置的变形不应大于 80 mm。

6.2.6 除非挡脚板会引起绊倒的危险,否则在脚有可能从走道或平台边缘上滑落从而对脚或腿产生伤害的地方,应安装挡脚板。如果存在物料(如:工具)从平台边缘掉落到人员身上的风险时,建议提供挡脚板。

6.2.7 平台的最小长度应为 400 mm。

6.2.8 对于运输机器时产生危险的护栏、扶手或抓手,应提供措施允许拆卸或贮存。

6.3 维护

6.3.1 如安装扶手或抓手(见表 2,尺寸 G),则距地面或其他适合的表面高度低于 2 m 的日常维护点平台的最小宽度可为 300 mm。如提供三点支撑,则平地机在后联动轮上的走道或平台的最小宽度可为 200 mm。如维修作业需采取弯腰或下蹲的姿势,则最小平台宽度或长度应为 600 mm。

6.3.2 扶手和抓手不应计算在走道或平台的宽度内(见 6.3.1 和表 2)。

6.4 吊臂走道

当日常维护点沿着吊臂布置时(例如更换地下连续墙机械绳索和缆绳),走道/平台应覆盖悬臂的整个宽度和长度(见 6.2.3)。

如有必要,司机手册中应阐述个人跌落阻止装置或个人跌落约束装置的工作流程和使用。

在维修位置,走道的最大坡度不应超过 20°。

7 扶手和抓手的要求和建议

7.1 扶手和抓手应符合表 3 中规定的尺寸要求。

7.2 扶手和抓手应沿着通道装置适当地放置,为在通道装置移动的人员提供连续的支承,如适用,并能让使用者保持两点或三点支承。

7.3 相对于抓手,应优先选择连续的扶手。相邻扶手间的最大间距应为 400 mm,120 mm 最佳。如果扶手(见表 3,尺寸 B)的长度为至少 250 mm,一个或两个踏脚的情况例外,单个扶手可被用于双手的三点支撑。

7.4 扶手和抓手的横截面宜为圆形。也可使用带有圆角的正方形或矩形横截面(见 ISO 12508)。

7.5 任何扶手或抓手,若其手抓面超出支承点时,应对手抓面的末端形状进行改变,以防止手从该端滑落。

7.6 在梯子装置两侧,推荐使用扶手,代替抓手。扶手或抓手可能是梯子中的整体部件或是分别独立的。

7.7 抓手的设计和布置应使其受到损坏的风险尽可能小。

7.8 扶手和抓手的表面应避免粗糙、尖角(见 ISO 12508)或凸出物对手引起的伤害。

7.9 仅如果可动部件可以被锁定在适当的位置且当施加到扶手和抓手上的力或施加在同一个方向的力不会导致意外运动的可动部件,扶手和抓手可以被安装在覆盖件或可移动部件上(例如门,覆盖件,防护装置)。

7.10 扶手和抓手应能承受从任何方向的任何点开始施加的不小于 1 000 N 的力,没有明显的永久变形。柔性扶手和抓手在不小于 1 000 N 的力作用下,相对于正常位置的变形应不大于 80 mm。

表 2 平台、走廊、走道、护栏和挡脚板的尺寸　　　　　　　　单位为毫米

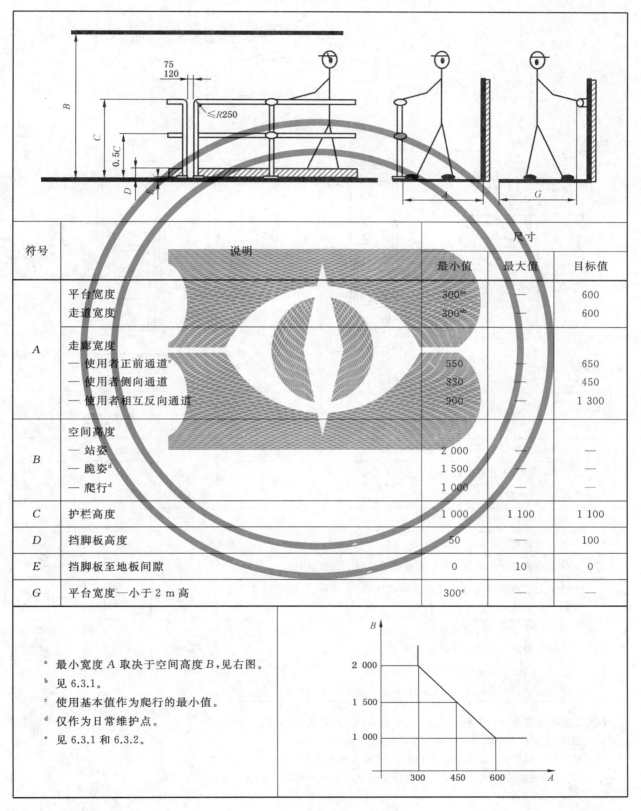

符号	说明	尺寸		
		最小值	最大值	目标值
	平台宽度	300[ae]	—	600
	走道宽度	300[ab]	—	600
A	走廊宽度			
	—使用者正前通道[c]	550	—	650
	—使用者侧向通道	330	—	450
	—使用者相互反向通道	900	—	1 300
	空间高度			
B	—站姿	2 000	—	—
	—跪姿[d]	1 500	—	—
	—爬行[d]	1 000	—	—
C	护栏高度	1 000	1 100	1 100
D	挡脚板高度	50	—	100
E	挡脚板至地板间隙	0	10	0
G	平台宽度—小于 2 m 高	300[e]	—	—

[a] 最小宽度 A 取决于空间高度 B,见右图。

[b] 见 6.3.1。

[c] 使用基本值作为爬行的最小值。

[d] 仅作为日常维护点。

[e] 见 6.3.1 和 6.3.2。

表 3 扶手和抓 手的尺寸   单位为毫米

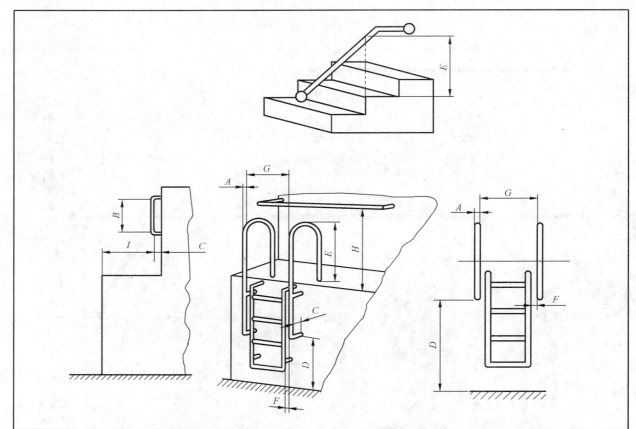

符号	说明	尺寸		
		最小值	最大值	目标值
A	梯子或踏脚—扶手直径（或横向平面）	15[a]	38	25
	阶梯、走道、平台或斜坡—扶手直径（或横向平面）	15	80	20
B	抓手支腿弯曲半径之间的距离	150	—	250
C	放手部位至安装表面间的间隙	50	—	75
D	站立表面或地面以上的距离	—	1 700	900
E	扶手延长部分在踏脚、平台、阶梯或斜坡以上的垂直距离	850	1 100[c]	900
F	梯子边缘与扶手或抓手之间的偏移距离（如果梯子/踏脚与扶手是独立的部件）	50	200	150
G	梯子—平行扶手间的宽度	300[d]	950[b]	600
	阶梯和斜坡—平行扶手间的宽度	460	—	700
H	走道、走廊、踏脚或阶梯踏脚以上的距离	850	1 400[c]	900
I	从地面、踏脚、平台或走道正面到抓手的水平距离	—	765	500

　a 如果为垂直方向且扶手的固定位置在地面以上超过 3 m 时为 19 mm。

　b 当扶手/抓手与门口是一个整体部件时，最大为 1 100 mm。

　c 对于位于司机室门之上的扶手和抓手，可能增加至 1 700 mm。

　d 300 mm 取决于最大高度 450 mm（见 E）；超过 460 mm 高度，则要求宽度为 460 mm。

8 阶梯和踏脚的要求

8.1 阶梯

8.1.1 阶梯的踏脚应符合 8.2 和表 4 的要求。

8.1.2 阶梯中踏脚踏面深度应大于或等于梯级高度。相邻的梯级高度和踏脚踏面深度应一致。

8.1.3 阶梯应至少安装一个扶手。

8.1.4 自地面或其他适合表面以上垂直距离大于 3 m 的阶梯应在开放一侧或两侧安装护栏,符合 6.2.6 要求的挡脚板及符合 6.2.2 的护栏。

8.1.5 自地面或其他适合表面(平台或走道)垂直距离在 2 m 和 3 m 之间的阶梯开放侧应提供扶手或护栏。见表 3,尺寸 G。

8.2 踏脚

8.2.1 踏脚的设计应便于使用者自然放脚或对于使用者是清楚可见的。踏脚尺寸应符合表 5 和表 6, 如适用。踏脚应有足够容纳两只脚的宽度,除非必须使用单脚宽度踏脚以适应机器的限制(如去适应机器的尺寸、交替式单独踏脚的使用、或者有破坏踏脚的风险)。

8.2.2 如果身体需侧向迈到临近的表面,例如,从梯子或阶梯的踏板顶部到一个平台,或者从一个平台到另一个平台,踏脚与支承面最近边缘的距离应符合表 7。

8.2.3 在有可能脚伸出踏脚之外且会与运动部件接触的地方,应在踏脚与运动部件之间设置护罩。

8.2.4 踏脚的设计应尽量减少脚侧向滑出踏脚的危险,如果采用挡脚板,最小高度应为 20 mm。

8.2.5 踏脚的踩踏面不应被用作抓手。

8.2.6 踏脚的设计应尽量减少异物积存,并有助于清除鞋底的泥土和碎块。

8.2.7 应避免安装柔性踏脚(或串接柔性踏脚),除非该踏脚在机器作业过程中容易受到损坏。当施加 250 N 的水平力,且该力作用于柔性踏脚外缘的中心并向内推时,串联柔性踏脚组中的单级柔性踏脚或最低位置踏脚向内偏移量(远离人的方向)不应超过 80 mm。

8.2.8 对于履带架/可伸缩踏脚装置(最多 2 级踏脚),顶部踏脚可以缩进表 5 尺寸 Q 规定的尺寸。在这种情况下,由于出来时视野的限制,踏脚的宽度应至少为目标的两脚宽度(见表 6)。

8.2.9 顶端踏脚或垂直踏脚组最多可从平台或走道边缘缩进 30 mm。

8.2.10 踏脚可用于日常维护点的站立表面,或作为高度不超过地面或其他适合平面 2 m 的休息平台, 且踏脚符合表 6 的规定的双脚踏脚宽度要求。

表 4 阶梯的尺寸 单位为毫米

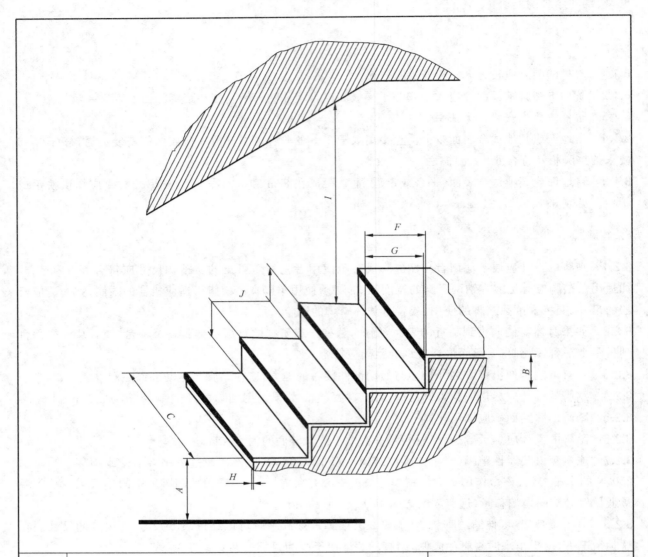

符号	说　　明	尺寸		
		最小值	最大值	目标值
A	地面、平台、走道或走廊以上的第一个踏脚的高度	—	600	400
B	梯级高度	—	250	180
C	踏脚宽度	320	—	400
F	踏面深度	240	400	300
G	跨步距离	215	—	—
H	自梯级到踏面所凸出的部分	—	25	0
I	通过走道,踏脚之上至顶部的间隙	2 000	—	＞2 000
J	踏脚跨度 $J=G+2B$	—	800	600

表 5 履带架踏脚/可伸缩踏脚的尺寸 单位为毫米

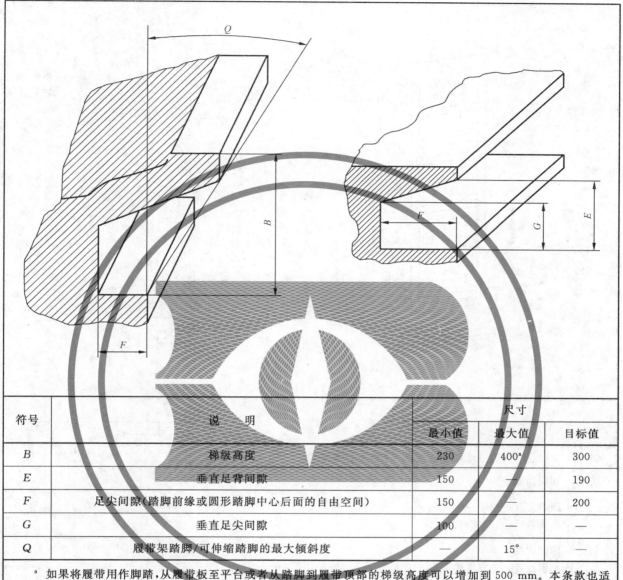

符号	说 明	尺寸		
		最小值	最大值	目标值
B	梯级高度	230	400ᵃ	300
E	垂直足背间隙	150	—	190
F	足尖间隙(踏脚前缘或圆形踏脚中心后面的自由空间)	150	—	200
G	垂直足尖间隙	100	—	—
Q	履带架踏脚/可伸缩踏脚的最大倾斜度	—	15°	—

ᵃ 如果将履带用作脚踏,从履带板至平台或者从踏脚到履带顶部的梯级高度可以增加到 500 mm。本条款也适用于轮式挖掘机从下车架到旋转上车架的踏脚。

9 梯子的要求

9.1 梯子踏脚应符合 8.2(踏脚通用要求)和表 6 的要求。

9.2 在地面以上垂直延伸超过 3 m 的梯子应装备梯子跌落限落装置,优先采用符合 ISO 14122-4 的不活动型装置(如梯子护栏)。这种装置不应要求使用者在上、下梯子时频繁操作。

梯笼的内表面至踏脚距离不应超过 700 mm,其内部宽度也不应超过 700 mm。

9.3 最大每 6 m 应设置一个休息平台,梯段高度不超过 10 m 的单级梯段的梯子除外。

9.4 对于特定梯子,梯子梯级高度要一致。

表 6　梯子和单个或多个踏脚的尺寸　　　　　　　　　　　　　　　单位为毫米

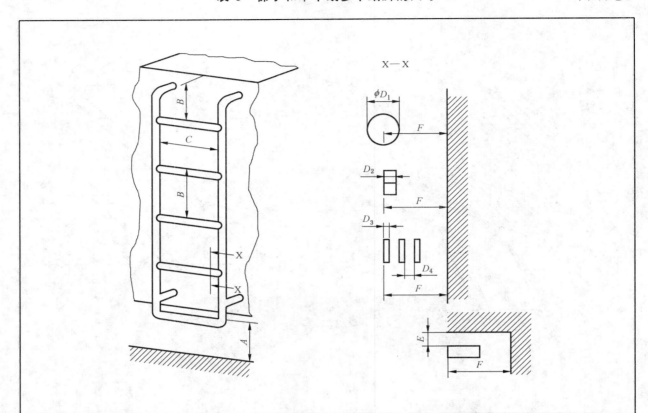

符号	说　明	尺寸		
		最小值	最大值	目标值
A	地面、平台、走道或走廊之上第一个踏脚的高度	—	600[a]	400
B	梯级高度	230[b]	400[c]	300
C	踏脚宽度—适于一只脚	160	—	200
	踏脚宽度—适于两只脚	320	—	400
D_1	踏面深度—圆形[d]	19	—	60
D_2	踏面深度—正方形或矩形	12	—	50
D_3	踏面组合深度—组合踏脚	3	—	—
D_4	踏面组合间距—组合踏脚	—	50	50
E	垂直足背间隙	100[e]	—	150
F	足尖间隙(踏脚前缘或圆形踏脚中心后面的自由空间)	150	—	200

[a] 配备大型铲斗或工作装置的滑移装载机第一个踏脚高度可提升至 700 mm。本条款也适用于小型挖掘机、推土机、回填压实机以及有钢轮和凸块的衍生机器。

　当踏脚用作日常维护点(有损坏风险)时,尺寸 A 应增加到 700 mm。

[b] 梯子顶部踏脚到平台 150 mm。

[c] 如果履带用作踏脚,从履带到平台的梯级高度可增加到 500 mm。本条款也适用于轮式挖掘机或者其他拥有旋转上车架的机器的下车架踏脚。

[d] 圆形踏脚应具有防滑表面。

[e] 对于小型挖掘机,如果踏脚高度小于 600 mm,履带用作踏脚的最小垂直足背间隙为 70 mm。

表 7　从梯子到平台的尺寸

单位为毫米

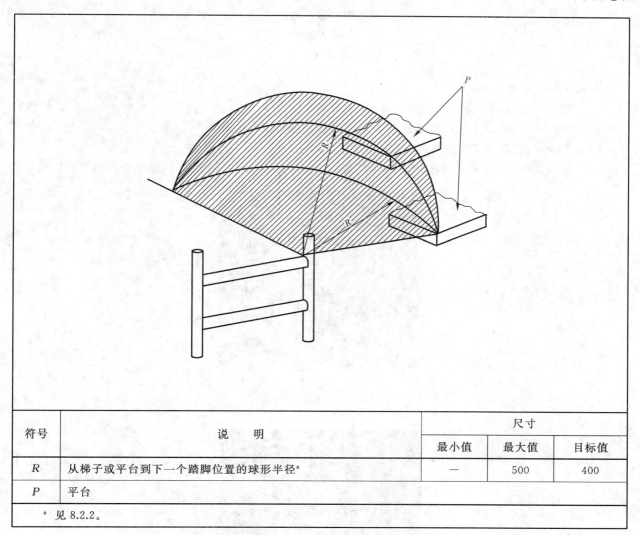

符号	说　明	尺寸		
		最小值	最大值	目标值
R	从梯子或平台到下一个踏脚位置的球形半径[a]	—	500	400
P	平台			
[a]　见 8.2.2。				

附　录　A

（资料性附录）

防滑表面示例

下面是防滑表面的示例：

a)　凸起式：凸起的、穿孔的纽扣状格栅（见图 A.1）；

b)　开口式：具有锯齿形曲面边缘的有菱形图案格栅（见图 A.2）；

c)　磨砂层：覆盖含漆料的喷砂，或烘干前已经砂化的漆料；

d)　挠曲花纹：高摩擦纹理板材，由一面涂有金刚砂的磨粒，另一面涂有压敏粘合剂的塑料膜构成。

图 A.1　凸起物表面

图 A.2　开口式表面

附 录 B
（规范性附录）
运输人员的动力可伸缩通道装置的附加要求

B.1 一般要求

当运输人员的动力可伸缩通道装置处于最低位置时,第一层踏脚高度应小于 600 mm。在通常作业情况下,该装置的提升和下降速度应不超过 0.6 m/s。如果在举升位置用该类型通道装置进行服务或维修作业,则应提供机械支撑装置。该装置应能承受 2 倍该通道装置重量的力。

设计的载荷因子应至少为预期工作载荷的 4 倍。

如果发生液压管路或能源失效,应避免失控坠落。

高于地面 2 m 作业的装置应配备护栏或侧护罩。

在装置控制位置处应易于看到标明最大作业载荷和人员数量的容量标牌。

装置伸展动作应是受控的,以防止快速动作造成人员受伤或机器损坏。

只有当装置上的通道完全伸展后才能使用。

B.2 动力通道装置控制

动力通道装置控制应清晰标明,并采取保护措施避免非预期激活。当控制释放或返回到空位时,动力通道装置动应停止移动。

B.3 紧急降落

由于能源失效、发动机停止工作或液压装置失效,操作人员应能使运输人员的动力伸缩通道装置下降到最低位置,在任意位置都能实现。

B.4 下降过程的视野

如果操作人员不能直接看到运输人员动力伸缩通道装置和机架之间的区域,则应安装辅助视野（如:外部监视镜或组镜）以便允许操作人员在降落通道装置时观察动力伸缩通道装置和机架之间的区域。

B.5 操作说明书

司机手册应包含载人动力伸缩通道装置的安全规程。

参 考 文 献

[1]　GB/T 17299—1998　土方机械　最小入口尺寸(idt ISO 2860:1992)

[2]　GB/T 17888.2—2008　机械安全　进入机械的固定设施　第 2 部分:工作平台和通道(ISO 14122-2:2001,IDT)

[3]　GB/T 17888.3—2008　机械安全　进入机械的固定设施　第 3 部分:楼梯、阶梯和护栏(ISO 14122-3:2001,IDT)

[4]　ISO 12100　Safety of machinery—General principles for design—Risk assessment and risk reduction

ICS 53.100
P 97

中华人民共和国国家标准

GB/T 25608—2017/ISO 21507:2010
代替 GB/T 25608—2010

土方机械 非金属燃油箱的性能要求

Earth-moving machinery —
Performance requirements for non-metallic fuel tanks

(ISO 21507:2010，IDT)

2017-11-01 发布

2018-05-01 实施

中华人民共和国国家质量监督检验检疫总局
中国国家标准化管理委员会 发布

前　　言

本标准按照 GB/T 1.1—2009 给出的规则起草。

本标准代替 GB/T 25608—2010《土方机械　非金属燃油箱的性能要求》。本标准与 GB/T 25608—2010 相比,除编辑性修改外主要技术变化如下:

——修改了术语和定义(见 3.4,2010 年版的 3.4);

——修改了非金属燃油箱的耐腐蚀性要求(见 4.2,2010 年版的 4.2);

——增加了倾翻试验的要求(见 5.1.2);

——修改了燃油渗透性试验的要求(见 5.2,2010 年版的 5.2);

——删除了耐燃油试验的要求(见 2010 年版的 5.3)。

本标准使用翻译法等同采用 ISO 21507:2010《土方机械　非金属燃油箱的性能要求》。

与本标准中规范性引用的国际文件有一致性对应关系的我国文件如下:

——GB/T 8420—2011　土方机械　司机的身材尺寸与司机的最小活动空间(ISO 3411:2006,IDT);

——GB/T 8498—2008　土方机械　基本类型　识别、术语和定义(ISO 6165:2006,IDT);

——GB/T 16288—2008　塑料制品的标志(ISO 11469:2000,MOD);

——GB/T 20953—2007　农林拖拉机和机械　驾驶室内饰材料燃烧特性的测定(ISO 3795:1989,MOD)。

本标准由中国机械工业联合会提出。

本标准由全国土方机械标准化技术委员会(SAC/TC 334)归口。

本标准起草单位:天津工程机械研究院、山东源根石油化工有限公司。

本标准主要起草人:贾晓雯、李广庆、袁俊洲。

本标准所代替标准的历次版本发布情况为:

——GB/T 25608—2010。

土方机械　非金属燃油箱的性能要求

1　范围

本标准规定了 ISO 6165 中定义的土方机械用非金属燃油箱（以下简称"燃油箱"）的性能要求。

2　规范性引用文件

下列文件对于本文件的应用是必不可少的。凡是注日期的引用文件，仅注日期的版本适用于本文件。凡是不注日期的引用文件，其最新版本（包括所有的修改单）适用于本文件。

ISO 3411　土方机械　司机的身材尺寸与司机的最小活动空间（Earth-moving machinery—Physical dimensions of operators and minimum operator space envelope）

ISO 3795　农林拖拉机和机械　驾驶室内饰材料燃烧特性的测定（Road vehicles, and tractors and machinery for agriculture and forestry—Determination of burning behaviour of interior materials）

ISO 6165　土方机械　基本类型　识别、术语和定义（Earth-moving machinery—Basic types—Identification and terms and definitions）

ISO 11469　塑料制品的标志（Plastics—Generic identification and marking of plastics products）

UNECE R34:2003　关于机动车防止火灾危险认证的统一规定（修正案）

3　术语和定义

下列术语和定义适用于本文件。

3.1

非金属燃油箱　**non-metallic fuel tank**
由非金属材料制成，固定在机器上用于存贮燃油的密闭箱体。

3.2

司机位置　**operator station**
司机在机器上控制机器功能的位置空间。

3.3

燃油箱装置　**tank installation**
包括非金属燃油箱、注油盖和所有连接到箱体的油管及附件的装置。

3.4

机器引燃高温区　**machine ignition temperature area**
在机器上，部件热表面超过 200 ℃，且可引燃材料或直接接近/接触燃油的区域（如发动机排气系统）。

4　要求

4.1　防护

燃油箱和连接到燃油箱的油管及附件应由机器机架部分或外部结构进行防护，以避免与机器下部或周围的障碍物相接触。无防护的燃油箱部件应通过5.1.5规定的冲击性能试验。连接燃油箱的油管及附件应由护罩、护板或固定的位置进行防护。

4.2 耐腐蚀性

燃油箱装置在设计、制造和安装时应能抵抗来自内部（燃料系统内部）和外部环境的任何腐蚀，必要时应予以保护（如电镀的金属零件）。

4.3 安装

燃油箱装置应适应机器的扭转、弯曲运动和振动。在设计和制造中，软管与燃油箱装置刚性件的连接在动态条件下应保持其密封性。

燃油箱应安全固定。在没有被动排油措施的情况下，布置安装或制造时应能确保燃油箱及其注油口或接头的任何泄漏的燃油不得流入油箱内。

如果燃油箱装置存贮汽油，在机器设计和安装上应避免由于静电引起的任何点燃危险。

如果燃油箱注油口位于机器的侧面，注油盖盖紧时，凸出部分不应超出机器外轮廓面。

燃油箱宜固定于机器上，它既不能直接接触，也不能位于机器引燃高温区表面的20 mm范围以内。如果燃油箱位于该表面的20 mm范围以内，则燃油箱上应采用一些防护。燃油箱材料耐高温性要满足高于机器引燃高温区的最高表面温度。

4.4 位置限制

燃油箱不应装配在司机室的外壁上。对于没有司机室的机器，邻近司机位置的燃油箱表面或燃油箱某部分应位于ISO 3411规定的司机最小活动空间范围之外。燃油箱注油口应远离司机位置处。

4.5 性能要求

在燃油箱加注燃油时，应把任何可能泄漏的燃油与所有机器引燃高温区分离或隔开。

5 试验方法

5.1 燃油箱压力和机械强度试验

压力试验和机械强度试验应满足5.2规定的燃油箱渗透性的要求。

5.1.1 机械强度试验

燃油箱装置及标准燃油箱接头、注油口颈和注油盖安装完成后，应进行压力和机械强度试验。燃油箱加注的水至额定容量。试验期间水的温度应为53 ℃。所有连接燃油箱的接头应封闭。燃油箱应能承受5 h内部温度为53 ℃±2 ℃时的0.03 MPa的内部压力。试验期间燃油箱可能会产生永久变形，但不应有渗漏或裂纹。

5.1.2 倾翻试验

除非压力补偿装置（如安装）处于工作状态（即不堵塞），否则倾翻试验应在5.1.1规定的燃油箱装置上进行。

燃油箱装置应依次围绕平行于机器纵向中心线的轴线做90°、180°和270°的旋转来模拟机器的倾翻/滚翻状态。通过加装燃油箱盖或压力补偿装置的渗漏量不应超过30 g/min。

5.1.3 温度和压力的提升

如果燃油箱预期在高于5.1.1规定的压力和温度条件下应用时,则试验压力和温度应提升到可反映机器燃油箱装置的压力和温度状态。测量压力和/或温度的提升也可用于5.1.2规定的倾翻试验。

5.1.4 真空性能试验

如果燃油箱没有避免负压或超压的阀,燃油箱装置及标准燃油箱接头、注油口颈和注油盖安装完成后应进行真空试验。燃油箱应是空的,所有连接燃油箱的接头应封闭。在53 ℃±2 ℃温度下,真空压力逐渐增加至0.02 MPa,燃油箱密闭5 h。试验期间燃油箱可能会产生永久变形,但不应有渗漏或裂纹。

5.1.5 冲击性能试验

无防护的燃油箱部件(见4.1)应进行冲击试验。燃油箱应注入额定容量的水和乙二醇的混合物或不改变燃油箱材料性能的低冰点的液体,然后在−20 ℃±2 ℃的温度下应能经受得住冲击试验。

燃油箱固定在试验装置上进行摆锤冲击试验(见图1)。摆锤侧面应为等边三角形,底面为正方形,顶点和棱之间的过渡圆角半径为3 mm的钢制冲击体。摆锤撞击中心应与锥体的重心一致,摆锤旋转轴至摆锤撞击中心应为1 m。

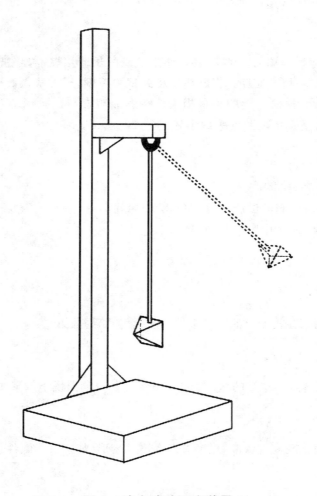

图 1　冲击试验固定装置

撞击中心上的摆锤总质量应是 15 kg。摆锤瞬间碰撞的能量不应小于或接近 30 N·m。无防护的燃油箱部件的试验应选择在最严格的要求下进行(见 4.1),燃油箱上最不牢固的点或部位由制造商确定,同时要考虑到燃油箱的形状和/或燃油箱在机器上的安装位置,并在试验报告中进行标注。

在试验期间燃油箱应被固定在侧面的支架位置或冲击面的对称位置。燃油箱的试验结果不应有渗漏。制造商可选择在一台燃油箱或在每种不同燃油箱上进行所有冲击试验。

5.2 燃油渗透性试验

5.2.1 一般要求

渗透性试验可使用燃油箱材料作为试样,试验条件包括全部的燃油箱试验条件(见 5.2.2~5.2.4)。

注:所在区域性和地方性的燃油箱燃油渗透性要求可能会更严格。

5.2.2 试验用油

渗透性试验应使用制造商推荐的试验用燃油。

5.2.3 准备条件

试验前燃油箱应加入 50%额定容量的试验用燃油并储存,不进行密封,在环境温度为 40 ℃±2 ℃的环境中放置,直到单位时间的重量损失恒定,时间不要超过 4 个星期。

5.2.4 燃油损失试验

达到准备条件后,倒空燃油箱后再注入 50%额定容量的试验用燃油,将被密封的燃油箱置于试验温度为 40 ℃±2 ℃的稳定环境下储存。当燃油箱达到试验温度,压力应调整到大气压力。试验期间,应测定出在试验中由于燃油挥发引起的重量损失。按燃油箱内与试验用燃油的接触面积计算(液位50%时),试验时间内燃油损失允许平均每 24 h 不超过 20 g/m²。

5.3 耐火试验

非金属燃油箱应由下列材料制成:

a) 燃烧率小于 50 mm/min,试验应按 ISO 3795 的规定;

b) 按 UNECE R 34:2003 中附录 5 的规定。

5.4 耐高温试验

5.4.1 试验装置

试验装置应符合燃油箱在机器上的安装条件,包括燃油箱通风方式。

5.4.2 试验条件

燃油箱注入 50%额定容量 20 ℃的水,在 95 ℃±2 ℃的环境温度下放置 1 h。

5.4.3 性能准则

试验完成后如果燃油箱既没有渗漏,也没有产生严重变形(如接头或配件损坏或失效),应认为符合要求。

6 标记

燃油箱应根据 ISO 11469 的标记方法进行适当的标记。

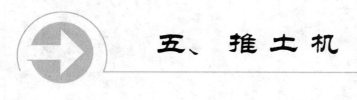

五、推土机

ICS 53.100;01.040.53
P 97

中华人民共和国国家标准

GB/T 8590—2018/ISO 6747:2013
代替 GB/T 8590—2001

土方机械 推土机 术语和商业规格

Earth-moving machinery—Dozers—
Terminology and commercial specifications

(ISO 6747:2013,IDT)

2018-09-17 发布   2019-04-01 实施

国家市场监督管理总局
中国国家标准化管理委员会   发布

前　言

本标准按照 GB/T 1.1—2009 给出的规则起草。

本标准代替 GB/T 8590—2001《推土机　术语》。本标准与 GB/T 8590—2001 相比,除编辑性修改外主要技术变化如下:

——修改了标准名称,改为"土方机械　推土机　术语和商业规格";

——修改了规范性引用文件(见第 2 章,2001 年版的第 2 章);

——增加了"基准地平面""桥荷力""最大桥荷力"的术语和定义(见 3.1.10,3.2.2.3,3.2.2.4);

——删除了"司机室、机棚、ROPS 和(或)FOPS 质量"(见 2001 年版的 3.2.4);

——删除了"尺寸术语"(见 2001 年版的 3.4);

——将附录 A"标准的附录"改为"规范性附录",并补充其内容(见附录 A);

——删除了中文索引与英文索引(见 2001 年版的中文索引、英文索引)。

本标准使用翻译法等同采用 ISO 6747:2013《土方机械　推土机　术语和商业规格》。

与本标准中规范性引用的国际文件有一致性对应关系的我国文件如下:

——GB/T 8592—2001　土方机械　轮胎式机器转向尺寸的测定(ISO 7457:1997,IDT);

——GB/T 10913—2005　土方机械　行驶速度测定(ISO 6014:1986,MOD);

——GB/T 14781—2014　土方机械　轮胎式机器 转向要求(ISO 5010:2007,IDT);

——GB/T 16936—2015　土方机械　发动机净功率试验规范(ISO 9249:2007,IDT);

——GB/T 18577.1—2008　土方机械　尺寸与符号的定义　第 1 部分:主机(ISO 6746-1:2003,IDT);

——GB/T 18577.2—2008　土方机械　尺寸与符号的定义　第 2 部分:工作装置和附属装置(ISO 6746-2:2003,IDT)。

本标准由中国机械工业联合会提出。

本标准由全国土方机械标准化技术委员会(SAC/TC 334)归口。

本标准起草单位:山推工程机械股份有限公司、天津工程机械研究院。

本标准主要起草人:高汝洁、王章领、张钰。

本标准所代替标准的历次版本发布情况为:

——GB/T 8590—1988、GB/T 8590—2001。

土方机械 推土机 术语和商业规格

1 范围

本标准规定了自行履带式或轮胎式推土机及其工作装置的术语和商业规格。

2 规范性引用文件

下列文件对于本文件的应用是必不可少的。凡是注日期的引用文件,仅注日期的版本适用于本文件。凡是不注日期的引用文件,其最新版本(包括所有的修改单)适用于本文件。

GB/T 21404—2008 内燃机 发动机功率的确定和测量方法 一般要求(ISO 15550:2002,IDT)

ISO 5010 土方机械 轮胎式机器 转向要求(Earth-moving machinery—Rubber-tyred machines—Steering requirements)

ISO 6014 土方机械 行驶速度测定(Earth-moving machinery—Determination of ground speed)

ISO 6746-1 土方机械 尺寸与符号的定义 第1部分:主机(Earth-moving machinery—Definitions of dimensions and codes—Part 1:Base machine)

ISO 6746-2 土方机械 尺寸与符号的定义 第2部分:工作装置和附属装置(Earth-moving machinery—Definitions of dimensions and codes—Part 2:Equipment and attachments)

ISO 7457 土方机械 轮胎式机器转向尺寸的测定(Earth-moving machinery—Determination of turning dimensions of wheeled machines)

ISO 9249:2007 土方机械 发动机试验规范 净功率(Earth-moving machinery—Engine test code—Net power)

3 术语和定义

下列术语和定义适用于本文件。

3.1 一般术语

3.1.1

推土机 dozer

自行的履带式或轮胎式机械,其工作装置可安装推土装置,通过机器的前进运动进行铲土、推移和平整物料,也可安装用来产生推力或牵引力的附属装置。

[GB/T 8498—2017,定义4.1]

注:见图10和图11。

3.1.2

主机 base machine

不带有工作装置或附属装置的机器,但包括安装工作装置和附属装置所必须的连接件,如需要,可带有司机室、机棚和司机保护结构。

[GB/T 18577.1—2008,定义3.3]

3.1.3

工作装置 equipment

安装在主机上的一组部件,用以使附属装置执行机器的基本设计功能。

[GB/T 18577.2—2008,定义 3.4]

3.1.4

附属装置　attachment

为专门用途而安装在主机或工作装置上的部件总成。

[GB/T 18577.2—2008,定义 3.5]

3.1.5

部件　component

主机、工作装置或附属装置的零件或零件总成。

[GB/T 18577.2—2008,定义 3.6]

3.1.6

推土铲装置　dozing equipment

前铲刀、顶推架和相关的调位装置。

3.1.6.1

直倾铲　straight dozer

推土铲的切削刃始终保持与 X 平面平行的位置。

注:见图 1。

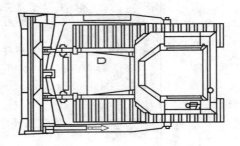

图 1　直倾铲履带式推土机

3.1.6.2

角铲　angle dozer

推土铲的铲刀位置可以改变,使切削刃与 X 平面存在一定角度。

注:见图 2。

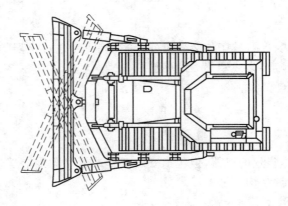

图 2　角铲履带式推土机

3.1.6.3

倾斜和俯仰　tilt and pitch

直倾铲或角铲的动作方式。

注：当采用液压系统进行操纵时，推土铲的动作由液压操纵。

3.1.6.3.1

倾斜　tilt movement

推土铲的位置可以改变，切削刃与 Z 平面形成一定角度的推土铲动作。

注：见图3。

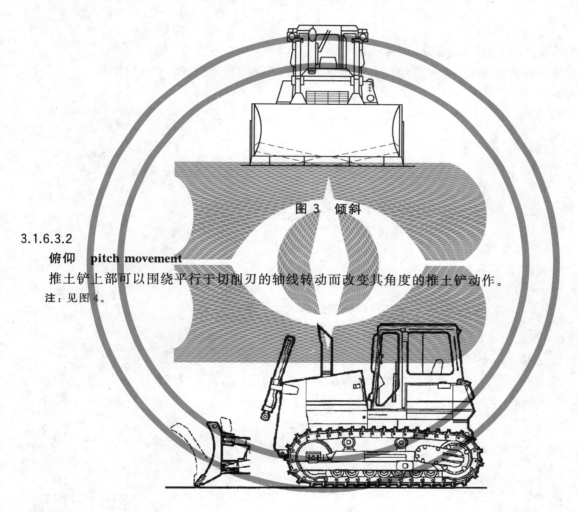

图 3　倾斜

3.1.6.3.2

俯仰　pitch movement

推土铲上部可以围绕平行于切削刃的轴线转动而改变其角度的推土铲动作。

注：见图4。

图 4　俯仰

3.1.7

松土器　ripper

安装在主机后部安装支架上的装置，具有一个或多个齿。

注1：见图5~图7，尺寸见图19。

注2：有4种形式的松土器，见 3.1.7.1~3.1.7.4 的定义。

3.1.7.1

铰接式松土器　radial type

该形式松土器的齿尖相对于地面的松土角度随着作业深度的变化而变化。

注：见图5。

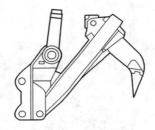

图 5 铰接式松土器

3.1.7.2

平行四连杆式松土器 parallelogram type

该形式松土器的齿尖相对于地面的松土角度为一常数,其不随作业深度的变化而变化。

注:见图 6。

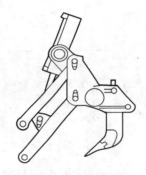

图 6 平行四连杆式松土器

3.1.7.3

可调式松土器 variable type

该形式松土器的齿尖相对于地面的松土角度是可调的,并能由司机进行调整。

注:见图 7。

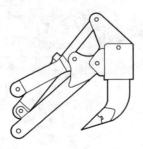

图 7 可调式松土器

3.1.7.4

冲击式松土器 impact ripper

该形式的松土器由液压脉冲系统产生一个附加的冲击力。

3.1.8

绞盘 winch

装备有卷筒并安装在主机后部的装置。

注1：见图8，尺寸见图20。

注2：有两种操纵形式，见3.1.8.1和3.1.8.2的定义。

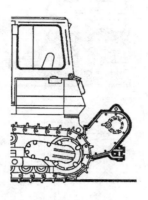

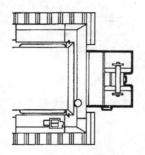

图8 绞盘

3.1.8.1

手动操纵式绞盘 manually-controlled winch

用手动控制离合器和制动器进行操纵的绞盘形式。

3.1.8.2

动力操纵式绞盘 power-controlled winch

用液压或其他动力控制离合器和制动器进行操纵的绞盘形式。

3.1.9

摆动式牵引杆 swinging drawbar

连接在主机后部，装有联接器杆和牵引杆的机构。

注：见图9，尺寸见图21。

3.1.10

基准地平面 ground reference plane；GRP

测量时机器应停放在该平面。对主机应是坚硬的水平面；对工作装置和附属装置应是坚硬的水平平面或压实的地面。

注：该平面依据机器及其工作装置和附属装置的特殊用途而定。当特定的国家标准术语或商业规格修订时需要重新定义。

[GB/T 18577.1—2008,定义 3.2]

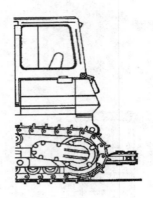

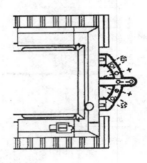

图 9　摆动式牵引杆

3.2　质量术语

3.2.1

工作质量　operating mass;OM

主机带有包括制造商所规定最常用配置的工作装置和无载的附属装置、司机(75 kg)、燃油箱加满燃油、其他液体系统(如液压油、传动油、发动机油、发动机冷却液)加注到制造商规定的液位时的质量。

[修改 GB/T 21154—2014 定义 3.2.1,忽略"洒水箱半满"]

3.2.2

轮胎式机器质量的各轴桥分配

3.2.2.1

轴桥载荷　axle load

每个轴桥上承载的**工作质量**(3.2.1)。

[GB/T 21154—2014,定义 3.2.5.1]

3.2.2.2

最大轴桥载荷　maximum axle load

制造商规定的每个轴桥上允许的最大质量。

[GB/T 21154—2014,定义 3.2.5.2]

3.2.2.3

桥荷力　axle load force

轴桥载荷(3.2.2.1)与重力加速度的乘积。

3.2.2.4

最大桥荷力 maximum axle load force

最大轴桥载荷(3.2.2.2)与重力加速度的乘积。

3.2.3

运输质量 shipping mass;SM

不包括司机的主机质量,但包括燃油箱加注10%的燃油或按制造商规定的机器运输所需的最低燃油液位(取较高者)、其他液体系统加注到制造商规定的液位,工作装置、压载物、附属装置、司机室、机棚、司机保护结构和车轮、配重的安装与否,均按制造商的规定。

注:如果制造商为了运输要对机器进行分解,则也应对所拆卸的部件质量给予说明。

[修改 GB/T 21154—2014,定义3.2.6,忽略"空的洒水箱(适用时)"]

3.3 性能术语

3.3.1

净功率 net power

在试验台架上,当发动机装有 GB/T 21404—2008 的表1第2列所列并且是第3列要求的发动机净功率试验所需装用设备和辅助装置时,在相应的发动机转速下,在曲轴末端或其相当零件处所测得的功率。

[GB/T 16936—2015,定义3.7]

3.3.2

最高行驶速度 maximum travel speed

按照 ISO 6014 中规定,机器处于工作质量状态,在坚硬水平地面上前进和倒退挡能够获得的最高速度。

3.3.3

牵引力 drawbar pull

施加在牵引杆或牵引装置连接件上的水平牵引力,单位为千牛(kN)。

[GB/T 6375—2008,定义2.2]

3.3.4

静态坡道能力 static slope capacity

〈机器〉在3.3.4.1和3.3.4.2规定的机器方位上,机器的液体系统能正常工作(液体系统没有任何故障或损坏)的最大坡度,以度(°)表示。

[GB/T 25611—2010,定义3.4]

3.3.4.1

纵向静态坡道能力 longitudinal static slope capacity

〈机器〉在性能参数之内,进行静态坡道能力的测定时,机器(即0°和180°的机器方位上)能达到的最大纵向坡度,以度(°)表示。

[GB/T 25611—2010,定义3.5]

3.3.4.2

横向静态坡道能力 lateral static slope capacity

〈机器〉在性能参数之内,进行静态坡道能力的测定时,机器(即90°和270°的机器方位上)能达到的最大横向坡度,以度(°)表示。

[GB/T 25611—2010,定义3.6]

3.3.5

绞盘性能

3.3.5.1

线拉力 line pull

在发动机标定转速下,绞盘卷筒满卷和空卷时测得的钢丝绳拉力。

3.3.5.2

线速度 line speed

在发动机标定转速下,绞盘卷筒满卷和空卷时测得的钢丝绳速度。

3.3.6

制动系统 brake system

〈轮胎式机器〉使机器制动和(或)停车的所有零部件的组合。包括操纵机构、制动传动装置、制动器,如装备了限速器,也应包括在内。

[GB/T 21152—2007,定义3.2]

3.3.7

制动系统 brake system

〈履带式机器〉使机器制动和(或)停车的所有零部件的组合,包括操纵机构、制动传动装置、制动器和使履带制动的所有连接零部件。

[GB/T 19929—2014,定义3.1.1]

3.3.8

轮胎式机器的转弯半径 turning radius of wheeled machines

按 ISO 7457 的规定。

4 主机

4.1 推土机的类型

推土机应按如下属性分类。

4.1.1 底盘 undercarriage

4.1.1.1 履带式推土机 crawler type dozer

见图10。

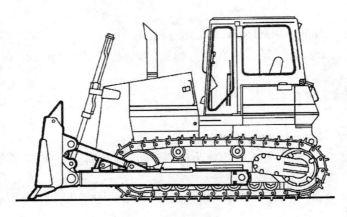

图 10 履带式推土机

4.1.1.2 轮胎式推土机 wheel-type dozer

见图11。

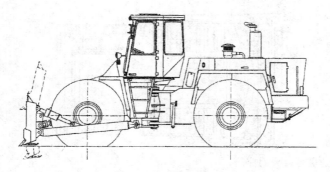

图 11 轮胎式推土机

4.1.2 转向系统

4.1.2.1 铰接转向（轮胎式推土机） articulated steering,wheeled machines

见图12。

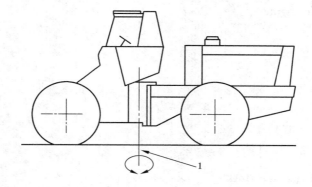

说明：

1——回转中心 axis of articulation

图 12 铰接转向

4.1.2.2 一侧履带为中心的转向 crawler pivot steering

见图13。

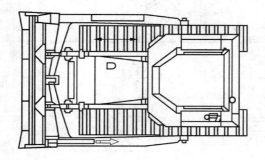

图 13 一侧履带为中心的转向

4.1.2.3 履带差速转向或履带滑移转向 crawler independent steering or crawler skid steering

见图14。

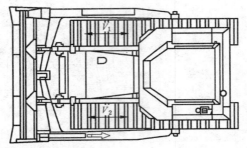

注：V_1 和 V_2 的方向和速度各自分别控制。

图 14 履带差速转向或履带滑移转向

4.1.3 发动机位置

4.1.3.1 发动机前置 front engine

见图10。

4.1.3.2 发动机后置 rear engine

见图11。

4.2 尺寸

4.2.1 主机 base machine

主机尺寸的定义见 ISO 6746-1。
与推土机相关的尺寸定义见附录 A。

4.2.1.1 履带式机器 crawler machines

见图15。

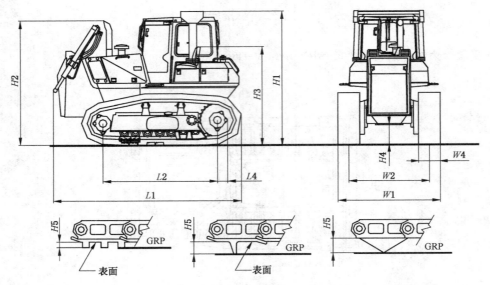

图 15 履带式推土机的主机尺寸

4.2.1.2 轮胎式机器 wheeled machines

见图 16。

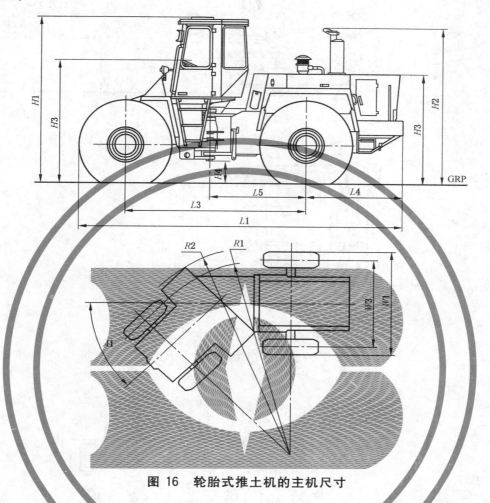

图 16 轮胎式推土机的主机尺寸

4.2.2 工作装置 equipment

见图 17～图 21。
工作装置尺寸的定义见 ISO 6746-2。
与推土机相关的尺寸定义见附录 A。

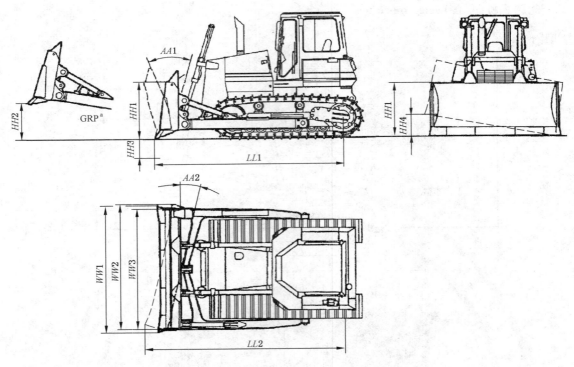

^a 见 3.1.10。

图 17 履带式推土机推土铲尺寸

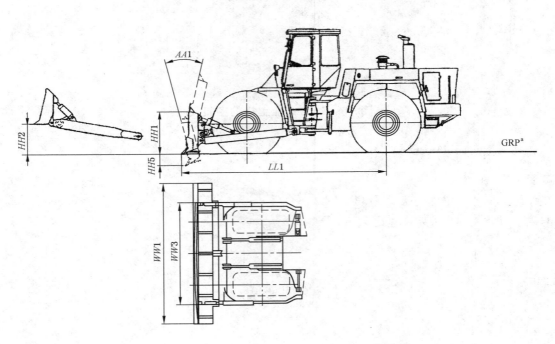

^a 详见图 16。

图 18 轮胎式推土机推土铲尺寸

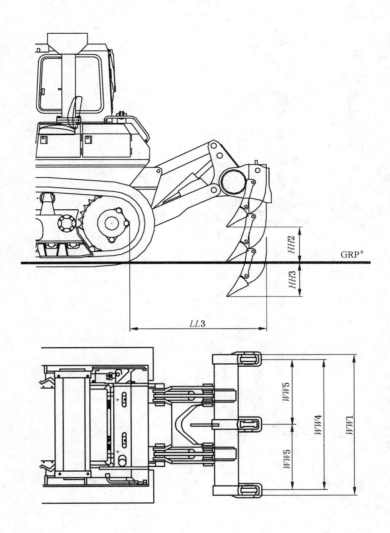

图 19 松土器尺寸

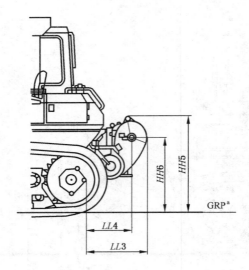

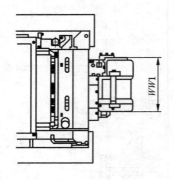

图 20　绞车尺寸

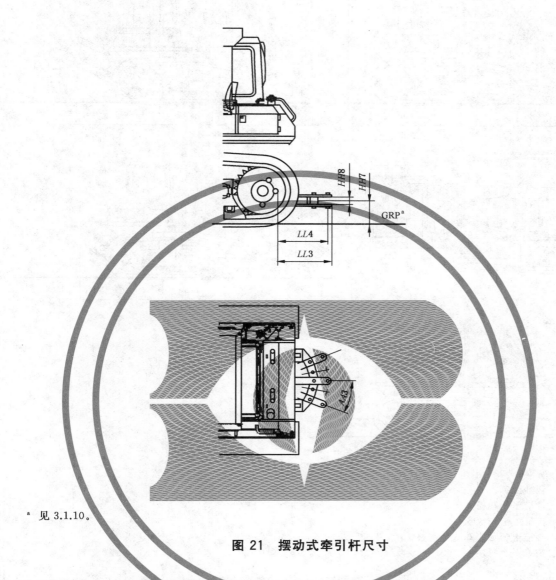

^a 见 3.1.10。

图 21 摆动式牵引杆尺寸

4.2.3 外形尺寸 overall dimensions

见图 22。

尺寸的定义见附录 A。

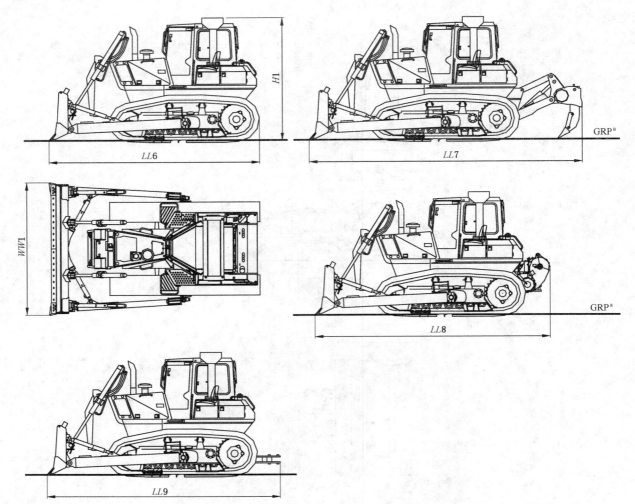

说明:

*LL*6——含推土铲;

*LL*7——含推土铲和松土器;

*LL*8——含推土铲和绞盘;

*LL*9——含推土铲和摆动式牵引杆。

ª 见 3.1.10。

图 22 履带式推土机的外形尺寸

4.3 部件名称(见示意图序号)

4.3.1 术语和定义

为了更好地理解推土铲部件名称的术语,给出下列定义。

4.3.1.1 斜支撑 jack

调整推土铲倾斜和俯仰的机械式调整零部件。

4.3.1.2 撑杆 strut

装配后在长度方向上进行固定的零部件。

4.3.2 推土铲装置 dozing equipment

见 3.1.6 和图 23。

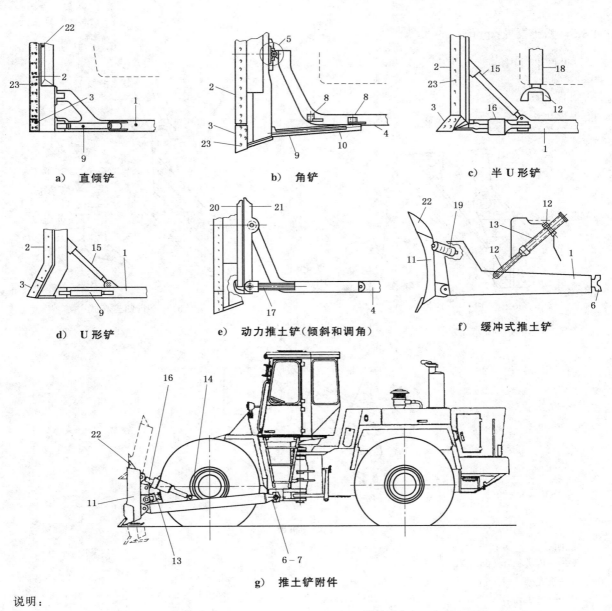

a) 直倾铲   b) 角铲   c) 半 U 形铲

d) U 形铲   e) 动力推土铲（倾斜和调角）   f) 缓冲式推土铲

g) 推土铲附件

说明：

1——推杆　beam,push；
2——刀片　cutting edge；
3——刀角　bit,eng；
4——C 形架　C-frame；
5——推土铲球铰　swivel,blade；
6——支承轴　trunnion；
7——支承轴座　bearing,trunnion；
8——撑杆托架　bracket,angling strut；
9——斜支撑　jack,adjusting；
10——角度撑杆　strut,angling；
11——铲刀　blade；
12——油缸支架　yoke,cylinder；

13——提升油缸　cylinder,lift；
14——油缸铰接座　trunnion,cylinder；
15——水平撑杆　strut,horizontal blade；
16——倾斜油缸　cylinder,tilt；
17——调角油缸　cylinder,angling；
18——铰接支架或横梁　tube,yoke or trunnion support；
19——缓冲器　member,cushion；
20——倾斜支架　frame,tilt；
21——调角支架　frame,angling；
22——护板　spill guard；
23——刀片螺栓　plough bolts。

图 23　推土铲

4.3.3 松土器 ripper

见图24。

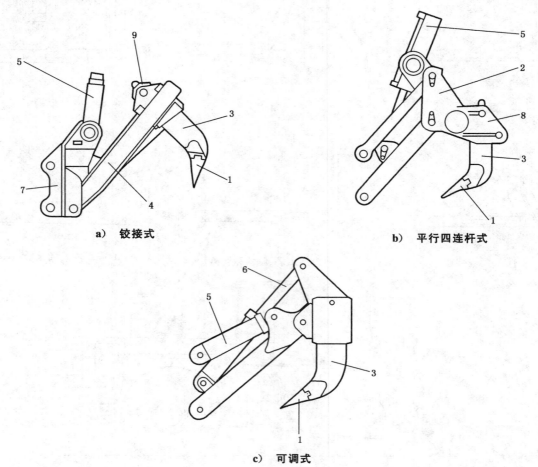

a) 铰接式

b) 平行四连杆式

c) 可调式

说明：

1——齿尖　tip(point)；

2——支架　clevis；

3——松土齿杆　shank；

4——梁　bar,tool；

5——提升油缸　cylinder,lift；

6——调角油缸　cylinder,shank tilt；

7——安装支座　bracket,mounting；

8——顶推座　block,bush；

9——齿杆固定销　pin,shank。

图 24　松土器

4.3.4 绞盘 winch

见图25。

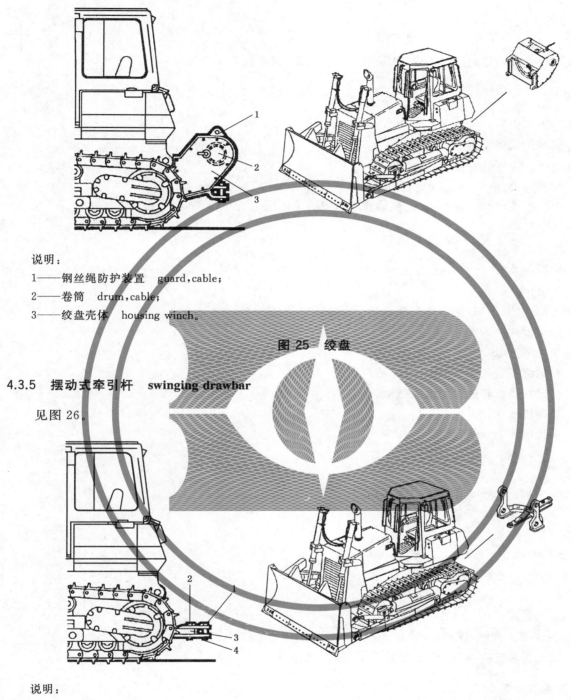

说明：

1——钢丝绳防护装置 guard,cable；

2——卷筒 drum,cable；

3——绞盘壳体 housing winch。

图 25 绞盘

4.3.5 摆动式牵引杆 swinging drawbar

见图 26。

说明：

1——销 pin；

2——止动销 pin,stop；

3——转角定位板 swing selector bar；

4——牵引杆 drawbar。

图 26 摆动式牵引杆

5 商业文件的技术内容

应在商业文件中规定下列内容,并采用国际单位制(SI单位)。

5.1 发动机

应规定下列内容:

a) 制造厂和型号;

b) 点火方式(例如:柴油或火花塞点火);

c) 冲程形式(例如:2或4冲程);

d) 进气形式(例如:自然进气、机械式增压或涡轮增压);

e) 气缸数量;

f) 缸径;

g) 冲程;

h) 排量;

i) 冷却系统(例如:空冷或水冷);

j) 燃油形式;

k) 净功率按 ISO 9249 的规定;

l) 发动机标定转速按 ISO 9249 的规定;

m) 给定发动机转速时的最大扭矩;

n) 起动机形式;

o) 系统电压。

5.2 传动系统

应规定下列内容:

a) 传动系统形式。

示例:

——带主离合器的手动换挡;

——带液力变矩器的动力换挡;

——液压传动;

——电力传动。

b) 各速度挡位(前进和倒退)。

c) 最大行驶速度(应有牵引力-速度的关系曲线图)。

5.3 液压系统

5.3.1 液压泵

应规定下列内容:

a) 形式;

b) 泵的工作压力和标定转速。

5.3.2 马达

应规定液压马达的形式和功能。

5.3.3 压力

5.3.3.1 工作回路压力

由液压泵在特定回路中提供的标称压力。

5.3.3.2 保持回路压力

应规定在一个特定回路中,回路流量不超出额定回路流量的10%时由溢流阀限定的最大静态压力。

5.4 系统液体容量

应规定下列内容:
a) 燃油箱;
b) 发动机曲轴箱;
c) 冷却系统;
d) 传动系统;
e) 差速器;
f) 终传动;
g) 液压系统。

5.5 推土铲要求

应规定推土铲的形式和尺寸:
a) 角铲;
b) 直倾铲。

5.6 质量

应规定下列质量:
a) 工作质量;
b) 运输质量。

5.7 外形尺寸

应规定外形尺寸。

5.8 履带式机器

5.8.1 转向和制动

示例:
——形式(鼓式、钳盘式、湿式或干式);
——操纵系统方式(液压、机械)。

5.8.2 终传动

示例:
——形式(单级或双级减速、行星式);
——传动比;

——润滑。

5.8.3 履带和支重轮

示例：
——履带节距；
——履带板宽度；
——履刺高度；
——接地面积 $[L_2 \times 2 (W_4)]$；
——履带支重轮数量（每侧）。

5.8.4 平均接地压力

应规定平均接地比压（见 ISO 16754）。

5.9 轮胎式机器

5.9.1 驱动桥（指明形式）

示例：
——固定、摆动；
——螺旋伞齿轮和锥齿轮；
——差速器；
——液压传动；
——行星终传动。

5.9.2 转向系统（指明形式）

见 ISO 5010。

示例：
——手动式、液压式；
——铰接式；
——紧急转向装置；
——性能：转弯半径，左转弯和右转弯等。

5.9.3 制动系统

5.9.3.1 行车制动器

示例：
——形式（鼓式、钳盘式、湿式或干式）；
——操纵系统方式（气动、液压、气顶油等）。

5.9.3.2 辅助制动器

示例：
——形式；
——操纵系统方式。

5.9.3.3 停车制动器

示例：
——形式；

——操纵系统方式。

5.9.4 轮胎

示例：
——尺寸和形式；
——胎面；
——标定层数；
——轮辋尺寸。

附　录　A

（规范性附录）

推土机尺寸

表 A.1 定义了推土机的一些尺寸并规定了其形式代码。

表 A.1　推土机尺寸的定义

符号	术语	定　　义	图　　示
$HH1$	推土铲高度 blade height	推土铲置于基准地平面（GRP）中等倾角，不侧倾或无侧倾角，基准地平面（GRP）与推土铲顶部之间沿 Z 坐标的距离（不包括标牌和防溢出装置）	
$HH2$	提升高度 lift height	刀刃中等倾角，推土铲不侧倾或无侧倾角，基准地平面（GRP）与刀刃最低点之间沿 Z 坐标的距离。松土齿处于提升位置，对松土装置为其最低点与基准地平面（GRP）之间沿 Z 坐标的距离	
$HH3$	切土深度 cutting depth	铲刀中位，没有倾斜或转角，铲刀下降到最低位置，在 Z 坐标上，从基准地平面（GRP）到刀片最下端的距离；对于松土器，为松土器下降到最低，从基准地平面（GRP）到齿尖最下端的距离	
$HH4$	倾斜高度 tilt height	铲刀一端在基准地平面（GRP）、另一端在最高倾斜位置，在 Z 坐标上，从基准地平面（GRP）到最高刀角点的距离；若两侧倾斜高度不同，需将两侧都标出	

表 A.1（续）

符号	术语	定义	图示
$HH5$	绞盘最大高度 winch maximum height	在 Z 坐标上，从基准地平面（GRP）到绞盘最高点的距离	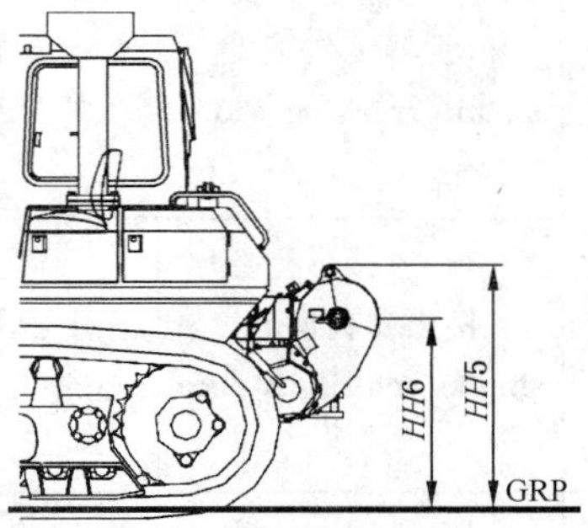
$HH6$	绞盘滚筒中心高度 winch centre of drum height	在 Z 坐标上，从基准地平面（GRP）到绞盘滚筒中心的高度	
$HH7$	牵引高度 drawbar height	在 Z 坐标上，从基准地平面（GRP）到牵引架叉头中心的距离	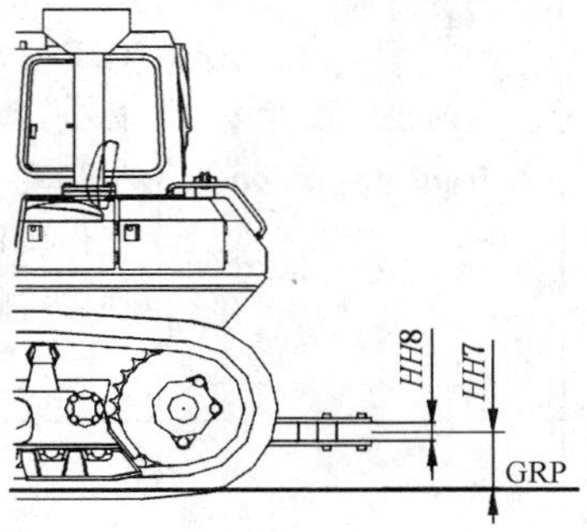
$HH8$	牵引架叉头宽度 clevis width	在 Z 坐标上，通过牵引架叉头两个内表面的 Z 平面之间的距离	
$WW1$	最大宽度 maximum width	通过工作装置最外点的两个 Y 平面之间沿 Y 坐标的距离	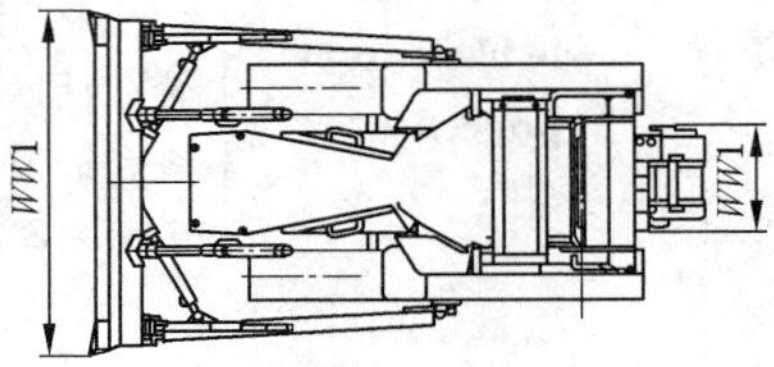
$WW2$	角铲宽度 angle blade width	角铲位于最大转角和无转角时，在 Y 坐标上，通过其两端最远点的两个 Y 平面之间的距离	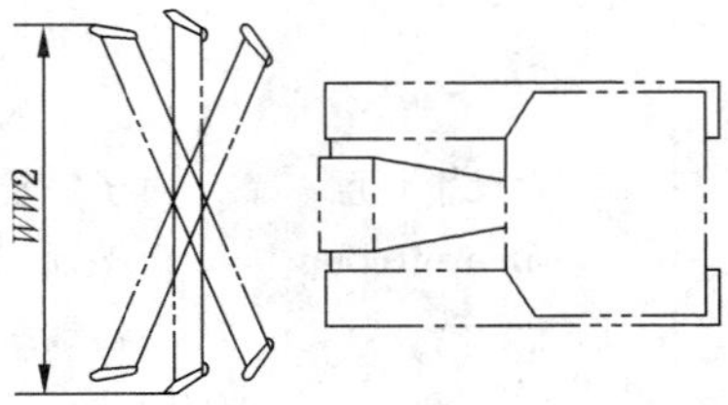
$WW3$	C 形架宽度 C-frame width	通过 C 形架最外点的两 Y 平面之间沿 Y 坐标的距离	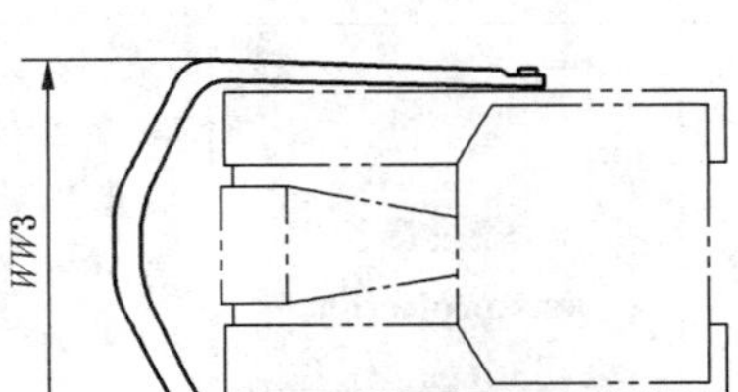

表 A.1（续）

符号	术语	定　义	图　示
WW4	松土器工作宽度 shanks working width	在 Y 坐标上，通过最外端两齿杆中心的 Y 平面之间的距离	
WW5	松土器齿间距 shanks centre distance	在 Y 坐标上，通过相邻两个齿杆中心的 Y 平面之间的距离	
LL1	前投影长度 front projection	铲刀中位放置于基准地平面（GRP），没有倾斜或转角，在 X 坐标上，通过履带式机器的链轮/后引导轮或轮式机器后轮中心线和工作装置前端极限点的两个 X 平面之间的距离，极限点是指最远端	
LL2	角铲前投影长度 angle blade front projection	工作装置中位放置于基准地平面（GRP），角铲处于最大转角时，在 X 坐标上，通过履带式机器的链轮/后引导轮或轮式机器后轮中心线和铲刀最前端极限点的两个 X 平面之间的距离	
LL3	后投影长度 rear projection	在 X 坐标上，通过机器的后安装面和后工作装置最后端的两个 X 平面之间的距离； 对于松土器，松土齿应放置在基准地平面（GRP）上且尺寸应是到松土器最后端的距离。 L4 是在 ISO 6746-1 里定义的一个主机尺寸	
LL4	后轴投影长 axis projection	在 X 坐标上，通过机器后安装面和绞盘滚筒中心或牵引架销轴中心的两个 X 平面之间的距离； L4 是在 ISO 6746-1 里定义的一个主机尺寸	

表 A.1（续）

符号	术语	定义	图示
LL6	最大长度 maximun length	在 X 坐标上,通过推土机(带推土铲)前后最远点的两个 X 平面之间的距离	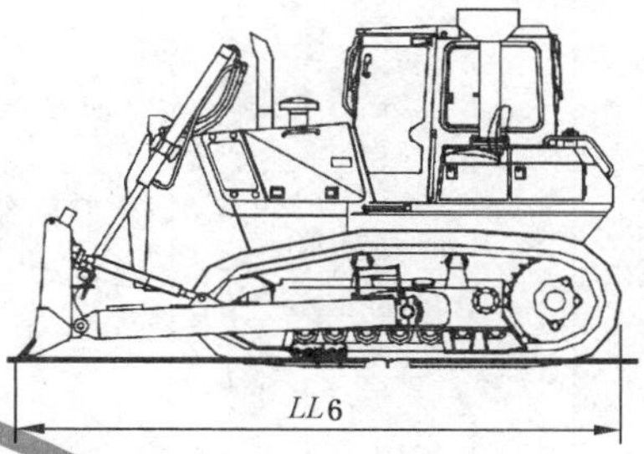
LL7	最大长度 maximun length	在 X 坐标上,通过推土机(带推土铲和松土器)前后最远点的两个 X 平面之间的距离	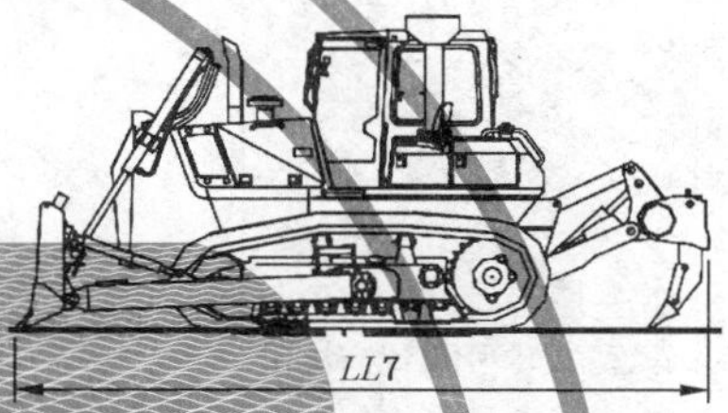
LL8	最大长度 maximun length	在 X 坐标上,通过推土机(带推土铲和绞盘)前后最远点的两个 X 平面之间的距离	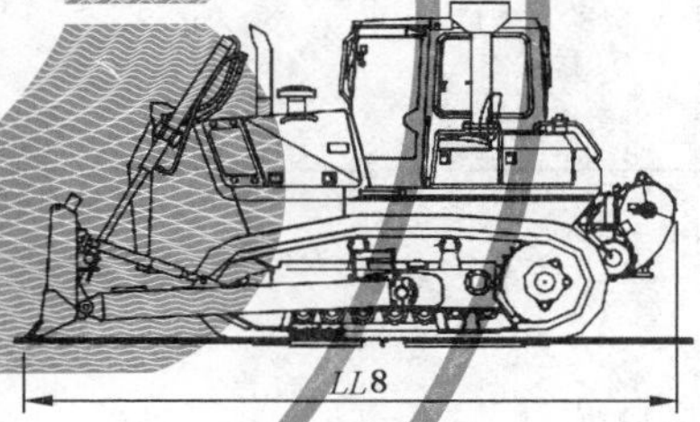
LL9	最大长度 maximun length	在 X 坐标上,通过推土机(带推土铲和摆动式牵引杆)前后最远点的两个 X 平面之间的距离	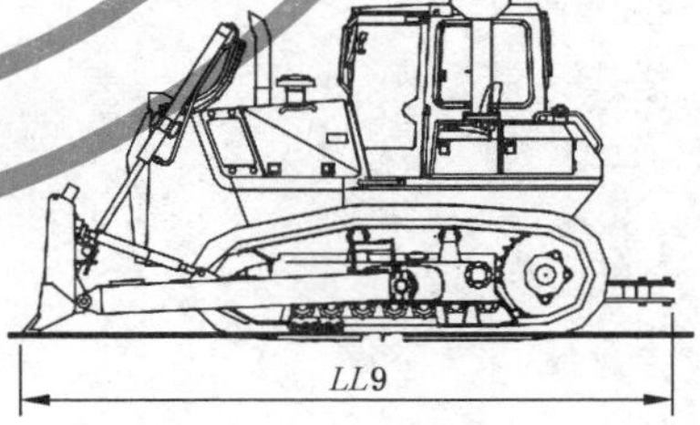
AA1	俯仰角 pitch angle	铲刀切削刃(或松土器齿尖)置于基准地平面(GRP)上,使铲刀(松土器)围绕其枢轴向前或向后摆动,铲刀上部(或松土器齿杆)旋转时在 Y 平面上形成的最大角度	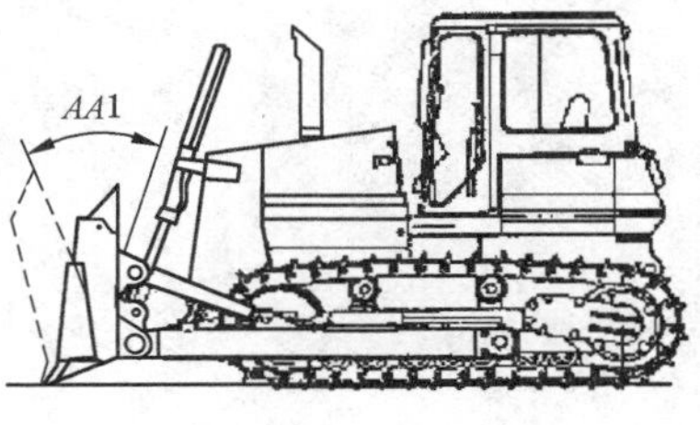

表 A.1（续）

符号	术语	定义	图示
AA2	铲刀转角 **blade angle**	铲刀围绕其中位点向左或向右极限转动时,在 Z 平面上形成的最大角度	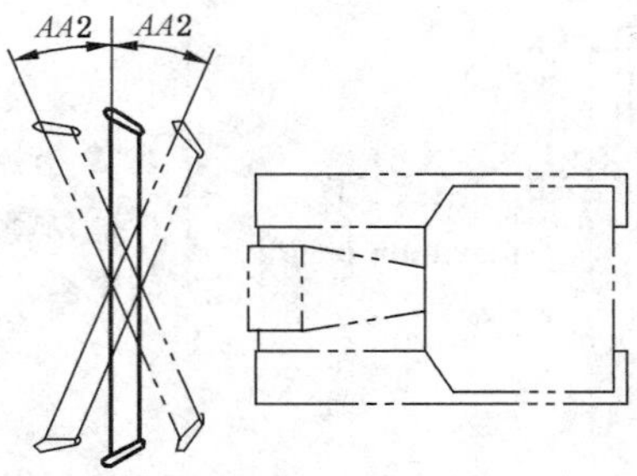
AA3	摆动式牵引架摆动角 **swing drawbar angle**	摆动式牵引架在围绕其中心位置向左或向右极限转动时,在 Z 平面上形成的最大角度	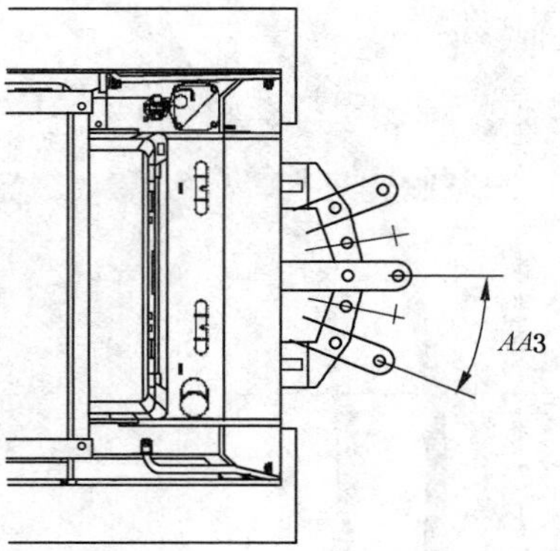

参 考 文 献

[1]　GB/T 6375—2008　土方机械　牵引力测试方法(ISO 7464:1983,IDT)

[2]　GB/T 8498—2017　土方机械　基本类型　识别、术语和定义(ISO 6165:2012,IDT)

[3]　GB/T 19929—2014　土方机械　履带式机器　制动系统的性能要求和试验方法(ISO 10265:2008,IDT)

[4]　GB/T 21152—2007　土方机械　轮胎式机器　制动系统的性能要求和试验方法(ISO 3450:1996,IDT)

[5]　GB/T 21154—2014　土方机械　整机及其工作装置和部件的质量测量方法(ISO 6016:2008,IDT)

[6]　GB/T 25611—2010　土方机械　机器液体系统作业的坡道极限值测定　静态法(ISO 10266:1992,IDT)

[7]　GB/T 30965—2014　土方机械　履带式机器平均接地比压的确定(ISO 16754:2008,IDT)

ICS 53.100
P 97

中华人民共和国国家标准

GB/T 35200—2017

土方机械　履带式湿地推土机
技术条件

Earth-moving machinery—Crawler tractor-dozer for swamp and marshland—
Technical specifications

2017-12-29 发布

2018-07-01 实施

中华人民共和国国家质量监督检验检疫总局
中国国家标准化管理委员会　发布

GB/T 35200—2017

前　　言

本标准按照 GB/T 1.1—2009 给出的规则起草。

本标准由中国机械工业联合会提出。

本标准由全国土方机械标准化技术委员会(SAC/TC 334)归口。

本标准负责起草单位:山推工程机械股份有限公司、天津工程机械研究院、新兴移山(天津)重工有限公司、中联重科股份有限公司。

本标准参加起草单位:河北宣化工程机械股份有限公司、上海彭浦机器厂有限公司、卡特彼勒(青州)有限公司。

本标准起草人:宋琳莹、李广庆、张海潮、任锋玥、任婕、陈宝明、李玉。

土方机械 履带式湿地推土机
技术条件

1 范围

本标准规定了履带式湿地推土机的术语和定义、分类、要求、试验方法、检验规则以及标志、包装、运输和贮存。

本标准适用于发动机净功率 60 kW～220 kW 的机械传动式、液力机械传动式和静液压传动式的履带式湿地推土机产品及其变型产品(以下简称推土机)。

2 规范性引用文件

下列文件对于本文件的应用是必不可少的。凡是注日期的引用文件,仅注日期的版本适用于本文件。凡是不注日期的引用文件,其最新版本(包括所有的修改单)适用于本文件。

GB/T 8419 土方机械 司机座椅振动的试验室评价

GB/T 8498 土方机械 基本类型 识别、术语和定义

GB/T 8590 推土机 术语

GB/T 8593.1 土方机械 司机操纵装置和其他显示装置用符号 第 1 部分:通用符号

GB/T 8593.2 土方机械 司机操纵装置和其他显示装置用符号 第 2 部分:机器、工作装置和附件的特殊符号

GB/T 8595 土方机械 司机的操纵装置

GB/T 14039 液压传动 油液 固体颗粒污染等级代号

GB 16710 土方机械 噪声限值

GB/T 16936 土方机械 发动机净功率试验规范

GB/T 18577.1 土方机械 尺寸与符号的定义 第 1 部分:主机

GB/T 18577.2 土方机械 尺寸与符号的定义 第 2 部分:工作装置和附属装置

GB/T 19929 土方机械履带式机器 制动系统的性能要求和试验方法

GB 20178 土方机械 安全标志和危险图示 通则

GB 20891 非道路移动机械用柴油机排气污染物排放限值及测量方法(中国第三、四阶段)

GB/T 22358 土方机械 防护与贮存

GB/T 25622 土方机械 司机手册 内容和格式

GB 25684.1 土方机械 安全 第 1 部分:通用要求

GB 25684.2 土方机械 安全 第 2 部分:推土机的要求

GB/T 28239 非道路用柴油机燃料消耗率和机油消耗率限值及试验方法

GB/T 35213 土方机械 履带式推土机 技术条件

GB/T 35202 土方机械 履带式推土机 试验方法

JB/T 5945 工程机械 装配通用技术条件

JB/T 5946 工程机械 涂装通用技术条件

JB/T 5947 工程机械 包装通用技术条件

JB/T 9725 土方机械 产品型号编制方法

3 术语和定义

GB/T 8498、GB/T 8590 和 GB/T 35213 界定的以及下列术语和定义适用于本文件。

3.1
履带式湿地推土机　crawler tractor-dozer for swamp and marshland
以湿地环境条件为依据设计并制造的履带式推土机。

4 分类

4.1 型式和型号

4.1.1 型式

推土机的型式,按传动方式可分为三类:机械传动式推土机、液力机械传动式推土机和静液压传动式推土机。

4.1.2 型号

推土机的型号宜符合 JB/T 9725 的规定。

4.2 参数

4.2.1 主参数

推土机以发动机净功率作为主参数。

4.2.2 基本参数

推土机的基本参数参见附录 A 的表 A.1,基本参数的尺寸及符号应符合 GB/T 18577.1 和 GB/T 18577.2 的规定。

5 要求

5.1 一般要求

5.1.1 推土机的发动机净功率应符合 GB/T 16936 的规定。

5.1.2 推土机的装配质量应符合 JB/T 5945 的规定。

5.1.3 推土机的涂装外观质量应符合 JB/T 5946 的规定。

5.1.4 推土机在结构设计上应能确保使用、维修、保养过程中安全和方便。

5.2 性能和质量要求

5.2.1 推土机在环境温度−15 ℃～40 ℃,海拔高度不大于 2 000 m 的条件下应能正常起动和作业,起动应平稳。如有特殊需要时,可在供需双方合同中做出规定。

5.2.2 推土机的接地比压应高于 18 kPa,并且低于 55 kPa。

5.2.3 推土机的比功率不应小于 5.2 kW/t。

5.2.4 推土机的斜行量不应大于 0.5%。

5.2.5 推土机的最大牵引力应不小于自身工作质量的 0.7 倍。

5.2.6 机械传动式推土机的最大牵引效率不应低于 70%,液力机械传动式和静液压传动式推土机的最大牵引效率不应低于 60%。

5.2.7 推土机完成可靠性试验后,可靠性评定指标应符合以下规定:

    a) 平均失效间隔时间(MTBF)不低于 250 h;

    b) 可用度不低于 85%。

5.2.8 推土机工作装置液压系统的固体颗粒污染等级应符合以下规定:

    a) 柱塞泵系统污染等级不高于 —/18/15;

    b) 齿轮泵系统污染等级不高于 —/20/17。

5.2.9 推土机应能顺利爬上 30°的纵向坡道。

5.2.10 推土机的密封性能测定应在推土作业 3 h 停机后立即进行,15 min 内各密封结合面处不应出现油和水的渗漏现象。

5.2.11 推土机在 30°纵向坡道上,上坡制动时应能可靠停车;下坡车速从零开始自行溜坡 1 m 后制动时,应能在履带接地长度内可靠停车(空挡制动的静液压推土机除外)。

5.2.12 推土机以低速转向时,制动的一侧驱动轮不应出现转动现象(有原地转向功能的推土机除外)。

5.2.13 推土作业时达到的热平衡性能应满足以下要求:

    ——变矩器出口温度不应大于 120 ℃;

    ——终传动油温不应大于 100 ℃;

    ——工作装置(液压系统)油温不应大于 90 ℃。

5.2.14 燃油箱的有效容量应保证整机能连续工作 10 h 以上。

5.2.15 推土机铲刀提升速度应不低于 0.3 m/s,推土机铲刀 15 min 内自然沉降量应不大于 120 mm。

5.2.16 电器系统应符合以下要求:

    ——推土机电气系统线路应联接良好、排列整齐;

    ——各仪表、开关、按钮应布置合理、便于操作及观察;

    ——各种电线应尽量捆扎整齐,固定卡紧,导线不应有垂吊现象;

    ——各电器装置安装、固定应牢固,仪表刻度应清晰、指针运转应灵敏、平稳;

    ——开关及按钮的关启应灵活、可靠;

    ——发电机应工作可靠,张紧皮带应调整适中。

5.2.17 液压系统应安全可靠、工作平稳,无冲击、停滞、爬行、抖动等现象,各种管路布置排列应整齐。

5.3 安全和环保要求

5.3.1 安全要求

5.3.1.1 推土机的各项安全要求应符合 GB 25684.1 和 GB 25684.2 的强制性条款的要求,GB 25684.1 和 GB 25684.2 的推荐性条款建议参照执行。

5.3.1.2 推土机的安全标签应符合 GB 20178 的规定。

5.3.1.3 推土机的制动系统应符合 GB/T 19929 的规定。

5.3.1.4 推土机的噪声限值应符合 GB 16710 的规定。

5.3.1.5 推土机用司机座椅的减振能力应符合 GB/T 8419 的规定。

5.3.1.6 推土机的司机手册应符合 GB/T 25622 的规定,若安装绞盘则制造商应提供绞盘的操作和安全使用说明。

5.3.1.7 推土机若安装后置绞盘,则应使用符合 GB/T 8593.2 规定的符号。

5.3.2 环保及舒适性要求

5.3.2.1 推土机选用柴油机的排气污染物应符合 GB 20891 的规定。

5.3.2.2 推土机选用柴油机的燃油消耗率应符合 GB/T 28239 的规定。

5.3.2.3 推土机的司机操纵装置应符合 GB/T 8595 的规定。

6 试验方法

6.1 试验条件

推土机作业试验场地应为平坦、附着性能良好的半砂质、半粘土土壤,含水率在 16%～20% 之间,土壤的动载冲击指数 N 在 3～6 之间。

可靠性试验场地应取含水率大于 20%、局部地段允许有 400 mm 以下积水的泥泞或沼泽地面,可靠性总作业试验时间为 750 h。

6.2 试验方法

第 5 章规定的要求项目所引用标准中已有相应试验方法时,这些项目的试验方法按所引用标准的规定。其他要求项目的试验应按 GB/T 35202 的规定进行。

7 检验规则

7.1 出厂检验

7.1.1 每台推土机出厂前应进行出厂检验,所有出厂检验项目全部检验合格后方可签发产品合格证并允许出厂。

7.1.2 出厂检验项目应至少包括下列内容:
- ——起动性能;
- ——空运转性能;
- ——铲刀提升速度;
- ——铲刀自然沉降量;
- ——制动性能和转向性能;
- ——液压系统;
- ——电气系统;
- ——整机密封性;
- ——外观质量。

7.2 型式检验

7.2.1 有下列情况之一时,应进行型式检验:
- ——老产品转厂生产需定型时;
- ——新产品或变型产品需鉴定时;
- ——正常生产时,对产品进行了较大改变或产品升级后。

7.2.2 型式检验按第 5 章规定的项目执行。

7.2.3 型式检验应达到本标准规定的全部要求方判定为合格。型式检验的抽样应按制造商规定的方法进行。当推土机被判定为不合格时,允许在该批产品中加倍抽样,按本标准要求全部复检。

8 标志、包装、运输和贮存

8.1 标志

8.1.1 推土机的机器标识应固定在机身的明显位置上,信息应清晰且不易消除。

8.1.2 机器标识的内容应包括下列项目：
　　——制造商名称；
　　——产品名称和型号；
　　——发动机净功率/发动机额定功率；
　　——整机工作质量；
　　——制造年度；
　　——产品识别代码(PIN)或出厂编号。

8.1.3 在推土机的明显位置，应按 GB/T 8593.1 和 GB/T 8593.2 的规定，对操纵指示标志进行标识。

8.2 随机文件

推土机出厂时，应向用户提供下列文件：
　　——装箱单；
　　——产品合格证明书；
　　——司机手册/使用说明书；
　　——整机的零件目录；
　　——随机工具和备件、附件的目录。

8.3 包装

8.3.1 推土机及其附件的包装应符合 JB/T 5947 或由供需双方协商确定，并保证在正常运输和贮存条件下不致损坏。

8.3.2 分解包装运输按包装图样进行包装。

8.4 运输

推土机的运输应符合铁路、公路和水运等交通运输部门的规定。

8.5 贮存

推土机的贮存应符合 GB/T 22358 的规定。

附　录　A
（资料性附录）
推土机基本参数

推土机的基本参数见表 A.1。

表 A.1　推土机基本参数表

项　目	参　数		单　位
尺寸参数	外形尺寸	最大长度	mm
		最大宽度	
		最大高度	
	性能尺寸	履带中心距	
		履带板宽度	
		履带接地长度	
		铲刀高度	
		铲刀宽度	
		铲刀最大提升高度	
		铲刀最大倾斜高度	
		铲刀最大切土深度	
		铲刀切削角	(°)
		铲刀回转角	
	功能尺寸	牵引点高度	mm
质量参数	整机工作质量		kg
	质心位置($X/Y/Z$)		mm
动力性能	发动机标定转速		r/min
	比功率		kW/t
	Ⅰ、Ⅱ挡最大牵引力		kN
	最大纵向爬坡能力		(°)
	各挡最大行驶速度（前进/后退）		km/h
通过性能	最小转弯半径		mm
	机器外廓转弯半径		
	最小离地间隙		
	平均接地比压		kPa
作业性能	推土作业生产率		m³/h
	燃油（小时）消耗量		L/h

表 A.1（续）

项 目	参 数	单 位
推土装置 动力性能参数	最大提升速度	m/s
	最大提升力	N
	最大推压力	N
	推土铲自然沉降量	mm
注：由于原材料和制造过程存在偏差，产品实际的作业性能参数、工作质量和外形尺寸与设计值不大于±5% 偏差。		

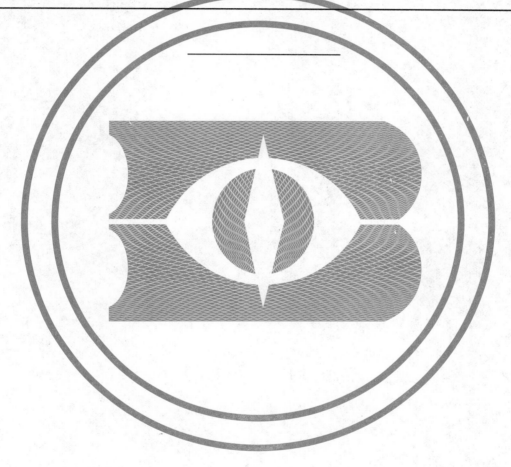

ICS 53.100
P 97

中华人民共和国国家标准

GB/T 35202—2017

土方机械　履带式推土机　试验方法

Earth-moving machinery—Crawler tractor-dozer—Test methods

2017-12-29 发布
2018-07-01 实施

中华人民共和国国家质量监督检验检疫总局
中国国家标准化管理委员会　发布

前　言

本标准按照 GB/T 1.1—2009 给出的规则起草。

本标准由中国机械工业联合会提出。

本标准由全国土方机械标准化技术委员会(SAC/TC 334)归口。

本标准负责起草单位:山推工程机械股份有限公司、天津工程机械研究院、中联重科股份有限公司、新兴移山(天津)重工有限公司、厦工(三明)重型机器有限公司。

本标准参加起草单位:河北宣化工程机械股份有限公司、卡特彼勒(青州)有限公司、广西柳工机械股份有限公司。

本标准起草人:刘春朝、李广庆、周天升、张海潮、徐远钦、任婕、李玉、余亚军。

土方机械　履带式推土机　试验方法

1　范围

本标准规定了履带式推土机的术语和定义、试验条件和试验方法。

本标准适用于发动机净功率为 60 kW～400 kW 的机械传动式、液力机械传动式和静液压传动式的履带式推土机(以下简称推土机)。推土机的衍生产品(如推耙机)、变型产品,以及净功率大于 400 kW 的推土机也可参照使用。

2　规范性引用文件

下列文件对于本文件的应用是必不可少的。凡是注日期的引用文件,仅注日期的版本适用于本文件。凡是不注日期的引用文件,其最新版本(包括所有的修改单)适用于本文件。

GB 5226.1　机械电气安全　机械电气设备　第 1 部分:通用技术条件

GB 5226.6　机械电气安全　机械电气设备　第 6 部分:建设机械技术条件

GB/T 6375　土方机械　牵引力测试方法

GB/T 8419　土方机械　司机座椅振动的试验室评价

GB/T 8498　土方机械　基本类型　识别、术语和定义

GB/T 8499　土方机械　测定重心位置的方法

GB/T 8590　推土机　术语

GB/T 8595　土方机械　司机的操纵装置

GB/T 10913　土方机械　行驶速度测定

GB/T 16937　土方机械　司机视野　试验方法和性能准则

GB/T 17771　土方机械　落物保护结构　实验室试验和性能要求

GB/T 17922　土方机械　翻车保护结构　实验室试验和性能要求

GB/T 18826　工业用 1,1,1,2-四氟乙烷(HFC-134a)

GB 19517　国家电气设备安全技术规范实验室试验

GB/T 19933.2　土方机械　司机室环境　第 2 部分:空气滤清器试验方法

GB/T 19933.3　土方机械　司机室环境　第 3 部分:增压试验方法

GB/T 19933.4　土方机械　司机室环境　第 4 部分:采暖、换气和空调(HVAC)的试验方法和性能

GB/T 19933.5　土方机械　司机室环境　第 5 部分:风窗玻璃除霜系统的试验方法

GB/T 19933.6　土方机械　司机室环境　第 6 部分:太阳光热效应的测定

GB/T 20082　液压传动　液体污染　采用光学显微镜测定颗粒污染度的方法

GB/T 20418　土方机械　照明、信号和标志灯以及反射器

GB 20891　非道路移动机械用柴油机排气污染物排放限值及测量方法(中国第三、四阶段)

GB/T 21153　土方机械　尺寸、性能和参数的单位与测量准确度

GB/T 21154　土方机械　整机及其工作装置和部件的质量测量方法

GB/T 21155　土方机械　前进和倒退音响报警　声响试验方法

GB/T 25612　土方机械　声功率级的测定　定置试验条件

GB/T 25613　土方机械　司机位置发射声压级的测定　定置试验条件

GB/T 25614　土方机械　声功率级的测定　动态试验条件

GB/T 25615　土方机械　司机位置发射声压级的测定　动态试验条件

GB/T 25685.1　土方机械　监视镜和后视镜的视野　第1部分：试验方法

GB/Z 26139　土方机械　驾乘式机器暴露于全身振动的评价指南　国际协会、组织和制造商所测定协调数据的应用

GB/T 28239　非道路用柴油机燃料消耗率和机油消耗率限值及试验方法

GB/T 30965　土方机械　履带式机器平均接地比压的确定

GB/T 35213　土方机械　履带式推土机　技术条件

JB/T 6033　履带式推土机　热平衡性能试验方法

JB/T 6036　履带式推土机　水密性试验方法

JB/T 7157　工程机械　燃油箱清洁度测定方法

JB/T 7158　工程机械　零部件清洁度测定方法

JB/T 12461　履带式推土机　可靠性试验方法、故障分类及评定

ISO 11500　液压传动　用消光原理进行自动粒子计数测定液态样品的微粒污染程度(Hydraulic fluid power—Determination of the particulate contamination level of a liquid sample by automatic particle counting using the light-extinction principle)

3　术语和定义

GB/T 8498、GB/T 8590 和 GB/T 35213 界定的以及下列术语和定义适用于本文件。

3.1

推耙机　trimming dozer

配备有推耙铲工作装置，通过机器向前或向后运动进行移动推耙物料的履带式机械。

3.2

斜行量　diagonal volume

推土机转向系统在自由状态下，以低速挡正向行驶，在行驶的轨迹上截取 20 m 的弦长，所对应的弦高与该弦长的比值，用百分比表示。

4　试验条件

4.1　试验前的准备

4.1.1　推土机至少应进行以下技术准备工作：

——处于出厂状态，并按试验要求加润滑油、冷却液、燃油等；

——应按制造商的规定配备随机文件。

4.1.2　推土机试验的尺寸、性能和参数的测量准确度应符合 GB/T 21153 的规定。

4.1.3　技术资料的准备应包括：

——推土机与发动机的使用说明文件(包含司机手册、使用说明书等)和零件目录；

——推土机出厂验收技术条件及验收合格证；

——主要部件(发动机、变矩器、变速器)的台架性能试验报告。

4.2　试验场地

4.2.1　定置试验场地应为平坦、水平、硬实的混凝土铺砌面的场地。试验场地的横向、纵向坡度不应大于 0.5%，平整度不应大于 3 mm/m²，场地平面尺寸应满足试验要求。

4.2.2　行驶试验场地应使用泥结碎石或其他特种材料路面跑道。路面应平整、清洁。测试路段最短长

度为 100 m。试验跑道宽度大于 6 m(或跑道比整机宽度多 2 m)。跑道的纵向坡度不得大于 0.4%,横向坡度不得大于 2.5%。试验时各向风速不得大于 6 m/s。

4.3 跑合试验与初级验收

4.3.1 推土机投入试验前,应按司机手册的要求进行 50 h 跑合试验,试验后应按规定进行保养并记录。

4.3.2 推土机应由试验机构,根据出厂验收技术条件或有关技术文件要求进行初级验收,并填入表 1。

表 1 推土机主要性能参数表

机器型号:　　　　　　　　　　　　　　　　出厂编号:

项　目			计量单位	设计值
发动机净功率			kW	
最大牵引力			kN	
行驶速度	前进	I 挡 (静液压传动式推土机除外)	km/h	
	后退			
爬坡角度			(°)	
外形尺寸	全长		mm	
	全宽			
	全高			
履带中心距				
履带板宽度				
履刺高度				
履带接地长度				
最小转弯半径				
平均接地比压			kPa	
离地间隙			mm	
工作质量			kg	
发动机	型　号			
	型　式			
	缸数-缸径×行程		mm	
	标定转速		r/min	
	最小燃油消耗率		g/(kW·h)	
铲刀	宽　度		mm	
	高　度			
	最大提升高度			
	最大切入深度			
	最大倾斜高度(左右)			
	提升速度		m/s	
	回转角(左右)			
	切削角		(°)	
推耙机	推耙角度			
	推耙容量		m³	

5 定置试验

5.1 外形尺寸的测量

5.1.1 测量状态

推土机定置试验的测量状态按图 1a)所示,试验场地按 4.2.1。

推耙机定置试验的测量状态按图 1b)所示,试验场地按 4.2.1。

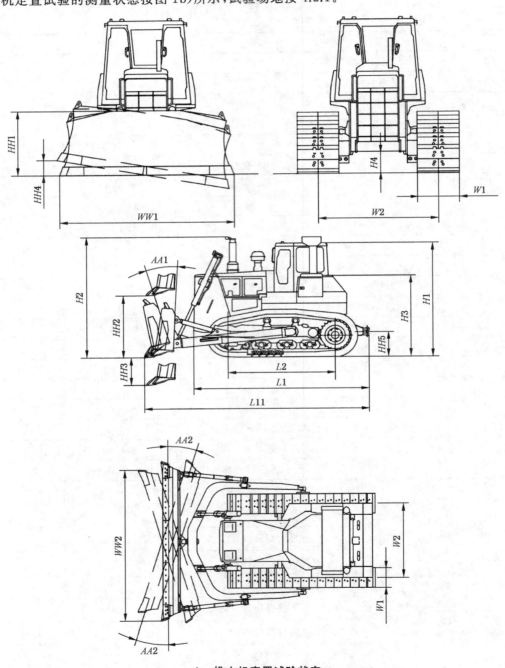

a) 推土机定置试验状态

图 1 定置试验

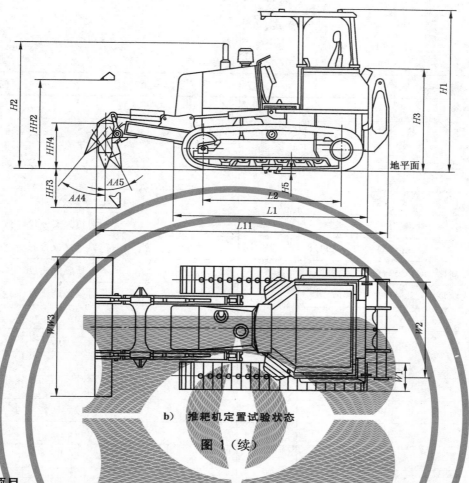

b) 推耙机定置试验状态

图 1（续）

5.1.2 测量项目

按图 1 给出的具体项目进行测量。

5.1.3 测量结果

将测量结果记入表 2。

表 2 外形尺寸测量表

机器型号：　　　　　　　出厂编号：　　　　　　　测量日期：
测量地点：　　　　　　　环境温度：　　　℃　　　试验人员：

测 试 项 目		计量单位	3 次平均测量值	备　注
主机长度	L1			不带铲刀
推土机长度	L11			不带松土器
司机室高度	H1			不包括履刺高度
排气管高度	H2	mm		不包括履刺高度
装运高度	H3			为便于装运、拆去可拆部件后的最大高度（不包括履刺高度）
离地间隙	H4			不包括履刺高度，指车底中部最小空间高度

表 2（续）

机器型号：　　　　　　出厂编号：　　　　　　　测量日期：

测量地点：　　　　　　环境温度：　　　℃　　　试验人员：

测 试 项 目			计量单位	3 次平均测量值	备 注
履刺高度	H5		mm		
履带板宽度	W1				
履带中心距	W2				
履带接地长度	L2				
履带支架摆动量	L3				左、右侧平均值
铲刀高度	铲刀	HH1			切削角为实际设计值
	（推耙）铲刀	HH6			铲刀直立放置时
铲刀最大提升高度	HH2				不包括履刺高度
铲刀最大切入深度	HH3				不包括履刺高度
铲刀宽度	WW1				
铲刀最大倾斜高度 HH4	左				
	右				
牵引杆高度	HH5				
角铲宽度	WW2				铲刀最大回转角时
推耙铲宽度	WW3				
铲刀俯仰角	AA1				
铲刀回转角	AA2				
切削角	AA3		(°)		
推耙角度	推	AA4			推耙铲直立到最大推土角度
	耙	AA5			推耙铲直立到最大耙土角度

注：履带支架摆动量是指在提起一侧履带的引导轮，另一侧履带引导轮将要离地时，两侧引导轮中心到地面距离之差。

5.2 工作质量的测量

工作质量的测量按 GB/T 21154 的规定，其中直接测量法应优先于间接测量法。

5.3 接地比压的测量

接地比压的测量按 GB/T 30965 的规定，将测量结果记入表 3。

表 3 接地比压测量数据表

机器型号：　　　　　　　　测量地点：　　　　　　　出厂编号：

环境温度：　　℃　　　　　　测量日期：　　　　　　　试验人员：

测量项目	计量单位	平均测量值	设计值	备注
工作质量	kg			
履带接地长度	mm			
履带板宽度	mm			
平均接地比压	kPa			

5.4　质心位置的测定

质心位置的测定按 GB/T 8499 的规定。

5.5　司机的操纵装置测定

司机的操纵装置的测定按 GB/T 8595 的规定。

5.6　司机视野的测定

司机视野的测定按 GB/T 16937 的规定。

6　空运转试验

6.1　启动发动机，观察发动机的运行及各仪表指示值，并调整液压系统的压力至正常值。

6.2　模拟作业工况，使工作装置的各液压缸反复运行。观察液压系统和发动机的运行应正常，各控制阀的工作应可靠。

7　铲刀性能试验

7.1　测定条件

推土机按 4.2.1 置于定置试验场地。在工作液压油油温达 50 ℃±5 ℃时进行测定。

7.2　测定方法

7.2.1　铲刀升降速度的测定

铲刀升降速度按式（1）计算。在发动机高速（最高挡时）运转和低速（最低挡时）运转状态下测定下列项目：

——提升总动作时间，开始操纵手柄至铲刀由地面上升到最高位置所需时间；

——下降总动作时间，开始操纵手柄至铲刀由最高位置下降至地面所需时间；

——提升时间，铲刀从地面上升至最高位置所需时间；

——下降时间，铲刀从最高位置下降至地面所需时间；

——行程，铲刀从地面到最高位置所经过的垂直距离（推耙铲直立放置）。

$$v = \frac{S}{t} \qquad\qquad\cdots\cdots\cdots\cdots\cdots\cdots（1）$$

式中:

v ——铲刀升降速度,单位为米每秒(m/s);

S ——行程,单位为米(m);

t ——提升/下降时间,单位为秒(s)。

7.2.2 铲刀自然沉降量的测定

铲刀自然沉降量按式(2)计算。将铲刀提升到最高位置,然后发动机熄火,5 min 后测量 h_1,再经过 15 min 后,测量 h_2。

$$H = h_1 - h_2 \qquad\qquad \cdots\cdots\cdots\cdots\cdots\cdots\cdots(2)$$

式中:

H ——铲刀自然沉降量,单位为毫米(mm);

h_1 ——铲刀铲尖初始离地高度,单位为毫米(mm);

h_2 ——铲刀铲尖离地高度,单位为毫米(mm)。

7.2.3 铲刀最大提升力及油压测定

如图 2 所示安装好拉力测力计后,提升铲刀,当推土机尾部离地(或液压系统安全阀打开)时,测取最大提升力及工作液压缸下腔油压。

7.2.4 铲刀最大推压力及油压测定

如图 3 所示安装好压力测力计后,使铲刀下压,当推土机头部离地(或液压系统安全阀打开)时,测取最大推压力及工作液压缸上腔油压。

7.3 测量结果

将测量结果记入表 4。

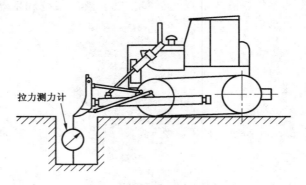

图 2 测量提升力状态

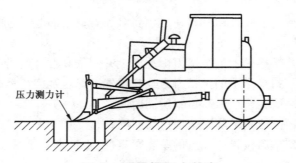

图 3 测量推压力状态

表 4 推土装置性能测量数据表

机器型号： 出厂编号： 测试日期：

测试地点： 环境温度： ℃ 试验人员：

铲 刀 升 降 速 度						
行程 mm	升降时间 s		平均速度 m/s		总动作时间 s	
	低速 $n_1=($ $)$r/min	高速 $n_2=($ $)$r/min	低速	高速	低速 $n_1=($ $)$r/min	高速 $n_2=($ $)$r/min
提升						
下降						

铲 刀 自 然 沉 降 量					
序号	初始高度 h_1 mm	15 min 后高度 h_2 mm	沉降量 H mm/15min	工作油箱初始油温 ℃	备注
1					
2					
3					
平均					

最 大 提 升 力 及 油 压				
序号	最大提升力 kN	液压缸下腔油压 MPa	推土机状态	备注
1				
2				
3				
平均				

最 大 推 压 力 及 油 压				
序号	最大推压力 kN	液压缸上腔油压 MPa	推土机状态	备注
1				
2				
3				
平均				

8 行驶性能试验

8.1 行驶速度试验

8.1.1 试验条件

行驶速度试验应满足下列试验条件：

——准备状态：燃油加注到 2/3 以上，冷却液、润滑油等加注到规定量；发动机起动后，使水温、油温及油压达到规定值；履带张紧度正常；推土机应处于正常状态；

——试验场地按 4.2.2。

8.1.2 试验方法

试验方法应按 GB/T 10913 的规定。

8.1.3 测量结果

将测量结果记入表 5。

表 5 行驶速度试验数据表

机器型号： 出厂编号： 试验日期：
环境温度： ℃ 风 速： m/s 测定距离：
司 机： 试验地点： 试验人员：

序号	行驶方向	挡位	时间间隔 t s	机器设计速度 v km/h	机器试验速度 v_s km/h	备注
注：v_s 值圆整到小数点后一位。

8.2 行驶阻力试验

8.2.1 试验条件

行驶阻力试验应满足下列试验条件：
——推土机的准备状态按 8.1.1；
——试验场地按 4.2.2。

8.2.2 试验方法

负荷测量车通过拉力传感器牵引推土机在跑道上行驶。试验时推土机的发动机怠速运转，行走动力输出断开。负荷车以 (3±1)km/h、(5±1)km/h、(7±1)km/h 的速度行驶，在稳定车速的条件下，测取拉力值和速度。每挡速度往返各测量 3 次。

8.2.3 测量结果

将测量结果记入表 6，并绘制行驶阻力和速度的关系曲线（见图 4）。

表 6 行驶阻力试验数据表

机器型号： 出厂编号： 测试日期：
测试地点： 司 机： 履带挠度： mm
环境温度： ℃ 湿 度： % 风 速： m/s
风 向： 土质 N 值： 次/100 mm 含水率： %
试验人员：

序号	行驶方向	挡位	行驶速度 km/h	行驶阻力 N	备注

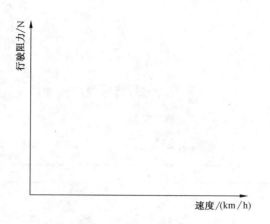

图 4 行驶阻力和速度的关系曲线

8.3 斜行量试验

8.3.1 试验条件

斜行量试验应满足下列试验条件：
——推土机的准备状态按 8.1.1；
——试验场地按 4.2.2。

8.3.2 试验方法

推土机转向系统在自由状态下，以低速正向行驶，在其行驶的轨迹上截取 20 m 的弦，测量其对应弦高（见图 5），并按式（3）计算斜行量。

$$\gamma = \frac{l_2}{l_1} \times 100\% \quad \cdots\cdots\cdots\cdots\cdots\cdots\cdots\cdots(3)$$

式中：
γ ——斜行量；
l_1 ——弦长，单位为米（m）；
l_2 ——弦高，单位为米（m）。

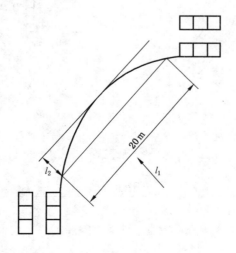

图 5 斜行量试验

8.3.3 试验结果

将试验结果计入表7。

表 7 斜行量记录表

样机型号＿＿＿＿＿＿＿＿＿＿＿＿＿＿＿　　　试验日期＿＿＿＿＿＿＿＿＿＿＿＿＿＿＿

试验地点＿＿＿＿＿＿＿＿＿＿＿＿＿＿＿　　　试验人员＿＿＿＿＿＿＿＿＿＿＿＿＿＿＿

弦长/m	弦高/m	斜行量
20		

8.4 最小转弯半径试验

8.4.1 试验条件

最小转弯半径试验应满足下列试验条件：

——推土机准备状态按8.1.1,铲刀切削刃离地面20 mm;

——试验场地按4.2.2。

8.4.2 试验方法

——发动机处于低速状态,推土机以低速前进和后退,左转和右转作如图6a)所示最小半径转弯,测量履带板外侧和铲刀角旋转轨迹的直径,取其1/2为最小转弯半径。

——发动机处于低速状态,具有原地转向功能的推土机以低速向左或向右如图6b)所示进行原地最小半径转弯,测量履带板外侧和铲刀角旋转轨迹的直径,取其1/2为最小转弯半径。

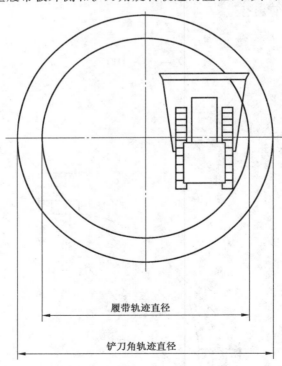

履带轨迹直径

铲刀角轨迹直径

a) 普通最小转弯半径试验

图 6 最小转弯半径试验

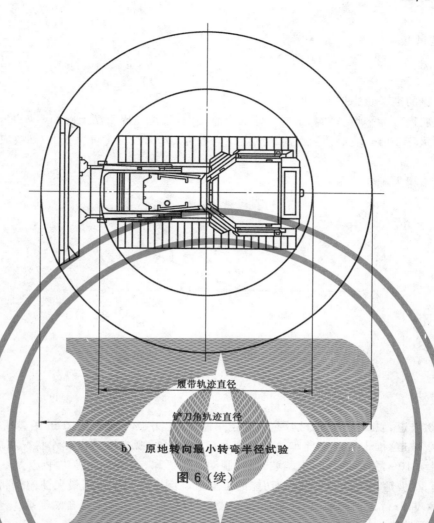

b) 原地转向最小转弯半径试验

图 6（续）

8.4.3 测量结果

将测量结果记入表8。

表 8 最小转弯半径试验数据表

机器型号：　　　　　　　　　出厂编号：　　　　　　　　测试日期：

土质 N 值：　次/100 mm　　　环境温度：　　　℃　　　司　机：

测试地点：　　　　　　　　　试验人员：

行驶方向	转弯方向	最小转弯半径/m		备注
		履带轨迹	铲刀尖轨迹	
前进	左转			
	右转			
后退	左转			
	右转			
原地转向最小转弯半径/m				
转弯方向		履带轨迹	铲刀尖轨迹	
左转				
右转				

8.5 爬坡性能试验

8.5.1 试验条件

8.5.1.1 推土机的准备状态按8.1.1。

8.5.1.2 试验坡道应为平坦、坚实、土质均匀的土路路面,或泥结碎石粘土路面。坡道分别为20°和30°,坡下助跑距离大于10 m,坡道预测距离与测定距离各为10 m,坡道宽度大于6 m(或坡道比整机宽度多2 m)。见图7。

8.5.1.3 风速不得大于6 m/s。

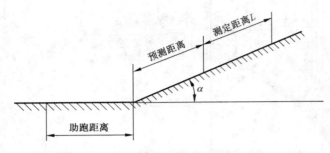

图7 爬坡性能试验场地示意

8.5.2 试验方法

8.5.2.1 爬20°坡道,以最大油门分别用Ⅰ、Ⅱ挡车速爬坡,测定匀速通过10 m距离所需时间。

8.5.2.2 爬30°坡道,推土机以Ⅰ挡车速用最大油门爬30°坡,观察发动机工作状况和履带打滑情况,并在中途停车制动10 s,然后继续起步爬坡,观察制动是否可靠,爬坡是否成功并记录。

8.5.2.3 倒爬30°坡道,不具有空挡制动功能的推土机以倒退Ⅰ挡车速用最大油门倒爬30°坡,当铲刀已离坡根5 m后,断开行走动力输出,并制动停车,然后放松制动,让推土机自然溜坡1 m,再制动,观察推土机是否能在履带接地长度内停车,测出制动距离并记录。

8.5.2.4 倒爬30°坡道,具有空挡制动功能的推土机以倒退Ⅰ挡车速用最大油门倒爬30°坡,当铲刀已离坡根5 m后,手柄回到空挡并进行制动,观察推土机是否能在履带接地长度的1/2范围内停车,测出制动距离并记录。

8.5.3 试验结果

用式(4)~式(5)计算爬坡所需功率和爬坡速度,并将结果记入表9。

$$P = \frac{10^{-3} g_n M L \sin\alpha}{t} \qquad \cdots\cdots\cdots\cdots\cdots\cdots\cdots\cdots (4)$$

$$v = \frac{3.6L}{t} \qquad \cdots\cdots\cdots\cdots\cdots\cdots\cdots\cdots (5)$$

式中:

P ——爬坡功率,单位为千瓦(kW);

M ——推土机工作质量,单位为千克(kg);

L ——测定距离,单位为米(m);

α ——坡道角度,单位为度(°);

t ——通过测定距离所用时间,单位为秒(s);

v ——行驶速度,单位为千米每小时(km/h);

g_n ——重力加速度(9.81 m/s²)。

表 9 爬坡性能试验数据表

机器型号：　　　　　　　　出厂编号：　　　　　　　　测试日期：

测试地点：　　　　　　　　环境温度：　　℃　　　　　风　　速：　　　　m/s

履带挠度：　　mm　　　　　土质 N 值：　　次/100 mm　含水率：　　　%

试验人员：

坡道角	挡位	测定距离 m	所用时间 s	平均速度 km/h	爬坡所需功率 kW	发动机转速 r/min	备注
20°							
30°							

9 牵引性能试验

9.1 试验条件

试验条件如下：

——推土机要进行充分行驶预热，使水温、油温达到规定值；

——推土机履带的张紧度应正常；

——推土机牵引试验场地应符合 GB/T 6375 的规定。

9.2 试验方法

牵引功率试验和最大牵引力试验方法应按 GB/T 6375 的规定。

9.3 试验结果

将试验结果记入表 10、表 11，并绘出牵引性能曲线。

表 10 牵引性能试验数据表

机器型号：　　　　　　　　出厂编号：　　　　　　　　测试日期：

测试地点：　　　　　　　　推土机司机：　　　　　　　负荷车司机：

环境温度：　　℃　　　　　湿　　度：　　　　%　　　大气压力：　　kPa

履带板宽：　　mm　　　　　履刺高度：　　　　mm　　　试验人员：

发动机最高空载转速：　　r/min　　　　变矩器失速时发动机转速：　　r/min

挡位	序号	最大牵引力 kN	行驶速度 km/h	滑转率	最大牵引功率 kW	发动机转速 r/min	额定转速时发动机功率 kW	牵引效率 %	备注

表 11 最大牵引力试验数据表

机器型号：　　　　　　　　　　出厂编号：　　　　　　　　测试日期：

测试地点：　　　　　　　　　　气　温：　℃　湿度：　%　　履带板宽：　　　mm

推土机司机：　　　　　　　　　负荷车司机：　　　　　　　履刺高度：　　　mm

发动机最高空载转速：　r/min　试验人员：　　　　　　　　大气压力：　　　kPa

变矩器失速时发动机转速：　r/min　土质 N 值：　　次/100 mm　含水率：　　%

挡位	序号	测定时间 s	发动机转速 r/min	驱动轮计数 次	滑转率	速度 m/s	最大牵引力 kN	最大牵引功率 kW	推土机状态	备注

10　推土机作业试验

10.1　试验条件

试验条件如下：

——推土机状态按 7.1；

——试验场地应选平坦、宽阔、均匀的砂质黏土，推土区域在试验前应挖深到铲刀高度的 1.2 倍，然后回填平整，坡度小于 1%；

——推土作业应选熟练的司机来操作。

10.2　试验方法

按图 8 所示，在推土区域内进行切深大致均匀的切土，将土推从起始线 I 处运至终端线 II 处以外，连续推运 30 min 左右。试验应进行 3 次。

推土区域的长度 D_1 值：当推土机功率 $P < 95$ kW 时，取 20 m；当 95 kW $\leqslant P \leqslant 400$ kW 时，取 40 m；宽度 W 值由指定测试单位根据实际情况自行选定。

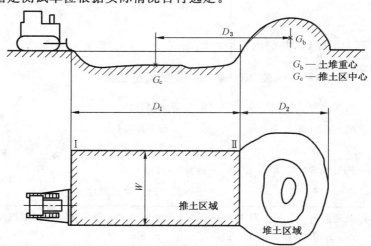

图 8　推土作业试验示意

在试验中测定：总作业时间、每次循环时间、循环次数、耗油量、土方量、机器平均水平移动距离、土堆质心的移动距离。

土方量的测量方法:试验前测量场地水准,作业结束后再次测量各测量点水准,水准差即为推挖深度。推土区域两端斜坡部分间隔以 1.5 m 为宜,其他部分以 3 m 为宜。

按式(6)～式(7)计算土方量(见图9):

$$V_q = \sum V_i \quad\cdots\cdots\cdots\cdots\cdots\cdots\cdots\cdots\cdots\cdots（6）$$

$$V_i = l_i \left(\frac{h_i + h_{i-1}}{2}\right)\left(\frac{b_i + b_{i-1}}{2}\right) \quad\cdots\cdots\cdots\cdots\cdots\cdots\cdots（7）$$

式中:

V_q ——总土方量,单位为立方米(m^3);

V_i ——i 区段的土方量,单位为立方米(m^3);

l_i ——i 区段的推挖长度,单位为米(m);

h_i、h_{i-1} ——i、$i-1$ 区段的推挖深度 $h_i = (h_{i1} + h_{i2} + h_{i3})/3$,单位为米(m);

b_i,b_{i-1} ——i、$i-1$ 区段的推挖宽度,单位为米(m)。

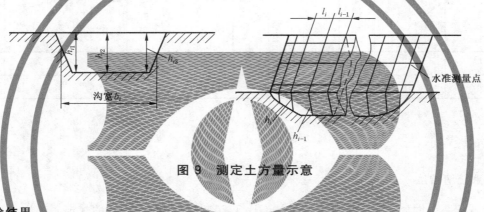

图 9 测定土方量示意

10.3 试验结果

按式(8)～式(11)计算各参数,并将试验结果计入表 12。

$$Q = \frac{3\,600 V_q}{T} \quad\cdots\cdots\cdots\cdots\cdots\cdots\cdots\cdots\cdots（8）$$

$$q = \frac{V_q}{N} \quad\cdots\cdots\cdots\cdots\cdots\cdots\cdots\cdots\cdots\cdots（9）$$

$$G_1 = \frac{3\,600 G_0}{T} \quad\cdots\cdots\cdots\cdots\cdots\cdots\cdots\cdots（10）$$

$$Q_1 = \frac{V_q}{G_0} \quad\cdots\cdots\cdots\cdots\cdots\cdots\cdots\cdots\cdots（11）$$

式中:

Q ——推土机作业生产率,单位为立方米每小时(m^3/h);

V_q ——总土方量,单位为立方米(m^3);

q ——每次循环作业量,单位为立方米每次($m^3/次$);

T ——总作业时间,单位为秒(s);

G_1 ——单位时间耗油量,单位为升每小时(L/h);

Q_1 ——单位燃料作业量,单位为立方米每升(m^3/L);

N ——总循环次数;

G_0 ——耗油量,单位为升(L)。

表 12 推土作业试验数据表

机器型号：　　　　　　出厂编号：　　　　　　测试日期：

测试地点：　　　　　　大气压力：　　kPa　　环境温度：　　℃

推土机司机：　　　　　负荷车司机：　　　　　履刺高度：　　mm

土质 N 值：　　次/100 mm　　含水率：　　%　　试验人员：

序号	挡位		测定值										计算值			备注
	前进	后退	平均循环时间 s					循环次数	总作业时间 s	耗油量 L	机器平均横移距离 m	土壤质心移动距离 m	每次循环作业量 m³/次	单位时间耗油量 L/h	单位燃料作业量 m³/L	
			换前进挡	前进	换后退挡	后退	合计									

11 清洁度试验

11.1 液压系统清洁度

推土机液压系统固体颗粒污染度的测定按 GB/T 20082 或 ISO 11500 的规定。

11.2 燃油箱清洁度

推土机燃油箱清洁度的测定按 JB/T 7157 的规定。

11.3 零部件清洁度

推土机零部件清洁度的测定按 JB/T 7158 的规定，其中静液压传动式推土机按 GB/T 20082 的规定。

12 热平衡试验

推土机热平衡试验按 JB/T 6033 的规定。

13 防水密封性试验

推土机防水密封性试验按 JB/T 6036 的规定。

14 噪声试验

推土机的噪声试验按 GB/T 25612、GB/T 25613、GB/T 25614 和 GB/T 25615 的规定。

15 司机座椅振动试验

推土机的司机座椅振动试验按 GB/T 8419 的规定。

16 全身振动试验

推土机的全身振动试验应按 GB/Z 26139 的规定。

17 电气设备及电气系统试验

推土机电气设备及电气系统的试验按 GB 5226.1、GB 5226.6 和 GB 19517 的规定。

18 照明、信号和标志灯以及反射器的试验

推土机照明、信号和标志灯以及反射器的试验按 GB/T 20418 的规定。

19 前进和倒退音响报警声响的试验

推土机前进和倒退音响报警声响的试验按 GB/T 21155 的规定。

20 监视镜和后视镜的试验

推土机配备的监视镜和后视镜的试验按 GB/T 25685.1 的规定。

21 司机防护装置试验

21.1 落物保护结构(FOPS)

推土机落物保护结构的实验室试验按 GB/T 17771 的规定。

21.2 滚翻保护结构(ROPS)

推土机滚翻保护结构的实验室试验按 GB/T 17922 的规定。

22 司机室环境试验

装有全密闭司机室的推土机,环境试验应按 GB/T 19933.2~GB/T 19933.6 的规定。

23 可靠性试验

推土机的可靠性试验方法按 JB/T 12461 的规定。

24 环保试验

24.1 推土机评估发动机排气污染物的认证证书/报告按 GB 20891 的规定。

24.2 推土机评估非道路用柴油机燃料消耗率的认证证书/报告按 GB/T 28239 的规定。

24.3 推土机评估非道路用柴油机机油消耗率的认证证书/报告按 GB/T 28239 的规定。

24.4 推土机评估空调用制冷剂的认证证书/报告按 GB/T 18826 的规定。

———————————————

ICS 53.100
P 97

中华人民共和国国家标准

GB/T 35213—2017

土方机械　履带式推土机
技术条件

Earth-moving machinery—Crawler tractor-dozer—
Technical specifications

2017-12-29 发布

2018-07-01 实施

中华人民共和国国家质量监督检验检疫总局
中国国家标准化管理委员会 发布

前　言

本标准按照 GB/T 1.1—2009 给出的规则起草。

本标准由中国机械工业联合会提出。

本标准由全国土方机械标准化技术委员会(SAC/TC 334)归口。

本标准负责起草单位:山推工程机械股份有限公司、天津工程机械研究院、中联重科股份有限公司、新兴移山(天津)重工有限公司、厦工(三明)重型机器有限公司。

本标准参加起草单位:河北宣化工程机械股份有限公司、上海彭浦机器厂有限公司、卡特彼勒(青州)有限公司、广西柳工机械股份有限公司。

本标准起草人:刘春朝、李广庆、杨西川、谢观福、徐远钦、任婕、陈宝明、李玉、谭佐州。

土方机械 履带式推土机
技术条件

1 范围

本标准规定了履带式推土机的术语和定义、分类、要求、试验方法、检验规则以及标志、包装、运输和贮存。

本标准适用于发动机净功率 60 kW～400 kW 的机械传动式、液力机械传动式和静液压传动式的履带式推土机(以下简称推土机)。推土机的衍生产品(如推耙机)、变型产品,以及净功率大于 400 kW 的推土机也可参照使用。

2 规范性引用文件

下列文件对于本文件的应用是必不可少的。凡是注日期的引用文件,仅注日期的版本适用于本文件。凡是不注日期的引用文件,其最新版本(包括所有的修改单)适用于本文件。

GB/T 8419 土方机械 司机座椅振动的试验室评价

GB/T 8498 土方机械 基本类型 识别、术语和定义

GB/T 8590 推土机 术语

GB/T 8593.1 土方机械 司机操纵装置和其他显示装置用符号 第 1 部分:通用符号

GB/T 8593.2 土方机械 司机操纵装置和其他显示装置用符号 第 2 部分:机器、工作装置和附件的特殊符号

GB/T 8595 土方机械 司机的操纵装置

GB/T 14039 液压传动油液固体颗粒污染等级代号

GB 16710 土方机械 噪声限值

GB/T 16936 土方机械 发动机净功率试验规范

GB/T 18577.1 土方机械 尺寸与符号的定义 第 1 部分:主机

GB/T 18577.2 土方机械 尺寸与符号的定义 第 2 部分:工作装置和附属装置

GB/T 19929 土方机械履带式机器 制动系统的性能要求和试验方法

GB 20178 土方机械 机器安全标签 通则

GB 20891 非道路移动机械用柴油机排气污染物排放限值及测量方法(中国第三、四阶段)

GB/T 22358 土方机械 防护与贮存

GB/T 25602 土方机械 机器可用性 术语

GB/T 25622 土方机械 司机手册内容和格式

GB 25684.1 土方机械 安全 第 1 部分:通用要求

GB 25684.2 土方机械 安全 第 2 部分:推土机的要求

GB/T 28239 非道路用柴油机燃料消耗率和机油消耗率限值及试验方法

GB/T 35202 土方机械 履带式推土机 试验方法

JB/T 5945 工程机械 装配通用技术条件

JB/T 5946 工程机械 涂装通用技术条件

JB/T 5947 工程机械 包装通用技术条件

JB/T 9725　土方机械　产品型号编制方法

3　术语和定义

GB/T 8498、GB/T 8590 和 GB/T 25602 界定的以及下列术语和定义适用于本文件。

3.1

履带式推土机　crawler tractor-dozer

自行的履带式机械,其工作装置可安装推土装置,通过机器的前进运动进行铲土、推移和平整物料,也可安装用来产生推力或牵引力的附属装置。

3.2

机械传动式推土机　mechanical drive crawler dozer

传动系统型式为带主离合器的机械变挡的推土机。

3.3

液力机械传动式推土机　hydrodynamic-mechanical drive crawler dozer

传动系统型式为带液力变矩器的动力换挡的推土机。

3.4

静液压传动式推土机　hydrostatic drive crawler dozer

传动系统型式为静液压传动的推土机。

3.5

最大牵引效率　maximum traction efficiency

推土机最大有效牵引功率与此时发动机净功率的百分比。

3.6

比功率　specific power

推土机发动机净功率与整机工作质量的比值。

4　分类

4.1　型式和型号

4.1.1　型式

推土机的型式,按传动方式可分为三类:机械传动式推土机、液力机械传动式推土机和静液压传动式推土机。

4.1.2　型号

推土机的型号宜符合 JB/T 9725 的规定。

4.2　参数

4.2.1　主参数

推土机以发动机净功率作为主参数。

4.2.2　基本参数

推土机的基本参数参见附录 A 的表 A.1,基本参数的尺寸及符号应符合 GB/T 18577.1 和 GB/T 18577.2 的规定。

5　要求

5.1　一般要求

5.1.1　推土机的发动机净功率应符合 GB/T 16936 的规定。

5.1.2　推土机的装配质量应符合 JB/T 5945 的规定。

5.1.3　推土机的涂装外观质量应符合 JB/T 5946 的规定。

5.1.4　推土机在结构设计上应能确保使用、维修、保养过程中安全和方便。

5.2　性能和质量要求

5.2.1　推土机在环境温度 $-15\ ℃\sim40\ ℃$，海拔高度不大于 2 000 m 的条件下应能正常起动和作业，起动应平稳。如有特殊需要时，可在供需双方合同中做出规定。

5.2.2　推土机的比功率不应小于 5.6 kW/t。

5.2.3　推土机的斜行量不应大于 0.5%。

5.2.4　推土机的最大牵引力不应小于自身工作质量的 78%（地面附着系数应大于 0.81）。

5.2.5　机械传动式推土机的最大牵引效率不应低于 75%，液力机械传动式和静液压传动式推土机的最大牵引效率不应低于 65%。

5.2.6　推土机完成 1 000 h 可靠性试验后，可靠性评定指标应符合以下规定：
    a)　平均失效间隔时间（MTBF）不少于 300 h；
    b)　可用度不低于 90%。

5.2.7　推土机工作装置液压系统的固体颗粒污染等级应符合以下规定：
    a)　柱塞泵系统污染等级不高于—/18/15；
    b)　齿轮泵系统污染等级不高于—/20/17。

5.2.8　推土机应能顺利爬上 30°的纵向坡道。

5.2.9　推土机的密封性能测定应在推土作业 3 h 停机后立即进行，15 min 内各密封结合面处不应出现油和水的渗漏现象。

5.2.10　推土机在 30°纵向坡道上，上坡制动时应能可靠停车；下坡车速从零开始自行溜坡 1 m 后制动时，应能在履带接地长度内可靠停车（空挡制动的静液压推土机除外）。

5.2.11　推土机以低速转向时，制动的一侧驱动轮不应出现转动现象（有原地转向功能的推土机除外）。

5.2.12　推土作业时达到的热平衡性能应满足以下要求：
    ——变矩器出口温度不应大于 120 ℃；
    ——终传动油温不应大于 100 ℃；
    ——工作装置（液压系统）油温不应大于 90 ℃。

5.2.13　燃油箱的有效容量应保证整机能连续工作 10 h 以上。

5.2.14　推土机铲刀提升速度应不低于 0.3 m/s，推土机铲刀 15 min 内自然沉降量应不大于 120 mm。

5.2.15　电器系统应符合以下要求：
    ——推土机电气系统线路应联接良好、排列整齐；
    ——各仪表、开关、按钮应布置合理、便于操作及观察；
    ——各种电线应尽量捆扎整齐，固定卡紧，导线不应有垂吊现象；
    ——各电器装置安装、固定应牢固，仪表刻度应清晰、指针运转应灵敏、平稳；
    ——开关及按钮的关启应灵活、可靠；
    ——发电机应工作可靠，张紧皮带应调整适中。

5.2.16　液压系统应安全可靠、工作平稳，无冲击、停滞、爬行、抖动等现象，各种管路布置排列应整齐。

5.3 安全和环保要求

5.3.1 安全要求

5.3.1.1 推土机的各项安全要求应符合 GB 25684.1 和 GB 25684.2 的强制性条款的要求,GB 25684.1 和 GB 25684.2 的推荐性条款建议参照执行。

5.3.1.2 推土机的安全标签应符合 GB 20178 的规定。

5.3.1.3 推土机的制动系统应符合 GB/T 19929 的规定。

5.3.1.4 推土机的噪声限值应符合 GB 16710 的规定。

5.3.1.5 推土机用司机座椅的减振能力应符合 GB/T 8419 的规定。

5.3.1.6 推土机的司机手册应符合 GB/T 25622 的规定,若安装绞盘则制造商应提供绞盘的操作和安全使用说明。

5.3.1.7 推土机若安装后置绞盘或松土器,则应使用符合 GB/T 8593.2 规定的符号。

5.3.2 环保及舒适性要求

5.3.2.1 推土机选用柴油机的排气污染物应符合 GB 20891 的规定。

5.3.2.2 推土机选用柴油机的燃油消耗率应符合 GB/T 28239 的规定。

5.3.2.3 推土机的司机操纵装置应符合 GB/T 8595 的规定。

6 试验方法

第 5 章规定的要求项目所引用标准中已有相应试验方法时,这些项目的试验方法按所引用标准的规定。其他要求项目的试验应按 GB/T 35202 的规定。

7 检验规则

7.1 出厂检验

7.1.1 每台推土机出厂前应进行出厂检验,出厂检验项目全部检验合格后方可签发产品合格证并允许出厂。

7.1.2 出厂检验项目应至少包括下列内容:
——起动性能;
——空运转性能;
——铲刀提升速度;
——铲刀自然沉降量;
——制动性能和转向性能;
——液压系统;
——电气系统;
——整机密封性;
——外观质量。

7.2 型式检验

7.2.1 有下列情况之一时,应进行型式检验:
——老产品转厂生产需定型时;

————新产品或变型产品需鉴定时；

————正常生产时，对产品进行了较大改变或产品升级后。

7.2.2　型式检验按第5章规定的项目执行。

7.2.3　型式检验应达到本标准规定的全部要求方判定为合格。型式检验的抽样应按制造商规定的方法进行。当推土机被判定为不合格时，允许在该批产品中加倍抽样，按本标准要求全部复检。

8　标志、包装、运输和贮存

8.1　标志

8.1.1　推土机的机器标识应固定在机身的明显位置上，信息应清晰且不易消除。

8.1.2　机器标识的内容应包括下列项目：

————制造商名称；

————产品名称和型号；

————发动机净功率/发动机额定功率；

————整机工作质量；

————制造年度；

————产品识别代码（PIN）或出厂编号。

8.1.3　在推土机的明显位置，应按GB/T 8593.1和GB/T 8593.2的规定，对操纵指示标志和润滑示意图进行标识。

8.2　随机文件

推土机出厂时，应向用户提供下列文件：

————装箱单；

————产品合格证明书；

————司机手册/使用说明书；

————整机的零件目录；

————随机工具和备件、附件的目录。

8.3　包装

8.3.1　推土机及其附件的包装应符合JB/T 5947或由供需双方协商确定，并保证在正常运输和贮存条件下不致损坏。

8.3.2　分解包装运输按包装图样进行包装。

8.4　运输

推土机的运输应符合铁路、公路和水运等交通运输部门的规定。

8.5　贮存

推土机的贮存应符合GB/T 22358的规定。

附 录 A
（资料性附录）
推土机基本参数

推土机的基本参数见表 A.1。

表 A.1　推土机基本参数表

项　目	参　数		单　位
尺寸参数	外形尺寸	最大长度	mm
		最大宽度	
		最大高度	
	性能尺寸	履带中心距	mm
		履带板宽度	
		履带接地长度	
		铲刀高度	
		铲刀宽度	
		铲刀最大提升高度	
		铲刀最大倾斜高度	
		铲刀最大切土深度	
		铲刀切削角	(°)
		铲刀回转角	
	功能尺寸	牵引点高度	mm
质量参数	整机工作质量		kg
	质心位置（$X/Y/Z$）		mm
动力性能	发动机标定转速		r/min
	比功率		kW/t
	Ⅰ、Ⅱ挡最大牵引力		kN
	最大纵向爬坡能力		(°)
	各挡最大行驶速度（前进/后退）		km/h
通过性能	最小转弯半径		mm
	机器外廓转弯半径		
	最小离地间隙		
	平均接地比压		kPa
作业性能	推土作业生产率		m³/h
	燃油（小时）消耗量		L/h

表 A.1（续）

项　目	参　数		单　位
推土装置 动力性能参数	最大提升速度		m/s
	最大提升力		N
	最大推压力		N
	推土铲自然沉降量		mm
注：由于原材料和制造过程存在偏差，产品实际的作业性能参数、工作质量和外形尺寸与设计值不大于±5%偏差。			

ICS 53.100
P 97

中华人民共和国国家标准

GB/T 36694—2018

土方机械 履带式推土机燃油消耗量
试验方法

Earth-moving machinery—Fuel consumption for tractor-dozer—
Test methods

2018-09-17 发布

2019-04-01 实施

国家市场监督管理总局
中国国家标准化管理委员会 发布

前　言

本标准按照 GB/T 1.1—2009 给出的规则起草。

本标准由中国机械工业联合会提出。

本标准由全国土方机械标准化技术委员会(SAC/TC 334)归口。

本标准起草单位:天津工程机械研究院有限公司、山推工程机械股份有限公司、山东源根石油化工有限公司、卡特彼勒(青州)有限公司、机械工业工程机械及液压件产品质量监督检测中心(天津)。

本标准起草人:贾晓雯、李广庆、高汝洁、袁俊洲、李玉、程萌、刘佼、邓艳芳。

土方机械 履带式推土机燃油消耗量
试验方法

1 范围

本标准规定了发动机额定功率 560 kW 及以下的履带式推土机燃油消耗量的术语和定义、试验项目、试验条件、测量方法、试验方法、试验记录和试验评价。

本标准适用于履带式推土机模拟动作的燃油消耗量的测量。

2 规范性引用文件

下列文件对于本文件的应用是必不可少的。凡是注日期的引用文件，仅注日期的版本适用于本文件。凡是不注日期的引用文件，其最新版本（包括所有的修改单）适用于本文件。

GB 252 普通柴油

GB/T 1885 石油计量表

GB/T 6375 土方机械 牵引力测试方法

GB/T 8498 土方机械 基本类型 识别、术语和定义

GB/T 8590 土方机械 推土机 术语和商业规格

3 术语和定义

GB/T 8498 和 GB/T 8590 界定的术语和定义适用于本文件。

4 试验项目

试验按下列规定的项目进行：

——牵引试验；

——待机试验。

5 试验条件

5.1 试验机器

5.1.1 配置

试验机器的配置应达到制造商规定的标准状态。当对试验机器的重心没有影响时则不受限制。

5.1.2 发动机转速

将试验机器发动机的无负荷最低转速和无负荷最高转速调节到规定范围内。

5.1.3 燃油填充量

燃油填充量应达到燃油箱容量的 2/3 以上。

5.1.4 热车

试验机器在试验前应进行充分热车,使发动机冷却液出口温度不低于 70 ℃,传动油温不低于 80 ℃,液压油温度不低于 50 ℃。

5.1.5 冷却风扇

配备可变转速控制冷却风扇的机器,当风扇转速达到制造商规定的风扇最高转速的 70% 以上时方可进行试验(允许发动机低转速时风扇转速也随之下降)。

5.1.6 空调

装有空调的司机室,在试验过程中空调应处于关闭状态。

5.2 燃油

试验机器用燃油应符合 GB 252 的规定,并按照 GB/T 1885 的规定折合为 20 ℃时的密度。

5.3 测量项目和测量仪器的精度

测量项目和测量仪器的精度应符合下列规定:
——时间:±0.1 s 以内;
——转速:测量对象的±1% 以内;
——温度:最小刻度 1 ℃以内;
——燃油消耗量:直接测量消耗流量时,测量对象的精度范围在±1% 以内,分别对发动机燃油进油口和回油口进行测量时精度范围在±0.2% 以内。使用副油箱进行质量测量时,使用精密测量仪器保证测量精度范围在±1% 以内。

5.4 环境条件

试验环境应满足下列条件:
——相对湿度:小于 95%;
——最大风速:小于 5 m/s;
——环境温度:278 K～308 K(5 ℃～35 ℃)。

5.5 大气条件

表示大气条件(压力、温度和湿度)对发动机空气吸入量影响的大气系数 f_a,依据发动机的形式使用式(1)、式(2)及式(3)进行计算,并将数值控制在 0.96～1.06 之间(0.98～1.02 最佳):

a) 无增压及机械式增压发动机

$$f_a = \left(\frac{99}{P_d}\right) \cdot \left(\frac{T}{298}\right)^{0.7} \quad\quad\quad\quad\quad\quad (1)$$

式中:

T ——发动机进气口的绝对温度,单位为开尔文(K);

P_d ——干燥大气压,从大气全压中将水蒸气压减去而得,单位为千帕(kPa)。

b) 无风冷或者带有中冷的涡轮增压发动机

$$f_a = \left(\frac{99}{P_d}\right)^{0.7} \cdot \left(\frac{T}{298}\right)^{1.2} \qu\quad\quad\quad\quad\quad\quad (2)$$

c) 带中冷和液体冷却器的涡轮增压发动机

$$f_a = \left(\frac{99}{P_d}\right)^{0.7} \cdot \left(\frac{T}{298}\right)^{0.7} \qquad \cdots\cdots\cdots\cdots\cdots\cdots\cdots\cdots(3)$$

6 燃油消耗量的测量方法

6.1 使用流量计测量法

6.1.1 消耗量直接测量法

消耗量直接测量方法的示例见图1。

为防止由喷射装置喷管返回的燃油产生气泡,必要时可追加(回油管加压)供油泵。为控制燃油发动机进油口温度在设定温度以下,必要时可增加热交换器。

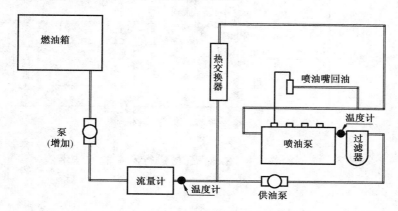

图 1 直接消耗量测量方法示例

6.1.2 发动机进油和回油的消耗量测量法

通过发动机进油流量和回油流量的差计算消耗量的方法示例见图2。此方法中进油和回油的测量应尽可能同步,双侧的流量计特性(流量和误差特性)应尽可能一致。并确保回油侧流量测量管内无气泡产生。

应使用测量用流量计流量特性的试验结果对流量测量值进行修正。

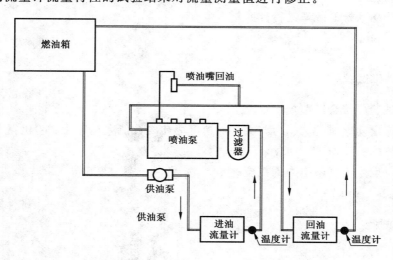

图 2 发动机进口侧和回油侧流量测量方法示例

6.2 使用副油箱测量法

图 3 的示例表示利用发动机供油副油箱和回油副油箱在试验前后的质量差计算燃油消耗量的方法。此方法中,为保证测量副油箱质量所使用称重测量仪器的精度,应排除进行质量测量时风等外界因素的困扰,并应避免副油箱拆装时的燃油泄漏及发动机一侧气泡的混入。

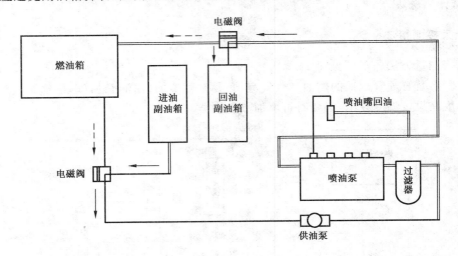

图 3　使用副油箱对燃油消耗量进行测量的方法示例

7　试验方法

7.1　牵引试验

7.1.1　一般要求

牵引试验应根据 GB/T 6375 的规定,在足够坚固平坦的土质直线路面上,测量出牵引力、牵引速度和燃油消耗量,计算出最大牵引功率试验的前进牵引功率输出和后退牵引试验的后退牵引功率输出。对于进行局部变型的机器,可根据搭载发动机的单体试验得出的牵引功率输出、燃油消耗量测量结果,以及试验机器动力传动系统的效率进行计算。

7.1.2　试验条件

7.1.2.1　最大牵引功率试验

最大牵引功率试验应符合以下规定:
——最大牵引输出功率时的牵引力与重力加速度之比的数值大小应在试验机器工作质量的40%～60%的范围内;
——存在前进时发生上述牵引力的挡位;
——牵引距离在 30 m 以上。

7.1.2.2　后退牵引试验

后退牵引试验应符合以下规定:
——牵引力与重力加速度之比的数值大小应在试验机器运行质量的 8%～12% 的范围内。
——存在多个变速段或搭载了自动变速器的机器,应切换为手动挡并固定为第 2 挡。静液压推土

机按照表1的行走速度实施(行走速度低于表1规定时以最高速度实施);

——牵引距离在30 m以上。

表 1 静液压推土机的试验行走速度

发动机额定功率/kW	<75	75~170	>170
行走速度/(km/h)	6	7.5	9
注：行走速度精度在±10%的范围内。			

7.1.3 试验次数及牵引输出功率平均燃油消耗率的计算

最大牵引功率试验应进行5次,去除牵引功率最大和最小两个实验值,取其余3次试验数据为最终试验结果。

后退牵引试验应进行5次,接近牵引力目标值的3次试验数据为最终试验结果。

单位牵引输出的燃油消耗率 G_{TO},使用式(4)进行计算(计算数值采用四舍五入法):

$$G_{TO} = \frac{Q_1 \times \dfrac{V_2}{V_1+V_2} + Q_2 \times \dfrac{V_1}{V_1+V_2}}{P_1 \times \dfrac{V_2}{V_1+V_2}} \quad\cdots\cdots\cdots\cdots\cdots\cdots\cdots (4)$$

式中:

G_{TO} ——牵引输出功率平均燃油消耗率,单位为克每千瓦时[g/(kW·h)];

Q_1 ——最大牵引输出功率时的单位时间燃油消耗量,单位为克每小时(g/h);

Q_2 ——后退牵引的单位时间燃油消耗量,单位为克每小时(g/h);

V_1 ——最大牵引输出功率时的牵引速度,单位为千米每小时(km/h);

V_2 ——后退牵引的牵引速度,单位为千米每小时(km/h);

P_1 ——最大牵引输出功率,单位为千瓦(kW)。

在牵引试验记录表(参见附录A)中记录的3次试验结果,所需时间(s)保留小数点后一位;燃油消耗量(g)取整数;每小时燃油消耗量(kg/h)保留小数点后一位;牵引输出功率(kW)保留小数点后一位;牵引速度(km/h)保留小数点后两位;牵引输出功率平均燃油消耗率[(g/(kW·h)]取整数。

另外,行走路面的纵向坡度大于0.5%时,前进和后退应分别进行试验。在牵引试验记录表(参见附录A)的试验编号栏中分别注明前进和后退并应记录5次数据,取接近牵引力目标值的3次试验数据的平均值。

7.2 待机试验

待机试验是在稳定的发动机无负荷最低转速状态下,测量燃油消耗量。

测量时间在600 s以上,并将试验结果记录在待机试验记录表(参见附录A)中。

注：牵引试验记录表和待机试验记录表(参见附录A)的记录值要求为测量时间(s)保留小数点后一位,燃油消耗量(g)取整数,每小时燃油消耗量(kg/h)保留小数点后一位。

8 试验记录

行走路面的纵向坡度大于0.5%时,在正反两个方向分别进行5次试验并将结果填入在牵引试验记录表(参见附录A)中。去除最大和最小两个测试值,取其余3次试验数据的平均值作为试验真实结果。

9 试验评价

推土机燃油消耗量试验中各动作比例系数按表2的规定。

推土机燃油消耗率评价值 G_{DZ} 按式(5)进行计算。

$$G_{DZ} = \frac{Q_1 \times K_{f1} \times \dfrac{V_2}{V_1 + V_2} + Q_2 \times K_{f2} \times \dfrac{V_1}{V_1 + V_2} + Q_3 \times K_{f2}}{\alpha \times P_1 \times K_{f1} \times \dfrac{V_2}{V_1 + V_2}} \quad \cdots\cdots\cdots\cdots\cdots (5)$$

式中：

G_{DZ}——推土机燃油消耗率评价值，单位为克每千瓦时[g/(kW·h)]；

Q_1 ——最大牵引输出功率试验时的燃油消耗量，单位为克每小时(g/h)；

K_{f1} ——切土、运土的比例系数(见表2)；

V_1 ——最大牵引输出功率时的行走速度，单位为千米每小时(km/h)；

V_2 ——后退牵引时的行走速度，单位为千米每小时(km/h)；

Q_2 ——后退牵引试验时的燃油消耗量，单位为克每小时(g/h)；

Q_3 ——待机试验时的燃油消耗量，单位为克每小时(g/h)；

K_{f2} ——待机的比例系数(见表2)；

α ——作业效率改善系数(通常为1，能够证明推土板形状改变等引起的作业量改变情况)；

P_1 ——最大牵引输出功率，单位为千瓦(kW)。

表 2 评价燃油消耗量各动作的比例系数值

比例系数	推土机额定功率/kW		
	<75	75～170	>170
切土、运土 K_{f1}	0.85	0.9	0.95
待机 K_{f2}	0.15	0.1	0.05

附 录 A
（资料性附录）
推土机燃油消耗量试验记录表

制造商名称：＿＿＿＿＿＿＿＿＿＿ 试验日期：＿＿＿＿＿＿

机器型号：＿＿＿＿＿＿＿＿＿ 制造编号：＿＿＿＿＿

工作质量：＿＿＿＿＿＿kg（附属工作装置＿＿＿＿＿＿＿＿）

动力传输形式：＿＿＿＿＿

额定功率：＿＿＿＿＿kW/＿＿＿＿＿r/min

装置形式：＿＿＿＿＿测量方式：消耗量直接测量/进油和回油流量差测量/副油箱测量

大气压：＿＿＿＿＿kPa 室外温度：＿＿＿℃ 相对湿度：＿＿＿＿＿%

燃油密度：＿＿＿＿（＿℃） 膨胀系数：＿＿＿＿K⁻¹

运行模式：＿＿＿＿＿＿＿＿

（记录标准模式、节能模式等试验时制造商规定使用的运行模式）

a) 牵引试验

1) 最大牵引功率试验

最大牵引输出功率：＿＿＿＿kW（牵引力：＿＿kN 挡位：＿＿＿） 行走距离：＿＿m

试验序号	所需时间 s	进油			回油			燃油消耗量 g	单位时间燃油消耗量 kg/h	单位时间工作量 t/h	模拟单位工作量的燃油消耗量 g/t	备注
		容积 mL	温度 ℃	质量 g	容积 mL	温度 ℃	质量 g					
1												
2												
3												
4												
5												
平均		—	—	—	—	—	—					

2) 后退牵引试验

牵引力：＿＿＿＿kN （挡位：＿＿＿） 行走距离：＿＿m

试验序号	所需时间 s	进油			回油			燃油消耗量 g	单位时间燃油消耗量 kg/h	牵引力 kN	牵引速度 km/h	备注
		容积 mL	温度 ℃	质量 g	容积 mL	温度 ℃	质量 g					
1												
2												
3												
4												
5												
平均		—	—	—	—	—	—					

3) 单位牵引输出功率燃油消耗率

最大牵引输出功率试验（平均）			后退牵引试验（平均）		单位牵引输出燃油消耗率[a] g/(kW·h)
牵引速度 V_1 km/h	牵引输出功率 P_1 kW	燃油消耗量 Q_1 g/h	牵引速度 V_2 km/h	燃油消耗量 Q_2 g/h	

[a] 单位循环燃油消耗量除以最大牵引输出功率。

b) 待机试验

发动机无负荷最低回转速度：_____ 规定值 _____ r/min（± ____ r/min）　　测量值：_____ r/min

测量时间 s	进油			回油			待机燃油消耗量 g	单位时间燃油消耗量 kg/h
	容积 mL	温度 ℃	质量 g	容积 mL	温度 ℃	质量 g		

六、挖掘机

附 录 B
（资料性附录）
周期检验记录及检验结果

外观检查：					
结论：					
功能检查：					
结论					
输出示值误差检验：					

1. 直流电压：

量程 1

检验点	标准装置示值	校准器示值	示值误差	允差范围	测量不确定度 （$k=2$）（可选）

量程 2

检验点	标准装置示值	校准器示值	示值误差	允差范围	测量不确定度 （$k=2$）（可选）

2.电阻

量程 1

检验点	标准装置示值	校准器示值	示值误差	允差范围	测量不确定度 （$k=2$）（可选）

量程 2

检验点	标准装置示值	校准器示值	示值误差	允差范围	测量不确定度 $(k=2)$（可选）

3.温度输出：

3.1 热电偶模拟信号

型号 1　　□带冷端补偿　　　　□不带冷端补偿

检验点	标准装置示值	校准器示值	示值误差	允差范围	测量不确定度 $(k=2)$（可选）

型号 2

检验点	标准装置示值	校准器示值	示值误差	允差范围	测量不确定度 $(k=2)$（可选）

3.2 热电阻模拟信号

型号 1

检验点	标准装置示值	校准器示值	示值误差	允差范围	测量不确定度 $(k=2)$（可选）

型号 2

检验点	标准装置示值	校准器示值	示值误差	允差范围	测量不确定度 $(k=2)$（可选）

测量示值误差检验：

1.直流电压：

量程 1

检验点	标准装置示值	校准器示值	示值误差	允差范围	测量不确定度$(k=2)$（可选）

量程 2

检验点	标准装置示值	校准器示值	示值误差	允差范围	测量不确定度$(k=2)$（可选）

2.电阻

量程 1

检验点	标准装置示值	校准器示值	示值误差	允差范围	测量不确定度$(k=2)$（可选）

量程 2

检验点	标准装置示值	校准器示值	示值误差	允差范围	测量不确定度$(k=2)$（可选）

3.温度测量：

3.1 热电偶

型号 1

检验点	标准装置示值	校准器示值	示值误差	允差范围	测量不确定度$(k=2)$（可选）

型号 2

检验点	标准装置示值	校准器示值	示值误差	允差范围	测量不确定度 ($k=2$)（可选）

3.2 热电阻

型号 1

检验点	标准装置示值	校准器示值	示值误差	允差范围	测量不确定度 ($k=2$)（可选）

型号 2

检验点	标准装置示值	校准器示值	示值误差	允差范围	测量不确定度 ($k=2$)（可选）

输出稳定度（可选）

	x_i
1	
2	
...	
n	

x_{max}	x_{min}	s

零点漂移（可选）

输出零点漂移

$U_0 =$

		U_i
	1	
	2	
	…	
	n	
输出零点漂移=		
测量零点漂移		
$U'_0=$		
		U'_i
	1	
	2	
	…	
	n	
测量零点漂移=		

参 考 文 献

[1] GB/T 6587—2012 电子测量仪器通用规范
[2] GB/T 15637—2012 数字多用表校准仪通用规范
[3] JB/T 8622—1997 工业铂热电阻技术条件及分度表
[4] JB/T 8623—1997 工业铜热电阻技术条件及分度表
[5] JJF 1587—2016 数字多用表校准规范
[6] JJF 1059.1—2012 测量不确定度评定与表示
[7] JJF 1309—2011 温度校准仪校准规范

压力仪表

ICS 17.100
N 11

中华人民共和国国家标准

GB/T 1226—2017
代替 GB/T 1226—2010

一 般 压 力 表

General pressure gauge

2017-12-29 发布

2018-07-01 实施

中华人民共和国国家质量监督检验检疫总局
中国国家标准化管理委员会 发布

前　言

本标准按照 GB/T 1.1—2009 给出的规则起草。

本标准代替 GB/T 1226—2010《一般压力表》。

本标准与 GB/T 1226—2010《一般压力表》相比,除编辑性修改外主要技术差异如下:

——对于直接安装的仪表接头长度的要求做了更改(见 4.3.4,2010 年版 4.3.4);

——修改了高压压力表的超压要求(见 5.8,2010 年版 6.3);

——增加了高压压力表的交变压力要求及试验方法(见 5.9.2、6.11.2);

——增加了高压压力表的超压试验方法(见 6.10);

——修改了耐工作环境振动的试验方法(见 6.14,2010 年版 6.12)。

本标准由中国机械工业联合会提出。

本标准由全国工业过程测量控制和自动化标准化技术委员会(SAC/TC 124)归口。

本标准负责起草单位:陕西鼓风机(集团)有限公司。

本标准起草单位:红旗仪表有限公司、重庆昆仑仪表有限公司、上海赛途仪器仪表有限公司、秦川机床集团宝鸡仪表有限公司、上海自动化仪表有限公司、安徽天康(集团)股份有限公司、浙江普赛讯仪器仪表有限公司、上海市计量测试技术研究院、北京布莱迪仪器仪表有限公司、西安工业自动化仪表研究所、雷尔达仪表有限公司、西安陕鼓动力股份有限公司、安徽蓝德仪表有限公司、西仪集团有限责任公司、宁波江北兴达焊割减压仪表厂、浙江中恒仪器仪表有限公司、青岛华青集团有限公司、宁波隆兴焊割科技股份有限公司。

本标准主要起草人:范丽俊、周春龙、王小平、刘同宪、张远道、杨卫东、袁德芳、毛文章、周永华、潘征宇、高冀东、张炜、朱成伟、杨凯、杨学青、黄勤俭、刘赛红、蒋万伟、叶海。

本标准所代替标准的历次版本发布情况为:

——GB/T 1226—1986、GB/T 1226—2001、GB/T 1226—2010。

一 般 压 力 表

1 范围

本标准规定了一般压力表的术语及定义、产品分类、技术要求、试验方法、检验规则和标志、包装与贮存要求。

本标准适用于以弹簧管（C形管、盘簧管、螺旋管）为弹性元件的机械指针式压力表、真空表及压力真空表（以下简称仪表）。

注：本标准包含了不锈钢压力表以及外壳为异型的压力表。

2 规范性引用文件

下列文件对于本文件的应用是必不可少的。凡是注日期的引用文件，仅注日期的版本适用于本文件。凡是不注日期的引用文件，其最新版本（包括所有的修改单）适用于本文件。

GB/T 2423.10 电工电子产品环境试验 第2部分：试验方法 试验Fc：振动（正弦）

GB/T 13384 机电产品包装通用技术条件

GB/T 17214.3—2000 工业过程测量和控制装置的工作条件 第3部分：机械影响

GB/T 25480 仪器仪表运输、贮存基本环境条件及试验方法

JB/T 5528 压力表标度及分划

JB/T 9252 工业自动化仪表 指针指示部分的基本型式、尺寸及指针的一般技术要求

3 术语和定义

下列术语和定义适用于本文件。

3.1

绝对压力 absolute pressure
以绝对真空为零位基准的压力（见图1）。

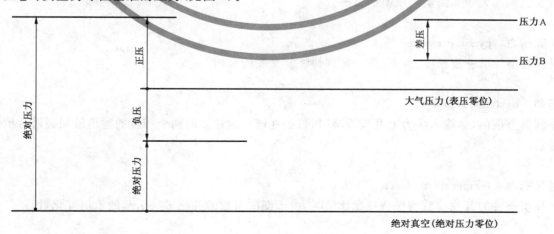

图 1 压力的定义示意图

3.2

正压（力） positive pressure

以大气压力为基准,大于大气压力的压力(见图1)。

3.3

负压（力）（真空） negative pressure

以大气压力为基准,小于大气压力的压力(见图1)。

3.4

差压（力） differential pressure

两个压力之间的差值(见图1)。

3.5

表压（力） gauge pressure

以大气压力为基准,大于或小于大气压力的压力。

3.6

压力表 pressure gauge

以大气压力为基准,用于测量正压力的仪表。

3.7

真空表 vacuum gauge

以大气压力为基准,用于测量负压力的仪表。

3.8

压力真空表 compound pressure gauge

以大气压力为基准,用于测量正压力和负压力的仪表。

3.9

一般压力表 general pressure gauge

精确度等级等于或低于1.0级的压力表、真空表及压力真空表。

3.10

轻敲位移 distance after tapping

在输入不变的情况下,仪表所显示的被测量经轻敲仪表外壳以后的变化量。

3.11

超压 over-pressure

对仪表施加大于其测量上限值的负荷。

3.12

交变压力 cyclic pressure

对仪表施加以一定幅度、频率,按一定规律往复交变的负荷。

3.13

回差 hysteresis error

在测量范围内,当输入压力上升或下降时,仪表在同一测量点的两个相应的输出值间轻敲后示值的最大差值。

3.14

温度影响 temperature effect

当环境条件的其他参数均保持在参比值时,由于温度参数的变化影响引起的示值变化量。

3.15

测量范围 measuring range

按规定精确度进行测量的被测量的范围。

4 产品分类

4.1 型式

4.1.1 仪表按测量类别分为:压力表、真空表、压力真空表。

注:在仪表标度盘上的标度能正确识别出测量类别者,可统称为压力表。

4.1.2 仪表按螺纹接头及安装方式分为:直接安装压力表、嵌装(盘装)压力表、凸装(墙装)压力表(见表1及图2～图8)。

表 1

名称	螺纹接头及安装方式		
直接安装压力表	径向直接式(Ⅰ)	轴向偏心直接式(Ⅱ)	轴向同心直接式(Ⅲ)
嵌装(盘装)压力表	轴向偏心嵌装式(Ⅳ)		轴向同心嵌装式(Ⅴ)
凸装(墙装)压力表	径向凸装式(Ⅵ)		轴向同心凸装式(Ⅶ)

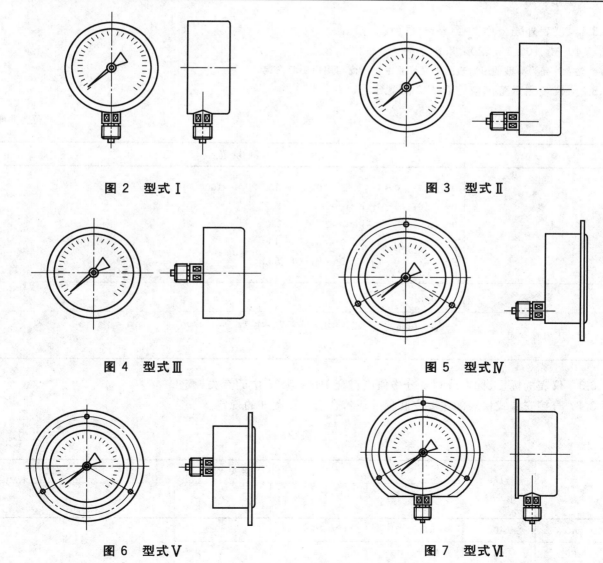

图 2　型式Ⅰ　　　　　图 3　型式Ⅱ

图 4　型式Ⅲ　　　　　图 5　型式Ⅳ

图 6　型式Ⅴ　　　　　图 7　型式Ⅵ

391

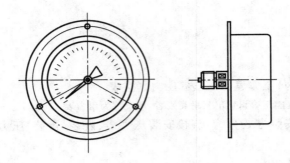

图 8　型式Ⅶ

4.2　精确度等级

仪表的精确度等级分为：1.0 级；1.6 级；2.5 级；4.0 级。

4.3　基本参数

4.3.1　仪表外壳公称直径（mm）系列：

40、60、100、150、200、250。

注： 外壳为异型的压力表的外壳尺寸由生产商与用户协商确定。

4.3.2　仪表测量范围应符合表 2 的规定。

表 2　　　　　　　　　　　　　　　　　　　　　　　　　　　　　　　　单位为兆帕

类　型	测量范围
压力表	0～0.1；　　0～1；　　0～10；　0～100 ；　0～1000 0～0.16；　0～1.6；　0～16；　0～160 0～0.25；　0～2.5；　0～25；　0～250 0～0.4；　　0～4；　　0～40；　0～400 0～0.6；　　0～6；　　0～60；　0～600
真空表	−0.1～0
压力真空表	−0.1～0.06；　−0.1～0.15；　−0.1～0.3；　−0.1～0.5；　−0.1～0.9； −0.1～1.5；　　−0.1～2.4

4.3.3　仪表的标度、标度分划及分格值应符合 JB/T 5528 中的有关规定。

4.3.4　直接安装式仪表的主要安装尺寸应符合表 3 和图 9 的规定。

表 3　　　　　　　　　　　　　　　　　　　　　　　　　　　　　　　　单位为毫米

D	H 不小于	接头尺寸			L_0 不小于
		d	L	d_1	
40	40	$M10×1$	10	4	9
60	55	$M14×1.5$	14	5	

表 3（续）

单位为毫米

D	H 不小于	接头尺寸			
		d	L	d_1	L_0 不小于
100	85	M20×1.5	20	6	12
150	110				
200	135				
250	160				
注1：当对仪表接头螺纹有特殊要求时，用户与生产商协商解决。					
注2：图9中接头尺寸 L_0 处可为四方、六方或对方，图示为四方。					

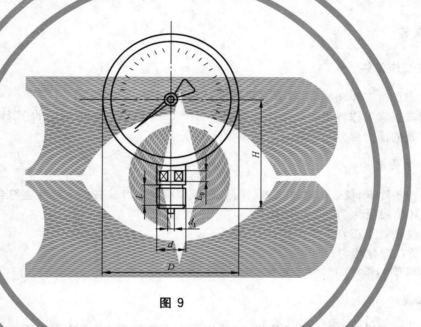

图 9

4.3.5 嵌装（盘装）压力表及凸装（墙装）压力表安装尺寸应符合图 10 和表 4 的规定。

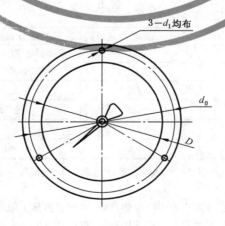

图 10

表 4 单位为毫米

外壳公称直径 D	装配螺栓中心圆直径 d_0	外壳螺栓孔直径 d_1
40	50	4
60	72	5
100	118	6
150	165	6
200	215	6
250	272	7

4.3.6 对于测量氧、氢等特殊介质仪表的附加要求见附录 A 的规定。

4.3.7 对在一定测量范围的仪表,应采取相应的安全措施。安全措施参见附录 B 的规定。

5 技术要求

5.1 正常工作条件

5.1.1 仪表正常工作环境温度(含介质温度)为 −40 ℃~+70 ℃;

5.1.2 仪表正常工作环境振动条件应不超过 GB/T 17214.3—2000 规定的 V.H.3 级。

5.1.3 仪表的压力部分一般使用至测量上限的 3/4。

5.2 参比工作条件

在下列条件下,仪表的基本误差、回差、轻敲位移及指针偏转的平稳性应符合本标准有关的规定。

a) 环境温度为 20 ℃±5 ℃;

b) 仪表处于正常工作位置;

c) 负荷变化均匀。

注:未指明时,正常工作位置系指垂直安装。

5.3 基本误差

仪表的基本误差以引用误差表示,其值应不大于表 5 规定的基本误差限。

表 5

精确度等级	基本误差限(以量程的百分数计)/%			
	零点		测量上限 90% 以下	测量上限 90%
	带止销	不带止销	部分(含 90%)	以上部分
1.0	1.0	±1.0	±1.0	±1.6
1.6	1.6	±1.6	±1.6	±2.5
2.5	2.5	±2.5	±2.5	±4.0
4.0	4.0	±4.0	±4.0	±4.0

注 1:对于真空表,测量上限 90% 以下(含 90%)部分是指 −0.09 MPa~0 MPa,测量上限 90% 以上部分是指 −0.1 MPa~−0.09 MPa。

注 2:对于有特殊要求的压力表,经用户与生厂商协商后,也可在测量上限的 10% 以下,降低一个精确度等级。

注 3:对于有特殊要求的真空表,经用户与生厂商协商后,也可在 −0.09~−0.1 MPa 区域内降低一个精度等级。

注 4:对于有特殊要求的压力真空表,经用户与生厂商协商后,压力部分及真空部分可分别参照注 2 和注 3 的规定降低一个精度等级。

式中：

Q ——作业生产率，单位为立方米每小时（m³/h）；

f ——单位时间耗油量，单位为升每小时（L/h）；

Q_u ——每个循环的挖土量，单位为立方米每次（m³/次）；

T ——总作业时间，单位为秒（s）；

V_u ——总挖土量，单位为立方米（m³）；

N ——总循环次数，单位为次；

Q_i ——单位燃油挖土量，单位为立方米每升（m³/L）；

$G_总$ ——总耗油量，单位为升（L）。

22.2 反铲挖掘机作业试验

22.2.1 试验条件

试验应符合如下条件：

——作业前使水温、油温达到制造商的规定值；

——挖掘机由技术熟练的司机驾驶；

——试验场地应按 4.4.5 的规定；

——运输车辆的容积不小于铲斗容量的 4 倍。

22.2.2 试验方法

如图 11 所示，在回转 90°和 180°时进行挖掘装载作业，配备相应的运输车辆，进行 30 min～60 min 的挖掘装载试验，挖掘深度为该机规定的最大挖掘深度的二分之一。测定挖掘时间、循环次数、燃油消耗量、挖掘的土方量等。另外在若干次的循环中分别测定挖掘、回转、装载等时间。

22.2.3 试验结果

将测定的数据记入表 B.18 中，按式（8）～式（11）进行计算，将结果记入表 B.18 中。

23 强度试验

23.1 静态强度试验

23.1.1 试验条件

23.1.1.1 挖掘机状态按 4.3 的规定。

23.1.1.2 试验场地按 GB/T 13332 的规定。

23.1.2 试验方法

试验按如下方法进行：

a) 根据计算书中提供的工作装置、转台、底架等件的应力分布，选择应力较大的点粘贴应变片；

b) 根据计算书中提供的工作装置、转台、底架出现最大应力。工作装置处于各种位置时进行加载；

c) 测量各点的应力。

23.1.3 试验结果

将测量结果记入表 B.19，并绘制简图说明各点的位置。

23.2 动态强度试验

23.2.1 试验条件

23.2.1.1 挖掘机状态按 4.3 的规定。

23.2.1.2 试验场地按 4.4.6 的规定。

23.2.2 试验方法

试验按如下方法进行：

a) 发动机油门开到最大；

b) 根据计算书或静态强度测试中提供的工作装置、转台、底架等件的应力分布,选择应力较大的点贴应变片；

c) 在实际挖掘过程中测量工作装置、转台、底架等件的应力。

23.2.3 试验结果

在记入曲线上,找出各测试点出现最大应力的瞬时并取值。在每个取值点,应同时将该瞬时表中所列参数测量出来,记入表 B.20,同时附构件简图及记入曲线,说明测试点的位置及构件应力。

24 空运转试验

24.1 启动发动机,观察发动机的运行及各仪表指示值,并调整液压系统和气压系统的压力至正常值。

24.2 模拟作业工况,使工作装置的各液压缸和回转机构反复运行。观察液压系统和发动机的运行应正常,各控制阀的工作应可靠。回转齿圈和回转驱动齿轮之间的啮合应正常。

24.3 分别支起挖掘机两边的行走机构,使悬空的行走机构运行,观察行走马达,行走减速机和制动装置以及四轮一带的运行应正常,各控制阀的工作应可靠。

25 液压系统试验

25.1 液压系统油液固体颗粒污染度检查

液压系统油液固体颗粒污染度检查按 ISO 11500 或 GB/T 20082 的规定。

25.2 液压系统空流阻力试验

25.2.1 试验条件

25.2.1.1 挖掘机状态按 4.3 的规定。

25.2.1.2 试验场地按 4.4.1 的规定。

25.2.2 试验方法

试验按如下方法进行：

a) 发动机的转速调至额定转速；

b) 操纵换向阀处于中位,测量有关参数。

25.2.3 试验结果

将测量的数据记入表 B.21,并按式(12)计算液压系统空流阻力,记入表 B.21。

$$\Delta P = \overline{P_1} - \overline{P_4} \qquad \text{.........................} (12)$$

式中：

ΔP ——液压系统空流阻力,单位为帕(Pa);

$\overline{P_1}$ ——泵出口平均压力,单位为帕(Pa);

$\overline{P_4}$ ——油箱回油口平均压力,单位为帕(Pa)。

25.3 履带式挖掘机行驶机构内阻力矩试验(以行驶马达输出力矩为代表)

25.3.1 试验条件

25.3.1.1 挖掘机状态按4.3的规定。

25.3.1.2 试验场地按4.4.4的规定。

25.3.2 试验方法

试验按如下方法进行：

a) 发动机转速调至额定转速;

b) 分别将左、右履带悬空如图12所示;

c) 操纵换向阀使履带前后运动。

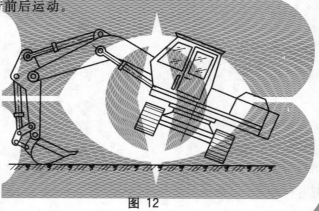

图 12

25.3.3 试验结果

将测量结果记入表B.22,并按式(13)～式(15)计算马达的输出力矩,记入表B.22。

$$M_{左(右)} = \frac{\Delta P_{左(右)} q}{2\pi} \qquad \text{.....................} (13)$$

$$\Delta P_{(左)} = \overline{P_{12}} - \overline{P_{14}} \qquad \text{.....................} (14)$$

式中：

$M_{左(右)}$ ——马达的输出力矩,单位为牛·米(N·m);

$\Delta P_{左}$ ——左行驶马达进出油口平均压力差,单位为帕(Pa);

$\overline{P_{12}}$ ——左马达进油口平均压力,单位为帕(Pa);

$\overline{P_{14}}$ ——左马达出油口平均压力,单位为帕(Pa);

q ——马达排量,单位为立方米每转(m³/r)。

$$\Delta P_{(右)} = \overline{P_{13}} - \overline{P_{15}} \qquad \text{.....................} (15)$$

式中：

$\Delta P_{右}$ ——右行驶马达进出油口平均压力差,单位为帕(Pa);

$\overline{P_{13}}$ ——右马达进油口平均压力,单位为帕(Pa);

$\overline{P}_{15}$ ——右马达出油口平均压力,单位为帕(Pa)。

25.4 履带式挖掘机直线行驶阻力矩及制动试验(以马达输出力矩为代表)

25.4.1 试验条件

25.4.1.1 挖掘机状态按 4.3 的规定。

25.4.1.2 试验场地按 4.4.4 的规定。

25.4.2 试验方法

试验按如下方法进行:

a) 发动机的转速调至额定转速。工作装置处于行驶状态;

b) 挖掘机以最高及最低速度直线前进并进行制动。

25.4.3 试验结果

将测量结果记入表 B.23,并将示波图形分段,在分割处取值按式(13)～式(15)进行计算。

25.5 履带式挖掘机转弯阻力矩试验(以马达输出力矩为代表)

25.5.1 试验条件

25.5.1.1 挖掘机状态按 4.3 的规定。

25.5.1.2 试验场地按 4.4.2 的规定。

25.5.2 试验方法

试验按如下方法进行:

a) 发动机的转速调至额定转速。工作装置处于运行状态;

b) 分别驱动一条履带进行左、右转弯,测量马达进出口的压力;

c) 驱动两条履带(一条正转、一条反转),左转弯及右转弯。

25.5.3 试验结果

将测量结果记入表 B.24,并将图形分段,在分割处取值按式(13)～式(15)进行计算。

25.6 回转试验

25.6.1 试验条件

25.6.1.1 挖掘机状态按 9.1.1.1 的规定。

25.6.1.2 试验场地按 4.4.2 的规定。

25.6.2 试验方法

试验按如下方法进行:

a) 发动机转速调至额定转速;

b) 在铲斗空载及满载的情况下,操纵转台起动、制动(转台应分别进行左回转试验及右回转试验)。

25.6.3 试验结果

将测得的参数记入表 B.25,并按式(16)、式(17)进行计算,记入表 B.25。

$$M_b = \frac{\Delta P_m \cdot q}{2\pi} \quad\quad\quad \cdots\cdots\cdots\cdots\cdots\cdots\cdots\cdots\cdots (16)$$

$$\Delta P_m = P_{16} - P_{17} \quad\quad\quad \cdots\cdots\cdots\cdots\cdots\cdots\cdots\cdots\cdots (17)$$

式中：

M_b ——马达回转阻力矩或制动力矩，单位为牛·米（N·m）；

ΔP_m ——马达进出油口压力差，单位为帕（Pa）；

P_{16} ——马达 A 口平均压力，单位为帕（Pa）；

P_{17} ——马达 B 口平均压力，单位为帕（Pa）；

q ——马达排量，单位为立方米每转（m³/r）。

25.7 液压油温升试验

25.7.1 试验条件

25.7.1.1 挖掘机状态按 4.3 的规定。

25.7.1.2 液压油温升试验场地按 4.4.7 的规定。

25.7.2 试验方法

试验按如下方法进行

a) 发动机为额定转速；

b) 油箱内装置温度计、测量油温；

c) 挖掘机应连续挖掘，直至达到热平衡为止。

25.7.3 试验结果

将测得的数值记入表 B.26，根据表中数据绘制液压油热平衡图。

25.8 工作装置液压系统密封性试验

25.8.1 试验条件

25.8.1.1 挖掘机状态按 4.3 的规定。

25.8.1.2 试验场地按 4.4.1 的规定。

25.8.2 试验方法

试验按如下方法进行：

a) 铲斗装满物料（标准载荷）；

b) 反铲挖掘机动臂液压缸、铲斗液压缸全伸，斗杆液压缸全缩，见图 13；

c) 正铲挖掘机铲斗放平，工作装置提升到最高位置，见图 14；

d) 发动机熄火后进行测量。

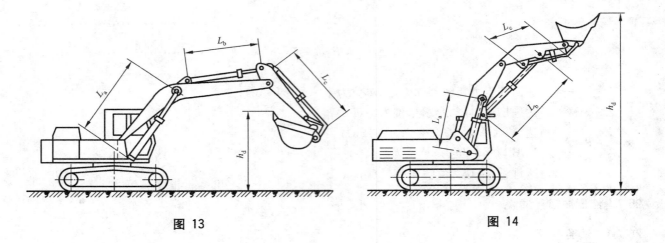

图 13   图 14

25.8.3 试验结果

将测量结果记入表 B.27。

26 其他安全要求的试验

其他在 GB/T 9139 中关于安全的要求项目在其引用标准中已有相应试验方法时,这些要求项目的试验方法按所引用标准的规定。

27 可靠性试验

挖掘机的可靠性试验方法按 GB/T 36693 的规定。

附　录　A

（资料性附录）

挖掘机技术参数表

挖掘机技术参数表见表 A.1。

表 A.1　挖掘机技术参数表

样机型号：_____　　制造商名称：_____　　工作装置种类：_____

项　目	内　容		单　位	数　值
发动机	型号			
	额定功率		kW	
	额定转速		r/min	
铲斗容量	正铲		m³	
	反铲			
整机主要参数	工作质量		kg	
	运输时全长			
	运输时全长		mm	
	运输时全高			
	前桥载荷		N	
	后桥载荷			
	平均接地比压		Pa	
机体主要尺寸	转台宽度			
	最大高度			
	离地间隙			
	回转半径			
	转台尾端长度			
	轮胎式	轮距		
		轮宽	mm	
		支腿中心宽度		
	轴距			
	履带式	履带总长度		
		履带宽度		
		履带轨距		
作业参数	最大挖掘半径			
	最大卸载高度时的半径			
	最大挖掘高度			
	最大挖掘深度		mm	
	最大卸载高度			
	最大卸载半径			
	最大挖掘半径时的高度			
	停机面最大挖掘半径			

表 A.1（续）

项　目	内　容		单　位	数　值
性能参数	铲斗宽度		mm	
	爬坡能力			
	行驶速度		km/h	
	回转速度		r/min	
	最小转弯直径		mm	
	最大挖掘力		N	
	作业循环时间		s	
	最大转向角	左	(°)	
		右	(°)	
液压系统	泵的型号			
	泵的流量		L/min	
	最大工作压力		Pa	
	回转马达型号			
	行驶马达型号			
	主阀型号			

附　录　B
（资料性附录）
挖掘机测试记录表

挖掘机测试记录表见表 B.1～表 B.27。

表 B.1　履带式挖掘机主机外形尺寸测定记录表

样机型号：_____　　试验日期：_____　　试验人员：_____

机器序列号：_____　　试验地点：_____

单位为毫米

项　目	测定值	备　注
最大长度		
最大宽度		
最大总高度		
最大高度		
装运高度		
离地间隙		
转台离地高度		
履带轨距		
转台宽度		
转台总宽度		
履带轴距		
回转中心至驱动轮中心的距离		
转台尾端长度		
履带总长度		
履带宽度		
履带高度		
回转半径		

表 B.2　轮胎式挖掘机主机外形尺寸测定记录表

样机型号：_____　　试验日期：_____　　试验人员：_____

机器序列号：_____　　试验地点：_____

单位为毫米

项　目	测定值	备　注
最大长度		
最大宽度		
最大总高度		

表 B.2（续）

项　　目	测　定　值	备　　注
最大高度		
装运高度		
离地间隙		
转台离地高度		
履带轨距		
转台宽度		
转台总宽度		
履带轴距		
回转中心至驱动轮中心的距离		
转台尾端长度		
履带总长度		
履带宽度		
履带高度		
回转半径		

表 B.3　正铲工作装置作业尺寸记录表

样机型号：_____ 试验日期：_____ 试验人员：_____

机器序列号：_____ 试验地点：_____

参数名称	单　位	测量值	备　　注
最大挖掘半径	mm		
停机面最大挖掘半径			
停机面最小挖掘半径			
最大卸载高度时的半径			
最大挖掘高度时的半径			
停机面水平最小半径			
最大挖掘深度			
最大挖掘高度			
最大挖掘半径时的高度			
最大卸载高度			
铲斗容量	m³		

表 B.4 反铲工作装置作业尺寸记录表

样机型号：_____ 试验日期：_____ 试验人员：_____

机器序列号：_____ 试验地点：_____

参数名称	代号	测量值	备注
最大挖掘半径			
停机面最大挖掘半径			
停机面最小挖掘半径			
最大卸载高度时的半径			
最大挖掘高度时的半径	mm		
停机面水平最小半径			
最大挖掘深度			
最大挖掘高度			
最大挖掘半径时的高度			
最大卸载高度	mm		
铲斗容量	m³		

表 B.5 液压缸移动速度测定记录表

样机型号：_____ 试验日期：_____ 试验人员：_____

机器序列号：_____ 试验地点：_____

油缸名称		移动距离 m	移动时间 s	移动速度 m/s	液压油温 ℃	发动机转速 r/min
动臂液压缸	伸出					
	收回					
斗杆液压缸	伸出					
	收回					
铲斗液压缸	伸出					
	收回					

表 B.6 质量测定记录表

样机型号：_____ 试验日期：_____ 试验人员：_____

机器序列号：_____ 试验地点：_____

单位为千克

测定项目	测定值	备注
整机质量		
机体质量		包括动臂铰轴
工作装置质量		

表 B.6（续）

测 定 项 目	测 定 值	备 注
动臂质量		包括斗杆液压缸，斗杆铰轴等连接件
斗杆质量		包括铲斗液压缸，铲斗连杆摇臂等
铲斗质量		
动臂液压缸质量		

表 B.7 桥荷分配测量记录表

样机型号：_____ 试验日期：_____ 试验人员：_____

机器序列号：_____ 试验地点：_____

测 定 项 目		试 验 次 数	单 位	测 定 值	备 注
前桥	左轮载荷	1	kN		
		2			
		3			
		平均			
	右轮载荷	1			
		2			
		3			
		平均			
	前桥轴载荷	平均			
	桥荷比	平均			
后桥	左轮载荷	1	kN		
		2			
		3			
		平均			
	右轮载荷	1			
		2			
		3			
		平均			
	后桥轴载荷	平均			
	桥荷比	平均			

表 B.8 轮胎比压测定记录表

样机型号：＿＿＿＿＿＿＿＿＿＿＿　　试验日期：＿＿＿＿＿＿＿＿＿＿＿　　试验人员：＿＿＿＿＿＿＿＿＿

机器序列号：＿＿＿＿＿＿＿＿＿＿　　试验地点：＿＿＿＿＿＿＿＿＿＿＿＿＿＿＿＿＿＿＿＿＿＿＿＿

轮胎压力：　左＿＿＿＿＿＿＿＿（前）＿＿＿＿＿＿＿＿（后）＿＿＿＿＿＿＿＿kPa

　　　　　　右＿＿＿＿＿＿＿＿（前）＿＿＿＿＿＿＿＿（后）＿＿＿＿＿＿＿＿kPa

测 量 项 目		空载荷				标准载荷			
		前轮		后轮		前轮		后轮	
		左	右	左	右	左	右	左	右
轮胎承受载荷	N								
轮胎接地面积	cm²								
轮胎印痕面积	cm²								
接地比压	kPa								
印痕比压	kPa								

表 B.9 支腿试验记录表

样机型号：＿＿＿＿＿＿＿＿＿＿＿　　试验日期：＿＿＿＿＿＿＿＿＿＿＿　　试验人员：＿＿＿＿＿＿＿＿＿

机器序列号：＿＿＿＿＿＿＿＿＿＿　　试验地点：＿＿＿＿＿＿＿＿＿＿＿＿＿＿＿＿＿＿＿＿＿＿＿＿

支腿名称	所需时间 s	备 注
前 左		
前 右		
后 左		
后 右		

表 B.10 倾翻力矩测定记录表

样机型号：＿＿＿＿＿＿＿＿＿＿＿　　试验日期：＿＿＿＿＿＿＿＿＿＿＿　　试验人员：＿＿＿＿＿＿＿＿＿

出厂编号：＿＿＿＿＿＿＿＿＿＿＿　　试验地点：＿＿＿＿＿＿＿＿＿＿＿　　工作装置种类：＿＿＿＿＿＿＿

项 目			P/kN	S/m	M_t/(kN·m)	备 注
正铲	纵向	(1)				
		(2)				
	横向	(3)				
		(4)				
反铲	纵向	(1)				
		(2)				
	横向	(3)				
		(4)				

表 B.11 转弯直径试验记录表

样机型号：_____ 试验日期：_____ 机器序列号：_____

试验地点：_____ 路面状况：_____ 试验人员：_____

行驶方向	回转方向	转弯直径		备注
		工作装置最外点	履带轮胎外侧轨迹中心	
前 进	左 转			
	右 转			
后 退	左 转			
	右 转			

表 B.12 爬坡能力试验记录表

样机型号：_____ 样机形式：_____ 试验日期：_____

整机质量：_____ 气温：_____℃ 风速：_____m/s 机器序列号：_____

轮胎气压：_____ 试验地点：_____ 试验人员：_____

挡位	最大爬坡能力实测值 (°)	最大爬坡能力计算值 (°)	备注

表 B.13 行驶直线性能记录表

样机型号：_____ 试验日期：_____ 机器序列号：_____ 试验人员：_____

试验地点：_____ 司 机：_____

履带挠度：_____mm 气温：_____℃ 湿度：_____%

序 号	行驶方向	行驶速度 km/h	测定距离 m	跑偏量 m	备 注
1					
2					
平均值					

表 B.14 回转速度试验记录表

样机型号：_____ 试验日期：_____ 机器序列号：_____ 试验人员：_____

试验地点：_____ 发动机转速：_____r/min 液压油温度：_____℃

铲斗载荷	工作装置位置	转角 (°)	转向	回转时间/s				转速 r/min	备注
				1次	2次	3次	平均		
空载	I		左						
			右						

表 B.14（续）

铲斗载荷	工作装置位置	转角（°）	转向	回转时间/s				转速 r/min	备注
				1次	2次	3次	平均		
空载	II		左						
			右						
满载	I		左						
			右						
	II		左						
			右						

表 B.15　回转制动试验记录表

样机型号：_____　　试验日期：_____　　机器序列号：_____　　试验人员：_____
试验地点：_____　　　　　　　　　　　发动机转速：_____ r/min　液压油温度：_____ ℃

铲斗载荷	工作装置位置	转向	转角（°）				制动时间 s				备注
			1次	2次	3次	平均	1次	2次	3次	平均	
空载	I	左									
		右									
	II	左									
		右									
满载	I	左									
		右									
	II	左									
		右									

表 B.16　回转力矩试验记录表

样机型号：_____　　试验日期：_____　　机器序列号：_____　　试验人员：_____
试验地点：_____　　　　　　　　　　　发动机转速：_____ r/min　液压油温度：_____ ℃

铲斗载荷	工作装置位置	转向	力臂 m	拉力 N				回转力矩 N·m	备注
				1次	2次	3次	平均		
空载	I	左							
		右							
	II	左							
		右							

表 B.17 回转摩擦阻力矩试验记录表

样机型号：_____ 试验日期：_____ 机器序列号：_____ 试验人员：_____

试验地点：_____ 发动机转速：_____ r/min 液压油温度：_____ ℃

铲斗载荷	工作装置位置	转向	力臂 m	拉力 N				回转摩擦阻力矩 N·m	备注
				1次	2次	3次	平均		
空载	I	左							
		右							
	II	左							
		右							

表 B.18 挖掘机作业汇总表

样机型号：_____ 试验日期：_____ 机器序列号：_____

松散系数：_____ 铲斗容量：_____ 土壤含水率：_____

试验人员：_____ 试验地点：_____

序号	作业方式	测定值					平均循环时间					计算值			
		总时间 s	总耗油量 L	循环次数	总挖土量（松散的）		挖掘	回转	装载	回转	合计	耗油率 L/h	单位燃油挖土量 m³	每个循环挖土量 m³/次	实际平均生产率 m³/h
					t	m³									
1															
2															
3															
4															
5															
6															

表 B.19 静态强度试验记录表

样机型号：_____ 机器序列号：_____ 试验日期：_____

铲斗液压缸位移：_____ mm 斗杆液压缸位移：_____ mm 动臂液压缸位移：_____ mm

挖掘力：_____ kN 试验人员：_____ 试验地点：_____

名称	测量点坐标位置 mm			测量点代号	各实测应力数值 Pa				备注
	x	y	z		1次	2次	3次	平均	
动臂				A					
				B					
				C					

表 B.19（续）

名称	测量点坐标位置 mm			测量点代号	各实测应力数值 Pa				备注
	x	y	z		1次	2次	3次	平均	
斗杆				D					
				E					
				F					
转台				G					
				H					
				I					
底架				J					
				K					

表 B.20 动态强度试验记录表

样机型号：_____　　试验日期：_____　　机器序列号：_____

试验人员：_____　　试验地点：_____　　液压油温度：_____ ℃

参数名称	单位	测 量 数 值							
动臂液压缸大腔压力	MPa								
动臂液压缸小腔压力	MPa								
动臂液压缸位移	mm								
动臂（　）点应力	MPa								
动臂（　）点应力	MPa								
动臂（　）点应力	MPa								
…									
斗杆液压缸大腔压力	MPa								
斗杆液压缸小腔压力	MPa								
斗杆液压缸位移	mm								
斗杆（　）点应力	MPa								
斗杆（　）点应力	MPa								
斗杆（　）点应力	MPa								
…									
铲斗液压缸大腔压力	MPa								
铲斗液压缸小腔压力	MPa								
铲斗液压缸位移	mm								
斗杆（　）点应力	MPa								
斗杆（　）点应力	MPa								

表 B.20（续）

参数名称	单位	测 量 数 值								
斗杆（　）点应力	MPa									
…										
底架（　）点应力	MPa									
底架（　）点应力	MPa									
底架（　）点应力	MPa									
…										
注：括号中填写点的代号。										

表 B.21　液压系统空流阻力试验记录表

样机型号：_____　　试验日期：_____　　机器序列号：_____

试验人员：_____　　试验地点：_____　　液压油温度：_____℃

参 数 名 称	测量次数	测 量 结 果		备注
		泵Ⅰ（左）	泵Ⅱ（右）	
油泵出口压力 Pa	1	P_1	P_2	
	2	P_1	P_2	
	3	P_1	P_2	
	平均值			
油泵出口流量 L/min	1	Q_1		
	2	Q_1		
	3	Q_1		
	平均值			
油箱回油口压力 Pa	1	P_4		
	2	P_4		
	3	P_4		
	平均值			
空流阻力 Pa	计算值			

表 B.22　履带式挖掘机行驶机构内阻力矩试验记录表

样机型号：＿＿＿＿＿＿＿＿＿＿＿　　试验日期：＿＿＿＿＿＿＿＿＿＿＿　　机器序列号：＿＿＿＿＿＿＿＿＿＿

试验人员：＿＿＿＿＿＿＿＿＿＿＿　　试验地点：＿＿＿＿＿＿＿＿＿＿＿　　液压油温度：＿＿＿＿＿＿＿＿℃

参 数 名 称	测量次数	测 量 结 果				备注
		左		右		
油泵出口压力 Pa	1	P_1		P_2		
	2	P_1		P_2		
	3	P_1		P_2		
	平均值					
油泵出口流量 L/min	1	Q_1		Q_2		
	2	Q_1		Q_2		
	3	Q_1		Q_2		
	平均值					
马达进口压力 Pa	1	P_{12}		P_{13}		
	2	P_{12}		P_{13}		
	3	P_{12}		P_{13}		
	平均值					
马达出口压力 Pa	1	P_{14}		P_{15}		
	2	P_{14}		P_{15}		
	3	P_{14}		P_{15}		
	平均值					
行驶机构内阻力矩 N·m	计算值					

表 B.23　履带式挖掘机直线行驶阻力矩试验记录表

样机型号：＿＿＿＿＿＿＿＿＿＿＿　　试验日期：＿＿＿＿＿＿＿＿＿＿＿　　机器序列号：＿＿＿＿＿＿＿＿＿＿

试验人员：＿＿＿＿＿＿＿＿＿＿＿　　发动机转速：＿＿＿＿＿＿＿＿＿＿r/min 行驶速度：＿＿＿＿＿＿＿＿km/h

试验地点：＿＿＿

参 数 名 称	测量次数	测 量 结 果				备注
		左		右		
油泵出口压力 Pa	1	P_1		P_2		
	2	P_1		P_2		
	3	P_1		P_2		
	平均值					
油泵出口流量 L/min	1	Q_1		Q_2		
	2	Q_1		Q_2		
	3	Q_1		Q_2		
	平均值					

表 B.23（续）

参 数 名 称	测量次数	测 量 结 果				备注
		左		右		
马达进口压力 Pa	1	P_{12}		P_{13}		
	2	P_{12}		P_{13}		
	3	P_{12}		P_{13}		
	平均值					
马达出口压力 Pa	1	P_{14}		P_{15}		
	2	P_{14}		P_{15}		
	3	P_{14}		P_{15}		
	平均值					
直线运行阻力矩 N·m	计算值					

表 B.24　履带式挖掘机转弯阻力矩试验记录表

样机型号：_____　机器序列号：_____　试验日期：_____
试验人员：_____　发动机转速：_____ r/min 液压油温度：_____℃
试验地点：_____

参 数 名 称	测量次数	测 量 结 果				备注
		左		右		
油泵出口压力 Pa	1	P_1		P_2		
	2	P_1		P_2		
	3	P_1		P_2		
	平均值					
油泵出口流量 L/min	1	Q_1		Q_2		
	2	Q_1		Q_2		
	3	Q_1		Q_2		
	平均值					
马达进口压力 Pa	1	P_{12}		P_{13}		
	2	P_{12}		P_{13}		
	3	P_{12}		P_{13}		
	平均值					
马达出口压力 Pa	1	P_{14}		P_{15}		
	2	P_{14}		P_{15}		
	3	P_{14}		P_{15}		
	平均值					
转弯阻力矩 N·m	计算值					

表 B.25 回转试验记录表

样机型号：_____ 机器序列号：_____ 试验日期：_____

试验人员：_____ 发动机转速：_____ r/min 液压油温度：_____℃

试验地点：_____

铲斗载荷	工作装置状况	回转状况	转向	测量参数					马达回转阻力矩 N·m	备注
				泵Ⅰ出口压力 P_1 Pa	泵Ⅰ出口流量 Q_1 Pa	泵Ⅱ出口压力 P_2 Pa	马达A口压力 P_{16} Pa	马达B口压力 P_{17} Pa		
空载	Ⅰ	起动	左							
			右							
	Ⅱ		左							
			右							
空载	Ⅰ	匀速回转	左							
			右							
	Ⅱ		左							
			右							
空载	Ⅰ	制动	左							
			右							
	Ⅱ		左							
			右							
满载	Ⅰ	起动	左							
			右							
	Ⅱ		左							
			右							
满载	Ⅰ	匀速回转	左							
			右							
	Ⅱ		左							
			右							
满载	Ⅰ	制动	左							
			右							
	Ⅱ		左							
			右							

表 B.26 液压油温升试验记录表

样机型号：_____ 机器序列号：_____ 试验日期：_____

试验人员：_____ 发动机转速：_____ r/min 试验地点：_____

序号	时间 min	温度 ℃		备 注
		环境温度	液压油温度	
1	0			
2	10			
3	20			
4	30			
5	40			
6	50			
7	60			
8	80			
9	100			
10	120			
11	140			
12	160			
13	180			
14	200			
15	240			

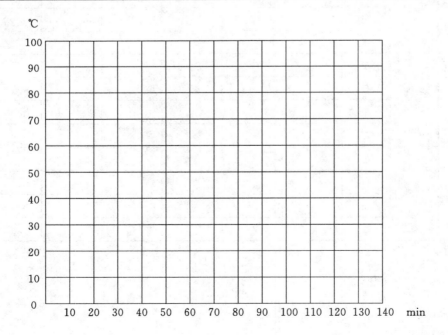

表 B.27 工作装置液压系统密封性试验记录表

样机型号：＿＿＿＿＿＿＿＿＿＿ 试验日期：＿＿＿＿＿＿＿＿＿＿ 机器序列号：＿＿＿＿＿＿＿＿＿

试验人员：＿＿＿＿＿＿＿＿＿＿ 液压油温度：＿＿＿＿＿＿＿＿＿ ℃ 试验地点：＿＿＿＿＿＿＿＿＿

时间 min	测量参数 mm				备 注
	L_a	L_b	L_c	h_d	
0					
5					
10					
经过 10 min 参数的总变化量					

ICS 53.100
P 97

中华人民共和国国家标准

GB/T 9139—2018
代替 GB/T 9139—2008

土方机械　液压挖掘机　技术条件

Earth-moving machinery—Hydraulic excavators—Technical specifications

2018-09-17 发布

2019-04-01 实施

国家市场监督管理总局
中国国家标准化管理委员会　发 布

前　言

本标准按照 GB/T 1.1—2009 给出的规则起草。

本标准代替 GB/T 9139—2008《液压挖掘机　技术条件》。本标准与 GB/T 9139—2008 相比,除编辑性修改外主要技术变化如下:

——增加或删除了规范性引用文件(见第 2 章,2008 年版的第 2 章);

——修改了术语和定义(见第 3 章,2008 年版的第 3 章);

——修改了形式的规定(见 4.1,2008 年版的 4.1);

——修改了型号的规定(见 4.2,2008 年版的 4.2);

——修改了主要参数的规定(见 4.4,2008 年版的 4.4);

——修改了一般要求和性能要求的规定(见 5.1 和 5.2,2008 年版的 5.1);

——修改了安全要求的规定(见 5.3,2008 年版的 5.4);

——修改了环保和舒适性要求的规定(见 5.4,2008 年版的 5.2 和 5.3);

——修改了出厂检验和型式检验的规定(见 7.1,2008 年版的 7.1);

——修改了产品标牌内容的规定(见 8.1.2,2008 年版的 8.1.2);

——将附录 A 改为资料性附录,修改了挖掘机主要参数表(见附录 A,2008 年版的附录 A);

——增加了参考文献(见参考文献)。

本标准由中国机械工业联合会提出。

本标准由全国土方机械标准化技术委员会(SAC/TC 334)归口。

本标准负责起草单位:天津工程机械研究院有限公司、徐州徐工挖掘机械有限公司、山东临工工程机械有限公司、山东卡特重工机械有限公司、广西柳工机械股份有限公司、三一重机有限公司、青岛雷沃工程机械有限公司、临沂山重挖掘机有限公司、山东德州恒特重工有限公司、山河智能装备股份有限公司、广西玉柴重工有限公司、烟台艾迪液压科技有限公司。

本标准参加起草单位:约翰迪尔(天津)有限公司、厦门厦工机械股份有限公司、中国龙工控股有限公司。

本标准主要起草人:贾晓雯、张宏、吴红丽、文德刚、孙宗涛、刘剑、俞宏福、陈维雄、孙风超、王金铂、王高龙、严茂林、徐尚武、刘彩玲、李胜榕、陈世清、王渠。

本标准所代替标准的历次版本发布情况为:

——GB/T 9139.1—1988;

——GB 9139.2—1988、GB/T 9139.2—1996;

——GB 9140—1988、GB/T 9140—1996;

——GB/T 9139—2008。

土方机械 液压挖掘机 技术条件

1 范围

本标准规定了液压挖掘机的术语和定义、分类、要求、试验方法、检验规则、标志、包装、运输和贮存。

本标准适用于 GB/T 8498 规定的工作质量不大于 200 000 kg 的轮胎式和履带式液压挖掘机(以下简称"挖掘机")。

2 规范性引用文件

下列文件对于本文件的应用是必不可少的。凡是注日期的引用文件,仅注日期的版本适用于本文件。凡是不注日期的引用文件,其最新版本(包括所有的修改单)适用于本文件。

GB/T 3766 液压传动 系统及其元件的通用规则和安全要求

GB/T 6572 土方机械 液压挖掘机 术语和商业规格

GB/T 7586 土方机械 液压挖掘机 试验方法

GB/T 8419—2007 土方机械 司机座椅振动的试验室评价

GB/T 8498 土方机械 基本类型 识别、术语和定义

GB/T 8499 土方机械 测定重心位置的方法

GB/T 8595 土方机械 司机的操纵装置

GB/T 10913 土方机械 行驶速度测定

GB/T 13331 土方机械 液压挖掘机 起重量

GB/T 13332 土方机械 液压挖掘机和挖掘装载机 挖掘力的测定方法

GB/T 14039—2002 液压传动 油液 固体颗粒污染等级代号

GB 16710 土方机械 噪声限值

GB/T 16937 土方机械 司机视野 试验方法和性能准则

GB/T 18826 工业用 1,1,1,2-四氟乙烷(HFC-134a)

GB/T 19929 土方机械 履带式机器 制动系统的性能要求和试验方法

GB/T 19933.2 土方机械 司机室环境 第 2 部分:空气滤清器试验方法

GB/T 19933.4 土方机械 司机室环境 第 4 部分:采暖、换气和空调(HVAC)的试验方法和性能

GB/T 19933.5 土方机械 司机室环境 第 5 部分:风窗玻璃除霜系统的试验方法

GB/T 20082 液压传动 液体污染 采用光学显微镜测定颗粒污染度的方法

GB 20178 土方机械 机器安全标签 通则

GB/T 20418 土方机械 照明、信号和标志灯以及反射器

GB 20891 非道路移动机械用柴油机排气污染物排放限值及测量方法(中国第三、四阶段)

GB/T 21152 土方机械 轮式或高速橡胶履带式机器 制动系统的性能要求和试验方法

GB/T 21154 土方机械 整机及其工作装置和部件的质量测量方法

GB/T 21935 土方机械 操纵的舒适区域与可及范围

GB/T 21941 土方机械 液压挖掘机和挖掘装载机的反铲斗和抓铲斗 容量标定

GB/T 21942 土方机械 装载机和正铲挖掘机的铲斗 容量标定

GB/T 22358　土方机械　防护与贮存

GB/T 25602　土方机械　机器可用性　术语

GB/T 25606　土方机械　产品识别代码系统

GB/T 25608　土方机械　非金属燃油箱的性能要求

GB/T 25614　土方机械　声功率级的测定　动态试验条件

GB/T 25615　土方机械　司机位置发射声压级的测定　动态试验条件

GB/T 25624　土方机械　司机座椅　尺寸和要求

GB 25684.5　土方机械　安全　第5部分:液压挖掘机的要求

GB/T 25685.2　土方机械　监视镜和后视镜的视野　第2部分:性能准则

GB/T 28239　非道路用柴油机燃料消耗率和机油消耗率限值及试验方法

GB/T 30965　土方机械　履带式机器平均接地比压的确定

GB/T 36693　土方机械　液压挖掘机　可靠性试验方法、失效分类及评定

JB/T 5946　工程机械　涂装通用技术条件

JB/T 5947　工程机械　包装通用技术条件

JB/T 9725　土方机械　产品型号编制方法

ISO 11500　液压传动　用消光原理进行自动粒子计数测定液态样品的微粒污染程度(Hydraulic fluid power—Determination of the particulate contamination level of a liquid sample by automatic particle counting using the light-extinction principle)

3　术语和定义

GB/T 6572 和 GB/T 25602 界定的术语和定义适用于本文件。

4　分类

4.1　形式

按行走方式分为:
——履带式挖掘机;
——轮胎式挖掘机;
——步履式挖掘机。

4.2　型号

挖掘机的产品型号应符合 JB/T 9725 的规定,或由制造商自行确定。

4.3　主参数

挖掘机以工作质量作为主参数。

4.4　主要参数

挖掘机主要参数表参见附录 A。

5　要求

5.1　一般要求

5.1.1　挖掘机司机手册参照 GB/T 25622 编制。

5.1.2 挖掘机应能在环境温度为—15 ℃～+40 ℃、海拔高度不大于2 000 m的环境条件下正常作业。

5.1.3 挖掘机的涂漆外观质量应符合JB/T 5946的规定。

5.1.4 挖掘机操纵装置应符合GB/T 8595的规定。

5.1.5 工作质量6 000 kg以上的挖掘机燃油箱容量应保证整机连续正常工作不少于10 h。

5.2 性能要求

5.2.1 挖掘机的液压系统油液固体颗粒污染等级不应超过GB/T 14039—2002规定的-/18/15。

5.2.2 挖掘机在按GB/T 7586规定的试验条件下,动臂液压缸活塞杆因系统内泄漏引起的位移量不应大于25 mm/10 min。

5.2.3 新机出厂时,不应出现渗漏。

5.2.4 轮胎式挖掘机的爬坡能力不小于35%,履带式挖掘机的爬坡能力不小于50%。

5.2.5 履带式挖掘机直线行驶的跑偏量不应大于测量距离的5%。

5.2.6 在GB/T 36693规定的条件下,挖掘机的可靠性应达到如下要求:
——工作质量6 000 kg及以下的挖掘机平均失效间隔时间不应少于300 h,工作质量6 000 kg以上的挖掘机平均失效间隔时间不应少于600 h;
——工作可用度不应小于90%。

5.3 安全要求

5.3.1 挖掘机应粘贴安全标签,安全标签应符合GB 20178的规定。

5.3.2 司机视野应符合GB/T 16937的规定。挖掘机可配备相应的辅助设备,例如,后视镜、监视装置等用于补充直接视野的不足,后视镜和监视装置的视野应符合GB/T 25685.2的规定。

5.3.3 司机室前窗应配置刮水器和清洗器。

5.3.4 电气控制系统中应有确保安全的过载保护装置。

5.3.5 挖掘机应符合GB 25684.5中适用的强制性条款的规定。

5.3.6 挖掘机宜符合GB 25684.5中适用的推荐性条款的规定。

5.4 环保及舒适性要求

5.4.1 如配备全密封司机室,司机室环境应符合GB/T 19933.2、GB/T 19933.4和GB/T 19933.5的规定。

5.4.2 挖掘机用柴油机的排气污染物应符合GB 20891的规定。

5.4.3 挖掘机用柴油机的燃油消耗率应符合GB/T 28239的规定。

5.4.4 挖掘机若装有空调,空调的制冷剂应符合GB/T 18826的规定。

5.4.5 挖掘机的机外发射噪声声功率级和司机位置发射噪声声压级应符合GB 16710的规定。

5.4.6 除小型挖掘机外,挖掘机用司机座椅的减振能力应符合GB/T 8419—2007中EM6输入谱类的要求。

6 试验方法

试验方法按GB/T 7586的规定进行。

7 检验规则

7.1 出厂检验

7.1.1 每台挖掘机应经制造商的质量检验部门检验合格后方可出厂。

7.1.2 挖掘机出厂检验项目按照表1的规定。

7.1.3 出厂检验项目的指标应全部达到要求方为合格。

7.2 型式检验

7.2.1 有下列情况之一时,应进行型式检验:

——新试制产品;

——转厂生产的产品;

——产品结构、材料、工艺有较大改变,影响产品性能时。

7.2.2 型式检验的项目为第5章规定的项目。

7.2.3 型式检验的样机为新产品试制的样机或在受检当月(季)的投入批量中随机抽取一台。

7.2.4 型式检验项目中,表1中规定的关键项目应全部达到要求,且重要项目不合格项不多于两项方为合格。

表 1

检验项目		项目分级	试验方法	出厂检验	型式检验
外观尺寸及质量(定置试验)	整机外形尺寸	C	GB/T 7586	—	√
	工作质量	B	GB/T 21154	—	√
	涂漆外观质量	C	JB/T 5946	√	√
整机出厂完整性		C	按随机文件	√	√
作业尺寸参数(定置试验)	铲斗容量	C	GB/T 21941 或 GB/T 21942	—	√
	作业参数	B	GB/T 7586	—	√
	挖掘力	B	GB/T 13332	—	√
司机室	司机室环境	A	GB/T 19933.2、GB/T 19933.4、GB/T 19933.5	—	√
	操纵装置舒适区域与可及范围	B	GB/T 21935	—	√
	司机座椅	A	GB/T 25624、GB/T 8419	—	√
接地比压		B	GB/T 30965 或 GB/T 7586	—	√
重心位置		C	GB/T 8499	—	√
操纵装置操纵力		B	GB/T 8595	—	√
爬坡能力		B	GB/T 7586	—	√
轮胎式挖掘机行车制动		A	GB/T 21152	√	
轮胎式挖掘机的制动性能		A	GB/T 21152	—	√
履带式挖掘机的制动性能		A	GB/T 19929	—	√
轮胎式挖掘机行走速度		B	GB/T 10913	—	√
履带式挖掘机行走速度		C	GB/T 10913	—	√
回转制动(空载)		A	GB/T 7586	√	
回转制动(满载)		A	GB/T 7586	—	√
环保	机外发射声功率级	A	GB/T 25614	—	√
	司机位置处发射声压级	A	GB/T 25615	—	√

424

表 1（续）

检验项目		项目分级	试验方法	出厂检验	型式检验
环保	排放	A	评估	—	√
	燃油消耗率	A	评估	—	√
	空调制冷剂	A	评估	—	√
液压系统	动臂油缸活塞杆因系统泄漏引起的位移量	B	GB/T 7586	—	√
	液压油温升	C	GB/T 7586	—	√
	液压系统压力	B	GB/T 7586	—	√
	液压系统油液固体颗粒污染等级	B	GB/T 20082 或 ISO 11500	—	√
	密封性(5.2.3)	B	目测	√	√
安全	车窗玻璃	A	评估	—	√
	司机保护结构	A		—	√
	司机视野	A	GB/T 16937	—	√
	照明、信号装置	B	GB/T 20418	√	√
	起重量	A	GB/T 13331	—	√
	稳定性	A	GB 25684.5	—	√
	报警装置	A	GB/T 21155	√	√
	安全标签	A	GB 20178	√	√
	其他强制性的安全要求	A	GB 25684.5	—	√
空运转试验		B	GB/T 7586	√	√
可靠性试验		A	GB/T 36693	—	√

注：A——关键项目，B——重要项目，C——一般项目。"√"表示应检验的项目。"—"表示不检项目。

8 标志、包装、运输和贮存

8.1 标志

8.1.1 产品标牌应牢固的固定在挖掘机机身的明显位置。

8.1.2 产品标牌的内容至少应包括下列信息：

——制造商的名称；

——产品名称和型号；

——工作质量(kg)；

——产品识别代码(PIN)或出厂编号，产品识别代码应符合 GB/T 25606 的规定；

——制造年份。

8.2 包装

8.2.1 挖掘机及其附件、备件和随机工具的包装应符合 JB/T 5947 的规定或合同的约定，并保证在正常运输和贮存条件下不致损坏。

8.2.2 需要时,挖掘机分解包装运输按包装图样进行包装。

8.3 随机文件

挖掘机出厂时,应向用户至少提供下列文件:
——装箱单;
——产品合格证明书;
——司机手册;
——随机工具和备件、附件的目录。

8.4 运输

8.4.1 挖掘机的运输应符合交通运输部门的有关规定。

8.4.2 挖掘机运输时,回转机构应处于锁紧状态。

8.5 贮存

挖掘机贮存与防护应符合 GB/T 22358 的规定。

附　录　A
（资料性附录）
挖掘机主要参数表

挖掘机主要参数表见表 A.1。

表 A.1　挖掘机主要参数表

参数		单位
基本参数	铲斗容量	m³
	工作质量	kg
	额定功率/额定转速	kW/(r/min)
液压系统参数	工作压力	MPa
作业参数	最大挖掘半径	mm
	最大挖掘深度	mm
	最大垂直挖掘深度	mm
	最大挖掘高度	mm
	最大卸载高度	mm
整机性能参数	最大挖掘力（斗杆/铲斗）	kN
	回转速度	r/min
	行走速度	km/h
	爬坡能力	%
	接地比压	kPa
尺寸参数	运输时全长	mm
	运输时全宽	mm
	运输时全高	mm
	司机室高度	mm
	履带总长	mm
	履带轨距	mm
	轮距	mm
	轴距	mm
	履带板宽度	mm
	最小回转半径	mm

GB/T 9139—2018

参　考　文　献

[1]　GB/T 25622　土方机械　司机手册　内容和格式(ISO 6750:2005,IDT)

ICS 53.100
P 97

中华人民共和国国家标准

GB/T 13751—2019
代替 GB/T 13751—2008

土方机械　挖掘装载机　试验方法

Earth-moving machinery—Backhoe loaders—Methods of tests

2019-08-30 发布

2020-03-01 实施

国家市场监督管理总局
中国国家标准化管理委员会　发 布

前　言

本标准按照 GB/T 1.1—2009 给出的规则起草。

本标准代替 GB/T 13751—2008《挖掘装载机　试验方法》，与 GB/T 13751—2008 相比，除编辑性修改外主要技术变化如下：

——修改了规范性引用文件（见第 2 章，2008 年版的第 2 章）；

——修改了资料准备的内容（见 3.1，2008 年版的 3.1）；

——修改了样机准备的内容（见 3.2，2008 年版的 3.2）；

——修改了试验场地的要求（见 3.3，2008 年版的 3.3）；

——修改了尺寸代号（见图 1 和表 A.1，2008 年版的图 1 和表 A.2）；

——删除了"仪器、设备、仪表"的规定（见 2008 年版的 4.1.1.2、4.5.6.2、4.5.7.2、5.2.3）；

——删除了静态稳定性、液压系统油温升、燃油系统污染度、加速性能、运行试验、落物保护结构、滚翻保护结构、整机密封性、动臂下降控制装置的试验方法（见 2008 年版的 4.1.5、4.4.1、4.4.3、4.5.5、4.5.9、4.11、4.12、4.17、4.18）；

——增加了支腿、传动系统油液固体颗粒污染等级、反铲作业位置报警、全身振动、综合热平衡、燃油消耗率、空调制冷剂、其他安全要求的试验项目（见 4.1.5、4.4.2、4.10.2、4.13、4.15、4.17、4.18、4.19）；

——修改了装载斗下插力的试验方法（见 4.2.2.2，2008 年版的 4.2.2.2）；

——修改了液压缸沉降量的试验方法（见 4.4.3，2008 年版的 4.4.4）；

——修改了爬坡能力试验、滑行试验方法（见 4.5.5、4.5.6，2008 年版的 4.5.6、4.5.7）；

——修改了噪声的测定方法（见 4.12，2008 年版的 4.14）；

——修改了装载作业试验方法（见 4.14.2，2008 年版的 4.20）；

——将"工业性试验"改为"可靠性试验"，修改了可靠性试验的试验条件、试验程序、失效分类及评定（见第 5 章，2008 年版的第 5 章）；

——将"规范性附录"改为"资料性附录"（见附录 A、附录 B，2008 年版的附录 A、附录 B）；

——删除了部分性能试验记录表（见 2008 年版的表 A.1、表 A.5、表 A.6、表 A.9～表 A.14）；

——修改或删除了可靠性试验记录表（见表 B.1～表 B.3，2008 年版的表 B.1～表 B.7）。

本标准由中国机械工业联合会提出。

本标准由全国土方机械标准化技术委员会（SAC/TC 334）归口。

本标准负责起草单位：山东临工工程机械有限公司、福建省特种设备检验研究院、徐州市产品质量监督检验中心、国机重工集团常林有限公司、徐州徐工特种工程机械有限公司、天津工程机械研究院有限公司。

本标准主要起草人：张怀亭、邓志华、崔祥柱、周榕梅、马广荣、张钰、张奇。

本标准所代替标准的历次版本发布情况为：

——GB/T 13751—1992、GB/T 13751—2008。

土方机械 挖掘装载机 试验方法

1 范围

本标准规定了挖掘装载机的性能试验方法和可靠性试验方法。

本标准适用于 GB/T 8498 规定的轮胎式挖掘装载机(以下简称挖掘装载机),履带式挖掘装载机可参照使用。

2 规范性引用文件

下列文件对于本文件的应用是必不可少的。凡是注日期的引用文件,仅注日期的版本适用于本文件。凡是不注日期的引用文件,其最新版本(包括所有的修改单)适用于本文件。

GB/T 6375 土方机械 牵引力测试方法

GB/T 7586—2018 土方机械 液压挖掘机 试验方法

GB/T 8419 土方机械 司机座椅振动的试验室评价

GB/T 8499 土方机械 测定重心位置的方法

GB/T 8592 土方机械 轮胎式机器转向尺寸的测定

GB/T 8595 土方机械 司机的操纵装置

GB/T 10168 土方机械 挖掘装载机 术语和商业规格

GB/T 10170 土方机械 挖掘装载机 技术条件

GB/T 10175.1 土方机械 装载机和挖掘装载机 第1部分:额定工作载荷的计算和验证倾翻载荷计算值的测试方法

GB/T 10175.2 土方机械 装载机和挖掘装载机 第2部分:掘起力和最大提升高度提升能力的测试方法

GB/T 10913 土方机械 行驶速度测定

GB/T 13331 土方机械 液压挖掘机 起重量

GB/T 13332 土方机械 液压挖掘机和挖掘装载机 挖掘力的测定方法

GB/T 16937 土方机械 司机视野 试验方法和性能准则

GB/T 18826 工业用 1,1,1,2-四氟乙烷(HFC-134a)

GB/T 19933.2 土方机械 司机室环境 第2部分:空气滤清器试验方法

GB/T 19933.3 土方机械 司机室环境 第3部分:增压试验方法

GB/T 19933.4 土方机械 司机室环境 第4部分:采暖、换气和空调(HVAC)的试验方法和性能

GB/T 19933.5 土方机械 司机室环境 第5部分:风窗玻璃除霜系统的试验方法

GB/T 19933.6 土方机械 司机室环境 第6部分:太阳光热效应的测定

GB/T 20082 液压传动 液体污染 采用光学显微镜测定颗粒污染度的方法

GB/T 20418 土方机械 照明、信号和标志灯以及反射器

GB 20891 非道路移动机械用柴油机排气污染物排放限值及测量方法(中国第三、四阶段)

GB/T 21152 土方机械 轮式或高速橡胶履带式机器 制动系统的性能要求和试验方法

GB/T 21153 土方机械 尺寸、性能和参数的单位与测量准确度

GB/T 21154　土方机械　整机及其工作装置和部件的质量测量方法

GB/T 21155　土方机械　行车声响报警装置和前方喇叭试验方法和性能准则

GB/T 21941　土方机械　液压挖掘机和挖掘装载机的反铲斗和抓铲斗　容量标定

GB/T 21942　土方机械　装载机和正铲挖掘机的铲斗　容量标定

GB/T 25614　土方机械　声功率级的测定　动态试验条件

GB/T 25615　土方机械　司机位置发射声压级的测定　动态试验条件

GB/T 25685.1　土方机械　监视镜和后视镜的视野　第1部分:试验方法

GB/Z 26139　土方机械　驾乘式机器暴露于全身振动的评价指南　国际协会、组织和制造商所测定协调数据的应用

GB/T 28239　非道路用柴油机燃料消耗率和机油消耗率限值及试验方法

GB/T 35198—2017　土方机械　轮胎式装载机　试验方法

GB/T 36693　土方机械　液压挖掘机　可靠性试验方法、失效分类及评定

JB/T 12463　轮胎式装载机　可靠性试验方法、失效分类及评定

ISO 11500　液压传动　使用消光原理自动颗粒计数测定液体样品的颗粒污染等级(Hydraulic fluid power—Determination of the particulate contamination level of a liquid sample by automatic particle counting using the light-extinction principle)

3　试验前准备

3.1　资料准备

挖掘装载机试验前至少应具备挖掘装载机司机手册、零部件图册等资料。

3.2　样机准备

挖掘装载机试验前至少应进行下列技术准备工作:

a)　样机处于出厂状态,按规定加足各种液体,备好随机工具、随机备件及其他附件;

b)　样机应按制造商规定进行充分跑合;

c)　样机应按挖掘装载机司机手册和产品技术规范核定发动机最高空载转速、液压系统安全阀标定压力、制动系统的操纵气压或油压。

3.3　试验场地

3.3.1　定置试验场地应为平坦、水平、硬实的沥青或混凝土地面。试验场地的各向坡度不应大于0.5%,平整度不应大于3 mm/m²,且场地平面尺寸满足试验要求。挖掘作业参数测量,在停机面下有一个能容纳工作装置活动并能测量有关尺寸的空间。

3.3.2　行驶、行车制动、牵引性能试验道路应为平坦、硬实、干燥的混凝土路面,纵向坡度不应大于0.5%,横向坡度不应大于2.5%;平直测试区长度满足试验要求。

3.3.3　爬坡能力试验场地应为平坦、硬实的覆盖层,坡底应有能获得规定行驶速度所需的加速距离,坡道的最短长度应超过试验样机总长的3倍,坡道上的测量区段应大于试验样机全长的1.5倍,大于40%的纵坡应采取安全防护措施。

3.3.4　噪声试验场地应符合GB/T 25614的规定。

3.3.5　可靠性试验场地应符合以下要求:

a)　应能满足样机使用要求和设计要求的各种负荷工况;

b)　反铲作业试验场地为密度1 500 kg/m³～1 800 kg/m³的土壤沟槽或基坑挖掘工地,沟槽基坑深度不应小于最大挖掘深度的50%,或实际挖掘作业工地;

c) 装载作业试验场地为砂、松土壤、碎石等松散物料铲装工地,或实际铲装作业工地。

3.4 测量准确度

测量准确度应符合 GB/T 21153 的规定。

4 整机性能试验

4.1 定置试验

4.1.1 主要几何尺寸的测量

将试验样机停放在 3.3.1 的定置试验场地上,其轮胎压力应达到司机手册的规定,并按图 1 和 GB/T 10168测量,并将测量结果记入附录 A 中表 A.1。

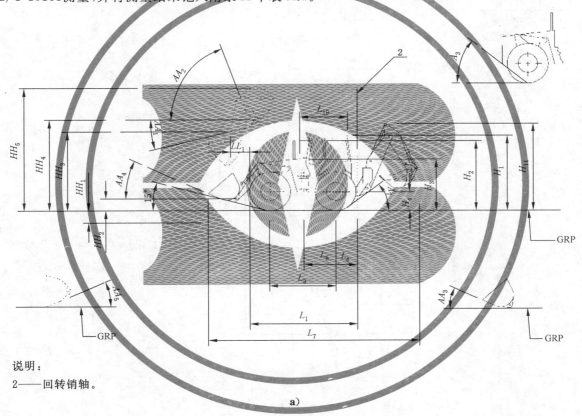

说明:
2——回转销轴。

a)

图 1 主要几何尺寸测量示意图

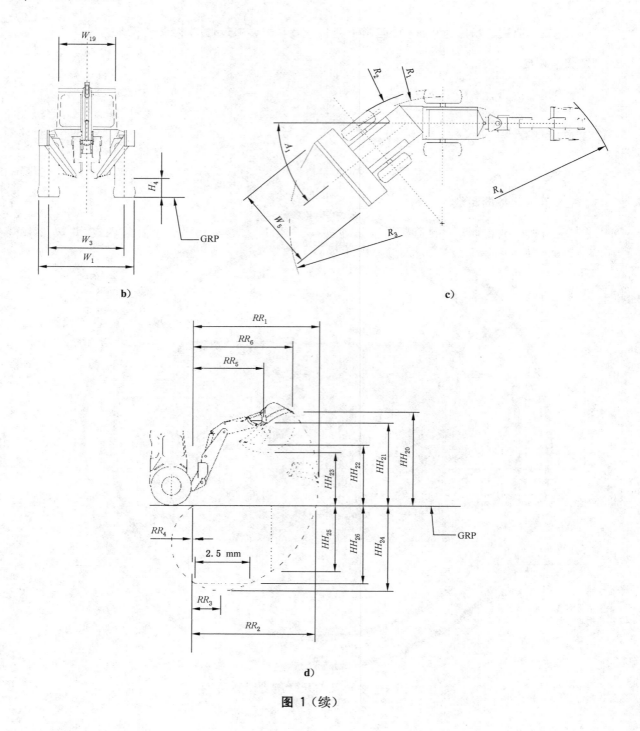

图 1（续）

4.1.2 铲斗容量的测量

反铲斗容量的测量按 GB/T 21941 的规定,装载斗容量的测量按 GB/T 21942 的规定,并将测量结果记入表 A.2。

4.1.3 工作装置动作时间的测定

4.1.3.1 反铲装置液压缸动作时间

反铲工作装置挖掘、卸载时间的测定按 GB/T 7586 的规定。

4.1.3.2 装载装置动作时间

装载工作装置提升、卸载、下降时间的测定按 GB/T 35198 的规定。

4.1.4 质量、桥荷分配及重心位置的测定

4.1.4.1 质量

挖掘装载机质量按 GB/T 21154 的规定测定,并将测定值记入表 A.3。

4.1.4.2 桥荷分配

挖掘装载机处于直线行驶位置,分别在空载和满载(装载斗内带额定工作载荷)两种状态,将装载提升臂置于运输、平伸、最高三种位置,测定前后桥荷重及其各轮静力半径,测定值记入表 A.3。

测定时,操纵杆置于中间位置,松开制动器,若前后桥之和与整机工作质量有差异时,应以整机工作质量为准,误差按质量比例由前后桥分担。

满载(装载斗内带额定工作载荷)试验时,应在装载斗堆装容积的几何重心处加载。

4.1.4.3 重心位置

挖掘装载机重心位置的测定按 GB/T 8499 的规定。

4.1.5 支腿试验

挖掘装载机支腿试验按 GB/T 7586 的规定。

4.2 作用力的测定

4.2.1 反铲作用力

4.2.1.1 反铲挖掘力按 GB/T 13332 的规定测定。

4.2.1.2 装有起重装置的挖掘装载机,反铲起重量的试验按 GB/T 13331 的规定。

4.2.2 装载作用力

4.2.2.1 最大掘起力

挖掘装载机掘起力的测试按 GB/T 10175.2 的规定。

4.2.2.2 装载斗下插力

挖掘装载机装载斗下插力的测试按 GB/T 35198 的规定。

4.2.2.3 最大提升高度提升能力和极限倾翻载荷的测试

挖掘装载机的最大提升高度提升能力和极限倾翻载荷的测试按 GB/T 10175.2 和 GB/T 10175.1 的规定。

4.3 反铲装置回转参数测定

4.3.1 试验工况

分别按下列两种工况测定:

a) 工况 I:反铲斗液压缸、斗杆液压缸全伸出,调整动臂液压缸,使铲斗处于最小回转半径处;

b) 工况Ⅱ:反铲斗液压缸全伸出,斗杆液压缸全缩,调整动臂液压缸,使铲斗处于最大回转半径处。

试验时发动机处于最大供油位置。

4.3.2 回转时间

分别以空载和满载(允许采用当量载荷,但需固定好)两种情况下,左、右回转90°,测试3次取平均值,结果记入表 A.4。

4.3.3 回转力矩

反铲斗回转力矩试验按 GB/T 7586—2018 中 9.3 的规定。

4.4 液压系统试验

4.4.1 液压系统空流阻力

液压系统空流阻力试验按 GB/T 7586 的规定。

4.4.2 液压系统、传动系统油液固体颗粒污染等级

液压系统和传动系统油液固体颗粒污染等级检查按 ISO 11500 或 GB/T 20082 的规定。

4.4.3 液压缸沉降量

4.4.3.1 反铲装置液压缸沉降量的测试按 GB/T 7586 的规定。

4.4.3.2 装载装置液压缸沉降量的测试按 GB/T 35198 的规定。每 5 min 测量一次提升液压缸和铲斗液压缸的活塞杆的外伸长度,测试时间为 10 min。

4.5 行驶性能试验

4.5.1 转向尺寸

挖掘装载机转向尺寸的测定按 GB/T 8592 的规定。

4.5.2 接地比压

挖掘装载机接地比压的测试按 GB/T 7586 的规定。

4.5.3 制动性能

挖掘装载机制动性能的测试按 GB/T 21152 的规定。

4.5.4 行驶速度

挖掘装载机行驶速度的测试按 GB/T 10913 的规定。

4.5.5 爬坡能力

挖掘装载机爬坡能力的测试按 GB/T 35198 的规定。

4.5.6 滑行试验

挖掘装载机的滑行试验按 GB/T 35198 的规定。

4.5.7 牵引性能

挖掘装载机牵引性能的测定按 GB/T 6375 的规定。

4.6 操纵装置的测定

司机操纵装置的测定按 GB/T 8595 的规定。

4.7 司机室环境的试验

司机室环境的试验方法按 GB/T 19933.2、GB/T 19933.3、GB/T 19933.4、GB/T 19933.5 和 GB/T 19933.6 的规定。

4.8 司机视野的测定

挖掘装载机司机视野的测定按 GB/T 16937 的规定。

4.9 照明、信号和标志灯以及反射器的试验

照明、信号和标志灯以及反射器的测定按 GB/T 20418 的规定。

4.10 声响报警的试验

4.10.1 前方喇叭和行车声响报警试验

前方喇叭和行车报警、倒退报警的试验按 GB/T 21155 的规定。

4.10.2 反铲作业位置报警试验

挖掘装载机反铲铲斗(包括中央铰接和侧铰接)在运料位置,按 GB/T 21155 规定的前方喇叭的测量方法,测定在挖掘装载机纵向中心平面上从挖掘端回转中心向后 7 m 处的声压级。

4.11 监视镜和后视镜视野的试验

挖掘装载机监视镜和后视镜视野的试验方法按 GB/T 25685.1 的规定。

4.12 噪声的测定

4.12.1 司机室司机位置发射声压级

装有司机室的挖掘装载机在司机位置处的发射声压级的测试按 GB/T 25615 的规定。

4.12.2 机外发射声功率级

机外发射声功率级的测试按 GB/T 25614 的规定。

4.13 振动的测试

挖掘装载机全身振动的测试按 GB/Z 26139 的规定,司机座椅振动的测试按 GB/T 8419 的规定。

4.14 作业试验

4.14.1 反铲作业试验按 GB/T 7586 的规定。

4.14.2 装载作业试验按 GB/T 35198 的规定。

4.15 综合热平衡测试

4.15.1 装载作业

装载作业的综合热平衡测试按 GB/T 35198 的规定。

4.15.2 挖掘作业

4.15.2.1 试验条件

按 GB/T 7586 规定的液压油温升试验条件。

4.15.2.2 试验方法

挖掘装载机在发动机最大油门状态下连续挖掘,每间隔 15 min 测量一次发动机出水口温度、液压油散热器进油温度,达到热平衡为止(温度变化范围在±2℃),同时测定记录环境温度,将所测数据按 GB/T 35198—2017 表 A.12 记录并绘制液压系统热平衡图。

4.16 排气污染物的测试

柴油发动机排气污染物应有符合 GB 20891 规定的相关证明文件。

4.17 燃油消耗率的测试

柴油发动机燃油消耗率应有符合 GB/T 28239 规定的相关证明文件。

4.18 空调制冷剂的测试

空调用制冷剂应有符合 GB/T 18826 规定的相关证明文件。

4.19 其他试验

其他在 GB/T 10170 中要求的项目在其引用标准中已有相应试验方法时,这些要求项目的试验方法按所引用标准的规定。

5 可靠性试验

5.1 可靠性试验条件

5.1.1 司机及维修保养人员

5.1.1.1 进行试验的司机应能够熟练操作挖掘装载机。

5.1.1.2 参加试验的维修保养人员应熟悉挖掘装载机的构造,并具有熟练的维修技术。

5.1.2 试验样机

5.1.2.1 试验样机的数量为 1 台。

5.1.2.2 试验样机应从经制造商质量检验部门检验合格的产品中随机抽取 1 台。

5.1.2.3 试验期间,因意外事故引起样机重大损坏时,可另行取样重新进行试验。

5.2 可靠性试验项目

5.2.1 磨合试验

5.2.1.1 可靠性试验的样机试验前应按制造商的规定进行充分跑合。

5.2.1.2 样机跑合试验后,进行检验、调整和保养。

5.2.2 性能初试

跑合试验结束后,应按第4章的规定对下列项目进行试验:
a) 工作装置动作时间;
b) 反铲挖掘力;
c) 掘起力;
d) 提升能力;
e) 行走制动和停车制动;
f) 最高行驶速度。

5.2.3 作业试验

5.2.3.1 样机跑合时间、性能测试时间不计入可靠性试验累计时间。

5.2.3.2 可靠性试验的连续累计纯工作时间为600 h,其中挖掘300 h、装载270 h、行驶30 h。

5.2.3.3 作业试验期间,发动机空转时间、空行驶时间不应超过总作业时间的5%。

5.2.3.4 试验样机可靠性试验时的平均生产率不低于其最大生产率的70%。

5.2.3.5 连续2 h以上的作业时间总计不得少于总作业时间的95%。

5.2.3.6 采用运输车辆配合作业试验时,配置台数应保证挖掘装载机连续工作。

5.2.3.7 试验过程中需按制造商的规定进行操作和保养样机。

5.2.3.8 在进行可靠性试验过程中,试验人员应注意观察样机各部位是否有异常现象或失效。

5.2.4 行驶试验

5.2.4.1 空载行驶试验在样机磨合后进行,根据路面类型合理选择车速,不得脱挡滑行。累计行驶时间为30 h,行驶总里程不少于600 km,每次行驶里程不应少于50 km。

5.2.4.2 在沥青、混凝土平直路面上应有不少于总里程10%的路段进行高速行驶,平均车速不低于最高车速的60%。

5.2.5 试验记录

5.2.5.1 按附录B的表B.1记录作业试验和行驶试验情况。试验期间出现的一切失效,按表B.2记录,必要时应附有简图和照片,如果是首次失效(轻微失效除外),应在"失效情况说明"栏注明为首次失效。

5.2.5.2 维护保养工作应按样机的司机手册规定的内容和时间进行,所用时间计入累计维护保养时间。

5.2.5.3 参加维护保养及修理的人员均按两名技术熟练工人计算,即若有三人参加,每用去1 h,折算为1.5 h,若有四人参加,每用去1 h,折算为2 h。

5.2.5.4 样机在作业时发生失效,应及时停机检查与修理,不应带故障运行,其修理时间应按实际用去的人时数记入表B.2。

5.2.6 性能复试

样机达到总作业时间和行驶里程后,应按5.2.2进行性能复试。若样机性能下降至设计允许的性能范围之外,则产品按一次主要失效处理。

5.3 失效分类及评定

5.3.1 失效分类

失效按发生原因分为固有缺陷失效、从属失效、误用失效三类,每类失效按失效造成的危害程度及排除失效的难易程度分为致命失效、主要失效、一般失效和轻微失效四个级别。失效分级及判定规则见表1。

表 1　失效分类及判定规则

失效类别	加权系数	失效名称	划分原则	失效示例
0	∞	致命失效	1. 严重危及或导致人身伤亡； 2. 产品安全功能丧失； 3. 重要总成报废或主要部件严重损坏； 4. 造成严重经济损失	1. 发动机报废； 2. 变速箱、变矩器、驱动桥报废； 3. 车架断裂； 4. 行车制动性能失效； 5. 转向失灵
1	1.5	主要失效	1. 产品功能丧失； 2. 主要零部件或总成损坏或磨损、变形严重，应停机修理，不能在8 h内排除	1. 发动机零部件损坏，造成无法起动； 2. 液压系统中泵、阀、液压缸、马达损坏、油管爆裂； 3. 车架等主要结构件出现裂缝或严重变形； 4. 工作装置断裂或严重变形； 5. 传动系统内部零部件损坏； 6. 停车制动系统失效
2	0.8	一般失效	1. 产品主要性能下降，影响工作效率； 2. 非主要零部件失效，可用备件和随机工具在8 h内排除	1. 发动机功率明显降低； 2. 液压系统性能下降，造成工作装置动作、作业效率明显下降； 3. 传动系统效率明显下降； 4. 工作装置、车架等主要结构件出现细小的裂纹、变形或焊缝开裂； 5. 重要部件紧固件松动
3	0.1	轻微失效	1. 暂时不会导致机器停机或工作中断； 2. 可用备件和随机工具在1 h内容易排除； 3. 在日常保养中能用随机工具和备件轻易排除	1. 发动机因电器原因无法起动； 2. 油、水、气渗漏； 3. 照明灯、转向灯、制动灯不亮； 4. 非重要部位紧固件松脱； 5. 钣金件开裂或开焊

5.3.2　失效评定准则

5.3.2.1　按例行维护保养更换到期的易损件不计入失效次数，但应做记录。

5.3.2.2　固有缺陷失效引起从属失效时，只作一次失效计算，其加权系数按大者计，但同时发生的失效项目应做详细记录。

5.3.2.3　若同时发生无因果关系的失效，应分别计算。

5.3.2.4　失效模式相同、多次发生的失效，若属于固有缺陷失效，每次都应计入。

5.3.2.5　计算评价指标时，不计误用失效。

5.3.3　评定方法

5.3.3.1　按JB/T 12463的规定计算平均小时燃油消耗量。

5.3.3.2 试验期间样机总作业时间为装载、挖掘、行驶时间的总和,其他按 GB/T 36693 的规定确定首次失效前工作时间,计算平均失效间隔时间、工作可用度、平均修复时间。

5.4 可靠性试验记录

挖掘装载机可靠性试验完成后,将各项测试结果记入表 B.3 中。

附 录 A
（资料性附录）
挖掘装载机性能试验记录表

表 A.1 外形尺寸、作业参数记录表

样机型号＿＿＿＿＿＿＿＿＿＿＿＿＿＿＿＿＿＿＿＿ 试验日期＿＿＿＿＿＿＿＿＿＿＿＿＿＿＿＿＿＿＿

机器序列号＿＿＿＿＿＿＿＿＿＿＿＿＿＿＿＿＿ 试验地点＿＿＿＿＿＿＿＿＿＿＿＿＿＿＿＿＿＿＿

试验人员＿＿＿

轮胎平均气压/kPa:左前＿＿＿＿＿＿＿＿ 右前＿＿＿＿＿＿＿ 左后＿＿＿＿＿＿＿ 右后＿＿＿＿＿＿＿

项 目		单 位	数 值
整机主要参数	工作质量 OM	kg	
	运输状态下总长 L_7	mm	
	最大宽度 W_1	mm	
	转运高度 H_{11}	mm	
主要尺寸	轮距 W_3	mm	
	装载斗宽度 W_5	mm	
	反铲斗宽度	mm	
	最大高度（主机）H_1	mm	
	离地间隙 H_4	mm	
	离去角 A_7	(°)	
	轴距 L_3	mm	
	后伸部分 L_4	mm	
作业参数	反铲	最大挖掘半径 RR_1	mm	
		最大卸载高度 HH_{23}	mm	
		最大挖掘深度 HH_{24}	mm	
		最大高度的卸载半径 RR_5	mm	
		在基准地平面上的最大挖掘半径 RR_2	mm	
	装载	卸载高度 HH_3	mm	
		最高提升时的卸载距离 LL_1	mm	
		在地面时的最大翻转角 AA_3	(°)	
		卸载角 AA_1	(°)	

表 A.2 斗容量测量记录表

样机型号 _____ 试验日期 _____
机器序列号 _____ 试验地点 _____
物料名称 _____ 试验人员 _____

单位为立方米

名称	测量项目	测定值	备注
反铲斗	平装容量		
	堆尖容量		
装载斗	平装容量		
	堆尖容量		

表 A.3 质量及桥荷分配记录表

样机型号 _____ 试验日期 _____
机器序列号 _____ 试验地点 _____
试验人员 _____
轮胎平均气压/kPa:左前 _____ 右前 _____ 左后 _____ 右后 _____

工况		总质量 kg	后桥荷重 N	前桥荷重 N	桥荷分配 %		轮胎静力半径 mm				备注
					后桥	前桥	后轮		前轮		
							左	右	左	右	
空载	运输										
	平伸										
	最高										
满载	运输										
	平伸										
	最高										

表 A.4 反铲装置测定记录表

样机型号＿＿＿＿＿＿＿＿＿＿＿＿＿＿＿＿＿＿＿＿＿＿＿ 试验日期＿＿＿＿＿＿＿＿＿＿＿＿＿＿＿＿＿＿＿＿＿＿＿＿＿＿＿＿＿

机器序列号＿＿＿＿＿＿＿＿＿＿＿＿＿＿＿＿＿＿＿＿＿＿ 试验地点＿＿＿＿＿＿＿＿＿＿＿＿＿＿＿＿＿＿＿＿＿＿＿＿＿＿＿＿＿

试验人员＿＿＿＿＿＿＿＿＿＿＿＿＿＿＿＿＿＿＿＿＿＿＿ 发动机转速＿＿＿＿＿＿＿＿＿＿＿＿＿＿＿＿＿＿＿＿＿＿＿＿＿ r/min

液压油温度＿＿ ℃

铲斗载荷 N	工况	转角 (°)	转向	回转时间 s				备注
				1	2	3	平均	
空载	I		左					
			右					
	II		左					
			右					
满载	I		左					
			右					
	II		左					
			右					

附 录 B
（资料性附录）
挖掘装载机可靠性试验记录表

表 B.1 可靠性作业试验记录表

机器型号		机器编号		共 页	第 页
试验日期		试验地点		作业工况	
班次		司机		作业物料	
开始时间		结束时间		记录	

检查时间	检查项目					
	发动机水温 ℃	发动机油温 ℃	传动油温 ℃	液压油温 ℃	计时表 h	加油量 L

作业量		燃油消耗量			试验时间						
物料体积 m³	物料质量 kg（或空驶距离 km）	平均生产率 t/h（或平均车速 km/h）	燃油消耗量 L	作业燃油消耗量 L	台班平均小时燃油消耗率 L/h	保养时间	停机时间	空驶时间	空转时间	作业时间	修理时间
失效情况说明											

表 B.2 可靠性试验失效统计表

产品型号		机器编号		共 页	第 页
失效日期	工作时间	失效类别	失效级别	失效件名称	失效情况说明	排除失效措施	修理时间

表 B.3　可靠性试验结果汇总表

产品名称			产品型号				编号			
试验起止日期			试验地点							
试验时间/h					燃油消耗量			失效数/个				评价指标	
保养时间	空驶时间	空转时间	修理时间	总作业时间	总燃油消耗量 kg	总作业燃油消耗量 kg	平均小时燃油消耗量 kg/h	致命失效	主要失效	一般失效	轻微失效	平均失效间隔时间 h	工作可用度 %

参 考 文 献

[1]　GB/T 8498—2018　土方机械　基本类型　识别、术语和定义

ICS 53.100
P 97

中华人民共和国国家标准

GB/T 33941.3—2017

土方机械 结构件应力测试方法

第 3 部分：装载机、挖掘机和挖掘装载机

的工作装置和附属装置

Earth-moving machinery—Structure stress test method—

Part 3：Equipments and attachments of loaders，excavators and backhoe loaders

2017-10-14 发布

2018-05-01 实施

中华人民共和国国家质量监督检验检疫总局
中国国家标准化管理委员会 发布

前　言

GB/T 33941《土方机械　结构件应力测试方法》分为3个部分：
——第1部分：通则；
——第2部分：轮胎式装载机机架；
——第3部分：装载机、挖掘机和挖掘装载机的工作装置和附属装置。
本部分为 GB/T 33941 的第3部分。
本部分按照 GB/T 1.1—2009 给出的规则起草。
本部分由中国机械工业联合会提出。
本部分由全国土方机械标准化技术委员会(SAC/TC 334)归口。
本部分负责起草单位：厦门市产品质量监督检验院[国家场(厂)内机动车辆质量监督检验中心]、三一重机有限公司、天津工程机械研究院。
本标准参加起草单位：福建晋工机械有限公司、厦门藤田重工有限公司。
本部分主要起草人：黄志强、俞宏福、陈良、李晖、赵家宏、尚海波、倪栋、杨毅梅。

土方机械　结构件应力测试方法
第3部分：装载机、挖掘机和挖掘装载机
的工作装置和附属装置

1　范围

GB/T 33941的本部分规定了装载机、挖掘机和挖掘装载机的工作装置和附属装置进行应力测试的测试仪器及设备/设施、测试条件、测试点及贴片形式、测试步骤、数据处理和测试报告等。

本部分适用于GB/T 8498所定义的装载机、挖掘机和挖掘装载机(以下简称机器)的工作装置和附属装置应力的测试。

2　规范性引用文件

下列文件对于本文件的应用是必不可少的。凡是注日期的引用文件，仅注日期的版本适用于本文件。凡是不注日期的引用文件，其最新版本(包括所有的修改单)适用于本文件。

GB/T 6572　土方机械　液压挖掘机　术语和商业规格

GB/T 7586—2008　液压挖掘机　试验方法

GB/T 10168　土方机械　挖掘装载机　术语和商业规格

GB/T 10175.2—2008　土方机械　装载机和挖掘装载机　第2部分：掘起力和最大提升高度提升能力的测试方法

GB/T 13332—2008　土方机械　液压挖掘机和挖掘装载机　挖掘力的测定方法

GB/T 18577.2　土方机械　尺寸与符号的定义　第2部分：工作装置和附属装置

GB/T 21154—2014　土方机械　整机及其工作装置和部件的质量测量方法

GB/T 21941　土方机械　液压挖掘机和挖掘装载机的反铲斗和抓铲斗　容量标定

GB/T 21942　土方机械　装载机和正铲挖掘机的铲斗　容量标定

GB/T 25604　土方机械　装载机　术语和商业规格

GB 25684.5　土方机械　安全　第5部分：液压挖掘机的要求

GB/T 33941.1—2017　土方机械　结构件应力测试方法　第1部分：通则

JB/T 3688.3—1998　轮胎式装载机　试验方法

3　术语和定义

GB/T 6572、GB/T 10168、GB/T 18577.2、GB/T 21154—2014、GB/T 25604、GB 25684.5和GB/T 33941.1—2017界定的以及下列术语和定义适用于本文件。

3.1

主机　base machine

机器不带有工作装置或附属装置，但配备有安装工作装置或附属装置所必需的连接件，如需要，可配备司机室或机棚和司机保护结构。

见图1。

[GB/T 21154—2014,定义3.1.1]

3.2

工作装置 equipment

为执行基本的设计功能,安装在主机(允许有附属装置)上的一组零部件。装载部分工作装置一般由提升臂、提升液压缸、铲斗液压缸、连杆、摇臂等构成;挖掘部分工作装置一般由短动臂、中间动臂、动臂液压缸、斗杆、斗杆液压缸、铲斗液压缸、摇杆、铲斗连杆、附属装置支架等构成。

见图1。

[改写 GB/T 21154—2014,定义3.1.2]

3.3

附属装置 attachment

为特定用途,可安装在主机或工作装置上的一组零件总成,装载部分附属装置为铲斗;挖掘部分附属装置为反铲斗。

见图1。

[改写 GB/T 21154—2014,定义3.1.4]

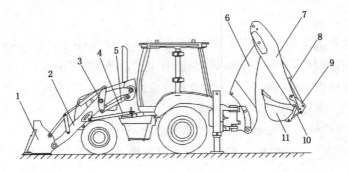

说明:

1 ——铲斗;

2 ——提升臂;

3 ——摇臂;

4 ——提升液压缸;

5 ——铲斗液压缸;

6 ——动臂;

7 ——斗杆;

8 ——铲斗液压缸;

9 ——摇杆;

10——反铲斗连杆;

11——反铲斗。

注:以挖掘装载机为例。

图 1 主机、工作装置和附属装置的定义图示

3.4

正载和偏载 normal load and partial load

机器作用力测试时,液压缸产生的力通过(反)铲斗施加在载荷传感器上,载荷传感器产生的反作用力位于(反)铲斗的对称中心轴线上为正载;载荷传感器沿 Y 轴平移至距对称中心轴线 $L/4$(L 为铲斗宽度)以上在铲斗产生的反作用力,即为偏载。

4 测试仪器及设备/设施

应符合 GB/T 33941.1—2017 第 5 章的规定。

5 测试条件

5.1 一般要求

应符合 GB/T 33941.1—2017 第 6 章的规定。

5.2 其他要求

5.2.1 切进力工况测试时,轮胎与地面间的附着系数应不小于0.7。

5.2.2 装载作业工况测试的试验场地应符合 JB/T 3688.3—1998 的规定。

5.2.3 挖掘作业工况测试的试验场地应符合 GB/T 7586—2008 的规定,试验场地土壤密度应不低于 1 800 kg/m³,宜选择 1 800 kg/m³～2 000 kg/m³ 的土壤。

6 测试点及贴片形式

6.1 一般要求

应符合 GB/T 33941.1—2017 第 7 章的规定。

6.2 典型工作装置/附属装置测试点选择

6.2.1 装载装置测试点选择

典型的装载装置测试点布置参见附录 A 中图 A.1 所示。

6.2.2 挖掘装置测试点选择

典型的挖掘装置测试点布置参见图 A.2 所示。

7 测试步骤

7.1 一般要求

应符合 GB/T 33941.1—2017 第 8 章的规定。

7.2 自重应力测试

7.2.1 一般要求

每次测试前应对工作装置的自重应力进行测试。

7.2.2 装载装置自重应力测试

将机器停放在平整的水平地面,铲斗平放着地,液压缸卸载,使装载装置的自重载荷施加在地面上,将应变仪调零。

注:此时基准应变值 ε_{i0} 为 0。

7.2.3 挖掘装置自重应力测试

将机器停放在平整的水平地面,反铲斗在靠近机架处着地,液压缸卸载,使挖掘装置的自重载荷施加在地面上,将应变仪调零。

7.3 静态应力测试

7.3.1 装载装置部分

7.3.1.1 掘起力工况测试

7.3.1.1.1 一般要求

7.3.1.1.1.1 机器工作装置应符合 GB/T 21154—2014 的规定,铲斗应符合制造厂指定的标准配置,铲斗空载。

7.3.1.1.1.2 掘起力测试程序按 GB/T 10175.2—2008 中 6.2 的规定。

7.3.1.1.2 正载掘起力工况测试

按 GB/T 10175.2—2008 中 6.3 的规定,在提升液压缸和铲斗液压缸产生最大掘起力时采集各测试点的应变值。

7.3.1.1.3 偏载掘起力工况测试

将测量传感器上通过钢索或其他装置的反作用力作用线移至铲斗的偏载位置(见图 2 所示),并记录偏载距离 X,按 7.3.1.1.2 的方法进行。

单位为毫米

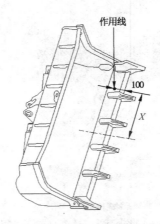

图 2 偏载掘起力工况测试作用线位置示意图

7.3.1.2 切进力工况测试

7.3.1.2.1 一般要求

机器工作装置应符合 GB/T 21154—2014 的规定,铲斗应符合制造厂指定的标准配置,铲斗空载。

7.3.1.2.2 正载切进力工况测试

机器停放在平整的水平地面,铰接转向的机器装载机前、后车架机架应处于直线位置,先将铲斗平放在基准地平面上,操纵提升液压缸,使切削刃的底面水平放置离地面 50 mm~100 mm,在切削刃刀口与挡墙之间安装载荷传感器(见图 3 所示)。

单位为毫米

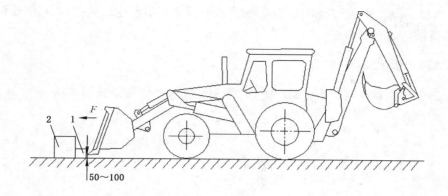

说明:
1——载荷传感器;
2——挡墙。

图 3　典型的试验布置图——切进力测试

7.3.1.2.3　偏载切进力工况测试

载荷传感器安装位置移至铲斗的偏载位置(见图 4 所示),并记录偏载距离 X,按 7.3.1.2.2 的方法进行。

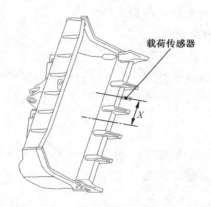

图 4　偏载切进力工况测试载荷传感器位置示意图

7.3.1.2.4　测试要求

具有全轮驱动的机器,应处于全轮驱动状态。有挡位的机器,挡位一般处于前进最低挡位置。采集发动机油门处于最大位置进行切进时各测试点的应变值。

7.3.2　挖掘装置部分

7.3.2.1　挖掘力工况测试

7.3.2.1.1　一般要求

测试方法按 GB/T 13332—2008 的规定。

7.3.2.1.2 正载挖掘力工况测试

按 GB/T 13332—2008 中 4.8.2 和 4.8.3 的规定,在斗杆液压缸产生最大挖掘力、铲斗液压缸产生最大挖掘力时采集各测试点的应变值。

7.3.2.1.3 偏载挖掘力工况测试

将载荷传感器安装位置移至铲斗偏载位置(见图 5 所示),并记录偏载距离 X,按 7.3.2.1.2 的方法进行。

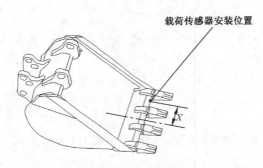

图 5 偏载挖掘力工况测试作用线位置示意图

7.3.2.1.4 测试要求

在机器产生最大挖掘力时采集各测试点的应变值。

7.3.2.2 回转力矩工况测试

7.3.2.2.1 挖掘机应在 GB/T 7586—2008 中 9.1.1 规定的状态进行测试。

7.3.2.2.2 按 GB/T 7586—2008 中 9.3.3 的规定,在产生最大回转力时采集各测试点的应变值。

7.3.3 台架静态测试

将工作装置安装在结构件加载试验台架上,模拟机器工作实际外载荷对工作装置进行加载(参见附录 B),采集施加最大载荷时各测试点的应变值。

7.3.4 测试结果

每种工况每组各测量 3 次,测试记录参见附录 C 表 C.1～表 C.4。

7.4 动态应力测试

7.4.1 作业工况测试

7.4.1.1 机器按 JB/T 3688.3—1998 中 4.18.2 规定的试验方法进行装载作业,采集各测试点的动态应变数据,每次数据采集应至少完成一个作业周期或依据数据统计需求确定。

7.4.1.2 机器按 GB/T 7586—2008 中 20.1.3 或 20.2.3 规定的试验方法进行挖掘作业,采集各测试点的动态应变数据,每次数据采集应至少完成一次挖掘循环。

7.4.1.3 对于装有装载装置和挖掘装置的挖掘装载机,其两个装置的作业工况应分别按 7.4.1.1 和 7.4.1.2 的规定进行,作业过程中未工作的装置应按规定锁定。

7.4.2 挖掘机特殊工况测试

7.4.2.1 回转制动工况测试

7.4.2.1.1 挖掘机应在 GB/T 7586—2008 中 9.1.1 规定的状态,铲斗空载及满载进行左回转和右回转制动试验。

7.4.2.1.2 上部结构按输入的最大回转指令,从静止位置旋转到 180°的回转平台回转速度时,启动回转行车制动器,使上部结构从作业回转速度减速到完全停止。

7.4.2.1.3 采集各测试点的动态应变数据,每次数据采集应至少完成一个从静止开始至停止的过程。

7.4.2.2 履带式挖掘机行驶机构内阻力矩工况测试

按 GB/T 7586—2008 中 23.3 的规定,采集各测试点的动态应变数据,每次数据采集应至少完成一个履带从静止至运动的过程。

7.4.3 台架动态测试

将工作装置安装在动态加载试验台上,选取机器实际作业工况的载荷谱进行模拟加载测试,采集测试过程各测试点的动态应变数据。

7.4.4 测试结果

每种工况每组测量 3 次,测试记录参见表 C.5～表 C.9,并绘制应力、应力幅值、应力均值与时间、频次等有关曲线或图表。

8 数据处理

应符合 GB/T 33941.1—2017 第 9 章的规定。

9 测试报告

9.1 一般要求

测试报告除应标明 GB/T 33941.1—2017 第 10 章的规定内容外还应标明以下信息:
- a) 发动机转速,单位为转每分钟(r/min);
- b) 作用力或载荷情况,单位为(千)牛顿[(k)N];
- c) 液压系统(缸)压力,单位为兆帕(MPa);
- d) 液压油温度,单位为摄氏度(℃);
- e) 液压缸活塞杆位移,单位为毫米(mm);
- f) 作业周期、挖掘循环及作业形式;
- g) 土壤情况等。

9.2 履带式机器

对于履带式机器除应标明 9.1 规定的内容外还应增加以下信息:
- a) 履带板形式;
- b) 最大宽度(履带板)W_1,单位为米(m);
- c) 轨距 W_2,单位为米(m);

d) 履带板宽度 W_4,单位为米(m);

e) 接地长度 L_1,单位为米(m);

f) 配重(必要时),单位为千克(kg)。

9.3 轮胎式机器

对于轮胎式机器除应标明 9.1 规定的内容外还应增加以下信息:

a) 轮距 W_3(若前、后不同,应分别给出),单位为米(m);

b) 轴距 L_3,单位为米(m);

c) 轮胎规格;

d) 轮胎充气压力,单位为千帕(kPa);

e) 配重(必要时),单位为千克(kg)。

9.4 试验用属具

试验时需要特定属具时应给出以下信息:

——形式;

——额定参数(铲斗额定容量应符合 GB/T 21941 和 GB/T 21942 的规定);

——质量,单位为千克(kg)。

附　录　A
（资料性附录）
典型工作装置测试点示意图

A.1　典型的装载装置测试点布置见图 A.1 所示。

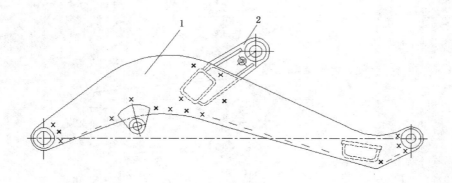

说明：

1 ——提升臂；

2 ——销轴座。

━━——单轴应变计贴片位置；

×——多轴应变计贴片位置。

a）　提升臂

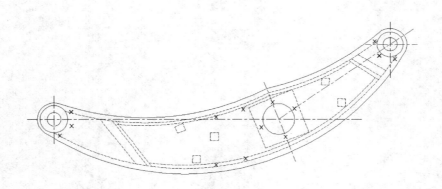

说明：

×——多轴应变计贴片位置。

b）　摇臂

图 A.1　装载装置测试点布置图

A.2 典型的挖掘装置测试点布置见图 A.2 所示。

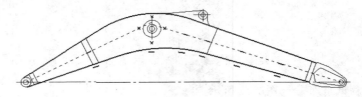

说明：

—— 单轴应变计贴片位置；

× —— 多轴应变计贴片位置。

a) 动臂

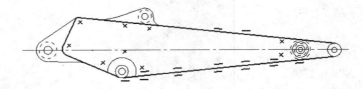

说明：

—— 单轴应变计贴片位置；

× —— 多轴应变计贴片位置。

b) 斗杆

图 A.2 挖掘装置测试点布置图

附 录 B
（资料性附录）
台架测试示意图

B.1 装载装置台架测试示意图见图 B.1。

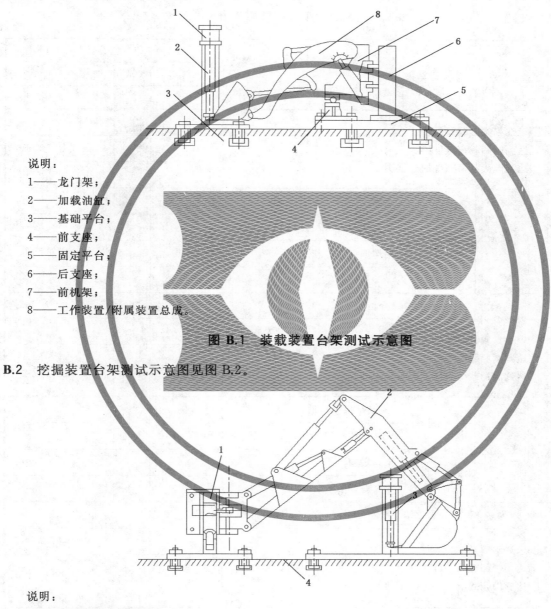

说明：

1——龙门架；

2——加载油缸；

3——基础平台；

4——前支座；

5——固定平台；

6——后支座；

7——前机架；

8——工作装置/附属装置总成。

图 B.1 装载装置台架测试示意图

B.2 挖掘装置台架测试示意图见图 B.2。

说明：

1——挖掘机底盘模拟部件；

2——工作装置/附属装置总成；

3——龙门架及加载油缸总成；

4——固定平台。

图 B.2 挖掘装置台架测试示意图

附　录　C
（资料性附录）
测试记录表

C.1 掘起力工况测试记录见表 C.1。

表 C.1　掘起力工况测试记录表

测试工况	限制条件		测试次数	掘起力 F kN	应变值读数					
					测试点编号					
					1	2	3	4	5	…
正载掘起力工况/提升液压缸	□未达到倾翻载荷条件 □达到倾翻载荷条件 □达到倾翻载荷条件加配重块＿＿kg		第1次							…
			第2次							…
			第3次							…
	结果处理	应变结果平均值								…
		应力值 σ/MPa								…
		平均掘起力 F/kN								…
		安全系数								…
	测试结果分析和说明									
正载掘起力工况/铲斗液压缸	□未达到倾翻载荷条件 □达到倾翻载荷条件 □达到倾翻载荷条件加配重块＿＿kg		第1次							…
			第2次							…
			第3次							…
	结果处理	应变结果平均值								…
		应力值 σ/MPa								…
		平均掘起力 F/kN								…
		安全系数								…
	测试结果分析和说明									
偏载掘起力工况/提升液压缸/（偏载距离 X=＿mm）	□未达到倾翻载荷条件 □达到倾翻载荷条件 □达到倾翻载荷条件加配重块＿＿kg		第1次							…
			第2次							…
			第3次							…
	结果处理	应变结果平均值								…
		应力值 σ/MPa								…
		平均掘起力 F/kN								…
		安全系数								…
	测试结果分析和说明									

表 C.1（续）

测试工况	限制条件		测试次数	掘起力 F kN	应变值读数					
					测试点编号					
					1	2	3	4	5	…
偏载掘起力工况/铲斗液压缸/（偏载距离 X=__ mm）	□未达到倾翻载荷条件 □达到倾翻载荷条件 □达到倾翻载荷条件加配重块____ kg		第1次							…
			第2次							…
			第3次							…
	结果处理	应变结果平均值								…
		应力值 σ/MPa								
		平均掘起力 F/kN								…
		安全系数								…
	测试结果分析和说明									

C.2 切进力工况测试记录见表 C.2。

表 C.2 切进力工况测试记录表

测试工况	测试次数	挡位	发动机转速 r/min	切进力 F kN	应变值读数					
					测试点编号					
					1	2	3	4	5	…
正载切进力工况	第1次									…
	第2次									…
	第3次									…
	结果处理	应变结果平均值								…
		应力值 σ/MPa								…
		平均最大切进力 F/kN								…
		安全系数								…
	测试结果分析和说明									
偏载切进力工况/（偏载距离 X=__ mm）	第1次									…
	第2次									…
	第3次									…
	结果处理	应变结果平均值								…
		应力值 σ/MPa								…
		平均最大切进力 F/kN								…
		安全系数								…
	测试结果分析和说明									

C.3 挖掘力工况测试记录见表 C.3。

表 C.3 挖掘力工况测试记录表

测试工况	测试次数	销轴位置和斗杆长度	挖掘力 F kN	极限状态	应变值读数 测试点编号					
					1	2	3	4	5	…
正载挖掘力工况/斗杆液压缸	第1次									…
	第2次									…
	第3次									…
	结果处理	应变结果平均值								…
		应力值 σ/MPa								…
		平均最大挖掘力 F/kN								…
		安全系数								…
	测试结果分析和说明									
正载挖掘力工况/铲斗液压缸	第1次									…
	第2次									…
	第3次									…
	结果处理	应变结果平均值								…
		应力值 σ/MPa								…
		平均最大挖掘力 F/kN								…
		安全系数								…
	测试结果分析和说明									
偏载挖掘力工况/斗杆液压缸/（偏载距离 X=__ mm）	第1次									…
	第2次									…
	第3次									…
	结果处理	应变结果平均值								…
		应力值 σ/MPa								…
		平均最大挖掘力 F/kN								…
		安全系数								…
	测试结果分析和说明									
偏载挖掘力工况/铲斗液压缸/（偏载距离 X=__ mm）	第1次									…
	第2次									…
	第3次									…
	结果处理	应变结果平均值								…
		应力值 σ/MPa								…
		平均最大挖掘力 F/kN								…
		安全系数								…
	测试结果分析和说明									

C.4 回转力矩工况测试记录见表 C.4。

表 C.4 回转力矩工况测试记录表

测试工况	测试次数		力臂/m	拉力/kN	回转力矩/(N·m)	应变值读数					
						测试点编号					
						1	2	3	4	5	…
回转力矩工况/工作装置位置 I □左转 □右转	第 1 次										…
	第 2 次										…
	第 3 次										…
	结果处理	应变结果平均值									…
		应力值 σ/MPa									
		平均回转力矩/(N·m)									
		安全系数									…
	测试结果分析和说明										
回转力矩工况/工作装置位置 II □左转 □右转	第 1 次										…
	第 2 次										…
	第 3 次										…
	结果处理	应变结果平均值									…
		应力值 σ/MPa									…
		平均回转力矩/(N·m)									…
		安全系数									…
	测试结果分析和说明										

C.5 作业工况测试条件记录见表 C.5。

表 C.5 作业工况测试条件记录表

序号	项 目		内 容	备注
1	工况名称			
2	作业时间			
3	环境状况	温度/℃		
4		相对湿度/%		
5		风速/(m/s)		
6		大气压力/kPa		
7	试验场地(道路)路面及状态			
8	作业环境			
9	作业走向或行驶方向			
10	作业对象			

C.6 装载作业工况测试记录见表 C.6。

表 C.6　装载作业工况测试记录表

测试工况	测试次数	测量作业时间/s	平均运输距离/m	完成土方作业量/t(或 m³)
装载作业工况	第 1 次	铲装运输卸载返回总时间		
	第 2 次	铲装运输卸载返回总时间		
	第 3 次	铲装运输卸载返回总时间		
	测试结果分析和说明			

C.7　挖掘作业工况测试记录见表 C.7。

表 C.7　挖掘作业工况测试记录表

测试工况	测试次数	测量作业时间/s	回转状态	总挖土量/kN(或 m³)
挖掘工况	第 1 次	挖掘回转装载回转合计		
	第 2 次	挖掘回转装载回转合计		
	第 3 次	挖掘回转装载回转合计		
	测试结果分析和说明			

C.8　回转制动工况测试记录见表 C.8。

表 C.8　回转制动工况测试记录表

测试工况	测试次数	测量过程时间/s	从静止位置旋转至 180°时回转平台的试验回转速度/r/min	试验回转减速角 β_B/(°)
回转制动工况 工作装置位置:□Ⅰ□Ⅱ 回转方向:□左转□右转 铲斗状态:□空载□满载	第 1 次			
	第 2 次			
	第 3 次			
	测试结果分析和说明			

C.9　行驶机构内阻力矩工况测试记录见表 C.9。

表 C.9　行驶机构内阻力矩工况测试记录表

测试工况	测试次数	测量过程时间/s	铲斗与地面接触线至履带与地面接触线距离/mm	行驶机构内阻力矩/(N·m)
行驶机构内阻力矩工况 履带悬空:□左　□右 运动方向:□前进□后退	第 1 次			
	第 2 次			
	第 3 次			
	测试结果分析和说明			

参 考 文 献

[1] GB/T 8498—2008 土方机械 基本类型 识别、术语和定义

ICS 53.100
P 97

中华人民共和国国家标准

GB/T 36693—2018

土方机械　液压挖掘机
可靠性试验方法、失效分类及评定

Earth-moving machinery—Hydraulic excavator—
Reliability test procedures,failure classification and evaluation

2018-09-17 发布

2019-04-01 实施

国家市场监督管理总局
中国国家标准化管理委员会　发布

前　言

本标准按照 GB/T 1.1—2009 给出的规则起草。

本标准由中国机械工业联合会提出。

本标准由全国土方机械标准化技术委员会(SAC/TC 334)归口。

本标准起草单位:徐工集团工程机械有限公司江苏徐州工程机械研究院、斗山工程机械(中国)有限公司、厦门厦工机械股份有限公司、天津工程机械研究院有限公司、青岛雷沃工程机械有限公司。

本标准起草人:刘汉光、雷明、李胜榕、陈树巧、田大庆、吴继霞、薛艳杰。

土方机械 液压挖掘机
可靠性试验方法、失效分类及评定

1 范围

本标准规定了液压挖掘机(以下简称"挖掘机")可靠性试验的术语和定义、试验方法、失效分类及评定。

本标准适用于 GB/T 8498 规定的工作质量不大于 200 000 kg 的轮胎式和履带式液压挖掘机产品的可靠性试验。

2 规范性引用文件

下列文件对于本文件的应用是必不可少的。凡是注日期的引用文件,仅注日期的版本适用于本文件。凡是不注日期的引用文件,其最新版本(包括所有的修改单)适用于本文件。

GB/T 6572 土方机械 液压挖掘机 术语和商业规格

GB/T 8498 土方机械 基本类型 识别、术语和定义

GB/T 9139 土方机械 液压挖掘机 技术条件

GB/T 25602 土方机械 机器可用性 术语

3 术语和定义

GB/T 6572 和 GB/T 25602 界定的以及下列术语和定义适用于本文件。为了便于使用,以下重复列出了 GB/T 25602 中的一些术语和定义。

3.1

失效 failure

整机或零部件不能完成其规定功能或其性能指标恶化至范围以外的现象,但在一定时间内的易损件更换除外。

注:改写 GB/T 25602—2010,定义 3.4.1。

3.2

固有缺陷失效 inherent weakness failure

由于设计、制造等计划和实施中的错误而使产品承受规定能力内的负荷时,产品本身固有缺陷所造成的失效。

[GB/T 25602—2010,定义 3.4.11]

示例:由于结构强度、材质、加工和装配工艺等原因所引起的过度变形、断裂、早期磨损和老化等失效。

3.3

从属失效 secondary failure

由另一产品的失效直接或间接引起的产品的失效。

[GB/T 25602—2010,定义 3.4.8]

注:若发动机由于连杆螺栓断裂导致连杆轴瓦、活塞和缸体等一系列零件损坏,则连杆螺栓断裂为固有缺陷失效,由此引起的活塞、缸体等一系列零件损坏均属于从属失效。

3.4

误用失效 misuse failure

由操作、维修、贮存等不正确应用所引起的失效。

[GB/T 25602—2010,定义3.4.12]

注：未按规定要求加油或加冷却液而导致发动机发热、抱缸；擅自改变零部件结构或调整状态,超载使用等导致的
    失效。

3.5

工作可用度 operational availability

在规定试验时间内,可用时间除以可用时间与不可用时间之和。

注1：用百分比表示。

注2：改写GB/T 25602—2010,定义3.2.5。

3.6

跑合期 run-in period

新产品释放全部性能的工作期。

[GB/T 25602—2010,定义3.6.31]

3.7

修理时间 repair time

在规定条件下,修复不能完成其规定功能的产品所需的时间。

注1：该时间通过工时测量。

注2：为了更换组成元件,将其从主机拆除所需的修理时间不计入主机的修理时间。

    如果组成元件通过修理后重新安装到主机上,其修理所需的时间应计入主机的修理时间内。

注3：修理工作由准备、失效原因的识别、修理、更换、调整、试验等组成。

[GB/T 25602—2010,定义3.6.12]

3.8

平均失效间隔时间 mean time between failures

MTBF

机器总作业时间与产品出现的当量失效数(失效次数与加权系数的乘积)的比值。

注：改写GB/T 25602—2010,定义3.6.28。

3.9

平均修复时间 mean time to repair

MTTR

在规定的条件下和规定的时间内,产品在规定的维修级别上,修复性维修总时间与在该级别上被修
复产品的修复次数之比。

3.10

致命失效 critical failure

可能导致人身伤害或财产重大损失,或引起产品完全丧失必要功能的失效。

注：改写GB/T 25602—2010,定义3.4.13。

3.11

主要失效 major failure

可能降低或停止系统功能和/或超过8 h修理时间的失效。

[GB/T 25602—2010,定义3.4.15]

3.12

一般失效 general failure

一般零部件损坏、裂纹、过度磨损,需要停机修理,能在8 h修理时间内予以排除的失效。

3.13

轻微失效 minor failure

不会导致停机或在1 h内能够排除的失效。

注：改写 GB/T 25602—2010,定义 3.4.14。

4 试验方法

4.1 试验条件

4.1.1 司机及维修保养人员

4.1.1.1 进行试验的样机司机应能够熟练操作挖掘机。

4.1.1.2 参加试验的维修保养人员应熟悉液压挖掘机的构造,并具有熟练的维修技术。

4.1.2 试验样机

4.1.2.1 试验样机的数量为1台。

4.1.2.2 试验样机应从经制造商质量检验部门检验合格的产品中随机抽取1台。

4.1.3 试验场地

试验场地为密度1 500 kg/m³~1 800 kg/m³ 的土石方工地(也可在实际工地上进行试验),并能满足样机使用要求和设计要求的各种负荷工况。

4.2 试验前的准备

4.2.1 样机随机技术文件应齐全。

4.2.2 样机各总成、部件、附件及随机工具应完整。登记样机的制造商、型号、编号、发动机编号和主要总成编号及制造日期,并记入表 A.1 中。

4.3 试验程序

4.3.1 跑合试验

4.3.1.1 试验样机各部位的技术状态应符合有关技术文件的规定。按样机司机手册或制造商规定的跑合规范进行跑合。

4.3.1.2 样机跑合试验后,进行检验、调整和保养。

4.3.2 性能初试

跑合试验结束后,应按 GB/T 9139 的规定对下列项目进行试验:
——爬坡能力;
——轮胎式挖掘机制动;
——履带式挖掘机坡道停车制动;
——轮胎式挖掘机行走速度;
——挖掘机机外发射声功率级;
——挖掘机司机位置处发射声压级。

4.3.3 可靠性试验

4.3.3.1 样机跑合时间和性能测试时间不计入可靠性试验累计时间。

4.3.3.2 可靠性试验累计时间按以下要求进行：

——小型挖掘机累计试验时间为 500 h，不包括样机跑合时间和性能测试时间；

——大于 6 000 kg 的挖掘机累计试验时间为 1 000 h，不包括样机跑合时间和性能测试时间。

4.3.3.3 试验期间，发动机空转时间、空行驶时间应不少于总作业时间的 5%。

4.3.3.4 试验样机可靠性试验时的评价生产率不低于其最大生产率的 70%。当自由卸土作业工况时，挖掘高度应达到模拟装车高度，挖掘深度为该机规定的最大挖掘深度的 1/2；当装车作业工况时，应重点对回转速度、回转时间、回转压力进行考核。

4.3.3.5 试验过程中需按制造商的规定进行操作和保养样机。

4.3.3.6 可靠性试验采取连续循环作业的方式进行，连续 2 h 以上的作业时间总计不应少于总试验时间的 95%。

4.3.3.7 在进行可靠性试验过程中，试验人员应注意观察样机各部位是否有异常现象或失效，并将其试验、失效、维护、修理等情况详细记入表 A.1 和表 A.2。如果是挖掘机的首次失效（轻微失效除外），需在"失效情况说明"中注明为首次失效。

4.3.3.8 试验期间，因意外事故引起样机重大损坏时，可另行取样重新进行试验。

4.3.4 性能复试

样机达到总作业时间后，应按 4.3.2 进行性能复试。若样机性能下降至设计允许的性能范围之外，则产品按一次故障处理。

4.3.5 维护与修理

4.3.5.1 维护保养工作应按样机的司机手册规定的内容和时间进行，所用时间计入累计维护保养时间。

4.3.5.2 参加维护保养及修理的人员均按两名技术熟练工人计算，即若有三人参加，每用去 1 h，折算为 1.5 h，若有四人参加，每用去 1 h，折算为 2 h。

4.3.5.3 样机在作业时发生失效，应及时停机检查与修理，不应带故障运行，其修理时间应按实际用去的人时数记入表 A.1。

4.3.6 试验数据

4.3.6.1 首次失效前工作时间

首次失效前工作时间为可靠性试验中样机在规定的使用条件下发生首次失效（轻微失效除外）前的工作时间。

4.3.6.2 平均失效间隔时间

平均失效间隔时间按式（1）计算：

$$MTBF = \frac{T_0}{\sum_{i=1}^{3} k_i e_i} \qquad \cdots\cdots\cdots\cdots\cdots\cdots\cdots(1)$$

式中：

$MTBF$ ——平均失效间隔时间，单位为小时（h）；

T_0 ——试验期间样机总作业时间，单位为小时（h）；

k_i ——产品出现第 i 类失效的失效次数；

e_i ——第 i 类失效的加权系数，i 为失效类别，见表 1。

当 $\sum_{i=1}^{3} k_i e_i < 1$ 时，令 $\sum_{i=1}^{3} k_i e_i = 1$。

4.3.6.3 工作可用度

工作可用度按式(2)计算：

$$A_0 = \frac{T_0}{T_0 + T_1 + T_2} \times 100\%$$ ....(2)

式中：

A_0——工作可用度；

T_1——排除失效时间的总和，单位为小时(h)；

T_2——维护保养时间的总和(每日保养时间除外)，单位为小时(h)。

4.3.6.4 平均修复时间

平均修复时间按式(3)计算：

$$MTTR = \frac{\sum_{i=1}^{n} t_i}{n}$$ ....(3)

式中：

$MTTR$——平均修复时间，单位为小时(h)；

t_i——第 i 次修复性维修的维修时间，单位为小时(h)；

n——修复次数。

4.3.7 试验报告

4.3.7.1 试验报告中应包括试验依据、试验目的、试验对象以及试验的参加人员和试验的起止日期。

4.3.7.2 试验报告中应包括试验场地、环境和工况情况、试验结果以及试验中所用的仪器和设备。

5 失效分类及评定

5.1 失效分类

5.1.1 按失效对整机功能性能的影响、失效后果造成的危害程度、失效排除的难易程度以及维修时间、维修成本等，将挖掘机失效分为致命失效、主要失效、一般失效和轻微失效四类。其失效类别、划分原则、评定准则和加权系数见表1。

表 1 失效分类及评定准则

失效类别 i	加权系数	失效名称	划分原则	失效示例
0	∞	致命失效	1) 严重危及或导致人身伤亡； 2) 重要总成报废或主要部件严重损坏； 3) 造成严重经济损失	1) 发动机损坏； 2) 车架、动臂、斗杆、转台断裂； 3) 车轮脱落； 4) 转向、换向机构失灵或损坏； 5) 制动器、变速箱损坏； 6) 重要构件断裂

表 1（续）

失效类别 i	加权系数	失效名称	划分原则	失效示例
1	1.5	主要失效	1) 挖掘机主要功能（如行驶、回转、挖掘作业等功能）丧失或重要性能（如行驶和制动、回转速度和制动、挖掘力等性能）指标恶化至规定范围以外，必须停机维修； 2) 重要零部件损坏且需要更换产品外部重要零部件或拆开机体更换内部零部件才能排除，修理时间较长； 3) 修理费用较高	1) 主要性能下降； 2) 主要液压元件损坏； 3) 各传动齿轮、传动轴承等主要零部件损坏
2	0.8	一般失效	1) 挖掘机主要性能指标下降，影响工作效率。（如行驶和制动、回转过快或过慢、挖掘效率等性能）； 2) 非主要零部件失效，可用备件和随车工具在现场 8 h 内排除； 3) 维修费用中等	1) 当气温在 5 ℃ 以上时发动机连续三次不能启动； 2) 变速箱齿轮不能正常啮合； 3) 变速箱、主要液压元件及万向节发生异常响声； 4) 轴承、轴承壳、制动器壳体及其他机件过热，轴承温度超过 110 ℃； 5) 发动机连续二次自动熄火造成停机； 6) 漏水、漏油较严重； 7) 液压系统中管道、管接头损坏； 8) 焊接部位焊缝开裂长度大于 5% 的相对长度； 9) 键、销损坏； 10) 各仪器、仪表失灵或损坏； 11) 变速箱内油温度超过 80 ℃
3	0.1	轻微失效	1) 对整机主要性能有轻微影响，不会导致工作中断； 2) 非主要零部件发生失效，可用备件和随车工具在现场 1 h 内容易排除，或在日常保养中能用随车工具轻易排除； 3) 维修费用低廉	1) 渗水、渗油较严重； 2) 转向灯、照明灯不亮； 3) 焊接部位焊缝开裂长度小于 5% 相对长度； 4) 螺栓松动等轻微故障

5.1.2 失效模式示例参见附录 B。

5.2 失效评定准则

5.2.1 按例行维护保养更换到期的易损件不计入失效次数,但应做记录。

5.2.2 固有缺陷失效引起从属失效时,只作一次失效计算,其加权系数按大者计,但同时发生的失效项目应作详细记录。

5.2.3 若同时发生的无因果关系的失效,应分别计算。计算评价指标时,不计误用失效。

5.2.4 失效模式相同、多次发生的失效,若属于固有缺陷失效,每次都应计入。

附 录 A

（资料性附录）

失效信息收集格式

失效信息格式见表 A.1 和表 A.2。

表 A.1 液压挖掘机可靠性试验班次记录表

制造商：_____ 　　试验日期：_____

机器型号：_____ 　　编号：_____

发动机编号：_____ 　　主要总成编号：_____

制造日期：_____

试验日期		试验地点		作业工况	
样机型号		样机编号		司机	
天气		气温 /℃		班次	
检查时间	检查项目				
	发动机水温 ℃	发动机油温 ℃		计时表 h	燃油箱油量 kg
失效情况说明				燃油消耗量	
失效停机 时间 min	配件准备时间 min	修复时间 min	其他时间 min	班燃油消耗（或加燃油）量 L	

表 A.2 液压挖掘机可靠性试验失效统计表

序号	失效出现日期	作业累计时间		总成名称	零部件名称	失效模式	失效情况说明	失效类别	失效编号	排除失效措施	排除失效时间	
		h	min								h	min

附　录　B

（资料性附录）

失效模式示例

失效模式示例见表 B.1。

表 B.1　失效模式示例

失效模式名称	说明
整机	
无动作	操纵机器、设备、执行件等没有动作
无法行走	机器不能行走的现象
无法启动	机器、设备不能启动的现象
启动困难	机器、设备虽然可以启动，但是比较困难
功能失效	由于某一局部故障致使整机、总成或零部件的某些功能完全丧失的现象。如：制定失效、离合器打滑、变速器掉挡等
无力	力不符合技术条件规定值（过小）的现象
抖动	异常振动、颠簸的现象
跑偏	机器运动时向一侧偏
异响	产品在行驶及作业中，各总成或部件发出的不正常声响的现象。如：发动机、离合器、泵、马达等处的不正常响声
失控	设备出现不受控制的现象
电气	
短路	电器元件。电流自一端未经过负载而直接流到另一端的现象
断路	电器元件。又称为开路，两点之间的电路不通的现象
烧坏	电器元件。由于过热引起零件损坏的现象。如：线圈、保险丝等的烧坏
接触不良	电器元件。由于电路连接部位连接不牢（接头松动、焊点虚焊、脱焊），电路中出现断续电流的现象
电压不稳	电器元件。电压波动范围超出设计要求
无电	整车电路不通没有电
亏电	电瓶不能被及时补充电量，用电器在低电压状态下工作
不发电	发电机不能发电的现象
报警	设备出现异常、危险等情况下发出警报的现象
不定位	GPS 不能获取整机设备的具体位置坐标
不显示	显示数值、图像的仪器不能显示的现象
不停响	一直发出响声不停止的现象
不收音	收音机不能收音的现象
不复位	机构归位状态不符合技术要求的现象

表 B.1（续）

失效模式名称	说明
不贴合	零部件间表面未能正常贴合
不工作	机器、设备不能正常工作
间歇性工作	机器、设备时而工作时而不工作的现象
工作异常	机器、设备工作中不正常
不亮	灯、显示器等仪器不亮
显示异常	显示数值、图像的仪器显示不正常的现象
虚焊	由于焊点处只有少量的焊锡柱，造成接触不良，时通时断或经过长期使用，一些发热较严重的零件，其焊脚处的焊点出现老化剥离的现象
老化	非金属零件随使用时间或存放时间的延长或周围环境的影响，性能衰退的现象。如：橡胶密封、塑料件的老化
液压	
漏油	在油密闭管路及容器系统中，有油成滴或成流非正常泄出的现象。一般由于密封装置失效、紧固件松动或零件损坏等造成
渗油	在油密闭管路或壳体表面，有油迹，但不滴落的现象。一般由于密封装置部分失效、紧固件松动或零件损坏等造成
内泄	由于密封不良等原因导致流体在系统内从高压区向低压区泄漏的现象。如：油缸、汽缸、液压阀、泵、马达等的内泄
溜缸	油缸活塞出现溜动的现象
堵塞	流体在管路中流动不畅或不能流动的现象
砂眼	气体或杂质在铸件内部或表面形成的小孔。如：管路、壳体、轴承座等的砂眼
压力不当	压力不符合技术条件规定值的现象。如：机油压力、液压油压力、压缩空气压力等过高或过低
流量不当	流量不符合技术条件规定值（过大或过小）的现象
调整不当	可调整部件由于未按技术条件要求调整，性能不能正常发挥的现象
密封不良	密封未达到规定要求，导致油、水或气等介质泄漏的现象
润滑不良	零件表面未达到规定润滑要求的现象
动力传动	
漏水	在水密闭的管路及容器系统中，有水成滴或成流非正常泄出的现象。如：冷却系统、空调系统等的漏水
渗水	在水密闭管路或壳体表面，有水迹，但不滴落的现象。如：冷却系统、空调系统等的渗水
漏气	由于密封件失效、紧固件松动或零件损坏等引起气体从具有气压的系统内非正常泄出的现象。如：气制动系统的漏气
锈蚀	由于水、杂质或其他介质等原因致使零件表面产生锈、斑及腐蚀的现象
高温	温度不符合技术条件规定值（过高）的现象
烧机油	机油进入了发动机的燃烧室，与混合气一起参与了燃烧

表 B.1（续）

失效模式名称	说明
冒黑烟	冒烟异常（黑烟）的现象
冒蓝烟	冒烟异常（蓝烟）的现象
掉速	发动机转速不稳定出现下降的现象
噪声大	噪声不符合技术条件规定值（过大）的现象
油耗超标	发动机油耗超过技术规定值的现象
油门失灵	踩下油门时没反应
挡位失效	挡位不能控制失效的现象
挂挡困难	难以挂挡的现象
怠速不稳	发动机怠速时速度不稳定
操作不灵	机构操纵不灵活
刹车失灵	刹车时失控不能刹车的现象
转向沉重	转向时很沉重
行程不当	操纵件或运动件的行程不符合技术要求（未达到或超出规定行程）的现象。如：踏板、操作杆、方向盘、油缸、气缸等的行程不当
	结构
开焊	焊接部位或焊缝裂开的现象
开裂	金属或非金属部件产生的可见的裂缝或裂纹，不包括焊缝部位
裂纹	在零件表面或内部产生的微小的裂缝
断裂	具有有限面积的几何表面离的现象，如轴、杆、支架、皮带、齿轮等零件断裂
龟裂	零部件表面产生网状裂纹，如离合器摩擦片、制动蹄片等产生的龟裂
碎裂	部件变成许多不规则形状的碎块的现象，如轴承、摩擦片、玻璃、玻璃钢、衬套、塑料壳罩等的碎裂
松动	连接件丧失应具有的紧固力或过盈件配合失效。如：螺栓、铆钉等联接件的松动
脱落	连接件丧失连接而造成的零件分离的现象
剥落	金属、非金属或油漆层以薄片状与原表面分离的现象
偏心	零部件重心与轴线不重合。如：滑轮、卷扬盒等的偏心
错位	由于某一零件松动或损坏，使另一零件产生位置移动的现象
干涉	相对运动件之间发生不应有的碰撞或摩擦的现象。如：踏板与驾驶室底板干涉等
发卡	相对运动部件之间运动不畅的现象
卡死	相对运动部件之间不能运动的现象，有时也称抱死、顶死
卡滞	零件在规定的运动轨迹上有非正常的间歇或受阻的现象
变形	零部件在载荷作用下改变原有形状的现象。如塑性变形、过大的弹性变形、弯曲或扭转变形等
拉伤	摩擦副相对运动时，沿摩擦表面滑动方向形成伤痕。如：缸筒、轴瓦等的拉伤

表 B.1（续）

失效模式名称	说明
压痕	部件表面产生凹状痕迹,如十字轴颈表面出现的压痕
间隙不当	组合件配合间隙或触点间隙不符合技术要求(过大或过小)的现象
异常磨损	运动部件表面产生的非正常磨损,一般表现为磨损过快或失衡
空调	
不制冷	空调系统,由于缺冷媒、空调管路脱落、压缩机、冷凝器损坏等导致的空调不制冷现象
制冷差	空调故障,由于与空调相关的零部件损坏导致的空调制冷异常现象
制冷异常	空调制冷不正常的现象
漏冷媒	在空调系统管路中有冷媒泄露的现象
无风	设备运行时出风口无风的现象
风量小	风量不符合技术条件规定值(过小)的现象
风速失调	无法控制风速大小的现象
其他	
爆胎	轮胎在极短的时间因破裂突然失去空气而瘪掉
脱轨	链轨节离位的现象
打不开	驾驶室门锁、工具箱等不能打开
锁不住	驾驶室门锁、工具箱等锁不上
脱漆	零部件表面油漆脱落的现象

ICS 53.100
P 97

中华人民共和国国家标准

GB/T 36695—2018

土方机械 液压挖掘机燃油消耗量 试验方法

Earth-moving machinery—Fuel consumption for hydraulic excavator—
Test methods

2018-09-17 发布

2019-04-01 实施

国家市场监督管理总局
中国国家标准化管理委员会 发 布

前　言

本标准按照 GB/T 1.1—2009 给出的规则起草。

本标准由中国机械工业联合会提出。

本标准由全国土方机械标准化技术委员会(SAC/TC 334)归口。

本标准负责起草单位:徐工集团工程机械有限公司江苏徐州工程机械研究院、天津工程机械研究院有限公司、广西柳工机械股份有限公司、山东源根石油化工有限公司、青岛雷沃工程机械有限公司、烟台艾迪液压科技有限公司、机械工业工程机械及液压件产品质量监督检测中心(天津)。

本标准参加起草单位:三一重机有限公司、山东临工工程机械有限公司、沃尔沃建筑设备投资(中国)有限公司、斗山工程机械(中国)有限公司、山河智能装备股份有限公司。

本标准主要起草人:刘汉光、贾晓雯、吴红丽、黄敏、袁俊洲、王宾、徐尚武、吴继霞、阎堃、曹东辉、刘崇、朱海燕、雷明、刘昌盛。

土方机械　液压挖掘机燃油消耗量
试验方法

1　范围

本标准规定了液压挖掘机(以下简称"挖掘机")燃油消耗量的术语和定义、试验项目、试验条件、测量方法、试验方法和评价值。

本标准适用于标准铲斗容量小于 2.4 m³ 的挖掘机。

2　规范性引用文件

下列文件对于本文件的应用是必不可少的。凡是注日期的引用文件,仅注日期的版本适用于本文件。凡是不注日期的引用文件,其最新版本(包括所有的修改单)适用于本文件。

GB 252　普通柴油

GB/T 1885　石油计量表

GB/T 6572　土方机械　液压挖掘机　术语和商业规格

3　术语和定义

GB/T 6572 界定的术语和定义适用于本文件。

4　试验项目

试验按照下列规定进行:

——挖掘装载动作试验:装备标配的铲斗,进行挖掘装载的模拟动作,测量燃油消耗量;

——平地动作试验:测量使用动臂和斗杆进行平地动作时的燃油消耗量;

——行走试验:测量在铺砌路面或者坚固平坦的路面进行直线行走时的燃油消耗量;

——待机试验:液压挖掘机待机状态下发动机最小负荷转速时的燃油消耗量。

除待机试验外,油门要达到最大位置,操作工作装置手柄应敏捷,且至少应有一个手柄做最大位移操作。

5　试验条件

5.1　试验用挖掘机的分级

试验机器应根据制造商规定的标准铲斗的额定斗容量进行分级,见表1。

表 1 试验机器的分级

单位为立方米

级别 V_s	标准铲斗的额定斗容量 V
0.01	$V<0.02$
0.022	$0.02{\leqslant}V<0.03$
0.044	$0.03{\leqslant}V<0.055$
0.066	$0.055{\leqslant}V<0.07$
0.08	$0.07{\leqslant}V<0.085$
0.09	$0.085{\leqslant}V<0.105$
0.11	$0.105{\leqslant}V<0.13$
0.14	$0.13{\leqslant}V<0.15$
0.16	$0.15{\leqslant}V<0.20$
0.22	$0.20{\leqslant}V<0.25$
0.28	$0.25{\leqslant}V<0.36$
0.45	$0.36{\leqslant}V<0.47$
0.5	$0.47{\leqslant}V<0.55$
0.6	$0.55{\leqslant}V<0.7$
0.8	$0.7{\leqslant}V<0.9$
1.0	$0.9{\leqslant}V<1.05$
1.1	$1.05{\leqslant}V<1.3$
1.4	$1.3{\leqslant}V<1.7$
1.9	$1.7{\leqslant}V<2.4$

5.2 试验机器

5.2.1 配置

试验机器配置应达到制造商规定的标准状态。如对试验机器的动作、质量及质量平衡没有影响,则不受限制。

5.2.2 发动机转速

将试验机器发动机的无负荷最低转速和无负荷最高转速调节到规定值的范围内。

5.2.3 燃油填充量

试验机器的燃油填充量应达到燃油箱容量的 2/3 以上。

5.2.4 热车

试验前试验机器应进行充分的热车,使发动机冷却液入口温度不低于 70 ℃,变矩器油温不低于 80 ℃,液压油不低于 50 ℃。

5.2.5 冷却风扇

配备冷却风扇的转速可变控制结构的试验机器，风扇转速应达到全油门状态下最高转速的 70% 以上进行试验。允许发动机低转速时风扇转速也随之下降。

5.2.6 空调

如装有空调，在试验过程中应关闭空调。

5.3 燃油

试验用燃油应符合 GB 252 的规定。按照 GB/T 1885 的规定折合为 20 ℃时的密度。

5.4 测量项目和测量仪器的精度

测量项目和测量仪器的精度应符合下列规定：
——时间：±0.1 s 以内；
——温度：最小刻度 1 ℃以内；
——转速：测量对象的 ±0.5% 以内；
——燃油消耗量：直接测量消耗量时，测量对象的 ±1% 以内，对发动机进油口和回油口分别测量时，测量对象的 ±0.5% 以内；使用副油箱进行质量测量时，测量精度在测量消耗量的 ±1% 以内。

5.5 环境条件

试验环境应满足下列条件：
——相对湿度：小于 95%；
——最大风速：小于 5 m/s；
——环境温度：278 K～308 K(5 ℃～35 ℃)。

5.6 大气条件

考虑大气条件(压力、温度及湿度)对发动机的进气量的影响，根据发动机形式的不同，按照式(1)、式(2)、式(3)中的任一式计算出大气因子 f_a，f_a 在 0.96～1.06(0.98～1.02 最好)的范围较好：

a) 无增压及机械式增压发动机

$$f_a = \left(\frac{99}{P_d}\right) \cdot \left(\frac{T}{298}\right)^{0.7} \quad\cdots\cdots\cdots\cdots\cdots\cdots(1)$$

式中：

T ——发动机进气口的绝对温度，单位为开尔文(K)；

P_d ——干燥大气压，从大气全压中将水蒸气压减去而得，单位为千帕(kPa)。

b) 无风冷或者带有中冷的涡轮增压发动机

$$f_a = \left(\frac{99}{P_d}\right)^{0.7} \cdot \left(\frac{T}{298}\right)^{1.2} \quad\cdots\cdots\cdots\cdots\cdots\cdots(2)$$

c) 带中冷和液体冷却器的涡轮增压发动机

$$f_a = \left(\frac{99}{P_d}\right)^{0.7} \cdot \left(\frac{T}{298}\right)^{0.7} \quad\cdots\cdots\cdots\cdots\cdots\cdots(3)$$

6 燃油消耗量的测量方法

6.1 使用流量计的测量方法

6.1.1 直接消耗流量测量方法

直接消耗流量测量方法的示例见图1。

为防止由喷油装置喷油嘴回油产生气泡,可增加(回油管加压)供油泵。为控制发动机进油口燃油温度在设定温度以下,必要时可增加热交换器。

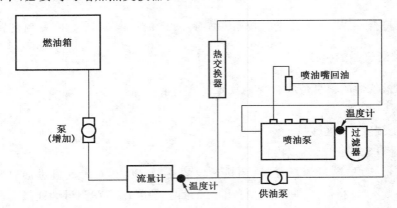

图 1　直接消耗流量的测量方法

6.1.2 发动机进油和回油的流量测量方法

通过发动机进油流量和回油流量的差计算消耗量,发动机进油和回油流量测量方法的示例见图2。进油口和回油口的流量应同时测量,两流量计的特性(流量和误差特性)应一致。此外,应确保回油流量测量管路中没有气泡产生。

用测量所用流量计的不确定度对测量值进行修正。

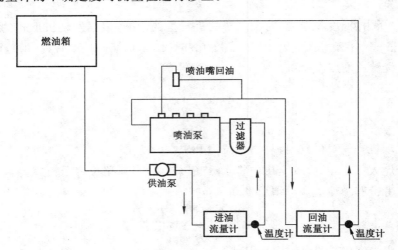

图 2　发动机进油和回油流量的测量方法

6.2 使用副油箱的测量方法

用发动机进油副油箱和回油副油箱在试验前后的质量差计算燃油消耗量的方法,使用副油箱测量燃油消耗量方法的示例见图3。为保证测量副油箱质量的精度,应排除测量时的外界影响因素(如风等)。应避免副油箱拆装时漏油、发动机侧气泡混入。

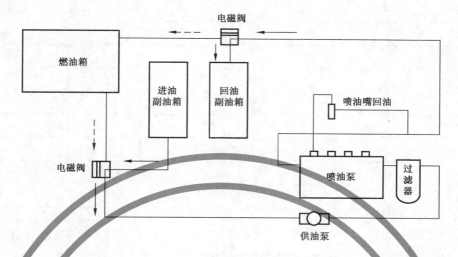

图 3 使用副油箱测量燃油消耗量的方法

7 试验方法

7.1 挖掘装载动作试验

7.1.1 试验条件

挖掘装载动作试验中使用制造商规定的标配铲斗、最大油门、操作工作装置手柄应快捷流畅,且至少应有一个手柄做最大行程操作。

7.1.2 试验机器的布置、挖掘深度和标杆高度

挖掘装载模拟动作试验时机器的布置如图4所示。挖掘深度见表2,设定的标杆高度见表3。

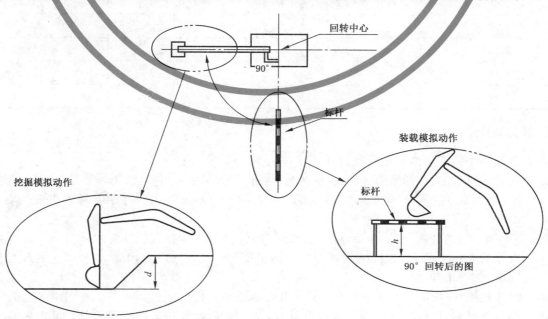

图 4 挖掘装载动作试验布置

表 2 挖掘深度

单位为米

级别 V_s	深度 d	级别 V_s	深度 d
0.01	0	0.28	1.0
0.022	0	0.45	1.0
0.044	0	0.5	2.0
0.066	0	0.6	2.0
0.08	0	0.8	2.0
0.09	0	1.0	2.0
0.11	0	1.1	2.0
0.14	1.0	1.4	2.0
0.16	1.0	1.9	2.0
0.22	1.0	—	—

表 3 标杆高度

单位为米

级别 V_s	高度 h	级别 V_s	高度 h
0.01	0.5	0.28	2.0
0.022	0.5	0.45	2.0
0.044	0.5	0.5	2.5
0.066	0.5	0.6	2.5
0.08	1.5	0.8	2.5
0.09	1.5	1.0	2.5
0.11	1.5	1.1	2.5
0.14	1.5	1.4	2.5
0.16	1.5	1.9	2.5
0.22	1.5	—	—

7.1.3 模拟动作

挖掘装载一个循环模拟动作模型如下(见图5):

a) 开始动作状态:斗杆销轴、铲斗销轴及铲斗斗齿齿尖形成一条直线,工作装置最大限度向前伸,小于0.28级的斗齿离地高度为200 mm以内,0.28级及以上的斗齿离地高度为300 mm以内。

b) 水平收回:动臂提升,铲斗斗齿不接触地面的情况下收斗杆直到斗杆成垂直状。在此期间仅操作动臂和斗杆,小于0.28级的斗齿离地高度为200 mm以内,0.28级及以上的斗齿离地高度为300 mm以内。

c) 铲斗挖掘:进行铲斗挖掘操作直到铲斗开口部成水平状。

d) 回转动臂提升:仅做回转和动臂提升动作,铲斗到达标杆正上方位置停止。此时铲斗的离地高度应达到图5中e)所示做铲斗卸载动作但不触碰标杆的高度。

e) 铲斗卸载:在标杆上方,进行铲斗卸载操作直到斗齿齿尖与斗杆销轴及铲斗销轴形成一条直线。在卸载过程中,操作斗杆以避免铲斗接触标杆。回转停止后,开始进行卸载动作。

f) 恢复开始动作状态:回转,将动臂及斗杆恢复到开始时的动作状态。

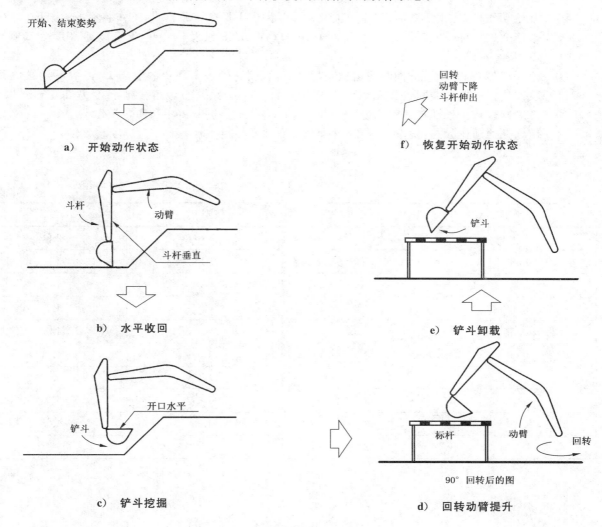

图 5　挖掘装载动作试验

7.1.4　试验次数及数据处理

试验次数及数据处理按照下列规定:

a) 样机按照7.1.3的流程连续进行20个循环操作作为1次试验,至少进行5次试验,测量期间的油耗及所需要的时间;

b) 各循环的测量时间不偏离其平均时间的5%为有效数据,取5次试验的有效数据;

c) 去除试验循环时间最长的和最短的试验数据,其余3次试验值的平均值作为试验结果。试验数据记入表 A.1。测量时间(s)保留小数点后一位,燃油消耗量(g)取整数,挖掘装载动作循环燃油消耗量(g/循环)保留小数点后两位,单位时间燃油消耗量(kg/h)保留小数点后一位。

7.2　平地动作试验

7.2.1　试验条件

平地动作试验中使用制造商规定的标配铲斗、最大油门、操作工作装置手柄应快捷流畅,且至少应有一个手柄做最大行程操作。

7.2.2 模拟动作

平地动作一个循环模拟动作模型如下(见图6)：

a) 开始动作状态：斗杆销轴、铲斗销轴及铲斗斗齿齿尖形成一条直线，工作装置最大限度向前伸，小于0.28级的斗齿离地高度为200 mm以内，0.28级及以上的斗齿离地高度为300 mm以内。

b) 水平收回：提升动臂的同时斗齿做平地动作，直到达到表4规定的距离L，齿尖不接触地面的收回斗杆。在此期间仅作动臂和斗杆操作，小于0.28级的斗齿离地高度为200 mm以内，0.28级及以上的斗齿离地高度为300 mm以内。不要进行铲斗和回转操作。

c) 回到开始动作状态：操作动臂和斗杆伸出，回到开始动作状态。

表 4 平地距离

单位为米

级别 V_s	L	级别 V_s	L
0.01	0.5	0.28	2.5
0.022	1.0	0.45	3.5
0.044	1.0	0.5	4.0
0.066	1.0	0.6	4.0
0.08	1.5	0.8	4.5
0.09	1.5	1.0	4.5
0.11	1.5	1.1	4.5
0.14	2.0	1.4	5.0
0.16	2.0	1.9	5.0
0.22	2.0	—	—

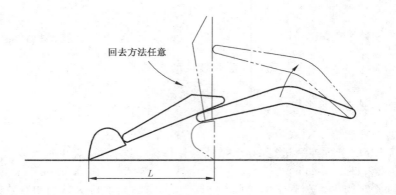

图 6 平地动作试验

7.2.3 试验次数及数据处理

试验次数及数据处理按照下列规定：

a) 样机按照7.2.2的流程连续进行至少20个循环操作作为1次试验，至少进行5次试验，测量期间的油耗及所需要的时间；

b) 各循环的测量时间不偏离其平均时间的5%为有效数据，取5次试验的有效数据；

c) 去除试验循环时间最长的和最短的一组数据,其余3次试验值的平均值作为试验结果。试验数据记入表 A.2。测量时间(s)保留小数点后一位,燃油消耗量(g)取整数,平地动作循环燃油消耗量(g/循环)保留小数点后两位,单位时间燃油消耗量(kg/h)保留小数点后一位。

7.3 行走试验

7.3.1 试验条件

行走试验按以下状态进行:
——行走挡位:最大油门,低速挡;
——行走速度:最高行走速度,且不进行转向操作;
——行走距离:小于0.28级的前进及后退(后退是指上部回转体在不回转的状态下后退)分别是15 m以上,不小于0.28级为25 m以上,需要足够的助跑区间。测量所需时间(包括前进和后退的切换时间);
——试验场地:坚固平直的土路面或混凝土路面。

7.3.2 试验次数及数据处理

试验次数及数据处理按照下列规定:
a) 样机按照7.3.1的流程连续进行前进和后退动作,前进和后退分别进行3次;
b) 3次试验值的平均值作为试验结果记入表 A.3。测量时间(s)保留小数点后一位,燃油消耗量(g)取整数,单位行走距离燃油消耗量(g/m)保留小数点后两位,行走速度(km/h)保留小数点后一位,单位时间燃油消耗量(kg/h)保留小数点后一位。

7.4 待机试验

测量机器待机时的燃油消耗量。

测量时间在600 s以上。试验结果记入表 A.4。测量时间(s)保留小数点后一位,燃油消耗量(g)取整数,单位时间燃油消耗量(kg/h)保留小数点后一位。

8 燃油消耗量评价值

挖掘机的燃油消耗量按挖掘装载动作50%、平地动作10%、行走10%、待机30%进行评价,液压挖掘机燃油消耗量评价值 G_{HEX} 按式(4)进行计算。

$$G_{HEX} = \frac{G_1 \times M_S + G_2 \times C_S + G_3 \times L_S + G_4 \times T_1}{1\,000} \qquad\cdots\cdots\cdots\cdots\cdots(4)$$

式中:

G_{HEX} ——挖掘机燃油消耗评价值,单位为千克每标准动作(kg/标准动作);

G_1 ——挖掘装载试验时的单位循环燃油消耗量,单位为克每循环(g/循环);

G_2 ——平地动作试验时的单位循环燃油消耗量,单位为克每循环(g/循环);

G_3 ——行走试验的单位行走距离燃油消耗量,单位为克每米(g/m);

G_4 ——待机试验的小时燃油消耗量,单位为克每小时(g/h);

M_S ——挖掘装载动作的评价循环(见表5);

C_S ——平地动作的评价循环(见表5);

L_S ——行走评价的走行距离(见表5),单位为米(m);

T_1 ——待机评价时间0.30 h。

表 5 各动作燃油消耗量评价的标准值

铲斗堆尖容量 V_t m³	挖掘装载试验标准循环时间 s/循环	标准时间 h	挖掘装载的评价循环 M_s	平地动作试验的标准循环时间 s	标准时间 h	平地动作的评价循环 C_s	标准行走速度 km/h	标准时间 h	行走评价的行走距离 L_s m
0.01	13.5		133	5.0		72	1.8		180
0.022	13.6		133	5.0		71	1.8		180
0.044	13.6		132	5.1		71	2.5		250
0.066	13.6		132	5.1		70	2.5		250
0.08	13.7		132	5.2		70	2.5		250
0.09	13.7		132	5.2		70	2.5		250
0.11	13.7		131	5.2		69	2.5		250
0.14	13.8		131	5.3		68	2.5		250
0.16	13.8		131	5.3		68	2.5		250
0.22	13.8	0.5	131	5.3	0.1	68	2.5	0.1	250
0.28	14.0		129	5.6		65	3.4		340
0.45	14.3		126	5.9		61	3.4		340
0.5	14.3		126	6.0		60	3.4		340
0.6	14.5		124	6.2		58	3.4		340
0.8	14.8		121	6.6		54	3.4		340
1.0	15.2		119	7.1		51	3.4		340
1.1	15.3		117	7.3		50	3.4		340
1.4	15.8		114	7.9		46	3.4		340
1.9	16.6		108	8.9		40	3.4		340

附 录 A

（资料性附录）

液压挖掘机燃油消耗量试验记录表

液压挖掘机燃油消耗量试验记录表见表 A.1～表 A.4。

制造商名称：_____ 试验日期：_____ 试验场地：_____

机器型式：_____ 制造编号：_____ 铲斗额定容量：_____ m³

大气压力：_____ kPa 室外温度：_____ ℃ 相对湿度：_____ %

表 A.1 挖掘装载油耗试验记录表

试验铲斗额定容量：_____ m³ 挖掘深度 d _____ m 标杆高度 h _____ m

试验序号	时间 s	进油			回油			挖掘装载燃油消耗量 Q g	单位时间燃油消耗量 kg/h	循环燃油消耗量 G_1 g/循环	备注
		体积 mL	温度 ℃	质量 g	体积 mL	温度 ℃	质量 g				
1											
2											
3											
4											
5											
平均											

表 A.2 平地油耗试验记录表

试验铲斗额定容量：_____ m³ 平地距离 L _____ m

试验序号	时间 s	进油			回油			平地燃油消耗量 Q g	单位时间燃油消耗量 kg/h	循环燃油消耗量 G_2 g/循环	备注
		体积 mL	温度 ℃	质量 g	体积 mL	温度 ℃	质量 g				
1											
2											
3											
4											
5											
平均											

表 A.3 行走油耗试验记录表

试验铲斗额定容量：_____ m³ 行走距离 S _____ m

行驶方向	时间 s	进油			回油			行走燃油消耗量 Q g	单位时间燃油消耗量 kg/h	行走速度 km/h	单位行走距离燃油消耗量 G_3 g/m
		体积 mL	温度 ℃	质量 g	体积 mL	温度 ℃	质量 g				
前进											
后退											
前进											
后退											
前进											
后退											
平均											

表 A.4 待机油耗试验记录表

发动机无负荷最低速度：_____ r/min

测量时间 s	进油			回油			燃油消耗量 Q g	单位时间燃油消耗量 G_4 kg/h
	体积 mL	温度 ℃	质量 g	体积 mL	温度 ℃	质量 g		
1								
2								
3								
平均								

ICS 53.100
P 97

中华人民共和国国家标准

GB/T 37899—2019

土方机械　超大型液压挖掘机

Earth-moving machinery—Ultra-large hydraulic excavators

2019-08-30 发布

2020-03-01 实施

国家市场监督管理总局
中国国家标准化管理委员会
发 布

前　言

本标准按照 GB/T 1.1—2009 给出的规则起草。

本标准由中国机械工业联合会提出。

本标准由全国土方机械标准化技术委员会(SAC/TC 334)归口。

本标准起草单位:徐州徐工矿山机械有限公司、太原重工股份有限公司、徐州市产品质量监督检验中心、天津工程机械研究院有限公司、临沂山重挖掘机有限公司、河北冀工胶管有限公司、山河智能装备股份有限公司。

本标准主要起草人:王渠、李洪、卜凡纬、吴红丽、李宣、吕舰、郝鹏、王勇、李光、柴育鹏、谢藏群。

土方机械 超大型液压挖掘机

1 范围

本标准规定了超大型液压挖掘机的分类、要求、试验方法、检验规则、标志、包装、运输和贮存。

本标准适用于超大型液压挖掘机(以下简称挖掘机)。

2 规范性引用文件

下列文件对于本文件的应用是必不可少的。凡是注日期的引用文件,仅注日期的版本适用于本文件。凡是不注日期的引用文件,其最新版本(包括所有的修改单)适用于本文件。

GB/T 755 旋转电机 定额和性能

GB/T 3766 液压传动 系统及其元件的通用规则和安全要求

GB/T 4208 外壳防护等级(IP 代码)

GB/T 4879 防锈包装

GB/T 5226.1—2008 机械电气安全 机械电气设备 第 1 部分:通用技术条件

GB 5226.3 机械安全 机械电气设备 第 11 部分:电压高于 1 000 Va.c.或 1 500 Vd.c.但不超过 36 kV 的高压设备的技术条件

GB/T 6572 土方机械 液压挖掘机 术语和商业规格

GB/T 7586—2018 土方机械 液压挖掘机 试验方法

GB/T 8419—2007 土方机械 司机座椅振动的试验室评价

GB/T 8420 土方机械 司机的身材尺寸与司机的最小活动空间

GB/T 8499 土方机械 测定重心位置的方法

GB 9656 汽车安全玻璃

GB/T 10913 土方机械 行驶速度测定

GB/T 14039—2002 液压传动 油液 固体颗粒污染等级代号

GB/T 14711 中小型旋转电机通用安全要求

GB 16710 土方机械 噪声限值

GB/T 16754 机械安全 急停 设计原则

GB/T 16937 土方机械 司机视野 试验方法和性能准则

GB/T 17300 土方机械 通道装置

GB/T 17921 土方机械 座椅安全带及其固定器 性能要求和试验

GB/T 18826 工业用 1,1,1,2-四氟乙烷(HFC-134a)

GB/T 19929 土方机械 履带式机器 制动系统的性能要求和试验方法

GB/T 19932 土方机械 液压挖掘机 司机防护装置的试验室试验和性能要求

GB/T 19933.2 土方机械 司机室环境 第 2 部分:空气滤清器试验方法

GB/T 19933.3 土方机械 司机室环境 第 3 部分:增压试验方法

GB/T 19933.4 土方机械 司机室环境 第 4 部分:采暖、换气和空调(HVAC)的试验方法和性能

GB/T 19933.5 土方机械 司机室环境 第 5 部分:风窗玻璃除霜系统的试验方法

GB/T 20082 液压传动 液体污染 采用光学显微镜测定颗粒污染度的方法

GB 20178　土方机械　机器安全标签　通则

GB/T 20418　土方机械　照明、信号和标志灯以及反射器

GB 20891　非道路移动机械用柴油机排放污染物限值及测量方法（中国第三、四阶段）

GB/T 20953　农林拖拉机和机械　驾驶室内饰材料燃烧特性的测定

GB/T 21153　土方机械　尺寸、性能和参数的单位与测量准确度

GB/T 21154　土方机械　整机极其工作装置和部件的质量测量方法

GB/T 21155　土方机械　行车声响报警装置和前方喇叭　试验方法和性能准则

GB/T 21404　内燃机　发动机功率的确定和测量方法　一般要求

GB/T 21935　土方机械　操纵的舒适区域与可及范围

GB/T 21941　土方机械　液压挖掘机和挖掘装载机的反铲斗和抓铲斗　容量标定

GB/T 21942　土方机械　装载机和正铲挖掘机的铲斗　容量标定

GB/T 22358　土方机械　防护和贮存

GB/T 22359　土方机械　电磁兼容性

GB/T 25602　土方机械　机器可用性　术语

GB/T 25606　土方机械　产品识别代码系统

GB/T 25607　土方机械　防护装置　定义和要求

GB/T 25614　土方机械　声功率级的测定　动态试验条件

GB/T 25615　土方机械　司机位置发射声压级的测定　动态试验条件

GB/T 25624　土方机械　司机座椅　尺寸和要求

GB 25684.1—2010　土方机械　安全　第1部分:通用要求

GB 25684.5—2010　土方机械　安全　第5部分:液压挖掘机的要求

GB/T 25685.2　土方机械　监视镜和后视镜的视野　第2部分:性能准则

GB/Z 26139　土方机械　驾乘式机器暴露于全身振动的评价指南　国际协会、组织和制造商所测定协调数据的应用

GB 30254　高压三相笼型异步电动机能效限定值及能效等级

GB/T 30965　土方机械　履带式机器平均接地比压的确定

GB/T 32070　土方机械　危险监测系统及其可视辅助装置　性能要求和试验

GB/T 36693—2018　土方机械　液压挖掘机　可靠性试验方法、失效分类及评定

JB/T 5946　工程机械　涂装通用技术条件

JB/T 5947　工程机械　包装通用技术条件

JB/T 9725　土方机械　产品型号编制方法

ISO 11500　液压传动　用消光原理进行自动粒子计数测定液态样品的微粒污染程度（Hydraulic fluid power—Determination of the particulate contamination level of a liquid sample by automatic particle counting using the light-extinction principle）

3　术语和定义

GB/T 6572、GB/T 25602 及 GB/T 36693 界定的以及下列术语和定义适用于本文件。

3.1

超大型液压挖掘机　**ultra-large hydraulic excavator**

工作质量大于 200 t 的自行履带式液压挖掘机。

4 分类

4.1 形式

按工作装置类型分为：
- ——正铲式挖掘机；
- ——反铲式挖掘机。

按动力形式分为：
- ——电动机驱动挖掘机；
- ——发动机驱动挖掘机。

4.2 型号

挖掘机的型号按 JB/T 9725 的规定编制，或由制造商自行确定。

4.3 参数

4.3.1 挖掘机以工作质量作为主参数。

4.3.2 挖掘机的主要参数表参见附录 A。

5 要求

5.1 一般要求

5.1.1 挖掘机应能在下列工作条件下正常作业：
- ——环境温度为 $-15\ ℃\sim40\ ℃$；
- ——海拔不高于 2 000 m；
- ——三相交流电源电压波动值为额定电压的 $\pm10\%$。

5.1.2 挖掘机的涂漆外观质量应符合 JB/T 5946 的规定。

5.1.3 电动机驱动挖掘机外部供电电源应符合 GB 5226.3 的规定。

5.1.4 挖掘机选用的发动机功率应符合 GB/T 21404 的规定。

5.1.5 挖掘机选用的电动机应符合 GB 30254 的规定。

5.1.6 挖掘机应安装自动集中润滑系统。

5.1.7 挖掘机的燃油箱容量应保证整机连续正常工作不小于 20 h。

5.1.8 挖掘机的爬坡能力不应小于 35%。

5.1.9 挖掘机司机手册参照 GB/T 25622 编制。

5.2 性能要求

5.2.1 液压系统要求

5.2.1.1 液压系统的设计、制造和安装等技术要求应符合 GB/T 3766 的规定。

5.2.1.2 液压元件的安装应易于维护。

5.2.1.3 液压系统中应有过压保护装置。

5.2.1.4 液压系统油液固体颗粒污染等级不应超过 GB/T 14039—2002 规定的—/18/15。

5.2.1.5 液压系统中应设置必要的压力测量点、排气点、工作油（液）采样点、加油口和排油口。

5.2.2 电气系统要求

5.2.2.1 挖掘机的电气设备或系统的设计与安装应符合 GB 5226.1 和 GB 5226.3 的规定。

5.2.2.2 挖掘机应在蓄电池尽可能近的位置安装具有锁定功能的电源隔离器和启动隔离器,且两种隔离器的外观与标识应易于区分。

5.2.2.3 安装的用于操作附加电气元件的接线盒不应有多余的孔位,并应具有耐候性。

5.2.2.4 所有电器回路均应有断路器保护装置。断路器的安装位置和安装方式应能防止由于过热和灰尘堆积引起的故障。

5.2.2.5 所有安装于挖掘机外部或直接暴露于环境中的电气设备的防护等级应不低于 IP65(按GB/T 4208)。

5.2.2.6 低压电动机应符合 GB/T 755 和 GB 5226.1—2008 中第 14 章的要求。

5.2.2.7 高压电动机的控制应符合 GB 5226.1—2008 中第 9 章的要求。

5.2.2.8 电动机的安全要求应符合 GB/T 14711 的规定。

5.2.2.9 电柜应设计为可在安全工作温度下工作,其他安全要求应符合 GB 5226.1—2008 中第 11 章的规定。

5.2.2.10 电动机驱动挖掘机的高压电动机、高压控制柜应安装加热装置。

5.2.2.11 电动机的绝缘等级不应低于 F 级,外壳接地电阻不应大于 0.1 Ω。

5.2.2.12 电动机应配有过载运行保护装置和过热保护器。

5.2.2.13 挖掘机应安装急停装置,且有文字或符号指示。急停装置的控制装置应位于司机易于触及的位置。急停装置应符合 GB/T 16754 的规定。

5.3 安全要求

5.3.1 制动性能

5.3.1.1 挖掘机的行车制动和停车制动性能应符合 GB/T 19929 的规定。

5.3.1.2 挖掘机的回转制动性能应符合 GB 25684.5—2010 中附录 B 的规定。

5.3.2 司机操纵装置和指示装置

司机操纵装置和指示装置应符合 GB 25684.1—2010 中 4.5 的规定。

5.3.3 可视性

5.3.3.1 司机视野应符合 GB/T 16937 的规定。

5.3.3.2 挖掘机应安装监视镜、后视镜或可视辅助装置等辅助视野设备,监视镜和后视镜应符合GB/T 25685.2 的规定,可视辅助装置应符合 GB/T 32070 的规定。

5.3.3.3 如仍存在视野风险区域,应在司机手册中说明,保证挖掘机的安全使用。

5.3.4 报警装置

挖掘机应安装从司机位置控制的声响报警装置,前方喇叭声压级差不低于 20 dB(A),其他行车声响报警装置应符合 GB/T 21155 的规定。

5.3.5 防护装置

挖掘机的防护装置应符合 GB/T 25607 的规定。

5.3.6 稳定性

挖掘机的稳定性应符合 GB 25684.5—2010 中 4.6.2 的规定。

5.3.7 噪声

挖掘机的司机位置处噪声应符合 GB 16710 的规定。

5.3.8 电磁兼容性（EMC）

挖掘机的电磁兼容性应符合 GB/T 22359 的规定。

5.3.9 防火

5.3.9.1 司机室内壁、内饰物和绝缘层以及使用绝缘材料的机器的其他部分应由阻燃材料制成。按 GB/T 20953 进行试验，燃烧率不得超过 200 mm/min。

5.3.9.2 挖掘机应配备必要数量的灭火器，且置于司机和操作人员易于接近的位置。如评估需要配备灭火系统，灭火系统应符合如下规定：
- ——系统应安装从地面以及司机室可进行手动操作的多个触发装置；
- ——在司机室内应有火险报警装置；
- ——系统触发后，灭火剂持续喷射时间应不小于 90 s；
- ——系统触发后，应延迟不少于 15 s 后再关闭发动机。

5.3.9.3 灭火器或灭火系统应在显著位置标明有效期和检查周期。

5.3.10 照明、信号和标志灯以及反射器

5.3.10.1 通往司机位置的主通道装置和需要维修的舱、室应安装照明装置。

5.3.10.2 照明、信号和标志灯以及反射器应符合 GB/T 20418 的规定。

5.3.11 安全标签

挖掘机的安全标签应符合 GB 20178 的规定。

5.3.12 司机室要求

5.3.12.1 挖掘机如配备带增压系统的司机室，室内相对压力不应低于 50 Pa。

5.3.12.2 司机室应有顶防护装置，顶防护装置应符合 GB/T 19932 的规定。

5.3.12.3 司机座椅的减振能力应符合 GB/T 8419—2007 中 EM6 输入谱类的要求。

5.3.12.4 司机室宜配备副座椅，副座椅的尺寸应符合 GB/T 25624 的规定。

5.3.12.5 司机座椅安全带及其固定器的性能要求应符合 GB/T 17921 的规定。

5.3.12.6 司机室的其他要求应符合 GB 25684.1—2010 中 4.3.1 和 4.3.2 的规定。

5.3.13 通道

5.3.13.1 挖掘机应有通道装置和备用出口通道。

5.3.13.2 挖掘机的通道装置应符合 GB/T 17300 的规定。

5.3.14 其他安全要求

5.3.14.1 挖掘机应符合 GB 25684.5 中适用的强制性条款的规定。

5.3.14.2 挖掘机宜符合 GB 25684.5 中适用的推荐性条款的规定。

5.4 环保要求

5.4.1 挖掘机用柴油机的排气污染物应符合 GB 20891 的规定。

5.4.2 挖掘机的空调制冷剂应符合 GB/T 18826 的规定。

6 试验方法

6.1 试验前准备

6.1.1 试验仪器和技术资料的准备

6.1.1.1 试验用仪器的测量准确度应符合 GB/T 21153 的规定。

6.1.1.2 试验中应执行的标准、记录表格及必要的技术资料应准备齐全。

6.1.1.3 按表 A.1 填写试验样机的主要参数。

6.1.2 挖掘机的准备

6.1.2.1 挖掘机按规定加足润滑油、冷却水、燃油。若是电动机驱动挖掘机,应备好外部电源。

6.1.2.2 电气系统达到规定的技术要求,各部位接线正确,各动作的方向正确,急停按钮能正常工作。

6.1.2.3 各液压元件的参数均按司机手册中规定的数值进行调整,液压油温应达到 50 ℃±3 ℃。

6.2 空运转试验

6.2.1 启动发动机,观察发动机的运行及各仪表指示值,并调整液压系统和气压系统的压力至正常值。

6.2.2 模拟作业工况,行走系统、工作装置的各液压缸和回转机构反复运行。各机构分别缓慢操纵,每个油缸单独动作不少于 10 个伸缩循环,左右回转不少于 3 圈。

6.2.3 分别支起挖掘机两边的行走机构,使悬空的行走机构运行,履带单独运转不少于 3 个循环,观察行走马达,行走减速机和制动装置以及四轮一带的运行应正常,各控制阀的工作应可靠。

6.2.4 履带行走机构试验:

a) 在履带链松紧适度的情况下,行驶距离大于履带链一周长度,往返各 1 次,行走正常,无干涉现象;

b) 行驶转弯试验,前进、后退、左转弯、右转弯各不少于 2 次。

6.3 定置试验

挖掘机定置试验按 GB/T 7586—2018 中第 5 章的规定。

6.4 司机视野的测定

司机视野的测定按 GB/T 16937 的规定。

6.5 倾翻力矩的测定

挖掘机的倾翻力矩的测定按 GB/T 7586—2018 中第 6 章的规定。

6.6 行驶速度试验

行驶速度按 GB/T 10913 的规定试验。

6.7 制动性能试验

挖掘机制动性能试验按 GB/T 19929 的规定。

6.8 爬坡能力试验

爬坡能力的试验按 GB/T 7586—2018 中 8.4 的规定。

6.9 回转试验

回转试验按 GB/T 7586—2018 中第 9 章的规定。

6.10 噪声测定

挖掘机噪声的测定按 GB/T 25614 和 GB/T 25615 的规定。

6.11 排气污染物的测定

发动机排气污染物应有符合 GB 20891 规定的相关证明文件。

6.12 振动试验

挖掘机的全身振动试验的测试按 GB/Z 26139 的规定,司机座椅振动的测试按 GB/T 8419 的规定。

6.13 司机室环境的试验

配备全密封司机室的挖掘机,司机室环境的试验按 GB/T 19933.2~GB/T 19933.5 的规定。

6.14 报警装置试验

6.14.1 挖掘机前进和倒退音响报警声响的试验按 GB/T 21155 的规定。

6.14.2 行走和回转光报警装置的试验按 GB/T 20418 的规定。

6.15 司机顶防护装置试验

挖掘机司机顶防护装置的试验按 GB/T 19932 的规定。

6.16 液压系统试验

6.16.1 液压系统油液固体颗粒污染度测定按照 GB/T 20082 或 ISO 11500 的规定。

6.16.2 液压油温升试验按 GB/T 7586—2018 中 25.7 的规定。

6.16.3 工作装置液压系统密封性试验按 GB/T 7586—2018 中 25.8 的规定。

6.17 挖掘机作业试验

挖掘机的作业试验按 GB/T 7586—2018 中第 22 章的规定。

6.18 强度试验

挖掘机的强度试验按 GB/T 7586—2018 中第 23 章的规定。

6.19 其他试验

其他要求项目在其引用标准中已有相应试验方法时,这些要求项目的试验方法按所引用标准的规定。

6.20 可靠性试验

6.20.1 试验条件

6.20.1.1 试验场地物料应为Ⅲ级以下土壤或爆破后的Ⅴ级到Ⅵ级岩石。

6.20.1.2 在试验过程中,司机应严格遵守操作规程,操作熟练。

6.20.1.3 参加试验的维修保养人员应熟悉挖掘机的结构和原理,具有熟练的维修技术。

6.20.2 试验要求

6.20.2.1 可靠性试验累计时间应不低于 1 000 h,并应在 3 个自然月内完成,且第一个自然月试验时间不低于 500 h,如在第一个自然月内未达到规定的时间,试验应重新计算。

6.20.2.2 可靠性试验过程中,试验人员应按 GB/T 36693 的要求记录试验、失效、维护、修理等详细情况。

6.20.2.3 维护保养工作应按挖掘机的司机手册规定的内容和时间进行,所用时间计入累计维护保养时间。

6.20.3 失效分类

失效的划分原则、评定准则及加权系数见表1。

表 1 失效分类及评定准则

失效类别	加权系数	失效名称	划分原则	失效示例
0	∞	致命失效	1. 严重危及或导致人身伤亡; 2. 引起重要总成报废或主要部件严重损坏; 3. 造成严重经济损失	1. 发动机或电动机损坏; 2. 车架、动臂、斗杆、转台断裂; 3. 分动箱损坏
1	1.5	主要失效	1. 严重影响挖掘机功能,主要性能指标严重下降,必须停机修理; 2. 需要更换或维修外部重要零部件或拆开机体更换内部零部件,修理时间较长; 3. 维修费用较高	1. 主要性能严重下降; 2. 主要液压元件损坏; 3. 高压电控柜功能失效,造成设备停机; 4. 关键结构件的关键焊缝开裂长度大于10%的相对长度
2	0.8	一般失效	1. 挖掘机功能轻微下降或导致停机; 2. 非主要零部件失效,用备件和随机工具在 2 h 内可以排除; 3. 维修费用中等	1. 回转支承、减速机损坏; 2. 四轮一带损坏; 3. 发动机附件(包括散热器、消声器和空滤器)损坏; 4. 发动机连续二次自动熄火造成停机; 5. 漏油、漏水较严重; 6. 液压油管、接头损坏; 7. 焊接部位焊缝开裂长度小于5%相对长度; 8. 各仪器、仪表失灵或损坏; 9. 控制系统失灵; 10. 液压油温、分动箱内油温超过规定值
3	0.1	轻微失效	1. 对挖掘机主要性能无影响或轻微影响; 2. 不需更换零件(灯泡、保险丝除外),可用备件或随机工具轻易(20 min 内)排除的失效; 3. 维修费用低廉	1. 渗水、渗油较严重; 2. 电缆磨损导致绝缘层损坏; 3. 转向灯、照明灯不亮; 4. 焊接部位焊缝开裂长度小于5%相对长度; 5. 紧固件松动等轻微故障

6.20.4 评定准则

6.20.4.1 按规定对挖掘机进行维护保养更换随机备件的不作为失效。

6.20.4.2 只对挖掘机自身潜在的因素和固有的缺陷所导致的失效计入失效次数,由外界因素或违反操作规程而导致的失效不计入失效次数。

6.20.4.3 若同时发生两个以上失效,且失效之间存在直接联系,按影响最严重的失效类别计算,不叠加计算;若失效之间无直接联系,则分别计算。

6.20.4.4 可靠性试验期间,挖掘机发动机额定转速下的燃油消耗率应不低于发动机厂家规定的50%。

6.20.5 试验结果整理

按 GB/T 36693—2018 中的式(1)和式(2)计算其平均失效间隔时间和工作可用度。

7 检验规则

7.1 出厂检验

7.1.1 每台挖掘机应经制造商的质量检验部门检验合格后方可出厂。

7.1.2 挖掘机出厂检验项目按照表2的规定。

7.1.3 出厂检验项目指标应100%达到要求方为合格。

7.2 型式检验

7.2.1 有下列情况之一时,应进行型式检验:
——新试制产品;
——转厂生产的产品;
——产品结构、材料、工艺有较大改变,影响产品性能时。

7.2.2 挖掘机型式检验项目按照表2的规定。

7.2.3 型式检验的样机为新产品试制的样机或在受检当月(季)的投入批量中随机抽取一台。

7.2.4 型式检验项目中,表2中规定的关键项目应100%达到要求方为合格。

表 2 检验项目

检验项目		项目分级	试验方法	出厂检验	型式检验
外观尺寸及质量 (定置试验)	整机外形尺寸	C	GB/T 7586		△
	工作质量	B	GB/T 21154		△
	涂漆外观质量	C	JB/T 5946	△	△
整机出厂完整性		C	按随机文件	△	△
作业尺寸参数 (定置试验)	铲斗容量	C	GB/T 21941 或 GB/T 21942		△
	作业参数	C	GB/T 7586		△
接地比压		B	GB/T 30965 或 GB/T 7586		△
重心位置		B	GB/T 8499		△
爬坡能力		B	GB/T 7586		△

表 2（续）

检验项目			项目分级	试验方法	出厂检验	型式检验
坡道停车制动			A	GB/T 19929		△
行走速度			B	GB/T 10913		△
回转速度			B	GB/T 7586		△
回转制动			A	GB/T 25684.5	△	△
倾翻力矩			A	GB/T 7586		△
液压系统	液压油温升		B	GB/T 7586		△
	液压系统压力		B	GB/T 7586	△	△
	液压系统油液固体颗粒污染等级		B	GB/T 20082 或 ISO 11500		△
	密封性		C	目测	△	△
电气系统	电气设备或系统		A	GB 5226.1、GB 5226.3		△
	电磁兼容性		A	GB/T 22359		△
	照明、信号装置		A	目测	△	△
安全环保	司机室	最小活动空间和操纵装置的位置	B	GB/T 8420、GB/T 21935		△
		司机防护装置	A	GB/T 19932	厂家提供试验报告	
		门窗玻璃	A	GB 9656		
		座椅减振能力	B	GB/T 8419		
		安全带	A	GB/T 17921		
		司机室环境	A	GB/T 19933.2、GB/T 19933.3、GB/T 19933.4、GB/T 19933.5		△
	司机位置处发射声压级		A	GB/T 25615		△
	可视性	司机视野	A	GB/T 16937		△
		后视镜和监视装置	A	GB/T 25685.2		△
		可视辅助装置	A	GB/T 32070		△
	排气污染物		A	GB 20891、厂家提供试验报告		△
	燃油消耗率		A	评估		△
	空调制冷剂		A	评估		△
	防火		A	目测、厂家提供试验报告	△	△
	报警装置		A	GB/T 21155、GB/T 20418	△	△
	安全标签		A	目测、GB 20178	△	△
	其他强制性安全要求		A	GB 25684.5		△
空运转试验			B	6.2	△	△
可靠性试验			A	6.20		△
注：A——关键项目；B——重要项目；C——一般项目。△——检验项目。						

8 标志、包装、运输和贮存

8.1 标志

8.1.1 产品标牌和环保信息标签应固定在挖掘机车身的明显位置。

8.1.2 产品标牌的内容应至少包括下列项目：

——制造商名称；

——产品名称和型号；

——工作质量（单位为千克，kg）；

——产品识别代码（PIN）或出厂编号，产品识别代码应符合 GB/T 25606 的规定；

——制造年度。

8.1.3 挖掘机应在相应或明显位置处设置操纵指示标志、安全标志和润滑示意图。

8.2 包装和运输

8.2.1 挖掘机应按拆装运输图的要求进行解体，被解体的部件要有识别标志，以免发生混淆。

8.2.2 包装箱或挖掘机零部件的最大外形尺寸、质量应符合交通运输部门有关超限超重的规定。

8.2.3 挖掘机零部件在包装时，应放净储存的燃油和水，包装要求应符合 JB/T 5947 的规定。

8.2.4 挖掘机的防锈包装应符合 GB/T 4879 中 3 级的规定。

8.2.5 挖掘机出厂时，至少应向用户提供下列随机文件：

——装箱单；

——产品合格证明书；

——司机手册；

——零件图册。

8.2.6 挖掘机解体在运输或行驶过程中可能产生危险的水平随动机构应可靠锁定在其运输位置，并在司机手册中说明安全锁定装置的使用方法。

8.3 贮存

挖掘机应在最低环境温度不低于−20 ℃条件下贮存，并应采取防潮措施，以免损坏电气设备。其他要求按 GB/T 22358 的规定执行。

附　录　A
（资料性附录）
超大型液压挖掘机主要参数、试验前检查记录表

超大型液压挖掘机主要参数、试验前检查记录见表A.1。

表 A.1　超大型液压挖掘机主要参数、试验前检查记录表

样机型号：_____　制造商名称：_____　工作装置种类：_____

项目		单位	数值
发动机/电动机	型号	—	
	额定功率/额定转速	kW/(r/min)	
整机主要参数	工作质量	kg	
	总长（贮存状态）	mm	
	总宽（贮存状态）	mm	
	总高（贮存状态）	mm	
	接地比压	Pa	
	铲斗容量	m³	
作业参数	最大挖掘半径	mm	
	最大挖掘高度	mm	
	最大挖掘深度	mm	
	最大卸载高度	mm	
	最大卸载半径	mm	
性能参数	最大爬坡能力	%	
	行驶速度	km/h	
	回转速度	r/min	
	最大挖掘力	kN	
液压系统	额定流量	L/min	
	额定压力	MPa	

参 考 文 献

[1]　GB/T 25622—2010　土方机械　司机手册　内容和格式(ISO 6750:2005,IDT)

ICS 53.100
P 97

中华人民共和国国家标准

GB/T 37904—2019

土方机械　步履式液压挖掘机

Earth-moving machinery—Walking hydraulic excavators

2019-08-30 发布
2020-03-01 实施

国家市场监督管理总局
中国国家标准化管理委员会　发布

前　言

本标准按照 GB/T 1.1—2009 给出的规则起草。

本标准由中国机械工业联合会提出。

本标准由全国土方机械标准化技术委员会(SAC/TC 334)归口。

本标准起草单位:徐工集团工程机械股份有限公司道路机械分公司、安徽宏昌机电装备制造有限公司、徐州市产品质量监督检验中心、天津工程机械研究院有限公司、临沂山重挖掘机有限公司。

本标准主要起草人:崔六零、储凯煜、崔祥柱、吴红丽、李宣、陈秀峰、卜凡纬、柴育鹏。

土方机械　步履式液压挖掘机

1　范围

　　本标准规定了步履式液压挖掘机的型号与参数、要求、试验方法、检验规则、标志、包装、运输和贮存。

　　本标准适用于四条支腿的步履式液压挖掘机(以下简称挖掘机)。

2　规范性引用文件

　　下列文件对于本文件的应用是必不可少的。凡是注日期的引用文件,仅注日期的版本适用于本文件。凡是不注日期的引用文件,其最新版本(包括所有的修改单)适用于本文件。

　　GB/T 6572　土方机械　液压挖掘机　术语和商业规格

　　GB/T 7586—2018　土方机械　液压挖掘机　试验方法

　　GB/T 8498　土方机械　基本类型　识别、术语和定义

　　GB/T 8592　土方机械　轮胎式机器转向尺寸的测定

　　GB/T 10913　土方机械　行驶速度测定

　　GB/T 13332　土方机械　液压挖掘机和挖掘装载机　挖掘力的测定方法

　　GB/T 14039—2002　液压传动　油液　固体颗粒污染等级代号

　　GB 16710　土方机械　噪声限值

　　GB/T 18826　工业用 1,1,1,2-四氟乙烷(HFC-134a)

　　GB/T 20082　液压传动　液体污染　采用光学显微镜测定颗粒污染度的方法

　　GB 20178　土方机械　机器安全标签　通则

　　GB 20891　非道路移动机械用柴油机排放污染物限值及测量方法(中国第三、四阶段)

　　GB/T 21152　土方机械　轮式或高速橡胶履带式机器　制动系统的性能要求和试验方法

　　GB/T 21154　土方机械　整机及其工作装置和部件的质量测量方法

　　GB/T 21941　土方机械　液压挖掘机和挖掘装载机的反铲斗和抓铲斗　容量标定

　　GB/T 22358　土方机械　防护和贮存

　　GB/T 25606　土方机械　产品识别代码系统

　　GB/T 25614　土方机械　声功率级的测定　动态条件下

　　GB/T 25615　土方机械　司机位置发射声压级的测定　动态条件下

　　GB 25684.5　土方机械　安全　第 5 部分:液压挖掘机的要求

　　GB/T 28239　非道路用柴油机燃料消耗率和机油消耗率限值及试验方法

　　GB/T 36693　土方机械　液压挖掘机　可靠性试验方法、失效分类及评定

　　JB/T 5946　工程机械　涂装通用技术条件

　　JB/T 5947　工程机械　包装通用技术条件

　　JB/T 9725　土方机械　产品型号编制方法

　　ISO 11500　液压传动　用消光原理进行自动粒子计数测定液态样品的微粒污染程度(Hydraulic fluid power—Determination of the particulate contamination level of a liquid sample by automatic particle counting using the light-extinction principle)

3 术语和定义

GB/T 6572 和 GB/T 8498 界定的以及下列术语和定义适用于本文件。

3.1

步履 walking

用工作装置、支腿或车轮的复合动作，实现挖掘机行走的一种运动方式。

3.2

步履爬坡能力 walking climbing ability

用步履方式所能爬越的最大坡度。

3.3

最大步距 max stopover

步履行走时，车轮沿车身纵向一次移动的最大距离。

4 型号与参数

4.1 型号

挖掘机的型号按 JB/T 9725 的规定编制，或由制造商自行确定。

4.2 参数

4.2.1 挖掘机以工作质量作为主参数。

4.2.2 挖掘机的主要参数表参见附录 A。

5 要求

5.1 一般要求

5.1.1 挖掘机应能在环境温度为 −15 ℃～40 ℃、海拔不大于 2 000 m 的条件下正常工作。

5.1.2 挖掘机的工作质量相对于制造商公示值的变化范围为 ±5％。

5.1.3 挖掘机燃油箱的容量应保证整机连续正常工作不少于 10 h。

5.1.4 挖掘机的涂漆外观质量应符合 JB/T 5946 的规定。

5.1.5 挖掘机司机手册参照 GB/T 25622 编制。

5.2 性能要求

5.2.1 挖掘机的最大步距、跨越壕沟宽度、通过垂直障碍高度和涉水深度应符合设计要求。

5.2.2 挖掘机的最小转弯直径、牵引力、挖掘力应符合设计要求。

5.2.3 挖掘机的最大行驶速度不应小于 10 km/h。

5.2.4 发动机熄火后挖掘机应能被牵引。

5.2.5 挖掘机液压系统中的液压油固体污染物等级不应高于 GB/T 14039—2002 规定的—/18/15。

5.2.6 挖掘机在按 GB/T 7586 规定的试验条件下，挖掘机因系统内泄漏引起的动臂油缸活塞杆位移量不应大于 25 mm/10 min。

5.2.7 新机出厂时,不应有渗漏现象。

5.2.8 挖掘机的行驶爬坡能力不应小于 15°。

5.2.9 挖掘机的步履爬坡能力不应小于 45°。

5.2.10 挖掘机应能在 30°坡道上正常作业。

5.2.11 挖掘机平台的回转应灵活,启动、制动应平稳。

5.2.12 挖掘机在 500 h 的可靠性试验中,平均失效间隔时间不应少于 200 h,工作可用度不应小于 80%。

5.3 安全和环保要求

5.3.1 挖掘机应粘贴安全标签,安全标签应符合 GB 20178 的规定。

5.3.2 挖掘机的制动性能应符合 GB/T 21152 的规定。

5.3.3 挖掘机应具有实时电子监控报警装置和失效诊断功能,当工作条件超出所设定的范围时,应能自动发出报警信号、显示失效情况。

5.3.4 挖掘机的机外发射噪声声功率级和司机位置发射噪声声压级应符合 GB 16710 的规定。

5.3.5 挖掘机用发动机的排气污染物应符合 GB 20891 的规定。

5.3.6 挖掘机若装有空调,空调制冷剂应符合 GB/T 18826 的规定。

5.3.7 挖掘机用发动机的燃油消耗率应符合 GB/T 28239 的规定。

5.3.8 挖掘机应符合 GB 25684.5 中适用的强制性条款的规定。

5.3.9 挖掘机宜符合 GB 25684.5 中适用的推荐性条款的规定。

6 试验方法

6.1 试验准备

6.1.1 技术资料的准备

备齐试验中所执行的标准、司机手册、记录表格等技术资料。

6.1.2 挖掘机的准备

6.1.2.1 整机应装备完整,并按规定加足润滑油、燃油、冷却液等油液,备好随车工具。

6.1.2.2 各液压元件、气动元件的参数均按规定的数值进行调整。

6.1.2.3 挖掘机在试验前应进行充分的跑合。

6.1.2.4 液压油温度应达到 50 ℃±3 ℃。

6.2 定置试验

6.2.1 外形尺寸的测定

6.2.1.1 试验场地按 GB/T 7586—2018 中 4.4.1 的规定。

6.2.1.2 挖掘机处于行驶状态(底盘与地面平行,斗杆指向前方,抬高动臂使铲斗距地面 600 mm～650 mm 处,伸缩斗杆完全收回,铲斗油缸完全伸出,斗杆油缸缩至铲斗不妨碍车轮转向的位置,车轮回收至与车身中心纵截面平行的位置),如图 1 所示。

6.2.1.3 按图 1 测量外形尺寸,将测量结果记入附录 B 表 B.1。

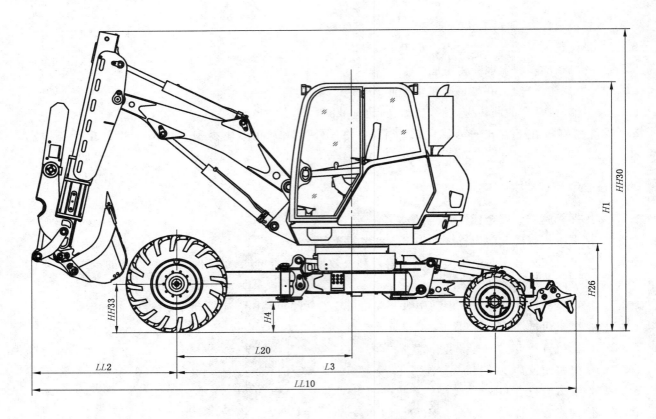

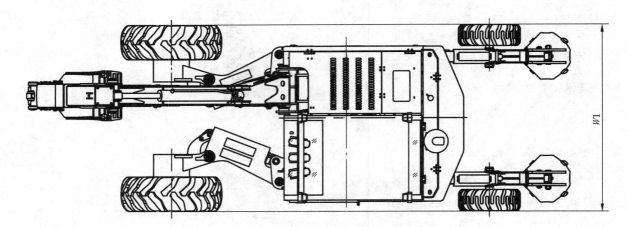

图 1 挖掘机行驶状态的尺寸

6.2.2 作业参数的测定

6.2.2.1 试验场地按 GB/T 7586—2018 中 5.2.1.2 的规定。

6.2.2.2 挖掘机处于作业状态(各支腿向外侧展开至最大限度,有支爪时工作装置在支爪端,支爪着地,支撑起该端车轮,使其悬空),如图 2 所示。

6.2.2.3 按图 2 测量作业尺寸,将测量结果记入表 B.2。

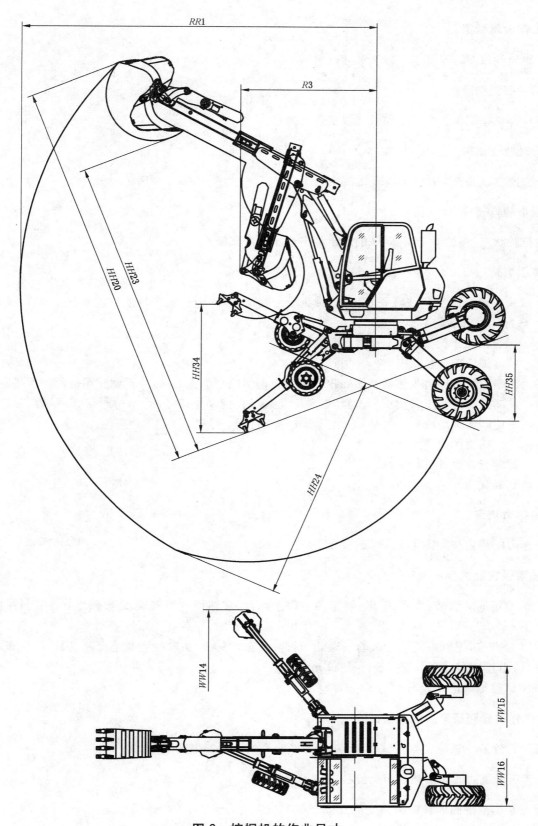

图 2　挖掘机的作业尺寸

6.3 工作质量测定

工作质量按 GB/T 21154 的规定进行测定。

6.4 铲斗容量测定

铲斗容量按 GB/T 21941 的有关规定进行测定。

6.5 行驶速度试验

行驶速度试验按 GB/T 10913 的规定。

6.6 最小转弯直径

在行驶状态下,按 GB/T 8592 的规定测定最小转弯直径。

6.7 牵引力试验

6.7.1 试验场地应清洁、干燥、平坦、硬实的混凝土路面,该路面的纵向坡度应不大于 0.5%,横向坡度应不大于 1%,附着系数不小于 0.7。

6.7.2 试验方法按下列规定进行:
   a) 挖掘机处于行驶状态;
   b) 用钢丝绳将拉力传感器安装在挖掘机与负荷车的牵引钩之间,两段钢丝绳应保持水平;
   c) 发动机油门置于最大供油位置,以最低速起步并拖动负荷车行走,待行走速度平稳后,对负荷车逐渐加载增加牵引负荷,直至驱动轮完全打滑。此时,测定驱动车轮完全打滑状态时 3 s 内的平均值作为最大牵引力;
   d) 试验应往返各进行一次。

6.7.3 将试验结果记入表 B.3。

6.8 挖掘力测定

挖掘力的测定按 GB/T 13332 的规定。

6.9 被牵引性能试验

6.9.1 试验场地应清洁、干燥、平坦、硬实的混凝土路面,该路面的纵向坡度应不大于 0.5%,横向坡度应不大于 1%。

6.9.2 试验方法:挖掘机停放在试验场地处于行驶状态,熄火。解除轮边减速器制动装置,使车轮成为自由轮后,用其他车辆牵引挖掘机行驶 10 m。

6.9.3 将试验结果记入表 B.4。

6.10 工作装置液压系统密封性试验

工作装置液压系统密封性试验按 GB/T 7586—2018 中 25.8 的规定。

6.11 液压系统油液固体颗粒污染度检查

液压系统油液固体颗粒污染度检查按 ISO 11500 或 GB/T 20082 的规定。

6.12 回转试验

回转试验按 GB/T 7586—2018 中第 9 章的规定。

6.13 涂漆外观质量检验

涂漆外观质量检验按 JB/T 5946 的规定。

6.14 最大步距测定

6.14.1 试验场地应按 6.9.1 的规定。

6.14.2 试验方法:挖掘机以行驶状态放置在试验场地中,操纵铲斗,使其以最远的距离支撑地面,调整工作装置,使机身逐渐向前移动,并最大限度地接近斗杆后,测量车轮的移动距离(即最大步距)。

6.14.3 将试验结果记入表 B.5。

6.15 跨越壕沟试验

6.15.1 试验用壕沟的宽度应按制造商规定的宽度,壕沟两边的地面应坚实、平坦。

6.15.2 试验方法:挖掘机行驶于壕沟旁,垂直面对壕沟,将铲斗支撑于壕沟对面尽量远处,操纵挖掘机使前轮离地,同时驱动后轮,将前轮送过壕沟并可靠的置于地面,此时上部车体旋转 180°,将铲斗支撑于后方地面,操纵挖掘机使后轮离地,同时驱动前轮,将后轮送过壕沟。此时完成壕沟的跨越试验。

6.15.3 将试验结果记入表 B.6。

6.16 通过垂直障碍试验

6.16.1 垂直障碍的高度应按制造商规定的高度,宽度不小于整机最大宽度,障碍附近的地面应坚实、平坦。

6.16.2 试验方法:挖掘机行驶于障碍旁,垂直面向障碍,将铲斗支撑于障碍上方尽量远处,操纵挖掘机抬升前轮,使前轮略高于障碍,同时驱动后轮,将前轮放置于障碍上方,此时上部车体旋转 180°将铲斗支撑于后方地面,操纵挖掘机使后轮离地,同时驱动前轮,将后轮放置在障碍上方,然后反向操作完成通过障碍试验。

6.16.3 将试验结果记入表 B.7。

6.17 涉水深度试验

6.17.1 试验用水池长度应为不小于最大步距的 3 倍、宽度应不小于整机最大宽度的 2 倍、深度按制造商的规定,其底部应平坦、坚实;水深应为试验样机的最大涉水深度。

6.17.2 试验方法按以下规定进行:

a) 挖掘机行驶于水池旁,面向水池长度方向;

b) 将铲斗支撑于前方水池底面尽量远处,操纵挖掘机使前轮离地,同时驱动后轮,机身尽量向前移动,然后放下前轮至极限位置,稳固支撑于水池底面;

c) 上部车体旋转 180°将铲斗支撑于后方水池岸边,操纵挖掘机使后轮离地,同时驱动前轮,使机身尽量向前移动,然后放下后轮至极限位置,稳固支撑于水池底面;

d) 上部车体旋转 180°将铲斗支撑于前方水池底面尽量远处,操纵挖掘机使前轮离地,同时驱动后轮,机身尽量向前移动,然后放下前轮至极限位置,稳固支撑于水池底面;

e) 重复 d),直至机身靠近水池岸边,此时将铲斗支撑于水池岸边尽量远处,操纵挖掘机使前轮离地,同时驱动后轮,机身向前移动,当前轮上岸后,放下前轮支撑于地面,此时上部车体旋转180°将铲斗支撑于后方水池底面,操纵挖掘机使后轮离地,同时驱动前轮,机身向前移动,当后轮上岸后,放下后轮支撑于底面,抬起工作装置上部车体旋转 180°,此时完成涉水试验。

6.17.3 将试验结果记入表 B.8。

6.18 步履爬坡试验

6.18.1 试验场地的坡度不应小于 45°。

6.18.2 试验方法按以下规定进行：

    a) 挖掘机行驶至坡下，调整工作装置朝向下坡方向(有支爪的支腿也应朝向下坡方向)，各支腿往外侧至最大展开状态；

    b) 当斗杆缩至最小行程时，操纵铲斗插入地面，抬起朝向下坡方向的支腿，利用动臂、斗杆伸缩的力量推动挖掘机向上坡方向运动的同时驱动在上坡方向的车轮(为驱动轮时)，使挖掘机爬坡；

    c) 斗杆伸至最长，同时停止斗杆运动和车轮驱动，并将支腿放置地面(支腿带支爪时用支爪支撑地面)支撑挖掘机，铲斗或斗齿缓慢离开地面；

    d) 重复 b)～c)，直至挖掘机完成爬坡。

6.18.3 将试验结果记入表 B.9。

6.19 坡道作业试验

6.19.1 试验场地的坡度应为样机的作业坡度。

6.19.2 试验方法：挖掘机在试验场地中调整各支腿，使其保持最接近水平状态后，进行挖掘作业。并在平台回转 90°和 180°进行卸载，试验时间为 1 h。

6.19.3 将试验结果记入表 B.10。

6.20 安全标签检查

安全标签检查按 GB 20178 的规定。

6.21 制动性能试验

制动性能试验按 GB/T 21152 的规定。

6.22 实时监控和自动报警试验

实时监控和自动报警试验与型式试验同时进行，观察实时监控和自动报警情况。

6.23 噪声测定

挖掘机噪声的测定按 GB/T 25614 和 GB/T 25615 的规定。

6.24 污染物排放测定

发动机排气污染物应有符合 GB 20891 规定的相关证明文件。

6.25 空调制冷剂

空调用制冷剂应有符合 GB/T 18826 规定的相关证明文件。

6.26 燃油消耗率测定

发动机燃油消耗率应有符合 GB/T 28239 规定的相关证明文件。

6.27 其他安全要求的试验

其他安全要求项目在其引用标准中已有相应试验方法时，这些要求项目的试验方法按所引用标准的规定。

6.28 可靠性试验

6.28.1 挖掘机可靠性试验方法按 GB/T 36693 的规定。

6.28.2 按失效对整机功能性能的影响、失效后果造成的危害程度、失效排除的难易程度以及维修时间、维修成本等,将挖掘机失效分为致命失效、主要失效、一般失效和轻微失效四类。其失效类别、划分原则和加权系数见表1。

表 1 失效分类

失效类别	加权系数	失效名称	划分原则	失效示例
0	∞	致命失效	1. 严重危及或导致人身伤亡; 2. 引起重要总成报废或主要部件严重损坏; 3. 造成严重经济损失	1. 发动机损坏; 2. 底座、支腿、动臂、斗杆、回转平台断裂; 3. 车轮脱落; 4. 制动失灵
1	1.5	主要失效	1. 严重影响挖掘机功能,主要性能指标达不到规定数值,必须停机修理; 2. 需更换外部重要零部件或差来机体更换内部零部件,修理时间较长; 3. 维修费用较高	1. 主要性能下降; 2. 主要液压元件损坏; 3. 主要电气控制元件损坏; 4. 回转支承等主要零部件损坏
2	0.8	一般失效	1. 挖掘机功能下降或导致停机; 2. 用更换易损备件和用随机工具在 2 h 内可以排除	1. 当气温在 5 ℃以上时发动机连续 3 次不能正常启动; 2. 发动机、主要液压元件发生异常响声; 3. 轴承、轴承壳(如有)及其他机件过热,轴承温度超过 110 ℃; 4. 发动机连续 2 次自动熄火造成停机; 5. 漏水、漏油较严重; 6. 液压系统中管道、管接头损坏; 7. 焊接部位焊缝开裂长度大于 5%的相对长度; 8. 销损坏; 9. 各仪器仪表失灵或损坏; 10. 电气系统中的线束、接头损坏
3	0.1	轻微失效	1. 挖掘机的使用性能有轻微影响; 2. 用更换易损备件和用随机工具在 20 min 内能够排除	1. 渗水、渗油较严重; 2. 转向灯、照明灯不亮; 3. 焊接部位焊缝开裂长度小于 5%相对长度; 4. 螺栓松动等轻微失效

7 检验规则

7.1 出厂检验

7.1.1 每台挖掘机应经制造商质量检验部门检验合格,并签发合格证书后方可出厂。

7.1.2 出厂检验项目见表2。

7.1.3 出厂检验项目100％达到要求为合格。

7.2 型式检验

7.2.1 有下列情况之一时,应进行型式检验:
——新试制产品;
——转厂生产的产品;
——产品结构、材料、工艺有较大改变,影响产品性能时。

7.2.2 型式检验的项目见表2。

表 2 检验项目

序号	检验项目	出厂检验	型式检验	要求	试验方法
1	工作质量	—	●	5.1.2	GB/T 21154
2	最小转弯直径	—	○		GB/T 8592
3	牵引力	—	○	5.2.2	6.7
4	挖掘力	—	●		GB/T 13332
5	行驶速度	○	○	5.2.3	GB/T 10913
6	被牵引	—	○	5.2.4	6.9
7	工作装置液压系统密封性	—	●	5.2.6	GB/T 7586
8	密封性	○	○	5.2.7	目测
9	液压系统油液固体颗粒污染等级	—	●	5.2.5	GB/T 20082 或 ISO 11500
10	平台回转	—	○	5.2.11	GB/T 7586
11	涂漆外观质量	○	○	5.1.4	JB/T 5946
12	最大步距	—	●		6.14
13	跨越壕沟	—	●		6.15
14	通过垂直障碍	—	●	5.2.1	6.16
15	涉水深度	—	●		6.17
16	步履爬坡	—	●	5.2.9	6.18
17	坡道作业	—	●	5.2.10	6.19
18	安全标签	●	●	5.3.1	GB 20178
19	制动性能	●	●	5.3.2	GB/T 21152
20	电子监控及报警	—	●	5.3.3	6.22
21	噪声	—	●	5.3.4	GB/T 25614 和 GB/T 25615
22	排放	—	●	5.3.5	评估
23	空调制冷剂	—	●	5.3.6	评估
24	燃油消耗率	—	○	5.3.7	评估
25	其他强制性安全要求	—	●	5.3.8	6.27
26	可靠性	—	●	5.2.12	6.28
注:"—"表示不检验项目;"○"表示一般项目;"●"表示重要项目。					

7.2.3 型式检验的挖掘机为一台试验样机。

7.2.4 型式检验的项目中,重要项目应全部达到要求,且一般项目中不合格项应不多于两项方为合格。

8 标志、包装、运输和贮存

8.1 标志

8.1.1 挖掘机应在其转台的明显位置处固定产品铭牌。

8.1.2 产品铭牌的内容至少应包括下列信息:
——制造商的名称;
——产品名称和型号;
——工作质量(单位为千克,kg);
——产品识别代码(PIN)或出厂编号,产品识别代码应符合 GB/T 25606 的规定;
——制造年度。

8.2 包装

8.2.1 挖掘机整机及其附件、备件和随机工具的包装应符合 JB/T 5947 的规定。

8.2.2 挖掘机需要分解包装运输时,应按分解包装图样进行包装。

8.3 随机文件

挖掘机出厂时,应向用户至少提供下列技术文件:
——装箱单;
——产品合格证明书;
——司机手册;
——易损件清单。

8.4 运输

8.4.1 挖掘机的运输应符合交通运输部门的有关规定。

8.4.2 挖掘机运输时,应将工作装置收回,底盘贴地,把支腿收拢到相互平行位置或并拢到一起,并将铲斗放在地板上,回转机构锁紧。

8.5 贮存

挖掘机的防护与贮存应符合 GB/T 22358 的规定。

附 录 A

(资料性附录)

步履式液压挖掘机主要参数表

步履式液压挖掘机主要参数见表 A.1。

表 A.1 步履式液压挖掘机主要参数表

样机型号：_____ 　　制造商名称：_____

项目		单 位	数 值
发动机	型号	—	
	额定功率	kW	
	额定转速	r/min	
整机性能参数	工作质量	kg	
	铲斗容量	m³	
	最大步距	mm	
	跨越壕沟宽度	mm	
	通过垂直障碍高度	mm	
	涉水深度	mm	
	最大行驶爬坡能力	(°)	
	最大步履爬坡能力	(°)	
	最大牵引力	N	
	最高行驶速度	km/h	
尺寸参数 (行驶状态)	轴距	mm	
	离地间隙	mm	
	最小转弯直径	mm	
	行驶状态时的总长	mm	
	最大宽度	mm	
	行驶状态时的总高	mm	
作业参数	作业坡度	(°)	
	回转速度	r/min	
	最大挖掘半径	mm	
	最大挖掘高度	mm	
	最大卸载高度	mm	
	最大挖掘深度	mm	
	最小回转半径	mm	
	最大挖掘半径时的高度	mm	
	最大卸载高度时的半径	mm	
	最大铲斗挖掘力	N	
	最大斗杆挖掘力	N	

附　录　B
（资料性附录）
步履式挖掘机试验记录表

步履式挖掘机试验记录见表 B.1～表 B.10。

表 B.1　静态参数测定记录表

样机型号：_____　　出厂编号：_____　　试验时间：_____

试验地点：_____　　试验人员：_____　　记录人员：_____

单位为毫米

项　目	测定值	备注
行驶状态时的总长（$LL10$）		
最大宽度（$W1$）		行驶状态
行驶状态时的总高（$HH30$）		
最大高度（$H1$）		行驶状态
铲斗离地高度（$HH33$）		行驶状态
轴距（$L3$）		行驶状态
离地间隙（$H4$）		行驶状态
前端至车轮中心的距离（$LL2$）		行驶状态
上部总成离地高度（$H26$）		行驶状态
车轮中心距回转中心距离（$L20$）		行驶状态

表 B.2　作业尺寸测定记录表

样机型号：_____　　出厂编号：_____　　试验时间：_____

试验地点：_____　　试验人员：_____　　记录人员：_____

单位为毫米

项　目	测定值	备注
最大挖掘半径（$RR1$）		
最大挖掘高度（$HH20$）		
最大卸载高度（$HH23$）		
最大挖掘深度（$HH24$）		
最小回转半径（$R3$）		
支爪最大调节高度（$HH34$）		
车轮最大调节高度（$HH35$）		
支爪最大调节宽度（$WW14$）		
车轮最大调节宽度（$WW15$）		
车轮最小调节宽度（$WW16$）		

表 B.3 牵引性能试验记录表

样机型号：_____ 出厂编号：_____ 试验时间：_____

试验地点：_____ 试验人员：_____ 记录人员：_____

试验方向	最大牵引力 N	附着系数	备注

表 B.4 被牵引性能试验记录表

样机型号：_____ 出厂编号：_____ 试验时间：_____

试验地点：_____ 试验人员：_____ 记录人员：_____

牵引车辆型号	被牵引行驶距离 m	备注

表 B.5 最大步距测定记录表

样机型号：_____ 出厂编号：_____ 试验时间：_____

试验地点：_____ 试验人员：_____ 记录人员：_____

测定次数	大轮移动距离 m	备注
1		
2		
3		
平均		

表 B.6 跨越壕沟试验记录表

样机型号：_____ 出厂编号：_____ 试验时间：_____

试验地点：_____ 试验人员：_____ 记录人员：_____

壕沟宽度 m	开始时间	结束时间	所用时间 min	跨越速度 km/h	备注

表 B.7 通过垂直障碍试验记录表

样机型号：_____ 出厂编号：_____ 试验时间：_____

试验地点：_____ 试验人员：_____ 记录人员：_____

障碍高度 m	开始时间	结束时间	所用时间 min	通过速度 km/h	备注

表 B.8 涉水深度试验记录表

样机型号：_____ 出厂编号：_____ 试验时间：_____
试验地点：_____ 试验人员：_____ 记录人员：_____

水池长度 m	水池宽度 m	水深 m	开始时间	结束时间	所用时间 min	备注

表 B.9 步履爬坡性能试验记录表

样机型号：_____ 出厂编号：_____ 试验时间：_____
试验地点：_____ 试验人员：_____ 记录人员：_____

坡度 （°）	试验距离 m	所用时间 s	爬坡速度 km/h	备注

表 B.10 坡道作业试验记录表

样机型号：_____ 出厂编号：_____ 试验时间：_____
试验地点：_____ 试验人员：_____ 记录人员：_____

作业开始时间	作业结束时间	总时间 h	总耗油量 L	循环次数	总挖土量 m³	备注

参 考 文 献

[1] GB/T 25622—2010 土方机械 司机手册 内容和格式(ISO 6750:2005,IDT)

———————————

湖南特力液压有限公司

湖南特力液压有限公司创建于 2004 年，注册资金 1.8 亿元，是一家专业从事液压油缸、液压阀研究、设计、生产、销售的新型制造企业，始终处于全国液压油缸行业一流水平。公司投资规模 15 亿元，占地面积 485 亩，建筑面积 9.6 万平方米，配备 60 余台套自动化加工设备、30 余台套世界领先的油缸制造、测试设备；同时拥有行业领先的实验中心，能满足不同型式液压油缸的研发、试验需求，如缓冲机理探寻及优化、细长活塞杆稳定性分析、液压油缸密封系统研究等。

目前，公司可加工直径 30mm ～ 1600mm 的全系列油缸，最长行程达 20 米，产品广泛用于各类混凝土输送机械、工程起重机械、环卫机械、挖掘机械、铲运机械、建筑机械、桩工机械、路面机械、盾构机械、冶金机械、水利机械、煤矿机械及特种车辆等。

公司始终坚持技术是第一生产力，现有员工 500 余人，研发技术人员 100 余名，并与浙江大学、湖南科技大学等高校建立了良好的校企合作关系，不断深化产学研合作创新模式，打造了专业的液压油缸研究、设计、制造团队，能针对用户需求提出最优化的设计方案，为公司开拓市场提供强有力的技术保障。

公司一直从体系建设、工艺革新、产品开发等方面全方位发力，提升核心技术能力，正朝着超高压、大缸径、长行程、轻量化、智能化、系统集成化等方向发展。充分利用新材料、新工艺、高精设备，更好地保证产品的可靠性和适用性，并主动为用户提供多样化的选择与服务。截至 2018 年底，公司申请了专利 106 项，授权专利 102 项，所申请专利涉及到液压油缸加工、检测方法、装置等领域。近年，公司自主研发推出了大吨位起重机用全套油缸、使用碳纤维技术的轻量化油缸、111m 高空作业车用的超长超细伸缩油缸及其所用到的全套油缸等多项产品。

公司实施精益化管理，秉承制造精品的理念，广受社会与客户的认可。获得了"产品安全信誉标志企业""湖南质量功勋企业""高新技术企业"等荣誉；已与工程机械、轨道交通、盾构、煤机、港机等行业龙头企业建立了良好的合作关系，多次被中联重科、山河智能等企业评为"优秀供应商""重点供应商""优质服务供应商"等。

公司始终以"做最好的自己、做最好的油缸"为目标，坚持"领跑行业、做液压油缸专家"的定位，坚持做油缸先进标准的制定者、做新材料的使用者、做高效工艺的发明者、做复杂油缸的设计与制造者。

电话：0736-2607781 2607773

传真：0736-2607791　邮箱：TL_scjy@zoomlion.com

河北华北柴油机有限责任公司

河北华北柴油机有限责任公司隶属于中国兵器工业集团动力研究院，属军民两用大功率柴油机专业生产企业。公司始建于1970年，位于河北省省会石家庄市，是德国道依茨在全球授权生产BFM1015系列、TCD2015系列柴油机的企业。

公司以市场为引领，将功率大、储备系数高、结构紧凑等产品优势与用户需求相结合，依靠科技创新推动产品升级。形成了风冷413/513系列、水冷BFM1015/TCD2015/TCD12.0/TCD16.0系列、拥有自主知识产权的12缸水冷系列发动机以及以天然气（沼气、煤层气）为燃料的燃气发动机、防爆发动机、中小型船舶发动机、泵用发动机和发电机组用发动机等多元化产品格局，功率范围覆盖200kW～1000kW，广泛匹配载重汽车、特种工程机械、石油设备、船舶、水泵及发电机组等市场领域。

华柴公司位列石家庄市工业50强，是河北省高新技术企业，华柴动力被评为河北省名牌产品，并获得河北省著名商标称号。公司坚持以人为本的发展理念，以优秀的企业文化引领员工的思想和行为，实现企业与员工的共同发展。公司先后获得了全国和河北省安康杯竞赛优胜企业、全国总工会"模范职工之家""河北省十大和谐企业""河北省先进基层党组织""河北省国防科技系统创先争优先进党委""石家庄市花园式企业"等称号。

华柴动力　　　HUACHAI POWER

消防泵组

发电机组

固井水泥车

运梁车

提梁机

架桥机

塔吊

铣槽机

防爆液压支架搬运车

秦皇岛通联重工有限公司

地址：河北省石家庄市中山西路 910 号　　　邮编：050081　　　网址：http://hbcyj.norincogroup.com.cn/
电话：0311–83989385　83989387　83989389　　传真：0311–83985050　　E–mail:hcxsgs@chbdp.com

河北冀工胶管有限公司

公司正门

异形管车间

混炼中心

模压车间

检测中心

河北冀工胶管有限公司始建于 1993 年，是中国工程机械工业协会配套件分会常务理事单位，主持起草了六项工程机械、农业机械低压管路行业标准，获得各类低压胶管十六项国家专利，属于研发和生产工程机械、农业机械及内燃机用各类高温低压胶管的专业公司。通过了 IATF 16949 质量管理体系认证，ISO 14001 环境管理体系及 ISO 9001 质量管理体系认证。针对工程机械胶管行业"小批量，多品种"的特点，本公司实现了信息化、可视化管理，包括量身定制的 ERP 系统，OA 系统和看板系统。本公司采用新工艺新技术率先研制出具有独立知识产权的工程机械专用各类低压胶管，产品扯断强度高，使用寿命长，各种性能指标国内领先。曾先后荣获《国家重点新产品》证书、国家认定的《高新技术企业》证书、河北省著名商标企业等殊荣。我公司主要生产工程机械、农业机械专用高温低压输油胶管、发动机上下水管、中冷器连接管、燃油管、暖风机水管、埋线管、进气管和模压制品等产品，是全球工程机械 50 强、全球农业机械 50 强中多家企业的合格供应商，长期为沃尔沃、卡特彼勒、杰西博、宝马格、酒井、维特根、林德、徐工、三一、中联重科、临工、龙工、柳工、厦工、山推、玉柴机器、约翰迪尔、凯斯纽荷兰、爱科、雷沃阿波斯、中国一拖等国内外百余家企业的挖掘机、装载机、汽车起重机、推土机、路面机械、叉车、发动机及高端大型农机等各类机械配套。产品市场占有率在同行业中名列前茅，并赢得了广大用户的一致好评。我公司以缠绕、编织、针织、夹布、埋线等工艺生产各类低压胶管来满足不同的工程机械和农用机械的需求。我们将一如既往地坚持以质量为先导，革新技术，为全球工程机械、农业机械提供优质的产品和完善的服务。

资质证书

主要产品

PU 管、PA11 管

编织管

缠绕管

纯胶管

尿素管

氟胶燃油管

硅胶管

夹布管

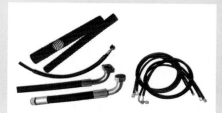
埋线管、扣压管

模压制品

针织管

专利产品

河北冀工部分合作企业

地址：河北省衡水市冀州区信都东路 699 号　电话：0318-7972281、7972282、7972283　网址：www.jgjiaoguan.com

邮编：053200　　　　　　　　　　　　　　传真：0318-7972280　　　　　　　　　　　　邮箱：info@jigonghose.com

山东源根石油化工有限公司
Shandong Yuangen Petrochemical Co. Ltd.

　　山东源根石油化工有限公司位于山东省济宁市，是国内拥有较大规模和影响的大型润滑油生产型企业，是国家高新技术企业、国家火炬计划重点高新技术企业、全国润滑油行业质量领军企业、全国润滑油行业质量领先品牌、国家知识产权优势企业、山东省科技创新型企业、山东省知识产权示范企业、全国工商联石油业商会副会长单位，是中国工程机械工业协会、东风汽车公司等单位指定润滑油生产基地。

　　公司致力于润滑油行业，汇集了100多名多年从事润滑油、脂研发的高级工程技术人员以及大批管理人才，具有雄厚的技术力量和先进的管理机制，从研发到生产、销售、物流、售后等拥有完整的管理体系。检测仪器先进齐全，涵盖了润滑油出厂检验全部项目，拥有通过CNAS认可的国家级实验室。公司总占地270亩，基础油储存能力4.5万吨以上，产成品油储存能力2.5万多吨。拥有国内先进的自动生产流水线50余条，调和油设备全部自动化，具备年产各类润滑油、脂等产品35万吨的能力，可实现年销售收入40亿元。据行业协会统计，公司生产的工程机械用油，产量和销量连续12年为国内领先，源根润滑油已成为中国润滑油行业知名品牌。

　　公司现已通过ISO9001、ISO14001、ISO/TS16949、OHSAS18001、HSE、德国奔驰公司、德国大众公司、德国曼公司、美国康明斯公司、沃尔沃公司、德国采埃孚公司以及全球权威的美国石油学会API等认证；公司主持制定行业标准2项，参与制定国家标准7项、行业标准5项，主持制定山东省地方标准2项。公司现已在全国30多个省、市、自治区建立1000多家代理，经销商4000余家，深受用户的好评。用户遍及汽车制造、工程机械制造、钢铁、煤矿综采设备、火力发电设备、冶金工程机械、船舶动力设备、纺织机械设备等各个行业，产品覆盖工程机械用油、载重车辆用油、高级轿车用油、工业用油、润滑脂、防冻液等众多石油化工领域。

● 源根石化鸟瞰图

● 主要产品

国家工信部重点推荐节能润滑油产品
中国润滑油行业国家标准起草单位

源根车用油超凡保护 动力强劲

工程机械专用油耐腐系列

推土机专用油

挖掘机专用油

装载机专用油

燃气发动机油

富钨王柴油机油

劲耐力柴油机油

小松纯正油系列

工业油

润滑脂

防冻液

厂容厂貌

办公大楼

花园式工厂

基础油添加剂储存区

全自动脉冲调和系统

全自动生产流水线

研发中心

微信二维码

官网二维码

山东源根石油化工有限公司

地址：山东省济宁国家高新技术产业开发区开源路 12 号

电话：0537-2337517　0537-2613088　服务电话：400-618-3567

网址：http://www.yuangensh.com

江西爱丽新材料科技有限公司
JIANGXI AILI NEW MATERIAL TECHNOLOGY CO.,LTD.

专业从事精密铸件的
制造加工企业

　　江西爱丽新材料科技有限公司是一家专业从事工程机械精密铸造件研发、制造及销售为一体的现代化企业，主要生产各种型号挖掘机斗齿、齿座、刀角板、护板、护块、装载机铲齿、松土齿、破碎齿、销子等耐磨件。

　　公司致力于铸造行业始于1980年，占地面积160亩（11万平方米），现有员工300余人，年产各类铸件20000多吨。拥有国内最先进的树脂砂自动生产线和一流的材料研发实验室，具有完善的检测检验设备和多套先进的中频炉设备，同时拥有自主研发各类合金材料的能力，如合金钢、耐磨合金钢、高强度钢、高锰钢等。

　　凭借可靠的质量、合理的价格、丰富的种类、良好的信誉，公司已经占领了国内大部分市场，并且远销往欧洲、南北美洲、东南亚、中东、非洲、澳洲等全球80多个国家和地区，赢得了海内外客户的一致好评。

　　公司以质量求生存，以管理求发展，为客户提供一流的产品及服务，立志把爱丽打造成一个具有高端品质的一流铸造企业。竭诚欢迎中外客商莅临爱丽公司参观指导，洽谈合作，共谋发展！

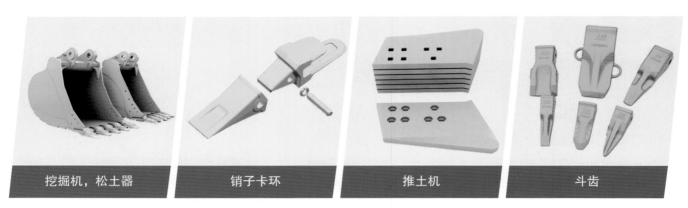

| 挖掘机，松土器 | 销子卡环 | 推土机 | 斗齿 |

地址：江西省宜春市靖安县工业园世纪大道 1 号　邮编：330600

销售部：

电话：(86)0791-88536412　88536413　88536415　88536416

手机：86-13607050638　13677950055

http://www.ailicasting.com

青岛力克川液压机械有限公司2006年成立于青岛高新技术产业开发区，主要从事工程机械、矿山机械、桩工机械、路面机械、高端农用机械等行业的液压驱动装置的研发、制造、销售与服务。已形成大、中、小、微系列化发展格局，是液压驱动装置专业制造商。

公司荣获"国家工业强基工程重点产品""工艺一条龙应用计划示范企业""国家工信部工程机械高端液压件及液压系统产业化协同工作平台成员单位""国家知识产权优势企业""国家高新技术企业"等荣誉。列入"全国机械用户满意产品名录"，入选"2018青岛高科技高成长20强企业"。

液压驱动装置专业制造商

青岛力克川液压机械有限公司

联系地址：中国青岛高新技术产业开发区思源路36号　　联系电话：0532-55676157　　网址：http://www.likechuan.com/

海盐管件制造有限公司

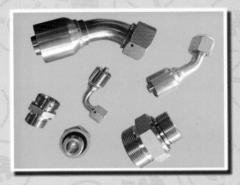

海盐管件制造有限公司前身是国营浙江省海盐县管件厂，具有40多年液压管接头的生产历史。公司设计、研发、生产技术力量雄厚，起草制定了GB 3733.1～3765-83卡套式管接头国家标准。进入21世纪以来，先后负责和参与起草制定了GB/T 8606-2003《液压快换接头螺纹连接尺寸及技术要求》、GB/T 5861—2003/IOS 7241：2000《液压快换接头试验方法》、GB/T 19674.1-2005《液压管接头用螺纹油口》、GB/T 19674.2-2005《液压管接头用螺纹填料密封柱端（A型和E型）》、GB/T 19674.3—2005《液压管头用螺纹金属密封柱端（B型）》、GB 3733～3765-2008《卡套式管接头》系列国家标准、GB 5625～5653-2008《扩口式管接头系列国家标准、GB/T 5107-2008气焊设备焊接、切割和相关工艺设备用软管接头、GB/T 26143-2010/IS019879：2010液压管接头试验方法》、GB/T 2878.1～2878.4—2011《液压传动连接带米制螺纹O和型圈密封的油口和螺柱端》、GB/T 9065.1—2015《液压软管接头 第1部分：O形圈端面密封软管接头》、JB/T 978—2013《焊接连接弯通和三通管接头》、JB/T 979—2013《焊接连接铰接管接头》、JBT 5993—2013《管接头检测方法》等75项国家标准、机械行业标准以及2012版《汽车标准件汇编手册》。其中GB 3733.1～3765-83《卡套式管接头》国家标准荣获了国家标准科技成果四等奖、GB 3733～3765-2008《卡套式管接头》系列国家标准荣获了中国机械工业科学技术奖三等奖。

公司专业全系列生产卡套式、扩口式、焊接式、软管接头和钢丝编织胶管总成管接头。拥有浙江省经信委授予的省级中小企业技术中心，具有完善的产品性能试验和计量理化检测能力。拥有本行业自主知识产权42项（发明专利6项、实用新型专利36项）和浙江省工业新产品23项，其中荣获浙江省优秀工业新产品3项。产品注册商标为"海环"牌，是嘉兴市名牌产品，并荣获嘉兴市著名商标。公司已投资1.67亿元新建的厂区将在2019年形成3200万件生产能力，产品广泛应用于电力机车及城轨车辆、机床、汽车、工程机械、农业机械、塑料机械、船舶及军工行业，部分产品随主机出口欧美、澳洲、中东及中国香港地区，是全国管路附件标准化技术委员会委（会）员单位、全国液压气动标准化技术委员会标准项目起草单位、全国汽车标准化技术委员会《汽车标准件手册》编委单位、浙江省科技型企业、浙江省标准创新企业、浙江省科技企业、浙江省信用AAA级工商企业、浙江省纳税AAA级企业、国家高新技术企业、国家计量能力确认合格单位。通过了ISO 9001：2008、IATF 16949：2009体系认证。

公司地址：浙江省海盐县工业园区　　　　　　　　　　　　　　　　邮　　编：314300
电　　话：0573-86081597（总经理室）0573-86081148 86082989(销售部)　传　　真：0573-86081041
邮　　箱：haiyanguanjian@163.com　　　　　　　　　　　　　　　　网　　址：www.zjhygjzz.com

江西恒晟达精密铸造有限公司

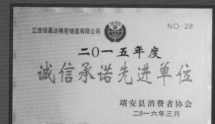

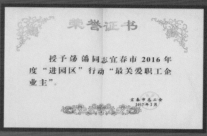

公司简介

　　江西恒晟达精密铸造有限公司是始建于 2004 年 3 月广州恒盛达工程机械配件有限公司在 2008 年 6 月通过收购靖安仁发精铸厂改制而成。公司注册资本 1353 万元，是一家集团型生产销售型企业。公司拥有两家生产基地，一家大型专业销售公司。占地面积 32.22 亩，有湿蜡精铸生产线和覆膜砂技术生产线各二条，结构件精密加工生产线二条，拥有固定资产 8000 余万元，员工 332 人。主要从事工程机械磨损零配件的研发与生产。生产的产品主要为挖掘机、装载机、推土机斗齿、齿座、边齿、铲齿、松土器等精密铸件以及涨紧油缸、工字架、斗连杆、护链器、U 型架等结构件，年产量达 20000 吨。

　　多年来公司秉承以"专注 务实 卓越 创新"为发展宗旨，以"实力铸造品质，诚信拓展市场" 为经营理念，坚持以市场为导向，以广州恒晟达工程机械配件有限公司为销售龙头，在北京、广西、南昌等地设立销售分公司，产品销售遍布全国 31 个省市，内销网点 400 多个，并远销东南亚、中东、东欧、非洲等地区，且拥有自主进出口经营权。

　　公司拥有卓越的专业团队，精心致力于工程机械磨损零配件的研发生产。工厂现拥有国内最先进的中频感应电炉、自动控制热处理设备、浸漆生产线及自动烘干设备、塘壳自动线、射芯机等铸造生产设施以及先进的数控机床等精加工设备。公司自主建立理化检验室，拥有德国 SPECTRA 光谱分析仪、冲击试验仪、红外测温仪、数显拉伸试验机、金相分析仪、布氏硬度计等先进的检测设备。公司生产的产品均通过了 ISO 9001：2008 质量管理体系认证。实现产品质量管理的标准化、科学化。

　　恒晟达自始自终坚持以您的十分满意为不懈追求目标，竭诚与国内外朋友携手共进，共创辉煌！

主要产品

地址：江西省靖安县香田工业园香田大道
电话：0795-4766889
传真：0795-4716801
手机：13602708795
网址：www.hsdglobie.com
邮编：330600

中国工程机械　标准选编

福田雷萨重型机械有限公司
邢台中伟卓特液压科技有限公司
河北华北柴油机有限责任公司
湖南特力液压有限公司
河北冀工胶管有限公司
山东源根石油化工有限公司
江西爱丽新材料科技有限公司
青岛力克川液压机械有限公司
海盐管件制造有限公司
江西恒晟达精密铸造有限公司

鸣谢单位　冠名权
福田雷萨重型机械有限公司　　　　杨国涛
邢台中伟卓特液压科技有限公司　　贾金伟
江西恒晟达精密铸造有限公司　　　汤　滔
湖南特力液压有限公司　　　　　　詹纯新
河北华北柴油机有限责任公司　　　甄彦斌
海盐管件制造有限公司　　　　　　耿志学
河北冀工胶管有限公司　　　　　　谢延林
江西爱丽新材料科技有限公司　　　熊拾根
青岛力克川液压机械有限公司　　　王金铂
山东源根石油化工有限公司姚连志　袁俊洲